教育部高等学校地矿学科教学指导委员会
采矿工程专业规划教材

露天采矿学

主　编　高永涛　吴顺川

副主编　王　青　石忠民

参编人员

昆明理工大学　戴晓江

昆明理工大学　郭忠林

内蒙古科技大学　韩万东

河北理工大学　甘德清

江西理工大学　饶运章

北京科技大学　金爱兵

武汉理工大学　叶海旺

中南大学出版社
www.csupress.com.cn
·长　沙·

内 容 简 介

本书系统地介绍了非煤矿山露天开采的概念、工艺、设计计算方法等内容，全书分为13章，主要包括露天采矿的地位、历史与前景，露天开采概念、方法及程序，露天开采境界的计算与分析设计方法，露天矿采剥顺序与方法，矿床开拓，穿孔爆破，矿岩采装，露天矿运输，排岩与生态恢复，露天矿防排水，生产剥采比及其均衡，生产能力的确定与采掘进度计划，现代信息技术在露天矿山的应用示例等。

对于金属矿山露天开采的新技术、新工艺等内容，特别是现代信息技术在露天矿开采境界优化、采剥进度计划优化、生产调度管理等方面的应用，本书也作了较为详细的介绍。

本书可作为采矿工程专业本科生教材，也可供相关专业的科研、设计和施工技术人员借鉴参考。

教育部高等学校地矿学科教学指导委员会
采矿工程专业规划教材

编 审 委 员 会

序

站在21世纪全球发展战略的高度来审视世界矿业，可以清楚地看到，矿业作为国民经济的基础产业，与其他传统产业一样，在现代科学技术突飞猛进的推动下，也正逐步走向现代化。就金属矿床开采领域而言，现今的采矿工程科学技术与20世纪90年代以前的相比，已经不可同日而语。为了适应矿业快速发展的形势，国家需要大批具有现代采矿知识的专业人才，因此，作为优秀专业人才培养的重要基础建设之一——教材建设就显得至关重要。

在2006—2010年地矿学科教学指导委员会（以下简称地矿学科教指委）的成立大会上，委员们一致认为，抓教材建设是本届教学指导委员会的重要任务之一，特别是金属矿采矿工程专业的教材，现在多是20世纪90年代出版的，教材更新已迫在眉睫。2006年10月18～20日在中南大学召开了第一次地矿学科教指委全体会议，会上委员们就开始酝酿采矿工程专业系列教材的编写拟题；之后，中南大学出版社主动承担该系列教材的出版工作，并积极协助地矿学科教指委于2007年6月22～24日在中南大学召开了“全国采矿工程专业学科发展与教材建设研讨会”，来自全国17所院校的金属、非金属矿床采矿工程专业和部分煤矿开采专业的领导及骨干教师代表参加了会议，会议拟定了采矿工程专业系列教材的选题和主编单位；从那以后，地矿学科教指委和中南大学出版社又分别在昆明和长沙召开了两次采矿工程专业系列教材编写大纲的审定工作会议。

本次新规划出版的采矿工程专业系列教材侧重于金属矿

床开采领域。编审委员会通过充分的沟通和研讨，在总结以往教学和教材编撰经验的基础上，以推动新世纪采矿工程专业教学改革和教材建设为宗旨，提出了采矿工程专业系列教材的编写原则和要求：①教材的体系、知识层次和结构要合理，要遵循教学规律，既要有利于组织教学又要有利于学生学习；②教材内容要体现科学性、系统性、新颖性和实用性，并做到有机结合；③要重视基础，又要强调采矿工程专业的实践性和针对性；④要体现时代特性和创新精神，反映采矿工程学科的新技术、新方法、新规范、新标准等。

采矿科学技术在不断发展，采矿工程专业的教材需要不断完善和更新。希望全国参与采矿工程专业教材编写的专家们共同努力，写出更多、更好的采矿工程专业新教材。我们相信，本系列教材的出版对我国采矿工程专业高级人才的培养和采矿工程专业教育事业的发展将起到十分积极的推进作用，对我国矿山安全、经济、高效开采，保障我国矿业持续、健康、快速发展也有着十分重要的意义。

中南大学教授

中国工程院院士

教育部地矿学科教指委主任

2008年8月

前　言

近年来，我国经济持续稳定发展，各个行业对矿产资源的需求量持续增长，如何更加合理和有效地开发利用矿产资源，不仅关系到相关行业的正常发展，更影响到国家的长期可持续发展和战略安全。

露天开采，作为一种高产高效的开采方式，在矿山行业中一直占有十分重要的地位。自20世纪50年代起，随着大型凿岩及装运设备的研发和应用，特别是近20年来，科学技术的进步日新月异，学科之间的交叉日益扩大，尤其是计算机、电子通讯、机械加工等领域的进步，露天采矿技术得到迅猛发展，露天采矿的规模和效率得到了空前提高，露天开采矿石产量占矿石总产量的比重越来越大。

我国对于露天采矿的相关技术研究始于20世纪50年代，多年来，金属矿床露天开采的教学体系一直沿用已经使用多年的旧模式，对当前矿山实际工程的适用性不强，内容上多年来一直变化不大，新的理论和技术没有得到充分体现，已经很难适应当前的露天采矿需求。同时我国各高等院校矿业工程专业的本科生和研究生都开设了露天采矿学课程，但苦于缺乏一本通用的露天采矿教材，各高等院校露天采矿相关知识的教学水平参差不齐。因此，对采矿工程专业露天采矿相关课程的改革及教材的更新已势在必行。

本书作者们从事露天采矿相关领域教学与研究已有20余年，对该领域的基本理论知识掌握扎实，了解该领域近年来取得的新进展，通过对露天采矿相关知识全面系统总结和概括，并经多位具有丰富科研教学经验和现场工程实践的教授及专家的审阅和指点，几易其稿，最终完成了本书。

本书的编写力求做到

1. 内容上及时更新。在高等学校的传统教材《金属矿床露天开采》(李宝祥等编)的基础上，本书作者通过大量最新资料的查阅和收集，将多年来尤其是近几年露天采矿领域所取得的最新进展和成熟的现场技术编入书内，以求读者在阅读本书时可以得到最新的理论知识和实践经验。

2. 知识框架系统、完整。原来的露天开采相关教材在我国露天采矿领域教学科研的发展过程中曾发挥了巨大的历史作用，但由于时代背景和条件的限制，总是很难做到知识框架的系统性与完整性。本书作者在编写的过程中尤其注意总结多年来从事露天采矿教学的经验和教训，力求在本书中充分发挥之前相关教材的长处，克服教学实践中已发现的问题，以求成为采矿专业本科生教育的首选教材和从事露天开采的科研及工程技术人员的最佳参考书。

3. 重点突出。露天开采相关知识的学习与研究，不仅要做到覆盖全面，更要做到知识重点的突出。本书在编写过程中，作者们结合个人从事该领域多年研究的经验和成果，有选择地对重点章节进行详细介绍，以求该教材在教学过程中，能够帮助授课教师及学生做到有的放矢，对关键知识点进行重点学习和掌握，使其能够在学习完本课程之后，对露天采矿相关领域有全面、扎实的了解和掌握。

4. 适应信息技术发展需求。随着以计算机技术为龙头的现代科学技术的快速发展，矿山生产、管理已经进入信息时代，传统教材在此方面不能适应现场需求，本书配套《露天金属矿优化设计系统(教育版)》软件，力求使读者通过应用示例的学习，能迅速掌握露天开采境界优化、采剥进度计划优化等相关计算理论和知识，从而迅速提高其实际操作水平。

5. 立足国情，放眼世界。考虑到本书主要适用于国内相关高校的本科生培养，本书在编写过程中尤其注意结合我国国情进行相关知识的介绍，同时，结合作者对发达国家该领域最新进展的认识和了解，查阅相关资料，总结提炼最新信息，为学习本教材的学生和工程技术人员提供更宽的视角和知识平台。

6. 注重实践。工程学科理论研究的根本意义在于实践应用，没有实践价值的工科理论本身没有任何意义。本书作者们大多长期从事该领域的科研和教学工作，在工程实践中积累了丰富的经验，书中通过工程实例的介绍，为读者生动活泼地展示知识点，力求做到学以致用。

受教育部地矿学科教学指导委员会的委托，成立了《露天采矿学》编辑委员会，由北京科技大学高永涛、吴顺川任主编，东北大学王青和武汉理工大学石忠民任副主编，主要编写人员包括：北京科技大学高永涛(第1章)、吴顺川(第2章、第10章)、金爱兵(第6章)，东北大学王青(第3章第7节、第12章第3节、第13章第1~3节、《露天金属矿优化设计系统

(教育版)》),武汉理工大学石忠民(第3章第1~6节、第12章第1节)、叶海旺(第12章第2节),昆明理工大学戴晓江(第8章、第13章第4节)、郭忠林(第5章第1~7节),内蒙古科技大学韩万东(第7章),河北理工大学甘德清(第9章),江西理工大学饶运章(第4章、第5章第8节、第11章)。

本教材作为教育部地矿学科规划教材出版,得到了教育部地矿学科教学指导委员会、中南大学出版社和北京科技大学及相关参编单位的大力支持和资助,在此表示衷心感谢。本书撰写过程中,中国冶金矿山企业协会的蔡鸿起教授、北京科技大学胡乃联教授等在百忙之中,对本书进行认真审阅,提出了许多宝贵的意见和建议。尤其是本书主编之一吴顺川同志,为本书的撰写、统稿等做了长时间、大量的工作,付出了巨大的劳动,此外北京科技大学的博士生周喻、李健,硕士生王宇、陆云、李兵等为本书的编写、校核、绘图工作付出了大量的艰辛劳动,在此一并表示衷心的感谢。

本书虽由多位长期在教学和科研第一线的教师编写而成,但不足和错误之处在所难免,希望各位读者不吝赐教、批评指正,以便在本书再版时得以修正和完善。同时,对在本书中大量引用的文献、论文、著作的作者表示谢意,对个别引用而漏标的相关作者表示真诚的歉意。

高永涛

2010 **年** 8 **月**

于北京科技大学

目　录

主要符号表

A　露天开采境界内的矿石量）、矿石生产能力
A^*　p401（最优生产能力）
A'　采出原矿量
A''　原矿中的废石量
A_0　开采矿量
A_1　原矿中的开采矿量
A_2　废石中的开采矿量
A_c　分层矿量
A_n　矿岩采剥总量、矿岩运输总量、矿岩生产能力
ΔA　境界内的矿石增量
a　采掘带宽度、孔间距
a_0　开采矿量品位
a'　原矿品位
a'　岩石品位
a_p　排岩带宽度
B　境界底部宽度
B_S　剥岩条带宽度
B_y　运输道路宽度
b　剥离成本、宽度、工作平盘宽度
b_{min}　最小工作平盘宽度、最小宽度
c　成本费用、安全距离
d　孔径、折现率
E　斗容
f　矿岩硬度系数、可爆性指数
g_p　精矿品位
H　开采深度、最终边帮高度
H_w　挖掘高度
H_{ws}　下挖深度
H_x　卸载高度
h　高度、垂直距离
h_g　沟深
h_p　排岩台阶高度
h_t　台阶高度
i　坡率

k　原矿的精矿产出率、系数

k_b　与矿岩性质和爆破性质有关的参数

k_c　废石(土)沉降系数

k_d　断面系数、大块率

k_f　考虑矿岩挖掘困难程度的系数、排土场容积富余系数

k_g　与采装设备类型及规格有关的参数

k_m　满斗系数

k_p　排土线备用系数、平均合格率

k_s　松散系数

k_w　挖掘系数

k_x　小块率

L　最终边帮水平投影宽度、出入沟长度、排土线总长

L_{min}　排土线最小长度

l　露天矿走向长度、钻孔深度

l_c　采区长度、汽车长度

l_g　台阶工作线长度

m　矿体水平厚度

m_z　矿体真厚度

n　台阶数目、其它数目、顺序数

n'　原矿剥采比

n_0　储量剥采比

n_f　分层剥采比

n_j　境界剥采比

n_{jh}　经济合理剥采比

n_k　可能同时采矿的台阶数

n_p　平均剥采比

n_s　生产剥采比

n_z　增量剥采比

Q　机械生产能力

q　炸药单耗、载重量

R　半径、岩石单轴抗压强度

R_w　挖掘半径

R_x　卸载半径

r　原矿运输损失率

S　水平面积

T　工作小时数、矿山服务年限、剥岩周期

T^*　露天矿经济寿命

T_b　班工作时间

t　时间

u　利润
V　开采境界内的岩石量、排土场设计总容积
ΔV　岩石增量
V_s　剥离岩石量
v　速度、销售收入
v_k　采矿工程(垂直)延深速度
v_p　剥岩工作线的水平推进速度
v_t　矿山工程水平推进速度
v_y　矿山工程(垂直)延深速度
W　最小抵抗线
$W_{底}$　底盘抵抗线
W_s　岩石实际可挖性指标
α　矿体倾角
α'　原矿品位
α''　围岩品位
α_0　开采矿量品位
α_g　沟帮坡面角
α_t　台阶坡面角
β　底帮最终边坡角
ρ　实际贫化率
ρ'　表观贫化率
η　实际回收率
η'　表观回收率
η''　矿物回收率
η_b　班工作时间利用系数
γ　顶帮最终帮坡角、矿岩体重
ε　选矿回收率
φ　工作帮坡角、剥岩总坡角
δ　采矿工程延深角
θ　矿山工程延深角

1 绪 论

1.1 露天采矿的重要地位

所谓露天采矿,《中国冶金百科全书》有明确定义：用一定的采掘运输设备，在敞露的空间里从事开采矿床的工程技术。其具有作业安全、可采用大型采矿机械、生产能力大、矿石损失少等优点，适合于矿体埋藏浅、赋存条件简单、储量大的矿床。

1.1.1 露天采矿是采矿业的主体开采方式

自 20 世纪 50 年代起，随着大型凿岩及装运设备的研发和应用，露天采矿技术得到了迅猛发展，露天采矿的规模和效率得到了空前提高，露天矿开采矿石的产量已占到矿石总产量的 80% 以上。表 1－1 显示，我国铁矿石露天开采量占总产量的 90%、有色金属占 63%、煤炭占 4.6%，西方发达国家矿山露天开采比例更高。露天采矿已成为采矿业的主体开采方式。

表 1－1 中、俄、美、加四国矿石产量露天开采比例(%)

矿产种类	中 国	俄罗斯	美 国	加拿大
煤炭	4.6	32.6	55.3	83.5
铁矿石	90	80	96	96
有色金属	63	70	88	63
建筑材料	100	100	100	100

1.1.2 露天采矿生产规模大

露天采矿生产规模大，世界上产量能超过 1000 万 t/a 的矿山 90% 以上为露天开采，国外已经投产和正在建设的年产矿石 1000 万 t 以上的大型露天矿有 70 余座，其中年产矿石 4000 万 t 的特大型露天矿有 20 余座。我国也建成了多座年产超过 1000 万 t 的大型露天矿，如安太堡露天煤矿、德兴露天铜矿、鞍钢齐大山露天铁矿、本钢南芬露天铁矿、首钢水厂露天铁矿、包钢白云鄂博露天铁矿、金堆城露天钼矿等。这些矿山通过采用相应的大型设备，改进开采工艺，提高生产管理水平，生产规模逐渐扩大，某些矿山生产能力已达到年产 2000 万 t 的水平。此外，还有大量中小型露天矿，也在通过技术改造，不断扩大生产规模。即使是一般中小型露天矿，其生产能力也不是一般地下矿山所能比拟的。

1.1.3 露天采矿生产效率高

露天采矿生产规模大是以高效率为基础的，露天开采恰恰可以为提高劳动生产率提供保证。一般情况下，露天开采的全员劳动生产率为地下开采的3~5倍或更高。在国内，大型露天矿全员劳动生产率平均达到7371 t/(人·年)。2008年，大孤山露天铁矿已达到9328 t/(人·年)，创造了历史新高。在国外，澳大利亚和美国等矿业大国，大型露天矿的全员劳动生产率已达到30000 t/(人·年)的水平。目前国内中小型露天矿的平均全员生产率为872 t/(人·年)，也远远超过了大型地下矿山400~664 t/(人·年)的水平。

总之，采矿业是国民经济的基础，而露天采矿又是采矿业的主体，在我国国民经济和社会发展中占有不可或缺的重要地位。

1.2 露天采矿的历史沿革

自从有了人类便开始有了采矿活动，可以说采矿活动伴随着人类活动的始终。早期，人类为了获得生产工具、建筑材料，开始开采石料，人类历史便进入了石器时代，相继又发展到铜器时代、铁器时代。无论在人类文明的哪个阶段，采矿都是最基本的工业活动。而最初的采矿活动又是从露天进行的，露天采矿可谓是最古老的工业，是人类文明的源头。所以说，采矿活动是一切人类文明的基础。

1.2.1 原始采矿活动

人类的采矿活动可追溯到旧石器时代(距今60万至1万年)。50万年前，生活在北京周口店地区的北京猿人即开始选取片石制造简单的工具，开始了人类历史上最早、最原始的露天采矿。

到新石器时代(距今1万年至4千年)，我国北方草原地区的民族，开始有选择性地开采玛瑙、玉髓等高级石料；中原地区的农耕民族大量开采陶土，烧制各种陶器，大量开采花岗岩作为建筑材料，同时，又将花岗岩制成石犁，完成了由锄耕农业到犁耕农业的革命性转变。

整个人类历史的前期，原始采矿活动都是露天进行的，因为这个时期，人类还没有获得金属工具，生产力水平低下，还不具备进行地下采矿的技术和物质条件。

1.2.2 铜器、铁器时代的采矿活动

至公元前2070年，我国进入夏朝，我们的先人开采出铜矿石，从中炼制出了金属铜，并用其制造各种生产和生活用具。至夏朝晚期(约公元前1600年)，又炼制出了青铜，我国历史进入了著名的青铜器时代，由于炼制青铜需要金属锡，便开始了锡矿的开采。这个时期，人们主要还是通过露天的方式开采一些地面露头或风化堆积的矿石。露天开采仍然是最主要的采矿方式。

进入商代后，随着人们大量使用青铜器，矿石的需求量越来越大，原始的技术水平和装备无法完成露天开采所必需的剥岩工作量，简单的露天开采已不能满足矿石数量的需求，便开始了以地下开采为主的开采方式。

1.2.3 露天采矿技术发展的停滞期

西方工业革命以前，人类在相当长的时期内，由于没有获得现代意义上的动力，采矿活动始终处于人力破岩和运搬的落后水平，除了建材类矿物，绝大多数金属类矿物都是通过地

下采矿的方式生产的。地下采矿作为金属矿石的主导开采方式，技术日渐成熟，一直持续到工业革命以后。在这个漫长的时间里，露天采矿技术没有任何革命性的进展，露天开采仅仅用于开采一些规模不大的"草皮矿"、"鸡窝矿"以及一些地表露头的风化残留矿。露天采矿作为一项采矿技术停滞了近3000年。

真正意义上的现代露天采矿技术发展始于19世纪的工业革命。

1.3 露天采矿的技术进步

现代露天采矿是伴随着炸药和现代装运设备的发明而迅速发展起来的。炸药的应用使瞬间破碎大量矿岩成为了可能，而大型装运设备又可以将破碎的矿岩运搬至指定地点。爆破和装运是现代露天采矿的基本技术要素。

1.3.1 露天矿山爆破技术

火药的出现大约在公元9世纪末10世纪初，是中国古代的四大发明之一。火药属低速炸药的一类，在相当长的时期内，它主要是用于爆竹烟花的生产和一些军事用途，并没有用于矿业生产。直到19世纪下半叶，欧洲科学家发明了高速炸药，并迅速用于矿业生产，采矿业无论从规模还是实际生产能力都发生了革命性的变化，并带动了采矿业的技术进步。

1.3.1.1 露天矿山常用的炸药

矿山广泛应用的炸药多为硝铵类炸药，按使用条件可分为普通矿用炸药和煤矿安全炸药。前者适用于露天矿和无瓦斯或煤尘爆炸危险的矿井，其中部分炸药品种只能用于露天矿；后者含有一定量的消焰剂，适用于有瓦斯或煤尘爆炸危险的地下矿。

20世纪60年代前，铵梯炸药曾是主要矿用炸药，有露天、地下、煤矿等专用品种。其缺点是防水性差，易吸湿结块且成本高，用于中硬以上岩石爆破。现已逐步被铵油炸药、浆状（水胶）炸药和乳化油炸药等所取代。这些炸药大多抗水性强、密度高、威力大以及加工使用安全，是目前国内露天采矿的主体品种。

1.3.1.2 露天爆破工艺的改进

炸药的威力是通过先进的爆破工艺来实现的，露天开采第一个重要环节就是爆破。现代爆破工艺随着钻凿设备的更新换代而得到不断的改进。

(1) 根据岩石力学性质指标和微钻速度探讨岩石可钻性变化规律，将岩石力学性质指标、微钻速度数据与实钻速度联系起来，制定出适用于钻探生产的岩石可钻性分级表，用于指导具体的凿岩爆破。

(2) 露天爆破效率的提高在很大程度上依赖于凿岩（机具）设备的发展。露天采矿曾广泛使用过两种凿岩方式：热力破碎穿孔和机械破碎穿孔。20世纪50年代前主要采用的穿孔设备有火钻、钢绳冲击钻机，现在逐渐被牙轮钻和潜孔钻代替，火钻与凿岩台车仅在某些特定条件下使用。21世纪初又出现了集钻孔、装药和装岩为一体的遥控采掘设备，使得爆破作业的效率大大提高，爆破效果更加理想，促进了爆破技术的进步。

(3) 根据矿岩的特性，改进和调整爆破参数，包括调整台阶高度、确定孔径孔深孔距等。现代露天爆破在装药方式上有了巨大改进，先后创造出连续装药、间隔装药、耦合（不耦合）装药以及正（反）向起爆装药等，大大提高了露天开采的爆破效率。

1.3.2 露天采矿装运技术

露天采矿的一个重要环节就是采装和运输，没有现代化的装运设备就没有现代化的露天矿，正是因为有了这些设备，露天开采的规模才越来越大，某些原来只能采用效率低下的地下开采的矿石资源才得以采用高效的露天开采。

1.3.2.1 **露天矿采装**

露天矿采装作业的主要设备是电铲。世界上最早的动力铲出现于1835年，此后经历了从小到大、由蒸汽机驱动到内燃机驱动再到电力驱动的发展历程。早期的动力铲在铁轨上行走，主要用于铁路建筑。20世纪初，动力铲开始被用于露天矿山，第一台真正意义上的剥离铲于1911年问世，其斗容为2.73 m^3，为蒸汽机驱动、轨道行走。到1927年，轨道行走式的动力铲消失，被履带式全方位回转铲取代。电铲的快速大型化始于20世纪50年代末60年代初，Marion Power Shovel电铲公司制造出的291M型电铲，斗容达19～26.8 m^3；1982年P&H公司生产的5700型电铲，斗容达45.9 m^3。目前世界上最大的电铲是用于条带式露天煤矿的剥离电铲Marion6360，其斗容高达138 m^3。20世纪80年代以来，电铲的技术进步主要集中在改进其驱动系统，增加提升和行走动力，改进前端结构，采用双驱动及模块化设计等方面。

用于条带式露天矿剥离作业的另一种大型设备是索斗铲，索斗铲最早出现于20世纪初，行走式索斗铲出现于20世纪30年代。索斗铲斗容由最初的1.5 m^3发展到173 m^3。目前西方国家最常用的索斗铲斗容大多在42～88 m^3之间。

我国露天矿在20世纪50年代至70年代一直以仿苏CЭ－3型3 m^3铲为主；70年代中期开始生产4～4.6 m^3的WK－4系列电铲；1985年研制出10～14 m^3电铲；1986年与美国合作制造出23 m^3电铲。近20年来，我国露天矿使用较多的是WK－4型、WK－10型、WD1200型和P&H 2300XP型电铲。由于国产大型电铲技术上尚有缺陷，一些大型露天矿为与大型汽车相配套，从国外引进了7 m^3以上的电铲。索斗铲目前在我国露天矿中应用很少。

1.3.2.2 **露天矿运输**

运输是露天采矿最重要的作业环节之一，在采矿设备总投资中，运输设备投资约占60%甚至更高，运输成本约占采矿总成本的50%以上。运输方式的选择和运输系统的改进是露天采矿设计和技术改造的重点。露天采矿运输方式可分三大类：单一机械运输、重力运输和联合运输。单一机械运输是指单一汽车、铁路或胶带运输，重力运输是指采用溜井或明溜槽放矿等的运输方式，联合运输是指机械－机械、重力－机械的联合运输。

(1) 铁路运输

20世纪40年代前，铁路运输曾占主导地位。铁路运输适用于采场范围大、服务年限长、地表较平缓、运输距离长的大型露天矿，其单位运输费用低于其他运输方式。然而，由于其爬坡能力小和转弯半径大，灵活性差，露天采场的参数选择受到很大的制约。因此，从20世纪60年代初开始，铁路运输逐步被汽车运输代替，目前采用单一铁路运输的露天矿山已为数不多。前苏联国家露天矿仍保持着30%左右的铁路运输。目前，中国采用铁路运输或铁路——公路等联合运输的大中型露天铁矿主要使用150 t及以上牵引电机车(个别矿山应用80 t、100 t牵引电机车)和60～100 t的翻斗矿车(最大达180 t)。

为克服铁路运输爬坡能力低的弱点，国内外先后展开了陡坡铁路运输的研究，其目的是利用已有的铁路运输设备，提高铁路运输线路的坡度，减少铁路展线长度，增大铁路运输可能达到的采深。例如，前苏联萨尔拜露天矿、索克洛夫露天矿和列别金露天矿成功地应用了陡坡铁路运输(纵坡达60‰)。国内这方面的研究也取得了巨大进展。马鞍山矿山研究院和攀钢矿业公司共同承担的国家科技部“十五”重点科技攻关项目——陡坡铁路运输系统研究，顺利完成了4% ~4.5%陡坡铁路工业试验，150 t单机牵引和150 t双机牵引试验，尤其是224 t电机车牵引试验均取得了预期效果。

（2）汽车运输

20世纪80年代以来，国外各类金属露天矿约80%的矿岩量由汽车运输完成，因此汽车是目前露天矿生产的主要运输设备。非高速公路(off-highway)汽车于20世纪30年代中期应用于露天矿山，最早的矿用汽车载重量约为14 t。到50年代中期，载重量为23 t和27 t的矿用汽车已很普遍，最大达到54 t。50年代后期，单后轴驱动车问世。60年代矿用汽车大型化开始高速发展。70年代中期，载重量为318 t的矿用汽车诞生。据统计，到1992年，用于露天矿的不同载重量汽车占全部保有量的比例为：118 ~136 t占25%；154 ~177 t占50%；200 t以上占25%。

矿用汽车有两种传动方式，分别为机械传动和电力传动(通称电动轮汽车)。20世纪80年代前，载重85 t以下的多用机械传动，85 t以上的几乎全部用电力传动。电动轮汽车由70年代初期的90 ~108 t为主直至以后的200 t以上。机械传动矿用汽车的大型化是进入80年代以来矿用汽车的一个发展方向。

我国露天矿20世纪60和70年代以12 ~32 t汽车为主，大多从前苏联进口；70年代末引进100 t和108 t电动轮汽车；80年代引进154 t电动轮汽车。国产108 t电动轮汽车在80年代初投入使用，与美国合作制造的154 t电动轮汽车于1985年通过鉴定。目前我国大多数露天矿仍以20 ~36 t汽车为主，100 t以上的大型汽车只在少数几个大型露天矿应用。

（3）可移式破碎站

可移式破碎站是汽车、破碎机和胶带运输机组成的间断—连续运输工艺的核心技术装备之一。随着开采深度的增加，破碎机组必须随时快速移动，以保证汽车始终处于最佳运距工作状态。由于固定式破碎机组造价高、建设时间长、搬迁困难、移动拆装工作量大、费用高，难以适应采矿下降速度的要求。近年来，大型移动破碎机组的研制与开发取得了迅速发展。国外大型露天矿间断—连续运输也多采用移动式破碎站，如美国的西雅里塔(Sierrita)铜钼矿、前南斯拉夫马伊丹佩克(Majdanpek)铜矿、智利邱基卡马塔(Chuquicamata)铜矿、澳大利亚的纽曼山(Mount Newman)铁矿、乌克兰的中部采选公司1号露天矿等。我国鞍钢齐大山铁矿在采场内建成了一套矿、岩可移式破碎胶带运输系统，实现了间断—连续开采，该系统自1997年投产后一直运转正常。

（4）振动给矿机转载站

振动给矿机转载站在我国深凹露天矿山汽车—铁路联合运输系统中得到较好的应用。该技术已在鞍钢眼前山、本钢歪头山、马钢南山等露天矿得到应用。由马鞍山矿山研究院设计的国内最大的振动给矿机也在本钢南芬露天矿建成并通过验收，设计生产能力1000万 t/a。该项技术不仅解决了我国冶金深凹露天矿山汽车—铁路联合运输系统的转载问题，而且具有节省矿山基建投资、降低转载成本、提高转载能力、减少污染等优点。

1.3.3 其他开采技术进展

1.3.3.1 露天陡帮开采

20世纪60年代前苏联学者提出了陡帮开采理论。自70年代以来，我国金属矿山开始进行陡帮开采工艺的实验研究。“八五”期间，陡帮开采被列入了国家科技攻关项目，并在南芬露天矿开展了大规模的工业试验，并取得了成功，为我国大中型露天矿的技术改造提供了经验。该项技术已在我国金堆城、紫金山、眼前山等露天金属矿山得到推广应用。

1.3.3.2 露天高台阶采矿

随着露天开采设备大型化，国外一些矿山研究并采用高台阶开采工艺。我国对高台阶开采技术的研究起步较晚，采用高台阶开采的露天矿不多，台阶高度最大也只有14～15 m。近年来我国大型露天矿装备水平有了很大提高，采用10 m^3以上的大型挖掘设备逐渐增多，为高台阶开采新工艺的实施提供了有利的技术保证。

1.3.4 现代计算机技术在露天采矿中的应用

20世纪80年代之前采矿技术的发展主要依靠采矿工艺与设备的不断进步，80年代之后，露天采矿的技术进步主要是通过以计算机及相关的信息技术为核心取得的，采矿业从此由机械化时代步入又一个新的时代——信息时代。

1.3.4.1 露天采矿设备的自动化

自动化技术在露天采矿中的应用可以归纳为四类：单台设备自动化、过程控制自动化、远程控制自动化和系统控制自动化。

(1) 单台设备自动化

早期的自动化主要是采用简单的传感和控制器件的单台设备部分功能自动化，如提升机运行中的深度自动控制，凿岩机自动停机、退回和断水，钻机的轴压、转速等自动控制，装药车的自动计量，等等。随着自动控制和计算机技术的普及和发展，可编程控制器(PLC)得到广泛应用，单台设备自动化的程度不断提高，单台设备即可实现从数据采集、故障诊断、作业参数优化控制到自动运行等功能。

(2) 过程控制自动化

过程控制自动化是控制技术与计算机技术(包括软件和网络)的有机结合，形成了由采样、操作控制、数据分析处理、参数优化以及图文信息显示和输出等多功能组成的集成系统，大致由三个层次组成：①与设备相连的过程输入和控制功能都由可编程控制器完成，如电动机的启动和停机、限位开关、电动机电流等；②过程控制操作界面和系统综合由分布式控制系统(DCS)完成，如流量、温度、压力的过程监控等；③公共操作界面和所有来自过程单元的信息显示，等等。

(3) 远程控制自动化

美国模块采矿系统(Modular Mining Systems)公司研制了远程无人驾驶汽车控制系统，它由全球卫星定位系统(GPS)和计算机确定汽车位置，由测距雷达探测障碍物，可通过计算机在线实时修正作业循环，该系统可同时控制500辆汽车的驾驶。Alcoa采矿公司已将这一系统用于西澳大利亚的一个大型露天铝土矿。

(4) 系统控制自动化

美国模块采矿系统公司开发的 Dispatch 露天矿汽车运输自动调度系统，是矿山系统控制自动化的典型，这套系统集 GPS、计算机、无线数据传输为一体。GPS 系统实时地跟踪设备位置；车载计算机实时采集相关信息，通过无线数据传输至中央计算机；计算机通过监测和优化，及时动态地给司机发出信息和调度指令。该系统可大大提高装运系统的整体效率，降低运营成本。我国德兴露天铜矿 1997 年从美国引进了 Dispatch 系统，这是我国首座采用自动调度系统的大型露天矿。

1.3.4.2 **计算机技术在露天矿的应用**

计算机在矿山的应用始于 20 世纪 60 年代初，最初只是用于简单的数据计算。随着计算机速度、容量、图形能力和相应软件的快速发展，计算机在矿山的应用越来越广。

(1) 设计优化

利用地质统计学的原理建立矿床模型，利用图论和动态规划的算法优化露天矿的最终开采境界，在此基础上进行科学设计。目前，矿山设计部门利用计算机完成矿山设计的所有环节，计算机已经是设计人员所依靠的最重要和必不可少的辅助手段。

(2) 生产管理

现在绝大多数露天矿都采用计算机进行生产辅助管理：运用计算机进行信息综合处理以编制矿山中长期开采计划；运用线性规划、动态规划的原理对生产过程进行模拟用于运输调度；运用计算机对生产过程的各个要素进行有效配置，从而为管理和工程技术人员的科学决策提供依据。

(3) 应用实例

从 20 个世纪 80 年代中期开始，计算机技术在我国露天矿山得到迅速普及，国家有关部门在“七五”、“八五”至“十一五”期间，安排了大量与计算机有关的科技攻关项目，并取得了巨大成绩：

“矿山经营参数整体优化系统的研究”课题充分运用了系统工程的方法，分析、建立矿山经营参数优化系统，进行矿山经营参数整体优化，参与矿山生产管理、技术改造、经营决策。研究的全过程都是以计算机为手段，所有软件的运行都是在 Windows 操作平台上进行的。

由北京科技大学主持完成的包钢白云鄂博露天矿“矿床数字化技术与应用研究”项目，利用计算机技术，采用可视化模拟、矿化模型与品位估测技术等手段，建立三维矿床模型，进行技术经济分析，优化矿山开采设计方案，实现矿山地质、测量、设计、生产、管理的计算机化，提高了矿山的工作效率和管理水平，为白云鄂博露天矿的数字化矿山建设奠定了基础。

由中国黄金集团公司主持完成的“多金属露天矿山边际品位优化”项目，以乌努格吐山铜钼矿为研究对象，针对该矿多金属的赋存特点，建立了以服务年限内净现值最大为目标函数的动态最优边际品位优化模型，利用计算机进行了动态边际品位优化，得出在服务年限中逐年递减的动态最优边际品位序列，可用于指导生产。

除了前面所述的外，实际上计算机是露天矿生产中各类自动化系统、各种现代化管理的神经中枢。

1.4 露天采矿的发展前景

1.4.1 露天采矿的优越性加速其发展

与地下开采方式相比，露天开采具有明显的优越性。

（1）矿山生产能力大：特大型露天矿的年产矿石量达3000～5000万t，采剥总量达1～3亿t。

（2）机械化程度高：受开采空间限制小，易于实现机械化和设备大型化。大中型露天矿的机械化程度为100%，大大提高了劳动生产率（为地下开采的5～10倍）。

（3）安全和劳动条件好：安全条件和作业条件好，不易受有害气体与顶板塌方等灾害的威胁，劳动强度低。

（4）矿石损失贫化小：损失率和贫化率不超过3%～5%。

（5）开采成本低：为地下开采的1/2～1/3。

（6）基建期短：约为地下开采的一半，每吨矿石的基建投资额低于地下开采。

正是由于露天开采有上述优点，在可能的情况下，一般都会优先选择露天开采方式，露天采矿将在未来相当长的时期内作为主体开采方式继续得到高速发展。

1.4.2 露天采矿的缺陷制约其发展

同样是与地下开采方式相比，露天开采具有自身的缺陷。

（1）对矿床埋藏条件要求严格，合理的开采深度较浅。

（2）占用土地多。露天开采的矿坑以及排弃的大量剥离物均要占用大片土地，一个露天开采的矿区占用的土地可达几十平方公里。

（3）受气候条件影响大。暴雨、大风、严寒、酷热等对露天开采均有一定影响。

（4）破坏环境。开采过程中，穿爆、采装、运输、排卸等作业粉尘较大，运输汽车排出的一氧化碳逸散到大气中，废石场的有害成分流入江河湖泊和农田等，污染大气、水域和土壤，危及居民身体健康，破坏生态环境。

露天开采的上述缺陷，将制约和限制露天采矿的发展。随着浅部矿产资源的枯竭，在今后50～100年内，露天采矿将完成其使命并走进历史。但仅就目前看，露天采矿还将在不断克服这些缺陷的过程中继续向前发展。

1.4.3 露天开采转入地下开采（露天转地下）

随着露天坑的加深、运距的增大、作业场地的缩小，任何露天矿总有完成它使命的一天，如果下部还有足够多的矿石储量，必然面临着开采方式的转变——露天转地下，国内外许多末期露天矿已经完成或正在经历着这种转变。露天开采转入地下开采，一般都要经历两个阶段：露天地下联合开采和完全转入地下开采。其中前者称为露天转地下的过渡期。

过渡期对于露天转地下的矿山十分重要，也就是在露天开采的末期，进行地下开拓采准工程的准备，然后在露天坑底进行穿爆，矿石经由地下运输系统运到地表，逐渐过渡到完全地下开采。

1.4.4 露天矿无废开采与生态重建

矿山的露天开采，会对自然环境造成严重的污染和破坏，该问题已引起各国政府的普遍重视，进行无废开采和生态重建是所有露天矿山在设计规划阶段就必须考虑的重大问题。我国近 20 年来，在这方面已经进行了大量的研究工作，并建立了相应的示范基地，取得了一定的成果。

科技部批准的"冶金矿山生态环境综合整治技术示范"项目，以马钢集团姑山矿为示范基地，制订了生态环境综合治理规划，8 个分项工程实施后，矿区矿产资源得到了有序利用。特别是建成的 4 个植物园区，有效防止了水土流失，阻止了生态环境恶化趋势，为我国露天矿山在生态环境重建和保护方面起到了示范作用。

2 露天开采概念、方法及程序

2.1 露天开采基本概念

露天开采是指用一定的采掘运输设备，在敞露的空间里从事开采矿床的工程技术。当矿体埋藏较浅或地表有露头时，露天开采比地下开采优越。

露天开采分为原生矿床开采和砂矿床开采。原生矿床使用机械开采，而砂矿床根据其赋存条件分别采用机械开采、水力开采和采砂船开采。

开采所形成的采坑、台阶和露天沟道总称为露天采矿场，如图 2-1 所示。

图 2-1 露天采矿场(包钢白云鄂博东矿)

在原生矿床中，依赋存的地质地形条件，分为山坡露天矿和凹陷露天矿。位于露天采场地表最终境界封闭圈以上的露天矿称为山坡露天矿，位于露天采场地表最终境界封闭圈以下的露天矿称为凹陷露天矿。露天采矿场地表最终境界的平面闭合曲线称为封闭圈。金属矿山多为山坡凹陷露天矿，在开采中先采山坡露天矿，然后逐渐过渡开采凹陷露天矿。

露天矿的底平面和坡面限定的可采空间的边界称为露天矿山开采境界，它由露天采矿场的地表境界、底部境界和四周边坡组成。露天矿采用分期开采时，涉及分期境界，开采结束时形成最终境界。

露天矿床开拓就是建立地面与露天矿场内各工作水平之间的矿岩运输通道的工作。通道的形式为堑沟或各种地下井巷，用以保证露天矿正常生产的运输联系，从而形成露天采场到选矿厂或碎矿厂、排土场或工业广场之间的运输系统，以保证剥采工作的正常进行。根据露天矿的运输方式，分为公路运输开拓、铁路运输开拓、平硐溜井开拓、胶带运输开拓及联合运输开拓等。

露天开采是从地表开始，把矿岩按一定的厚度划分为若干个水平分层，自上而下呈阶梯状逐层开采，并保持一定的超前关系，这些分层称为台阶或阶段，是露天采矿场构成要素之一。上部台阶的开采使其下面的台阶被揭露出来，当揭露面积足够大时，就可进行下一个台阶的开采。

正在进行采剥作业的台阶称工作台阶，不作业的台阶称临时非工作台阶。台阶的基本要素如图 2 -2 所示。

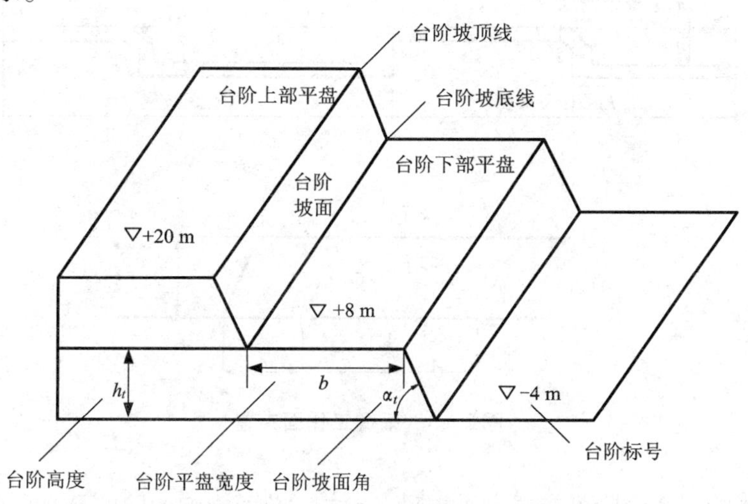

图 2 -2　台阶基本要素

台阶在露天采场中的位置通常用其下部平盘的水平标高表示，即装运设备站立的平盘。台阶的上部平盘和下部平盘是相对的，一个台阶的上部平盘同时也是其上一个台阶的下部平盘，如图 2 -2 中的 +8 m 平盘（也称 +8 m 水平），既是 +8 m 台阶的下部平盘也是 -4 m 台阶的上部平盘，即台阶的上、下部平盘是相对的。

露天开采是分台阶进行的，采装与运输设备在工作台阶的下部平盘作业，为了将采出的矿岩运出采场，必须在新台阶顶面的某一位置开一道斜沟（掘沟工程），使采运设备到达作业水平。掘沟为一个新台阶的开采提供了运输通道和初始作业空间，完成掘沟后即可开始台阶的侧向推进；随着工作面的不断推进，作业空间不断扩大，如果需要加大开采强度，可布置两台或多台采掘设备同时作业。因此，掘沟是新台阶开采的开始。按运输方式的不同，掘沟方法可分为不同的类型，如汽车运输掘沟、铁路运输掘沟、联合运输掘沟、无运输掘沟等。

新水平准备是指露天开采中，采场延深时建立新的开采台阶的准备工程。它包括掘进出入沟、开段沟和为掘进出入沟、开段沟所需空间的扩帮工程。新水平准备基本程序是先掘进出入沟，后掘进开段沟，开段沟形成后进行扩帮。新水平的准备要考虑准备周期和选择运输方式。

开采过程中，将工作台阶划分成若干个具有一定宽度的条带顺序开采，这些条带称为采掘带。按其相对于台阶工作线的位置分为纵向采掘带和横向采掘带。采掘带平行台阶工作线称纵向采掘带，垂直于台阶工作线称横向采掘带。

采掘带长度可为台阶全长或其一部分。如采掘带长度足够，且有必要，可沿全长划分为若干区段，每个区段分别配备采掘设备进行开采，称为采区。在采区中，采掘矿岩体或爆堆装运的工作场所称为工作面，如图 2－3 所示。

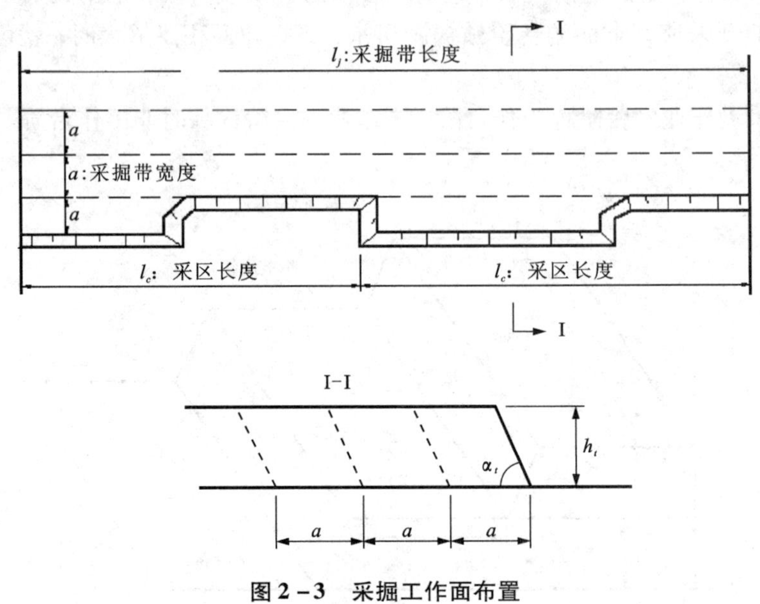

图 2－3　采掘工作面布置

采区长度影响一个台阶可布置的采掘设备台数，从而影响台阶的开采强度。采区长度与采运设备的作业技术规格有关。

采掘带宽度取决于装载设备的工作规格、运输方式和采掘方法。对于汽车运输工作面，宽采掘带有利于提高挖掘机装载效率和缩短汽车入换时间。对于铁路运输，由于运输线路对采掘带宽度有严格的制约关系，在开采需要爆破的矿岩时，爆堆宽度应与采掘带宽度相适应，以充分利用装载设备的工作规格，提高装载能力，减少移铺线路工作量。

已做好采掘准备，即具备穿爆、采装和运输作业条件的台阶称为工作线。它表示露天矿具备生产能力的大小。一般情况下，工作线长，具备生产能力大，反之则小。工作线年移动距离，表示露天矿的水平推进强度。

一个台阶的水平推进使其所在水平的采场不断扩大，并为其下面台阶的开采创造条件，每一台阶在其所在水平面上的任何方向均以同一台阶水平的最终境界为限。新台阶工作面的拉开使采场得以延深。台阶的水平推进和新水平的拉开构成了露天采场的扩展与延深，直至到达设计的最终境界。

在采场扩延过程中，会形成各式各样的帮坡。根据组成采场边帮台阶的性质，将采场边帮分为工作帮和非工作帮。

工作帮是指由正在进行和将要进行开采的台阶所组成的边帮（图 2－4 中的 *DE*）。它是露天采矿场构成要素之一，其位置是不固定的，随开采工作的进行而不断改变，其空间形态取决于组成工作帮的各台阶之间的相互位置关系，并随矿山工程延深而不断下降。当露天矿以固定坑线开拓时，工作帮位于矿体上盘；以移动坑线开拓时，工作帮位于矿体的上下盘。

非工作帮是指由非工作台阶组成的采场边帮，见图 2－4 中的 *AC*，*BF*。当非工作帮位于采场最终境界时，称为最终边帮或最终边坡。露天开采境界位于矿床上盘一侧的边坡面称为顶帮，位于矿床下盘一侧的边坡面称为底帮，顶帮和底帮统称为侧帮，位于矿床两端的边坡面称为端帮。

通过非工作帮最上一台阶的坡顶线和最下一台阶的坡底线所作的假想斜面称为非工作帮坡面，非工作帮坡面位于最终境界时称为最终帮坡面或最终边坡面（图 2－4 中的 AG，BH），露天矿非工作帮最上一个台阶坡顶与最下一个台阶坡底线所作的假想斜面与水平面的夹角，称最终帮坡角或最终边帮角（图 2－4 中的 β，γ），它是按露天矿边坡结构要素布置后形成的实际角度。

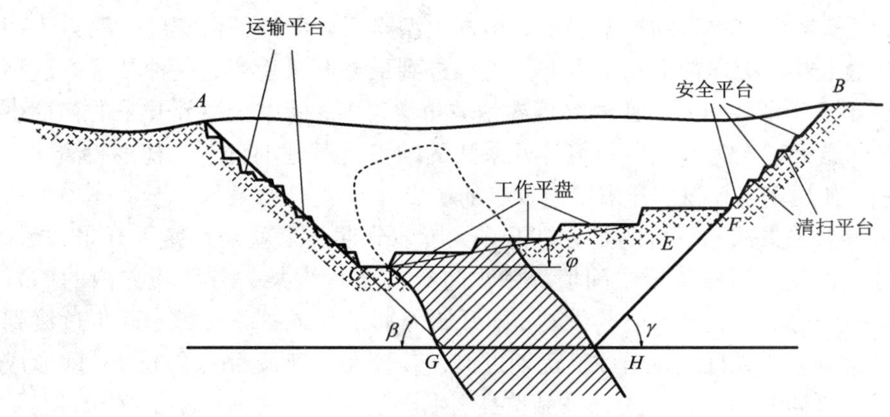

图 2－4　露天采场构成要素

通过工作帮最上一台阶的坡底线和最下一台阶坡底线所作的假想斜面称为工作帮坡面（图 2－4 中的 DE）。工作帮最上一台阶坡底线和最下一个台阶坡底线所构成的假想坡面与水平面的夹角称为工作帮坡角（图 2－4 中的 φ），工作帮坡角的大小反映了在采出矿石量相同条件下所剥离的岩石量不同，一般工作帮坡角大，剥岩量少，反之便多。我国金属露天矿工作帮坡角较缓，一般为 8°～12°，从 20 世纪 80 年代起，逐步采用陡帮开采，工作帮坡角可达 20°～25°。

在开采台阶上进行采掘运输作业的平台（工作平盘），是进行穿孔爆破、采装、运输工作的场地。其宽度取决于爆堆宽度、运输设备规格、设备和动力管线的配置方式以及所需的回采矿量，是影响工作帮坡角的重要参数。布设采掘运输设备和正常作业所必需的宽度，称最小工作平盘宽度。露天矿实际工作平盘宽度通常大于最小工作平盘宽度，并以调整平盘宽度实现生产剥采比的均衡。在陡帮开采时，平盘宽度由推进宽度和临时非工作平台宽度组成。

最终帮坡面与地面的交线称为露天采矿场的上部最终境界线（图 2－4 中的 A，B）。最终帮坡面与露天矿场底平面的交线称为露天采矿场的下部最终境界线或底部周界（图 2－4 中的 G，H）。

最终帮坡面上的平台按其用途分为安全平台、运输平台和清扫平台。

安全平台是露天矿最终边帮上保持边帮的稳定和阻截滚石下落的平台。它常与清扫平台交替设置，其宽度一般为台阶高度的 1/3。我国大型露天矿安全平台宽度一般为 4～6 m，中小型露天矿一般为 2～4 m。美国、加拿大等国露天矿的安全平台宽度一般为 6～8 m。现场实际情况表明，由于爆破和岩体裂隙的影响，安全平台的宽度往往难以保证，为此常采用并段的方式加宽安全平台，如采用7～10 m宽的安全平台。

运输平台是指露天矿非工作帮上通过运输设备的平台。它设在与出入沟同侧的非工作帮和端帮上，其位置依开拓系统的运输线路而定，宽度依所采用的运输方式和线路数目决定。我国金属矿山采用单线铁路运输时，运输平台最小宽度一般为6～8 m，采用单线汽车运输时，载重154 t汽车的运输平台最小宽度一般为18 m，32 t汽车为10 m。美国一些矿山载重154 t汽车的运输平台最小宽度为30 m，31 t汽车为15 m。

清扫平台是指露天矿最终边帮上用于阻截滑落的岩石并用清扫设备进行清理作业的平台，通常是每间隔2个台阶设一个清扫平台，其宽度决定所使用的清扫设备。当平台上设置排水沟时，还应考虑排水沟的技术要求。中国大型露天矿清扫平台宽度一般为7～10 m。

在开采过程中，工作帮沿水平方向一直推进到最终开采境界，这种开采方法称为全境界开采法。由于工作帮坡角一般比最终境界帮坡角缓得多，所以全境界开采的初期生产剥采比高，大型深凹露天矿尤为如此。全境界开采法的缺点是基建时间长、初期投资多，故仅适用于埋藏较浅、初期剥采比低、开采规模较小的矿山。

与全境界开采方法相对应的是分期开采，所谓分期开采就是在露天开采的最终境界内，在平面上或在深度上划分若干中间境界依次进行开采。当某一分期境界内的矿岩接近采完时，开始下一分期境界上部台阶的采剥，即开始分期扩帮或扩帮过渡，逐步过渡到下一分期境界内的正常开采。如此逐期开采、逐期过渡，直至推进到最后一个分期，即形成最终开采境界。露天矿分期开采旨在首先开采品位高、生产条件好、剥采比小的矿床部位，以减少露天矿初期投资，加速露天矿基建、投产和达产，为露天矿均衡生产和扩大再生产提供基础，达到以最少投入取得最大产出的效果。

2.2 主要露天采矿工艺

在露天采矿生产过程中，主要包括4项生产工艺。

(1) 矿岩松碎工作　用爆破或机械等方法将台阶上的矿岩松动破碎，以适于采掘设备的挖掘。对于采掘设备能直接从台阶上挖掘的矿岩，不存在该生产环节。

(2) 采装工作　用挖掘设备将台阶上松碎的矿岩装入运输设备中，这是露天开采的核心环节。

(3) 运输工作　运用一定的运输设备，如汽车、机车、胶带运输机等，将采场的矿岩运送到指定地点，如矿石运送到选矿厂或储矿场，岩石运送到排土场。

(4) 排卸工作　矿石的卸载工作和岩石的排弃工作。

上述4项工作构成了露天采矿工艺的生产主体，贯穿整个露天采矿工作的始终。

2.3 露天矿床开采的主要矿岩指标

露天开采中，为了采出矿石，剥去露天开采境界内覆盖在矿体上部和矿体周围的岩土的工作称为剥离。剥离的岩土量与采出的矿石量之比称为剥采比(也称剥离系数)，即采出单位矿石所需剥离的岩土量，其单位可用t/t，m^3/m^3 或 m^3/t 表示。剥采比是露天开采最重要的技术经济指标，它的大小反映了露天采矿的经济效益。剥采比过大的露天矿，露天开采成本高，应采用地下开采或露天地下联合开采的方法。剥离量依矿床赋存的地质地形条件和露天采矿场最终边坡角大小而异。在时空关系上，剥离必须超前于采矿，以保证矿山生产正常进行。

矿石的损失与贫化分别是指工业储量的丢失与矿石品位的降低。矿石损失和贫化是评价矿床开采的两项重要指标，可用矿石回收率、矿石贫化率和矿物回收率等指标表示。

矿石损失分为非开采损失和开采损失两大类：非开采损失是指与开采无关的矿石损失，开采损失是指开采范围内生产期间产生的矿石损失；矿石贫化分为不可避免贫化和可避免贫化两类：不可避免贫化是指设计允许的贫化，可避免贫化是指设计不允许采下围岩和夹石、生产管理不善引起富矿损失和岩石混入等导致的贫化。

表 2－1 列举了与矿床开采有关的矿岩数量指标与质量指标。

表 2－1　矿岩数量指标与质量指标

序号	数量指标	符号	单位	序号	质量指标	符号	单位
1	矿岩生产能力	A_n	t/a	7	废石中的开采矿量	A_2	t
2	矿石生产能力	A	t/a	8	开采矿量品位	α_0	%
3	开采矿量	A_0	t	9	原矿品位	α'	%
4	采出原矿量	A'	t	10	岩石品位	α''	%
5	原矿中的废石量	A''	t	11	精矿品位	g_p	%
6	原矿中的开采矿量	A_1	t	12	原矿的精矿产出率	k	t/t

矿岩数量指标与质量指标之间有如下两个理论上的平衡式：

矿石量平衡式　$$A' = A_1 + A'' \tag{2-1}$$

矿物量平衡式　$$A'\alpha' = A_1\alpha_0 + A''\alpha'' \tag{2-2}$$

表 2－2 给出了矿床开采回收率与贫化率诸指标的定义（表达）式，依据这些定义（表达）式及上述两个平衡式，可得到表 2－2 中诸指标的计算（关系）式。

表 2－2　回收率与贫化率

序号	指　标	定义(表达)式	备　注	计算(关系)式	备　注
1	实际回收率	$\eta = \frac{A_1}{A_0}$	(2－3)	$\eta = \eta'(1-\rho)$	(2－9)
2	表观回收率(视在回收率)	$\eta' = \frac{A'}{A_0}$	(2－4)	$\eta' = \frac{\eta}{1-\rho}$	(2－10)
3	实际贫化率(废石混入率)	$\rho = \frac{A''}{A'}$	(2－5)	$\rho = \frac{\alpha_0 - \alpha'}{\alpha_0 - \alpha''}$	(2－11)
4	表观贫化率(品位降低率)	$\rho' = \frac{\alpha_0 - \alpha'}{\alpha_0}$	(2－6)	$\rho' = 1 - \frac{\eta''}{\eta'}$	(2－12)
5	矿物回收率	$\eta'' = \frac{A'\alpha'}{A_0\alpha_0}$	(2－7)	$\eta'' = \eta'(1-\rho')$	(2－13)
6	选矿回收率	$\varepsilon = k \cdot g_p/\alpha'$	(2－8)		

2.4 露天矿设计与建设简述

整个露天矿的建设工作涉及面广，内外协作的配合环节很多，必须按计划、有步骤地进行，才能达到预期的效果。实践表明，一个露天矿从计划建设到建成投产，少则2~3年，多则7~8年，建设投资额可达数亿元，因此遵循科学合理的建设程序十分重要。

通常，矿山建设经历如下主要阶段：

① 勘探及建设立项阶段。包括矿床初步勘探、详细勘探、项目建议书、可行性研究及设计任务书编制等5个阶段；

② 建设设计阶段。包括初步设计、施工设计，必要时还需进行技术设计等；

③ 矿山建设阶段。包括施工、试车、投产及设计总结等。

露天矿山建设程序如图2-5所示。

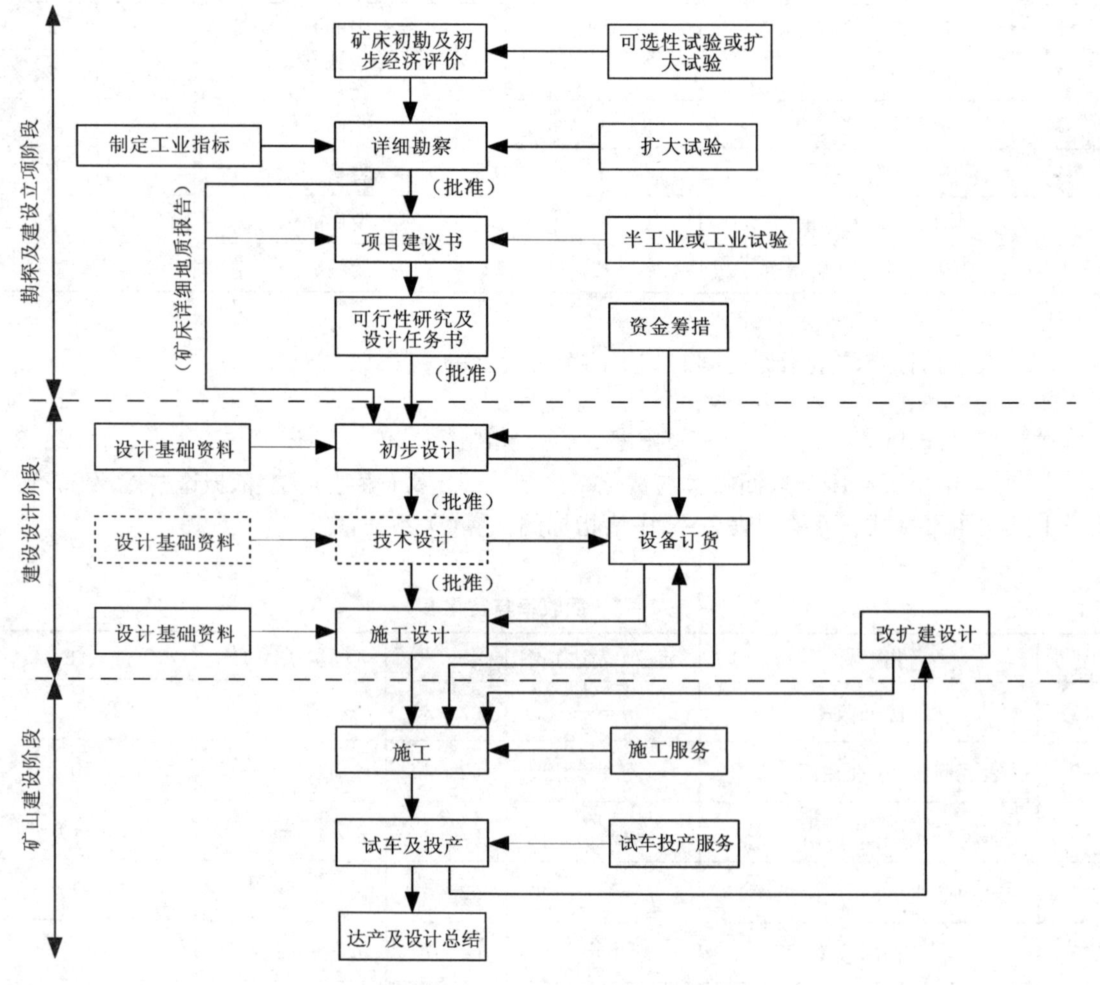

图2-5 露天矿山建设程序示意图

2.4.1 露天矿山设计

露天矿山设计一般采用两阶段设计，即初步设计和施工设计。如果开采技术条件极其复杂，可根据具体情况采用三阶段设计，即初步设计、技术设计和施工设计；对于技术条件简单的小型矿山，可简化初步设计，重点进行施工设计。

在正式开展设计前，需要进行设计前期工作，包括编制项目建议书、开展可行性研究、制定设计任务书等，上述工作与矿山设计联系紧密，特别是可行性研究工作，常由设计单位配合完成。

2.4.1.1 露天采矿设计

露天矿设计涉及地质、采矿、机电、总图、土建、技术经济等许多专业，各专业需互相协调配合，其中采矿设计是中心，其他专业需配合采矿设计进行。就露天采矿部分而言，其设计程序主要包括：

① 初步确定露天开采境界；

② 初步确定矿山生产能力；

③ 初步确定矿山总图布置及外部运输；

④ 初步确定开拓运输方式及装运设备类型；

⑤ 具体进行开拓运输布线；

⑥ 修改、调整并确定露天开采境界；

⑦ 编制采掘进度计划，验证生产能力；

⑧ 确定采剥设备数量及工艺参数；

⑨ 具体进行总图布置及外部运输。

2.4.1.2 主要设计方法

在矿山设计中包括众多技术决策问题，如矿山开采参数、开拓方案选择、设备类型确定等。解决此类技术决策问题的方法主要包括以下几种。

（1）类比法

类比法是设计中经常采用的一种方法，它根据类似条件的生产矿山，选用行之有效的方案或技术措施。如阶段（台阶）高度、爆破参数、台阶结构等参数主要采用类比法进行确定。对于重大的技术方案，常通过类比法选取几个可行方案，再用方案比较法选择最优方案。

（2）方案比较法

进行工程设计时，根据已知条件列出在技术上可行的若干个方案，进行具体的技术分析和经济比较，全面研究技术和经济的合理性，明确各方案在技术上和经济上的差异，全面衡量各方案的利弊。在技术上合理的数个方案中，经济指标是决定取舍的主要根据。从各方案中选出最优的方案作为设计方案，这种设计方法称为方案比较法。

方案比较的基本方法可分为静态分析法和动态分析法。前者所使用的经济指标如投资、经营费用等不考虑资金的时间价值，后者所使用的经济指标考虑了时间价值。常用的静态分析法有最小成本法、最小投资法及投资差额返本期法。常用的动态分析法有贴现法和净现值法。

露天开采设计中，有关开拓运输系统的确定、设备选型、厂址选择等重大技术决策等问题，常采用方案比较法。

(3) 多目标决策法

多目标决策法是应用概率论和模糊数学原理进行多方案决策的一种方法。模糊数学可以实现不同因次数量的无量纲化，把定性参数定量化，从而可以用同一个尺度进行衡量，以便客观地评价不同方案的优劣。

用多目标决策法进行矿山设计质量效果评价时，可以利用先进指标对所审查设计的先进性做出客观而可靠的论证；对设计的不足用准确的数据予以说明，并提出需要改进的内容和改进的途径；能及时排除落后的、不可靠的、不经济的设计方案；可加快设计的速度；可避免大量基建资金的损失。

(4) 统计分析法

统计分析法是以概率论和数理统计理论为基础的一种定量分析方法。它是在定性分析的基础上，找出事物发展的规律及其相互关系，建立合理的数学模型，使其具有严密的科学性和较高的准确度，是技术预测的主要方法与重要手段之一。一般用于研究预测目标与影响因素之间的因果关系，也称之为“因果法”。

统计分析法通过量的变化揭示事物的内在规律，抓住主要矛盾，解决根本问题。因此在应用时应重视影响因素的分析，确定正确的变量关系。

(5) 最优化方法

随着计算机技术及数学理论的发展，最优化方法在矿山设计中的应用日益广泛，该方法运用运筹学、模糊数学、计算方法等工程数学方法，建立相应的数学模型，进而求得最优解。在露天矿山开采设计中，常用于露天开采境界、编制采剥进度计划等。

事实上，矿山设计中很多因素是相互影响、相互制约的，例如：露天开采境界的大小对选择开拓运输系统有很大的影响，而不同的开拓运输系统又决定了边坡的技术参数，进而影响到开采境界，因此，两者需反复设计和调整。在整个设计过程中，有众多的因素都存在着相互影响的问题，这就要求在前述基本设计方法的基础上，进行多参数的不断调整与优化，以获取最优的设计方案。

2.4.2 露天矿山建设与生产

设计部门完成的露天矿施工图设计，提交主管部门批准后即可进行露天矿的建设和生产。露天矿建设与生产的一般程序如下：

① 地面准备：将外部交通、供水、供电等系统引入矿区，形成矿区内部的交通、供水、供电系统；进行矿区生产、生活、娱乐设施等的建设；在进行开采的区域清除和搬迁天然或人为的障碍物，如树木、村庄、厂房、道路、河流等。

② 矿区防水与排水：在开采地下水较大的矿床时，为保证露天矿正常生产，必须排除开采范围内的地下水；截断或改道通过开采区域的河流，使水位低于要求的水平。此外，在生产过程中要不断排除涌入采坑内的水。

③ 矿山基本建设工程：矿山基建工程是露天矿投产前为保证生产所必需的工程，包括工业场地和厂房的建设、修筑道路、建立地面与开采水平的联系、进行基建剥离揭露矿体、建立开采工作线、形成排土场(堆积废弃物的场地)和通往排土场的运输线路等。

④ 日常生产：在开辟了必要的采剥工作面、形成一定的采矿能力后即可由基建部门移交至生产部门。一般再经过一段时间，才能达到设计生产能力，进行正常的开采生产。

在矿山开采过程中和结束后，都要对采场和排土场以及植被破坏的区域，开展恢复植被或覆土造田的工作。开采结束，企业转产、搬迁或关闭。

露天矿的建设和生产是十分复杂的工程项目，土地的购置、村庄搬迁、设备采购安装调试、人员培训、组织机构建立等，涉及到生产和生活的多个方面，必须统筹安排。

露天矿进行较长时间的生产后，可能需要改建、扩建，以提高产量或进行技术改造。运用新技术与新装备改进开采方案与设备配套时，需要进行改建、扩建设计。

本章习题

1. 简述露天开采、露天采矿场的定义。

2. 简述台阶的定义、类型、基本要素、表示方法。

3. 简述工作帮、非工作帮、顶帮、底帮、端帮、最终帮坡面、最终帮坡角、工作平盘的定义。

4. 简述露天矿山平台的类型、作用及其宽度要求。

5. 常用的矿岩数量及质量指标有哪些？简述损失与贫化的定义。

6. 简述露天采矿过程的4项主要生产工艺。

7. 依据矿床开采回收率和贫化率的定义(表达)式、矿石量平衡式和矿物量平衡式推导回收率和贫化率的计算(关系)式。

8. 露天矿山建设包括哪些主要阶段?

9. 简述露天采矿设计程序。

10. 简述露天采矿设计的主要方法。

11. 简述露天矿山建设与生产的一般程序。

3 露天开采境界

3.1 概 述

3.1.1 露天开采境界

3.1.1.1 **露天开采境界的定义**

露天开采境界是露天矿可采空间的边际面。露天矿某一开采期限和开采终了的预设边际面分别称为分期开采境界和最终开采境界。露天开采境界内的固体矿产资源/储量称为开采矿量。矿床露天开采境界实体模型和块体模型分别如图 3－1 和图 3－2 所示。

图 3－1 露天开采境界实体模型

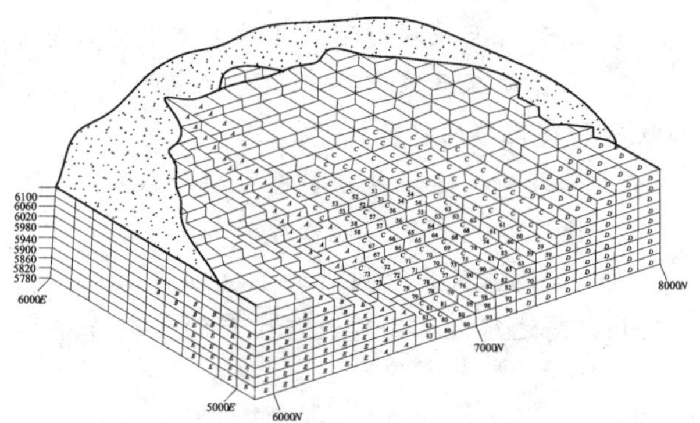

图 3－2 露天开采境界块体模型(局部)

露天开采境界由露天矿的地表面、底平面和边坡面组成。边坡面与地表面和底平面的交线分别称为上部境界线和下部境界线，下部境界线也称境界底部周界。

如图 3－3 所示，露天开采境界横剖面与边坡面的交线称为边坡线(图 3－3 中的 ab 和 dc)，上部境界线和下部境界线与露天开采境界横断面的交点分别称为上部境界点(图 3－3 中的 a 和 d)和下部境界点(图 3－3 中的 b 和 c)。开采境界边坡线与水平线的夹角称为边坡角(图 3－3 中的 β 和 γ)，两个下部境界点间的水平距离称为底部宽度 B，同侧上部境界点和下部境界点间的垂直距离称为开采深度 H。

3.1.1.2 **露天开采境界的意义**

露天开采境界的大小确定了露天矿采出矿量和剥离岩量的多少，关系着矿床的生产能力和经济效益，并影响着露天矿开采程序和开拓运输。因此，合理确定露天开采境界是矿床开采设计的首要任务之一。

露天开采境界实质上是矿床露采矿段与地采矿段的界线，或是矿床开采矿段与不采矿段的界线。从经济角度而言，露天开采境界的设计目标是要圈定一个使整个矿床的开采效益最

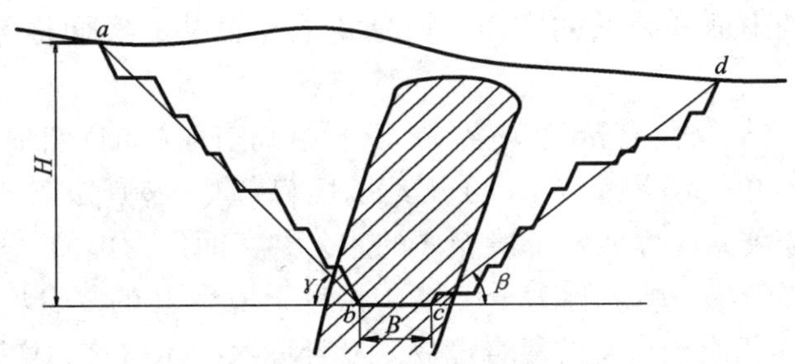

图3-3 露天开采境界横剖面

佳的露天采场边际面，即最优露天开采境界。因此，露天开采境界设计的基本原理系经济学中的边际原理。露天开采境界设计的主要方法是增量分析法，具体方法可分为数学分析法(如手工设计法)和数值分析法(如计算机设计法)。上述两种分析法可分别运用于矿床实体模型和块体模型。

3.1.1.3 **露天开采境界的衍生概念**

为便于阐述露天开采境界的理论研究和技术设计内容，引入下述相关的衍生概念。

露天开采境界的虚面与实面：露天开采境界是一个边际面，这个边际面可以划分为虚面与实面，临空的边际面称为虚面，开挖的边际面称为实面。比如，地表面为虚面、底平面和边坡面为实面。开挖面是个动态的概念，开挖面揭露后便成为临空面。因此，虚面与实面是一个相对概念。

虚境界与实境界：虚面与实面重合的开采境界称为虚境界，否则，就是实境界。

露天开采境界的闭包：开采境界内的矿岩量称为闭包。虚境界的闭包是空的。

子境界：设有境界 *A*(*efgb*)和境界 *B*(*acdb*)如图3-4所示，若境界 *A* 的虚面和闭包分别包含于境界 *B* 的虚面和闭包之中，则境界 *A* 称为境界 *B* 的子境界。虚境界是所有实境界的子境界，所有的分期境界是最终境界的子境界。

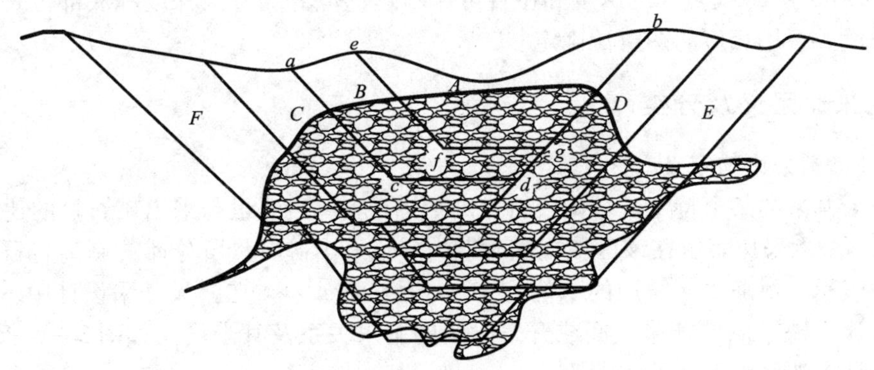

图3-4 露天开采境界的衍生概念

境界的移动边际面：如图3-4所示，境界 *B*（*acdb*）与其子境界 *A*（*efgb*）之间存在多种界面。境界 *B* 与境界 *A* 的公共虚面 *eb* 和公共实面 *bg*，境界 *B* 的非公共的虚面 *ae*，境界 *B* 的

非公共的实面 *acdg* 和境界 *A* 的非公共的实面 *efg*。境界与其子境界必有公共的虚面和非公共的实面，或有非公共的虚面和公共的实面。境界 *A* 的非公共的实面称为境界的移动边际面（*efg*）。

单一境界（单境界）与复合境界（复境界）：以原始临空面（如自然地表面）作为虚面的境界称为单一境界。设有单一境界 *B*（*acdb*）及其子境界 *A*（*efgb*）如图 3－4 所示，若境界 *I*（*acdgfe*）以境界 *B* 的非公共的虚面及子境界 *A* 的非公共实面作为虚面，并以境界 *B* 的非公共实面作为实面，则境界 *I*（*acdgfe*）称为子境界 *A* 相应于境界 *B* 的复合境界，记作 $I_{B\backslash A}$。单一境界可以看作是虚境界相应于自身的复合境界。复合境界的闭包称为增闭包。与单一境界一样，复合境界也有子复合境界。

嵌套境界：任何一个单一境界可由一系列复合境界嵌套而成，由某个复合境界序列嵌套组成的单一境界称为嵌套境界。图 3－4 所示的境界 *F* 是由 6 个复合境界组成的嵌套境界。嵌套境界的子境界也可以是一个由复合境界序列的子序列组成的嵌套境界，如境界 *F* 的子境界 *C* 是由 3 个复合境界嵌套组成的。

工程境界、技术境界与理论境界：在工艺和安全上可实施的露天开采境界称为工程境界（见图 3－3）；以固定边坡角的斜面作为边坡面的境界称为技术境界（见图 3－4）；无底面即底宽为零的技术境界称为理论境界（见图 3－5）。技术境界是工程境界的抽象，理论境界是技术境界的抽象。为了使问题简化又不失精确性，在露天开采境界的理论研究和手工设计中，通常采用技术境界和理论境界。

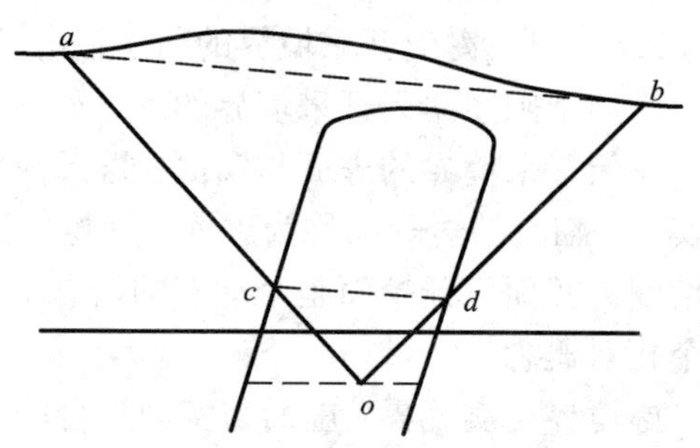

图 3－5　相似形开采境界

相似形开采境界：设有理论境界 *aob* 如图 3－5所示，其顶帮和底帮边坡线分别交地表线于 *a* 和 *b*、交矿体边界线于 *c* 和 *d*。若 $ac:co=bd:do$，则理论境界 *aob* 称为相似形开采境界。另外，边坡线 *ao* 和 *bo* 交点 *o* 的深度和位置可作为理论境界的开采深度和底部位置。矿床的相似形开采境界可用相应的图解法确定。

3.1.2　剥采比定义及分类

3.1.2.1　剥采比的定义

矿床露天开采的某个特定区域内或特定时期内，剥离岩石量与采出矿石量的比值称为剥采比。或者说，剥采比表示在该区域或该时期内单位采出矿石量所分摊的剥离岩石量。剥采比一般用 *n* 表示，剥采比 *n* 常用的单位为 m^3/m^3，t/t，m^3/t。在露天开采设计中，常用不同含义的剥采比反映不同的开采空间或开采时间的剥采关系及其限度。如图 3－6 所示，露天开采境界设计中涉及以下几种剥采比。

① 平均剥采比 n_p，指单一境界闭包中的岩石量 V_p 与矿石量 A_p 之比［图 3－6(a)］，即：$n_p=V_p/A_p$。平均剥采比反映露天矿的总体经济效果，在设计中可用平均剥采比作为评判露天开采境界优劣的指标。

② 分层剥采比 n_f，指露天开采境界内某一水平分层的岩石量 V_f 与矿石量 A_f 之比［图 3－6

(b)]，即：$n_f = V_f/A_f$。尽管露天矿极少采用单一水平生产，但分层剥采比可以作为参照指标用于理论分析。另外，分层矿岩量是计算露天开采矿量、平均剥采比和估算均衡生产剥采比的基础数据。

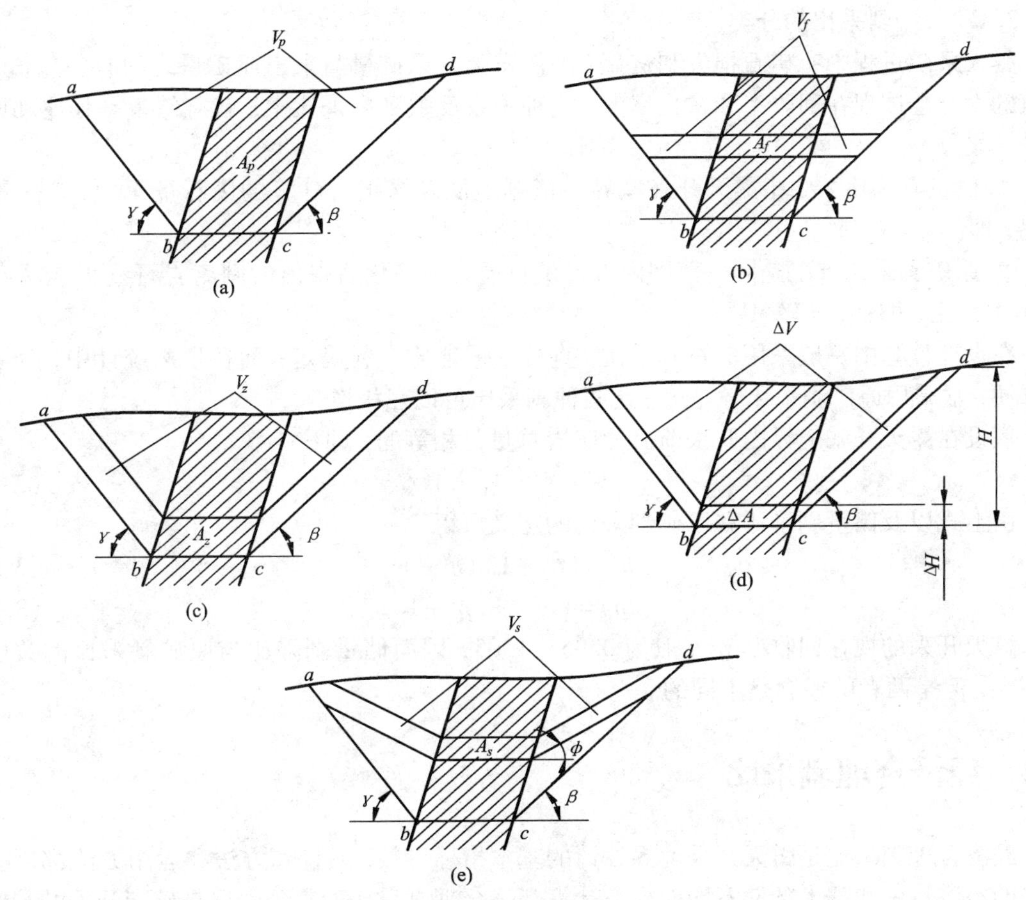

图 3-6　剥采比示意图

(a) 平均剥采比；(b) 分层剥采比；(c) 增量剥采比；(d) 境界剥采比；(e) 生产剥采比

③ 增量剥采比 n_z，指复合境界增闭包中的岩石量 V_z 与矿石量 A_z 的比值[图 3-6(c)]，即 $n_z = V_z/A_z$。增量剥采比是描述复合境界的剥采关系；另一方面，由于单一境界可以看作是虚境界相应于自身的复合境界，则平均剥采比是增量剥采比的特殊形式。增量剥采比是露天开采境界设计的主要技术指标。

④ 境界剥采比 n_j，指露天开采境界移动边际面(在移动方向)上的岩石量与矿石量之比[图 3-6(d)]，即：$n_j = \Delta V/\Delta A(\Delta H \to 0)$。从经济学角度而言，境界剥采比是一种边际值，也可称为边际剥采比；从数学角度而言，境界剥采比是一种极限值。在露天开采境界设计的数学分析法中，境界剥采比是一个重要技术指标。

⑤ 生产剥采比 n_s，指露天矿投产后某一生产时期的剥离岩石量 V_s 与采出矿石量 A_s 之比[图 3-6(e)]，即：$n_s = V_s/A_s$。生产剥采比有许多衍生形式，可用来分析和反映露天矿生产

中的剥采关系。在矿山生产统计中，生产剥采比可按年、季、月计算。

⑥ 经济合理剥采比 n_{jh}，指在特定的技术经济条件下所允许的最大剥采比。经济合理剥采比是考量矿床露天开采经济效益的重要依据，若借用技术经济学的相关概念，经济合理剥采比可称为基准剥采比。

3.1.2.2 **剥采比的分类**

露天采矿过程中有矿石损失和贫化，因而露天开采矿量与采出原矿量之间有一差值，此差值的大小会体现在回收率和贫化率上，这种关系反映到剥采比中，就有储量剥采比和原矿剥采比之分。

① 储量剥采比 n_0，指露天开采境界内依据地质勘探报告计算的废石量 V_0 与矿石量 A_0 之比，即：$n_0 = V_0/A_0$。

② 原矿剥采比 n'，是同一范围内考虑矿石损失和贫化后得出的剥离岩石量 V' 与采出原矿量 A' 之比，即：$n' = V'/A'$。

在设计计算中一般采用储量剥采比，直接依据地质资料确定；而在生产统计中，为了工作方便，常采用原矿剥采比。显然，这两种剥采比可以互相换算。

假设在露天开采境界内开采前后的矿岩总量是相等的，即：

$$V' + A' = V_0 + A_0 \tag{3-1}$$

由上式以及储量剥采比和原矿剥采比的定义可得：

$$n' = (n_0 + 1)/\eta' - 1 \tag{3-2}$$

$$n_0 = (n' + 1)\eta' - 1 \tag{3-3}$$

露天开采的视在回收率 η' 一般为 0.95～1.05，因而储量剥采比与原矿剥采比的数值相差不大，但是两者的概念是不同的。

3.2 经济合理剥采比

经济合理剥采比是露天开采境界设计的基本指标参数，其计算方法和运用方法都因矿床开采的经济目标和技术条件不同而异。计算经济合理剥采比的基础数据是矿床开采的基本经济要素。

3.2.1 矿床开采的基本经济要素

矿床开采的基本经济要素在此是指单位开采矿量扣除销售税金后的销售收入 v（元/m^3）（v^o 表示露天采矿、v^u 表示地下采矿）、成本费用 c（元/m^3）（c^o 表示露天采矿，c^u 表示地下采矿）、经营利润 $u = v - c$（元/m^3）（u^o 表示露天采矿，u^u 表示地下采矿），以及单位围岩的剥离费用 b（元/m^3）。

矿床开采的基本经济要素可由矿山最终产品（原矿或精矿）的相应指标推算。为了简明又不失严谨，假定矿石和岩石的体重相同且等于 γ、原矿的采矿成本和选矿成本分别为 c_c 和 c_x（元/t）、原矿和精矿扣除销售税金后的销售价格分别为 p_y 和 p_j（元/t）、采矿和选矿回收率分别为 η 和 ε（%）。

矿山最终产品按原矿计算：

$$c = c_c \eta' \gamma \tag{3-4}$$

$$v = p_y \eta' \gamma \tag{3-5}$$

矿山最终产品按精矿计算：

$$c = (c_c + c_x) \eta' \gamma \tag{3-6}$$

$$v = p_j \eta' \gamma K = p_j \eta' \gamma \alpha' \varepsilon / g_p \tag{3-7}$$

矿床开采的基本经济要素不仅与矿岩性质、矿石质量、开采工艺和开采技术有关，而且还受矿床开采深度、生产能力和市场需求及宏观经济景气周期的影响。为了综合考虑相关影响因素，可采用技术经济学和工程项目概预算的有关方法对矿床开采的基本经济要素进行计算和分析。

矿床开采的基本经济要素可按露天开采和地下开采两种不同的矿床开采方法分别计算。

3.2.2 经济合理剥采比的计算方法及分类

经济合理剥采比的计算方法主要采用平衡法，以下讨论的剥采比与储量剥采比相对应。

3.2.2.1 盈亏平衡法(价格法)

盈亏平衡法适用于矿床选择单一露天开采的情况，其实质是要求单位开采矿量露采总成本费用($c^o + nb$)不得超过其价值(销售收入)v^o，以保证矿山不亏损，即：

$$v^o - (c^o + nb) = (v^o - c^o) - nb = u^o - nb \geqslant 0$$

由上式可得：

$$n \leqslant \frac{1}{b} u^o = \frac{v^o - c^o}{b}$$

将上式等号右边算式的值记为 n_{jh}，即：

$$n_{jh} = \frac{v^o - c^o}{b} = \frac{1}{b} u^o \tag{3-8}$$

n_{jh}表示露天开采单位开采矿量在盈亏平衡时所对应的剥采比，即经济合理剥采比。

3.2.2.2 优劣平衡法(比较法)

优劣平衡法是盈亏平衡法的推广，适用于露天与地下联合开采的矿床。该法的实质是确定露采与地采两种方案优劣分歧点(损益平衡点)所对应的剥采比。这个剥采比就是所谓的经济合理剥采比。

(1) 盈利比较法

盈利比较法的原则是将单位开采矿量的地采经营利润 u^u 作为露采净利(单位开采矿量的露采净利为露采经营利润 u^o 扣除所担负的剥离费用 nb 后的盈利) $u^o - nb$ 的下限，由此确定损益平衡点所对应的剥采比，即：

$$u^o - nb \geqslant u^u$$

由上式可得：

$$n \leqslant \frac{1}{b}(u^o - u^u)$$

上述不等式右边算式的值记为 n_{jh}，表示经济合理剥采比，即：

$$n_{jh} = \frac{1}{b}(u^o - u^u) = \frac{1}{b}[(v^o - c^o) - (v^u - c^u)] \tag{3-9}$$

(2) 成本比较法

假定单位开采矿量的露天开采和地下开采的销售收入相等，即 $v^o = v^u$，则上述计算经济合理剥采比的盈利比较法简化为成本比较法，其计算公式如下：

$$n_{jh} = \frac{1}{b}(c^u - c^o) \tag{3-10}$$

3.2.2.3 **利润指标法(税利法)**

对于矿床采用单一露天开采的情况还可仿效优劣平衡法(比较法)，制定单位开采矿量的最低利润指标 $u_{\min}$ 作为露天开采净利($u^o - nb$)的下限，由此确定经济合理剥采比：

$$n_{jh} = \frac{u^o - u_{\min}}{b} = \frac{(v^o - c^o) - u_{\min}}{b} = \frac{1}{b}[(v^o - u_{\min}) - c^o] \tag{3-11}$$

若将上式中引入的最低利润指标 $u_{\min}$ 当作可变的参数，利润指标法实质上是一种参数分析法。采用参数分析法计算的经济合理剥采比可用于分期开采境界的设计。

上述经济合理剥采比的一系列计算方法总体称为储量盈利平衡法(比较法)，计算经济合理剥采比的储量盈利平衡法是以矿床资源/储量作为计算基础，该法所对应的矿床开采经济目标是在假定矿床资源/储量不变的前提下使矿床开采盈利额达到最大。

运用投入产出理论并选用与资金相关的经济效益指标作为比较标的，可以建立另一套经济合理剥采比的计算方法，即费用收入平衡法(比较法)。该系列计算方法以矿山生产费用作为计算基础，所对应的经济目标是使矿床开采收益率达到最大。因此，费用收入平衡法(比较法)更适合于市场经济体制。

3.3 剥采比的表示与计算方法

本节重点讨论露天开采境界设计中常用的境界剥采比、增量剥采比和平均剥采比。

就可操作性而言，露天开采境界的手工设计法较适合于矿床局部地段的剥采比表示与计算。因此，有关的描述和操作通常是在矿床的某种剖面图上实施的。

3.3.1 剥采比的表示

不失一般性，取平坦地形规则矿体(矿体水平厚度为 m，倾角为 α)的横剖面如图 3-7 所示。假设露天开采境界的最终边坡角和底部宽度固定不变，露天开采境界的顶、底帮边坡角分别为 γ 和 β，且底部宽度为矿体的水平厚度。

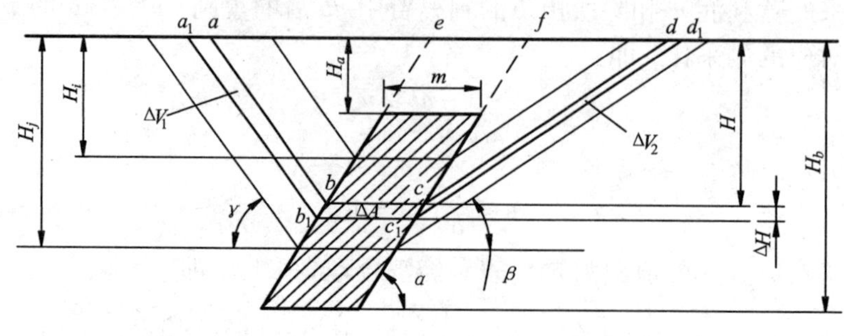

图 3-7 矿床横剖面

3.3.1.1　**境界剥采比**

定义 3.1　设有开采深度为 H 的露天开采境界按移动方向 cc_1 延深 ΔH，记境界内的岩石增量为 ΔV、矿石增量为 ΔA，则当 $\Delta H \to 0$ 时，ΔV 与 ΔA 之比的极限称为深度 H 的境界剥采比 $n_j(H)$，即：

$$n_j(H) = \lim_{\Delta H \to 0} \frac{\Delta V}{\Delta A} \tag{3-12}$$

根据上述境界剥采比的定义，依几何关系可推导出境界剥采比的表示法。

显然，当 $0 \leqslant H < H_a$（矿体最小埋藏深度）时，$\Delta A = 0$，则 $n_j(H) = +\infty$；当 $H_a \leqslant H \leqslant H_b$（矿体最大埋藏深度）时，则有：

$$\begin{aligned}
\Delta A &= m \cdot \Delta H \\
\Delta V_1 &= \Delta a_1 b_1 e - \Delta abe \\
&= \frac{1}{2}(H + \Delta H)(\cot\gamma + \cot\alpha)(H + \Delta H) - \frac{1}{2}H(\cot\gamma + \cot\alpha)H \\
&= (\cot\gamma + \cot\alpha)H \cdot \Delta H + \frac{1}{2}(\cot\gamma + \cot\alpha)\Delta H^2
\end{aligned}$$

$$\Delta V_2 = \Delta d_1 c_1 f - \Delta dcf = (\cot\beta - \cot\alpha)H \cdot \Delta H + \frac{1}{2}(\cot\beta - \cot\alpha)\Delta H^2$$

由此可得岩石增量与矿石增量之比值：

$$\begin{aligned}
\frac{\Delta V}{\Delta A} &= \frac{\Delta V_1 + \Delta V_2}{\Delta A} \\
&= \frac{(\cot\gamma + \cot\alpha)H + (\cot\beta - \cot\alpha)H + (\cot\gamma + \cot\beta)\Delta H/2}{m}
\end{aligned}$$

当 $\Delta H \to 0$ 时，可得境界剥采比：

$$n_j(H) = \frac{(\cot\gamma + \cot\alpha)H + (\cot\beta - \cot\alpha)H}{m} \tag{3-13}$$

综上所述，境界剥采比的表达式为：

$$n_j(H) = \begin{cases} +\infty & 0 \leqslant H < H_a \\ \dfrac{(\cot\gamma + \cot\beta)H}{m} & H_a \leqslant H < H_b \end{cases} \tag{3-14}$$

3.3.1.2　**增量剥采比及平均剥采比**

定义 3.2　设有开采深度分别为 H_j 和 H_i 的境界及其子境界，记两者相应的复合境界内的岩石增量为 ΔV、矿石增量为 ΔA，则 ΔV 与 ΔA 的比值称为深度 H_i 与 H_j 之间的增量剥采比 $n_z(H_i, H_j)$。

如图 3-7 所示，由定义导出增量剥采比表达式为：

$$n_z(H_i, H_j) = \begin{cases} +\infty & 0 \leqslant H_i < H_j \leqslant H_a \\ \dfrac{(\cot\gamma + \cot\beta)(H_j^2 - H_i^2)/2 + m(H_a - H_i)}{m(H_j - H_a)} & 0 \leqslant H_i < H_a < H_j \leqslant H_b \\ \dfrac{(\cot\gamma + \cot\beta)(H_j^2 - H_i^2)/2}{m(H_j - H_i)} & H_a \leqslant H_i < H_j \leqslant H_b \end{cases} \tag{3-15}$$

定义 3.3　设有开采深度为 H 露天开采境界，记其中的岩石量为 V、矿石量为 A，则 V 与

A 的比值称为深度 H 平均剥采比 $n_p(H)$。

若令 $H_i=0$ 及 $H_j=H$，上式可简化为如下平均剥采比 $n_p(H)$ 的表达式：

$$n_p(H)=\begin{cases}+\infty & 0\leqslant H\leqslant H_a\\ \dfrac{(\cot\gamma+\cot\beta)H^2/2+mH_a}{m(H-H_a)} & H_a<H\leqslant H_b\end{cases}\tag{3-16}$$

3.3.2 剥采比计算

剥采比的计算可以在各种平面图和剖面图上实施。剥采比的各种图上计算法分别适用于不同技术特征的矿床及其矿段。矿床露天开采平面图与剖面的关系如图 3-8 所示。如在平面图中，Ⅲ-Ⅲ为侧帮横剖面线、0-0′为纵剖面线、1-1′为端帮径向剖面线。

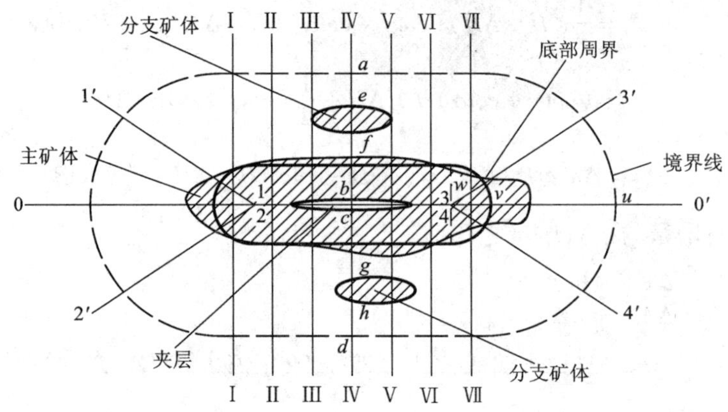

图 3-8　平面图与剖面的关系

分层剥采比、平均剥采比及增量剥采比只是简单的体积比，作为理论研究可直接按定义在横剖面图上测量计算，作为工程计量可采用常规的平行截面法统计计算。下面重点讨论境界剥采比的计算。

就方法而论，对于走向延伸较大的长露天矿通常采用局部法计算境界剥采比，而对于其水平截面近乎等轴状的短露天矿通常采用整体法计算境界剥采比。具体地讲，长露天矿开采境界侧帮上的境界剥采比可在一系列横剖面图上计算，端帮上的境界剥采比适合在平面图上计算；短露天矿不易区分端帮与侧帮，其整体境界剥采比可一次性在平面图上计算。

3.3.2.1　在横剖面上计算境界剥采比

在横剖面上计算长露天矿开采境界侧帮的境界剥采比可归结为某种线段比，计算方法可由其表达式导出。

(1) 计算境界剥采比的投影线(段)比法

如图 3-9 所示，由上述境界剥采比表达式的推导过程可得：

$$n_j(H)=\frac{(\cot\gamma+\cot\alpha)H+(\cot\beta-\cot\alpha)H}{m}=\frac{a_1e+fd_1}{ef}=\frac{gb_1+c_1h}{b_1c_1}\tag{3-17}$$

上式表明，境界剥采比 n_j 可用线段(gb_1+c_1h)与 b_1c_1 的长度比值来确定。

此处，线段(gb_1+c_1h)和 b_1c_1 分别为岩体中的境界线($a_1b_1+c_1d_1$) 和矿体中境界线 b_1c_1

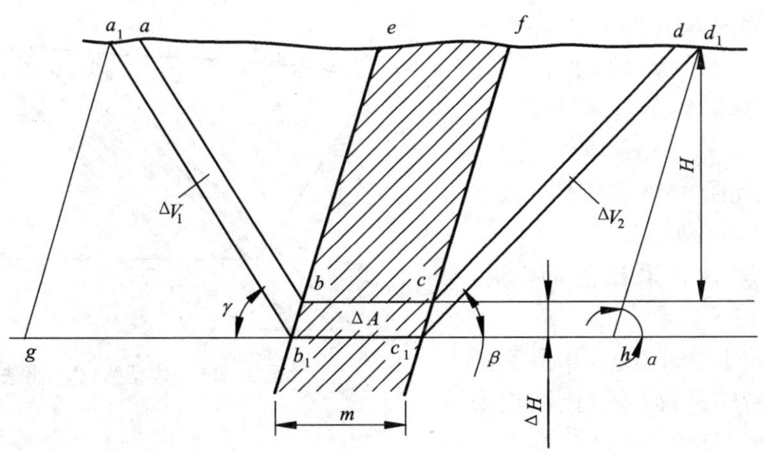

图 3－9　投影线(段)比法的原理

沿境界移动方向 cc_1 在水平线上的投影。因此，这种用开采境界岩、矿投影线段长度比计算境界剥采比的方法称为投影线(段)比法。

一般情况下用投影线(段)比法计算境界剥采比的步骤如下：如图 3－10 所示，首先绘出深度 H 的露天开采境界 $abcd$，它交地表于 a、d 两点，交主矿体及分支矿体边界于 e, f, i, j, k, l, g, h 等诸点；再确定境界底部的延深方向，即将本水平一侧下部境界点 c 与上水平同侧下部境界点 c_0 相连，得投影方向线 c_0c；然后，依次从不在水平线 bc 上的点 a, e, f, i, l, g, h 和 d 作 c_0c 的平行线，交水平线 bc 于点 $a_1, e_1, f_1, i_1, l_1, g_1, h_1$ 和 d_1。深度 H 的境界剥采比为：

$$n_j(H)=\frac{a_1e_1+f_1i_1+jk+l_1g_1+h_1d_1}{e_1f_1+i_1j_1+kl_1+g_1h_1}=\frac{a_1d_1}{e_1f_1+i_1j+kl_1+g_1h_1}-1 \tag{3-18}$$

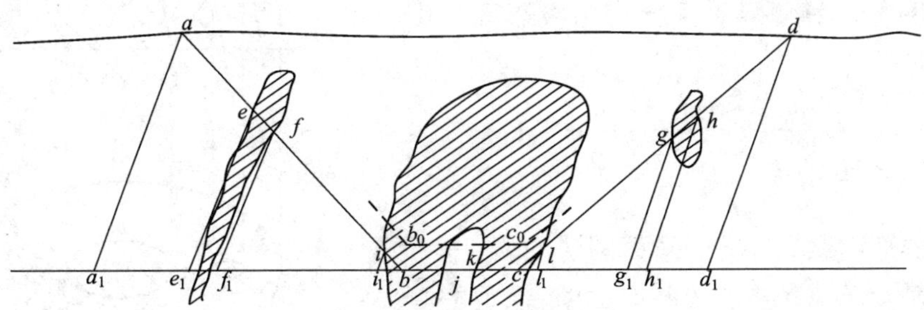

图 3－10　投影线(段)比法

(2) 计算境界剥采比的边帮线(段)比法

如图 3－5 所示，依据相似形开采境界的特征可知，境界两帮在岩体中的境界线与在矿体中的境界线的长度之比相等。另外，可以证明这两个比值就是境界剥采比，即

$$n_j(H)=\frac{ac}{co}=\frac{bd}{do} \tag{3-19}$$

上述采用开采境界边帮岩、矿线段长度比计算境界剥采比的方法称为边帮线(段)比法。边帮线(段)比法更适用于计算缓倾斜矿体的境界剥采比。如图 3-11 所示，对于开采境界底帮边坡角等于矿体倾角的缓倾斜矿体，其境界剥采比 $n_j(H) = ab : bo$。

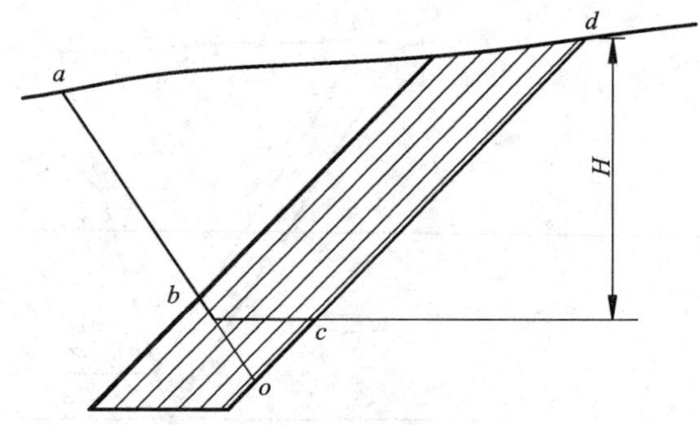

图 3-11 边帮线(段)比法

(3) 计算境界剥采比的面(积)比法

在设计中，可在如图 3-9 所示的横剖面上采用所谓的面(积)比法近似计算境界剥采比，即当 ΔH 足够小时：

$$n_j(H) = \lim_{\Delta H \to 0} \frac{\Delta V_1 + \Delta V_2}{\Delta A} \approx \frac{\Delta V}{\Delta A} \tag{3-20}$$

3.3.2.2 **在平面图上计算境界剥采比**

在平面图上计算境界剥采比与在横剖面图上计算境界剥采比两者的原理是相同的。所不同的是，前者是将三维开采境界上的岩石区域与矿石区域的比值转化为二维平面图上的投影面积比，而后者是将剖面图中二维开采境界上的岩石区段与矿石区段的比值转化为一维水平轴上的线段长度比。

(1) 计算短露天矿的境界剥采比

对于不易区分侧帮和端帮的短露天矿，通常采用平面图法来计算某个采深 H 的境界剥采比。平面图法的简化操作方法如图 3-12 所示。图中的 S_1，S_2，S_3分别为开采境界实面在平面图上的岩矿总投影面积、主矿体投影面积和分支矿体投影面积。在平面图上计算境界剥采比可由投影面(积)比法求取，即：

$$n_j(H) = \frac{S_1 - (S_2 + S_3)}{S_2 + S_3} = \frac{S_1}{S_2 + S_3} - 1 \tag{3-21}$$

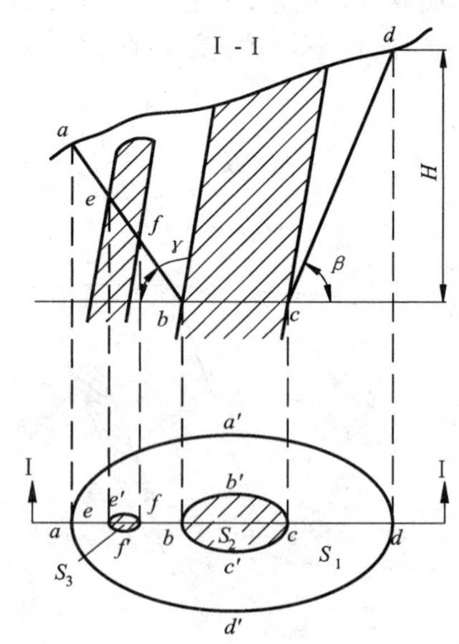

图 3-12 平面图法

从严格的理论意义而论，平面图法的岩、矿投影面积应该是开采境界移动边际面上的岩、矿区域沿移动方向的水平投影面积，而不是如上图所示沿垂直方向的水平投影面积。除非矿体是直立的或地表是水平的，否则沿垂直方向投影的平面图法所计算的境界剥采比会有一定的误差。

(2) 计算长露天矿端帮的境界剥采比

平面图法可用于计算长露天矿端帮开采境界的境界剥采比，其具体步骤如下：首先预设端帮底部几何形状，一般设计为半圆形或半椭圆形；其后，在地质纵断面一端绘出开采境界底部标高水平线，如图 3－13 所示，在底部水平线适当选取一点作为原点，设开采境界侧帮与端帮衔接方案位置 w 距原点 O 为 L；借助纵断面图和若干辅助径向剖面图绘制该衔接方案的开采境界端帮垂直投影平面图(参见图 3－8)；通过计算平面图中的岩、矿投影面积比得到端帮的境界剥采比。

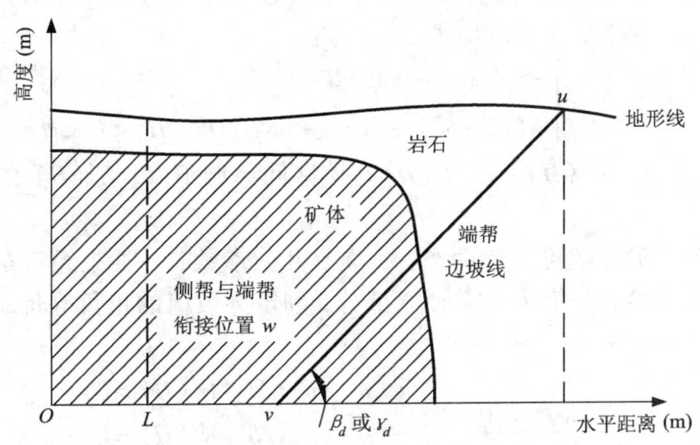

图 3－13　纵剖面图上侧帮与端帮的衔接位置

显然，衔接方案端帮位置与原点的距离 L 关系到端帮境界剥采比的大小。

3.4　露天开采境界的设计原理与设计准则

矿床开采设计的基本原则之一是使整个矿床开采的盈利达到最大。下面讨论根据这一基本原则圈定露天开采境界的一般方法。

3.4.1　露天开采境界设计的数学分析法

露天开采境界设计的数学分析法适用于矿床实体模型。

3.4.1.1　**设计原理**

某矿床横剖面如图 3－7 所示，矿床拟采用露天和地下联合开采。在此，将矿床开采盈利 U 表示为露天开采境界采深 H 的函数。

图中 $abcd$ 是深度 H 的露天开采境界，假定露天开采和地下开采单位开采矿量的经营利润分别为 u^o 和 u^u，露天开采的单位岩石剥离费用为 b。为了使函数 $U = U(H)$ 连续而具有较好的分析性质，可分段表示如下：

$$U(H)=\begin{cases}(H_b-H_a)mu^u-[(\cot\gamma+\cot\beta)H^2/2+Hm]b & 0\leqslant H<H_a\\(H_b-H)mu^u+(H-H_a)mu^o-[(\cot\gamma+\cot\beta)H^2/2+H_am]b & H_a\leqslant H<H_b\end{cases} \tag{3-22}$$

对于不连续矿体，可采用更多的分段表示 $U(H)$ 而使之连续。

由于函数 $U = U(H)$ 在闭区间 $[0, H_b]$ 上连续，则函数 $U(H)$ 在该区间至少取得最大值一次。根据数学分析中求最大值的方法，若把 $U(H)$ 在区间 $[0, H_b]$ 内的所有极大值及其在区间端点的函数值 $U(0)$ 和 $U(H_b)$ 逐一比较，可以得到 $U(H)$ 在区间 $[0, H_b]$ 上的最大值，使 $U(H)$ 取得最大值 $U(H^0)$ 的 H^0，就是露天开采境界的最优开采深度。

露天开采境界设计就是要确定境界最优深度 H^0。因此，在设计中与其说要寻求函数 $U(H)$ 的极大值 $U(H_i)$，倒不如说是极大点 H_i。由数学分析可知，函数 $U(H)$ 的性质可以通过其导函数 $U'(H)$ 来判定。因此，在传统设计中感兴趣的是 $U(H)$ 的导函数 $U'(H)$，而不是 $U(H)$ 本身。式(3－22)对 H 求导可得式(3－23)：

$$U'(H)=\begin{cases}-[(\cot\gamma+\cot\beta)H+m]b & 0<H<H_a \\ m(u^o-u^u)-(\cot\gamma+\cot\beta)Hb & H_a<H<H_b\end{cases} \tag{3-23}$$

在区间 $(0, H_a)$ 上，$U'(H)<0$，$U(H)$ 在该区间单调下降，$U(H)$ 的极大值都在区间 (H_a, H_b) 上取得。

导函数 $U'(H)$ 中的参数可分为两类：一类是几何参数，一类是经济参数。在区间 (H_a, H_b) 上，可以把这两类参数分离为两个独立部分，判定导数值的正负等价于比较这两部分数值的大小，即：

$$\frac{(\cot\gamma+\cot\beta)H}{m}\begin{cases}<(u^o-u^u)/b & U'(H)>0 \\ =(u^o-u^u)/b & U'(H)=0 \\ >(u^o-u^u)/b & U'(H)<0\end{cases} \tag{3-24}$$

上式的左边和右边分别是深度 H 的境界剥采比 $n_j(H)$ 和经济合理剥采比 n_{jh}。

假如已知某矿床的开采盈利函数 $U(H)$、境界剥采比 $n_j(H)$ 和经济合理剥采比 n_{jh}，三者随采深变化的曲线如图 3－14 所示。根据数学分析中函数极值的有关理论和式(3－24)，可以采用 $n_j(H)$ 与 n_{jh} 的比较关系给出函数 $U(H)$ 具有极值的必要条件和充分条件。

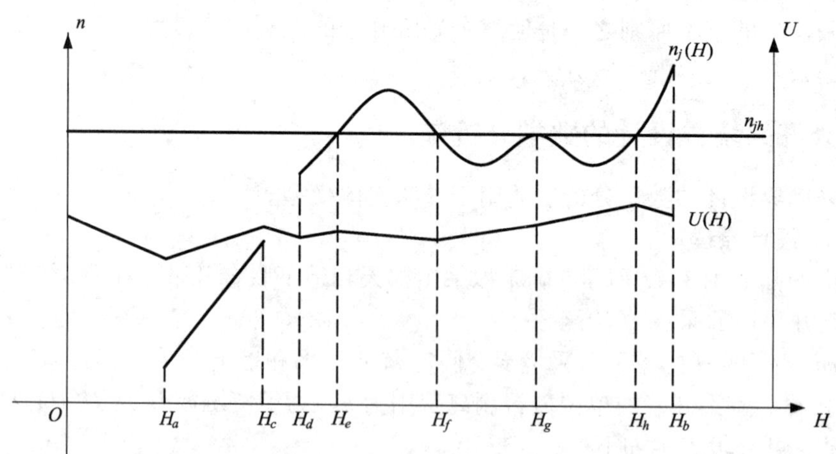

图 3－14　$U(H)$，$n_j(H)$，n_{jh} 与 H 的关系曲线

定理 3.1（必要条件）　设境界剥采比 $n_j(H)$ 在点 H_i 处有定义，且在 H_i 处 $U(H)$ 取得极值（不论极大或极小），则在 H_i 处的境界剥采比等于经济合理剥采比，即 $n_j(H_i)=n_{jh}$。

定理 3.2（充分条件之一）：设境界剥采比 $n_j(H)$ 在点 H_i 的一个邻域内连续，而且 $n_j(H_i)=n_{jh}$。

(1) 如果当 H 取 H_i 左边附近的值时，恒有 $n_j(H_i)<n_{jh}$(或 $>n_{jh}$)；H 取 H_i 右边附近的值时，恒有 $n_j(H_i)>n_{jh}$(或 $<n_{jh}$)，则盈利函数 $U(H)$ 在 H_i 处取得极大值(或极小值)。

(2) 如果当 H 取 H_i 左边及右边附近的值时，恒有 $n_j(H_i)<n_{jh}$(或 $>n_{jh}$)，则盈利函数 $U(H)$ 在 H_i 处无极值。

依据定理 3.2，盈利函数 $U(H)$ 在图 3－14 中的 H_e 和 H_h 处取得极大值，在 H_f 处取得极小值，在 H_g 处无极值。

定理 3.3(充分条件之二)　设境界剥采比 $n_j(H)$ 在点 H_i 处无定义，且存在 H_i 的一个邻域。如果当 H 取 H_i 左边附近的值时，恒有 $n_j(H)<n_{jh}$[或 $n_j(H)=+\infty$，即 $n_j(H)$ 无定义，以下同]；当 H 取 H_i 右边附近的值时，恒有 $n_j(H)=+\infty$ [或 $n_j(H)<n_{jh}$]，则盈利函数 $U(H)$ 在 H_i 处取得极大值(或极小值)。

依据定理 3.3，$U(H)$ 在图 3－14 中的 H_c 处取得极大值，在 H_a 和 H_d 处取得极小值。在相应的横剖面图上，深度 H_a，H_c 和 H_d 的境界线位于矿体间断处。

对于两个境界深度方案 H_i 和 H_j，假定 $H_a<H_i<H_j$(见图 3－7)，并有：

$$U(H_i)\leqslant U(H_j) \tag{3-25}$$

按照函数 $U(H)$ 的定义将上式展开、合并同类项，然后移项可得：

$$\frac{(\cot\gamma+\cot\beta)(H_j^2-H_i^2)/2}{m(H_j-H_i)}\leqslant\frac{u^o-u^u}{b} \tag{3-26}$$

上式左边是深度 H_i 与 H_j 之间的增量剥采比，右边是经济合理剥采比。另外，上述推导是可逆的，于是可得到如下定理：

定理 3.4　设有两个境界深度方案 H_i 和 H_j，两者之间的增量剥采比为 $n_z(H_i,H_j)$，若 $n_z(H_i,H_j)\leqslant n_{jh}$，(或 $\geqslant n_{jh}$)，则 $U(H_i)\leqslant U(H_j)$[或 $\geqslant U(H_j)$]。

当 $H_i=0$ 时，$n_z(0,H_j)=n_p(H_j)$，由此可得到定理 3.4 的一个推论。

推论 3.1　设境界深度方案 H 的平均剥采比为 $n_p(H)$，若 $n_p(H)\leqslant n_{jh}$(或 $\geqslant n_{jh}$)，则 $U(0)\leqslant U(H_j)$[或 $\geqslant U(H_j)$]。

由上述讨论可知，矿床开采盈利函数的特性、极大点和最大点，可以通过露天开采的某些剥采比与经济合理剥采比的相互比较来进行分析和确定。

3.4.1.2　手工设计法

矿床开采盈利函数 $U(H)$ 在理论上可以假设为境界深度 H 在闭区间 $[0,H_b]$ 上的连续函数，这一假设不会影响露天开采境界设计的最终结果。按照数学分析中连续函数最大值的求法，可以提出运用定理 3.4 确定露天开采境界的手工设计法。

方法 3.1

第 1 步：按拟定的矿床开采方法，如露天和地下联合开采，计算相应的经济合理剥采比 n_{jh}。

第 2 步：针对矿床埋藏条件合理拟定若干个境界深度方案 H_k，采用线段比法计算各方案 H_k 的境界剥采比 $n_j(H_k)$。

第 3 步：绘制境界剥采比和经济合理剥采比与深度的关系曲线 $n_j=n_j(H)$ 和 $n_{jh}=n_{jh}(H)$。

第 4 步：依据定理 3.2 和定理 3.3，由曲线 $n_j(H)$ 和 $n_{jh}(H)$ 确定矿床开采盈利函数 $U(H)$ 在区间 $(0,H_b)$ 上的所有极大点 $H_i(1\leqslant i\leqslant n-1)$，并设 $H_0=0$ 及 $H_n=H_b$。

第 5 步：寻求 $U(H)$ 的最大点：

① 置 $i = 0$, $H^0 = H_0 = 0$;

② 置 $i = i+1$, 计算 $n_z(H^0, H_i)$;

③ 若 $n_z(H^0, H_i) > n_j$, 转(4); 否则, $n_z(H^0, H_i) \leqslant n_j$, 令 $H^0 = H_i$, 转(4);

④ 若 $i < n$, 转(2); 反之, H^0为境界最优深度。

第6步: 若 $0 < H^0 < H_b$, 矿床采用露天和地下联合开采; 若 $H^0 = 0$ 或 H_b, 则矿床全部采用地下开采或露天开采。

以上是确定露天开采境界手工设计法的一般计算程序。在实际应用时, 若其中有些计算结果可以直观判断, 则不必进行具体计算。

3.4.2 露天开采境界设计的数值分析法

露天开采境界设计的数值分析法适用于矿床块体模型。

3.4.2.1 设计原理

下面以一个二维矿床块体模型(见图3-15)为例, 建立一个用于阐述露天开采境界设计数值分析法的概念体系。

块段及其权重: 矿床露天开采的基本单元体称为块体, 记作 b_{ij}(见图3-15中的方格)。每个块体赋予一个实数 $\omega(b_{ij})$, 称为块体 b_{ij}的权重(见图3-15方格中的数字), 如 $\omega(b_{26}) = 5.0$。块体权重是一个概括的称谓, 依据矿床开采经济目标的不同, 有着相应的具体经济意义。块体净值 $u(b_{ij})$是块体权重 $\omega(b_{ij})$的一种含意, 表示块体 b_{ij}的露采的销售收入 $v(b_{ij})$与成本费用 $c(b_{ij})$的差额, 即:

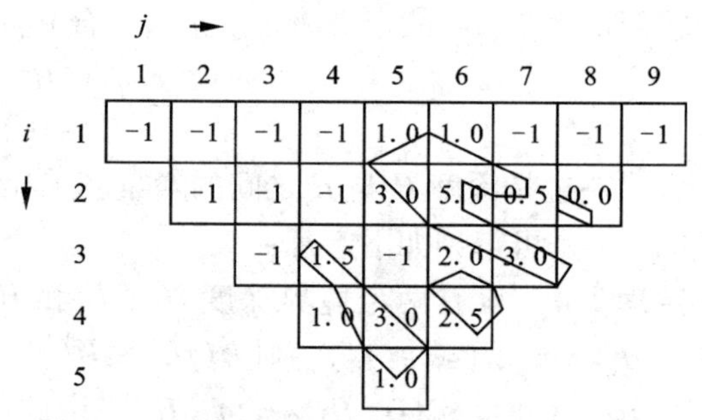

图3-15 二维矿床块体模型

$$\omega(b_{ij}) = u(b_{ij}) = v(b_{ij}) - c(b_{ij}) \tag{3-27}$$

支托结构与支托集: 矿床块段间存在着一定的开采约束关系, 这种约束关系称为块体间的支托结构。支托结构相当于露天开采境界的边坡结构, 它可以用块体支托模式或支托模板来描述。依据支托结构可以给每个块体 b_{ij}定义一个块段集合 $\Gamma(b_{ij})$, 称为 b_{ij}的支托集, 它表示 b_{ij}的直接覆盖层。在最简单的情况下, 假定块体是一个立方体, 最大边坡角为45°, 并且在采场所有的区域和方向上都相同, 则除第一层外的任一块体 b_{ij}的支托集均由3个块体组成, 即 $\Gamma(b_{ij}) = \{b_{i-1,j} | i \neq 1, k = j-1, j, j+1\}$。

矿床模型: 定义集合 $B = \{b_{ij}\}$, $W = \{\omega(b_{ij})\}$和 $A = \{\Gamma(b_{ij})\}$。上述集合构成的3个系统 B, (B, W) 和 (B, W, A)分别称为矿床的块体模型、经济模型(价值模型)和开采模型。

闭包及其子闭包: 系统 (B, W, A) 中闭包是这样一个块体集合 C_s, 如果一个块体 b_{ij}属于 C_s, 则其支托集 $\Gamma(b_{ij})$也属于 C_s。闭包的边际面就是所谓的露天开采境界。若 $C_s = \varnothing$, 则称为空闭包, 记作 $C_{\varnothing}$。下列块体集合均是闭包: $C_1 = \{b_{15}, b_{16}, b_{17}, b_{26}\}$, $C_2 = C_1 \cup \{b_{14}, b_{25}\}$, $C_3 = C_2 \cup \{b_{18}, b_{19}, b_{27}, b_{28}, b_{36}, b_{37}\}$, $C_4 = \{b_{16}, b_{17}, b_{18}, b_{27}\}$, $C_5 = C_3 \cup \{b_{13}, b_{24}, b_{35}, b_{46}\}$, $C_6 = C_3 \cup \{b_{12}, b_{13}, b_{23}, b_{24}, b_{34}, b_{35}, b_{45}\}$, 和 $C_7 = C_3 \cup \{b_{12}, b_{13}, b_{23}, b_{24}, b_{34}, b_{35}, b_{45}, b_{46}\} = C_5 \cup C_6$, $C_8 = C_7 \cup \{b_{11}, b_{22}, b_{33}, b_{44}, b_{55}\}$。设有两个闭包 C_r和 C_s, 若 $C_r \subseteq C_s$

或 $C_r \subset C_s$，则称 C_r 是 C_s 的子闭包或真子闭包，如 $C_\varnothing \subset C_1 \subset C_2 \subset C_3 \subset C_5$ 或 $C_6 \subset C_7 \subset C_8$。

闭包的权重：闭包 C_s 的权重 $\omega(C_s)$ 是 C_s 中所有块体的权重代数和，即

$$\omega(C_s) = \sum_{b_{ij} \in C_s} \omega(b_{ij}) \tag{3-28}$$

如 $\omega(C_1) = 6$，$\omega(C_2) = 8$，$\omega(C_3) = 11.5$，$\omega(C_4) = -0.5$，$\omega(C_5) = 11$，$\omega(C_6) = 11$，$\omega(C_7) = 13.5$ 和 $\omega(C_8) = 12.5$。显然，$\omega(C_\varnothing) = 0$。

盈闭包和亏闭包：若 $\omega(C_s) \geqslant 0$，则 C_s 称为盈闭包，否则 C_s 称为亏闭包。若 $\omega(C_s) > 0$，则 C_s 称为真盈闭包。上述 8 个非空闭包中，C_4 是亏闭包，其余的是盈闭包；空闭包是盈闭包。

强闭包：设 C_r 是盈闭包 C_s 的任意子闭包，若 $\omega(C_r) \leqslant \omega(C_s)$，则 C_s 称为强闭包，强闭包的边际面相当于阶段性最优露天开采境界。C_1、C_2、C_3 和 C_7 都是强闭包，空闭包 $C_\varnothing$ 也是强闭包。

最大闭包：系统 (B, W, A) 中权重最大的闭包称为最大闭包，其边际面就是最优露天开采境界，如 C_7 是最大闭包。

增闭包：增闭包由一个闭包 C_s 与其子闭包 C_r 的差集所定义，记作 $I_{s,r} = C_s \backslash C_r$，称为 C_r（关于 C_s）的增闭包。比如：增闭包 $I_{2,1} = C_2 \backslash C_1 = \{b_{14}, b_{25}\}$；同理，$I_{3,2}$，$I_{5,3}$，$I_{6,3}$ 和 $I_{7,3}$ 都是增闭包。增闭包的边际面就是复合境界。任一闭包可以看作是空闭包的增闭包，即 $C_s = I_{s,\varnothing}$，由此可知，闭包是增闭包的一种特殊形式。

类似于闭包的有关概念可以定义增闭包的权重 $\omega(I_{s,r})$，子增闭包，盈、亏增闭包，强增闭包和空增闭包。

露天矿优化设计可以归结为寻求系统 (B, W, A) 中的最大闭包。系统 (B, W, A) 存在如下基本定理。

定理 3.5 若有强闭包 C_r 及其强增闭包 $I_{t,r}$，则闭包 $C_t = C_r \cup I_{t,r}$ 也是一个强闭包。

定理 3.6 盈增闭包 $I_{t,r}$ 中必有其子增闭包为强增闭包。

由于闭包是增闭包的特殊形式，因此可得到定理 3.6 的一个推论。

推论 3.2 盈闭包中必有子闭包为强闭包。

定理 3.7 最大闭包是强闭包。

定理 3.8 强闭包 C_s 为最大闭包的充要条件是：不存在 C_s 的非空强增闭包 $I_{t,s}$。

上述一组定理阐述了露天开采境界设计数值分析法的基本原理。

3.4.2.2 计算机设计法

依据定理 3.8 可以给出露天开采境界计算机设计法的基本计算程序。

方法 3.2

第 1 步：置 $k = 0$，给出初始强闭包 $C_k = C_\varnothing$；

第 2 步：置 $k = k + 1$；

第 3 步：搜寻现行强闭包 C_{k-1} 的强增闭包 $I_{k,k-1}$，若 $I_{k,k-1}$ 不存在，转第 5 步。否则，转第 4 步；

第 4 步：令 $C_k = C_{k-1} \cup I_{k,k-1}$，转第 2 步；

第 5 步：现行强闭包 C_{k-1} 就是最大闭包，计算结束。

3.4.3 露天开采境界的设计准则

3.4.3.1 露天开采境界手工设计法的设计准则

随着露天开采境界的延深和扩展，在采矿量增加的同时剥离量也大幅度增加，从而导致剥采比不断增大。因此，露天开采境界的确定，实质上是对剥采比的大小加以控制，使之不超过经济合理剥采比。在露天开采境界设计原理的基础上，可针对不同的矿床开采经济目标、不同的矿床赋存条件和不同的矿床开采方式，提出相应的设计准则。下面介绍几种具有代表性的设计准则。

准则 3.1 增量剥采比不大于经济合理剥采比，即 $n_z \leqslant n_{jh}$。

准则 3.1 的含义是，设 H_i 为当前选定的境界深度方案，若有 $n_z(H_i, H_j) \leqslant n_j$，$H_i < H_j$，则将 H_j 作为当前选定的境界深度方案；否则 $n_z(H_i, H_j) > n_j$，H_i 仍为当前选定的境界方案。在这里 H_i 和 H_j 或是 $U(H)$ 的极大点，或是拟定的境界深度方案。

准则 3.1 是依据定理 3.4 建立的一个适合所有矿床埋藏条件的露天开采境界通用设计准则，该准则可以考察露天开采的边际效益。从理论上讲，按照准则 3.1 圈定露天开采境界，以此来划定矿床露天开采和地下开采的界限或是露天开采和暂不开采界限，可使整个矿床的开采经济效益最佳。

准则 3.2 境界剥采比不大于经济合理剥采比，即 $n_j \leqslant n_{jh}$。

准则 3.2 适用于覆盖层厚度较小、延深较大、矿体厚度均匀且连续的矿床。在这种矿床埋藏条件下，露天开采的境界剥采比通常是采深的单调增函数，矿床上部矿段或全部矿体的境界剥采比又不大于经济合理剥采比。因此，在这种情况下境界剥采比曲线 $n_j(H)$ 和经济合理剥采比曲线 n_{jh} 只有一个交点或没有交点，这个交点所对应的采深 H^0 或矿床的最大埋深 H_b 就是露天开采境界的最优采深。

准则 3.2 是准则 3.1 的简化，运用准则 3.2 可以获得事半功倍的效果。准则 3.2 也是至今为止手工设计法中应用最广泛的设计准则。

准则 3.3 平均剥采比不大于经济合理剥采比，即 $n_p \leqslant n_{jh}$。

对于不能分采的矿床或矿段，可运用准则 3.3 从经济角度来判断该矿床或矿段是适于露天开采，还是适于地下开采，或是不适于开采。

准则 3.3 是依据推论 1.1 建立的露天开采境界设计准则，运用该设计准则可以选择一个总体经济效益相对较优的矿床开采方法。

准则 3.4 生产剥采比不大于经济合理剥采比，即 $n_s \leqslant n_{jh}$。

生产剥采比可以反映露天矿生产的实际剥采比。因此按准则 3.4 确定开采境界，可以使露天矿任何生产时期的经济效果或不劣于地下开采，或不低于允许指标。该原则中的生产剥采比，可以是均衡生产剥采比，也可以是非均衡的生产剥采比，即时间剥采比。但是，由于生产剥采比的概念不易明确界定，加之它与采深的关系较为复杂而不易把握，因而与准则 3.4 相应的设计方法可操作性较差。鉴于上述原因，这个原则很少采用。

准则 3.5 最小平均剥采比不大于经济合理剥采比，即 $n_{p\min} \leqslant n_{jh}$。

准则 3.5 有别于上述几个适用于圈定最终开采境界的设计准则，当矿床拟采用分期露天开采时，可运用准则 3.5 圈定矿床的初期开采境界。需要指出的是，矿床露天开采的最小平均剥采比并不总是存在，比如，矿体出露地表的矿床就没有最小平均剥采比。

3.4.2.2 **露天开采境界计算机设计法的设计准则**

定理3.8可以归结为如下露天开采境界的设计准则。

准则3.6 强闭包及其强增闭包准则。

准则3.6的含义可用方法3.2诠释。另外，准则3.6和准则3.1是一种设计原理的两种表述方法，只不过前者更加严谨而已。

从原理上讲，露天开采境界计算机设计法中的LG图论法、网络流法、运输规划法、浮锥法(动锥法)以及人工设计法中的方案法是依据或应该依据这一设计准则来圈定露天开采境界。

3.5 露天开采境界的设计方法

露天开采境界的设计方法分为计算机设计法和手工设计法两大类。手工设计法包括倾斜(缓倾斜)矿床和水平(近水平)矿床两种设计方法，倾斜(缓倾斜)矿床又可分为长露天矿设计和短露天矿设计。

露天开采境界的诸要素，开采深度、底部周界和最终边坡角一旦确定，露天开采境界的大小和形态也就确定了。露天开采境界的底部周界又取决于底部宽度和底部位置。露天开采境界的手工设计法就是其要素的合理确定方法。

目前，在露天开采境界的手工设计法中，广泛采用准则3.2。下面以急倾斜长走向矿床(长露天矿)为例，介绍依据准则3.2手工圈定矿床露天开采境界的设计方法和操作步骤。

3.5.1 露天矿最终边坡组成设计和最终边坡角选取

如图3－16所示：露天矿最终边坡由最终台阶和其间的出入沟构成；台阶坡面和平台形成了最终边坡面，台阶平台按其功用可分为安全平台(图3－16中a)、清扫平台(图3－16中b)和运输平台(图3－16中c，d)；最终边坡角是最终边坡最下一个台阶的坡底与最上一个台阶的坡顶的连线与水平线的夹角。

3.5.1.1 **露天矿最终边坡组成**

露天矿最终边坡组成要素包括最终台阶高度、最终台阶坡面角和最终台阶平台宽度。

最终台阶高度与工作台阶高度直接相关，最终台阶或是由一个工作台阶休止而成、或是由数个工作台阶合并(并段)形成。因此，最终台阶高度是工作台阶高度一倍或数倍。

最终台阶坡面角与岩石性质，岩层的倾角、倾向、构造、节理以及穿爆方法等因素有关，通常比工作台阶坡面角稍缓一些。

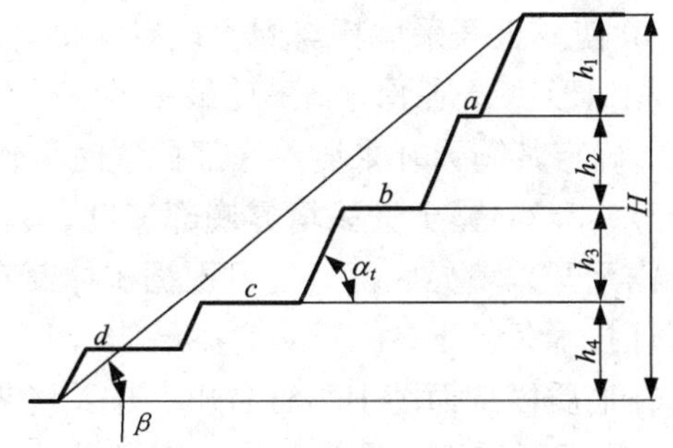

图3－16 露天矿最终边坡组成

最终台阶平台宽度按平台性质不同而有所不同。通常数个工作台阶组成一个单元，每个单元中或是一个台阶设置清扫平台其他台阶设置安全平台、或是全部台阶并段只设置一个清扫平台不设置安全平台。运输平台位置随开拓系统布置的运输线路而定。

安全平台宽度一般不小于3 m；清扫平台的宽度要保证清扫运输设备正常工作，通常大于6 m；运输平台宽度取决于运输设备类型、规格和线路数目，可按有关设计规范和设计资料选取，当运输平台与安全平台或清扫平台重合时，其宽度要增加1 ~2 m。

3.5.1.2　**露天矿最终边坡角**

设计露天矿最终边坡角时，应全面考虑安全和经济两方面因素。在保持最终边坡稳固的前提下，最终边坡角尽可能大些，以减少剥离量。边坡稳定受岩体物理力学性质、地质构造、水文地质、爆破震动效应以及边坡破坏机理等一系列因素的影响。

目前，矿山常规设计确定边坡角的上限值仍然采用类比法，即参照类似矿山的实际资料、统计资料和经验数表选取。对工程地质条件复杂的矿山，在进行设计的同时，由研究部门通过系统的工程地质调查后，用计算方法验证。

露天开采境界的实际边坡角取决于最终边坡组成。如图3－16所示，设露天开采境界深度即最终边帮高度为H，最终边坡角为β，最终台阶坡面角为α_t。按几何关系，最终边帮水平投影的宽度$L(=H\cot\beta)$应为最终边帮上所有台阶坡面水平投影的总宽度$L_1(=H\cot\alpha_t)$与所有台阶平台的总宽度L_2之和，由此可得：

$$\cot\beta=\cot\alpha_t+L_2/H \tag{3-29}$$

显然，依上式确定的最终边坡角β不得大于选取的上限值，也不宜过小；否则，需对某些平台的宽度进行相应调整。

3.5.2　露天开采境界底部位置和底部宽度确定

开采境界底部位置和底部宽度的确定既是技术问题又是经济问题。

3.5.2.1　**露天开采境界底部位置**

露天开采境界底部位置不仅决定了最终边坡的位置，而且还涉及开采境界内矿、岩量的多少及其比例的大小，每个开采境界深度方案，存在着使平均剥采比最小的境界底部位置。因此，开采境界设计应考虑下列因素确定露天开采境界底部位置：

① 对均质矿床，使平均剥采比最小；对非均质矿床，使开采效益最佳。

② 使最终边坡避开不良工程地质地段。

③ 使露天开采境界与周边现有保护对象保持足够的安全距离。

相似形境界是平均剥采比最小的理论境界，对于矿体水平厚度大于开采境界底部宽度的矿床，确定其露天开采境界底部位置时可作为参考。

3.5.2.2　**露天开采境界底部宽度**

露天开采境界底部宽度可根据矿体赋存条件、装备水平确定和调整。确定和调整原则为在保证技术条件下，使开采效益最佳。

在地质横剖面图上不难看出，开采境界的底部宽度愈小，开采境界的平均剥采比愈小。因此，露天开采境界通常按最小底宽设计。

按矿床开采工艺要求确定的开采境界最小底部宽度一般与出入沟最小沟底宽度相当。

3.5.3　确定露天开采境界深度和端帮位置

3.5.3.1　**露天开采境界深度及纵向底部设计**

露天开采境界深度的确定分为两步，首先是在各地质横剖面图上分别确定开采境界合理深度，然后在地质纵剖面图上整体调整开采境界底部标高。

(1) 在地质横剖面上确定开采境界合理深度

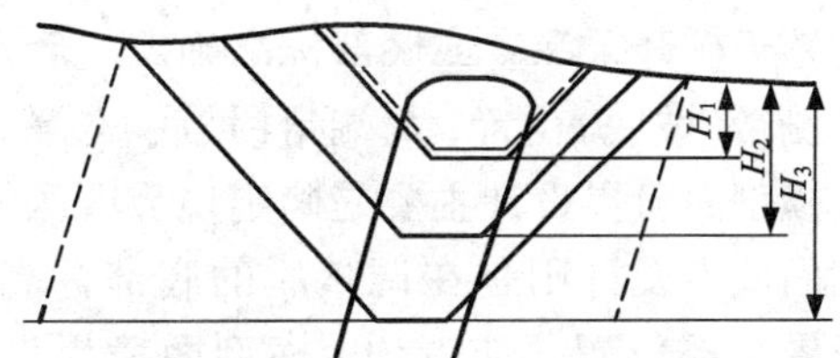

图 3－17　开采境界深度方案

在地质横剖面上确定开采境界合理深度的常用方法有方案分析法和图解法。方案分析法的操作步骤如下：

① 在横剖面图上拟定若干个开采境界深度方案(图 3－17)，深度方案应该选取境界剥采比有显著变化的地方。当矿体埋藏条件简单时，深度方案可少取一些；矿体复杂时，深度方案要多取些。

② 采用面积比法(图 3－17 方案 H_1)或线(段)比法(图 3－17 方案 H_3)计算各深度方案的境界剥采比。

③ 绘制境界剥采比和经济合理剥采比与开采深度的关系曲线 $n_j = n_j(H)$ 和 $n_{jh} = n_{jh}(H)$(图 3－18)，两曲线交点的横坐标 H_j 就是开采境界合理深度。

(2) 在地质纵剖面图上调整开采境界底部标高

将各地质横剖面图上确定的开采境界合理深度投影到地质纵剖面图上，连接各点通常得到的是纵向起伏不平的原始底部线(图 3－19 中的虚线)。为了便于开采和布置运输线路，工程境界的底部应采用平盘结构。因此，各地质横剖面的境界深度相差不大或境界纵向长度不够大时，纵向底部可调整为同一标高的盆底(图 3－19 中的实线)；否则，境界纵向底部应设计成阶梯平盘底；当纵向长度较大时，纵向底部可设置为两个或多个盆底，每个盆底应在底部标高上满足开采技术要求。

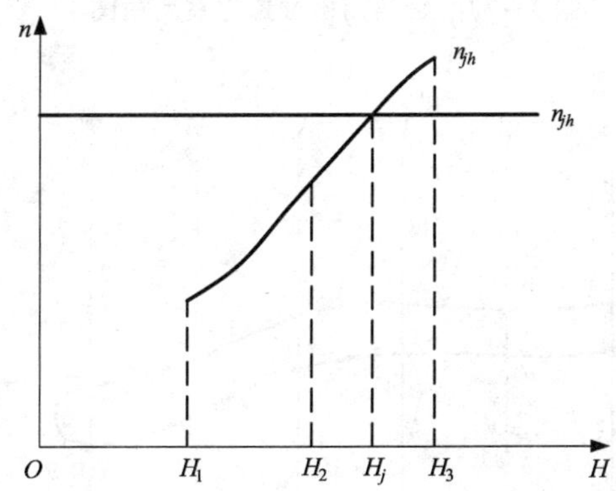

图 3－18　剥采比与深度的关系曲线

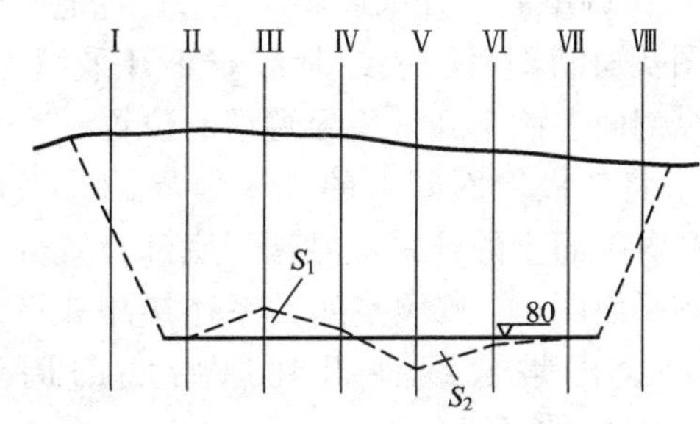

图 3－19　在地质纵剖面图上调整开采境界底部标高

虚线——调整前的开采深度；实线——调整后的开采深度

在地质纵剖面图上调整开采境界底部标高应遵从以下原则：

① 调入(图 3－19 中的 S_1)和调出(图 3－19 中的 S_2)境界的矿、岩量基本均衡；

② 开采境界调整后的平均剥采比不得大于经济合理剥采比；

③ 所有盆底的纵向长度应满足设置运输线路的要求。

3.5.3.2　露天开采境界端帮位置设计

露天矿开采深度或底部标高确定之后，在各地质横剖面上按修正后的开采境界可确定露天矿侧帮(坡底)位置，而端帮(坡底)位置需要在矿床端部的纵剖面上确定。

横剖面境界设计主要是确定境界开采深度，纵剖面境界设计则是在调整后的底部标高上确定境界端部位置。或者说，横剖面境界设计主要是确定(中部)开采境界在垂直方向上的位置，纵剖面境界设计则是限定(端部)开采境界在水平方向上的位置。

在纵剖面上确定开采境界端帮位置通常采用方案分析法。类似于在地质横剖面上确定开采境界合理深度，其方案分析法是在纵剖面图上沿开采境界底部标高水平方向拟定若干个开采境界端帮衔接位置方案 L_i(图3－20)，采用平面图法计算各衔接位置方案的端帮境界剥采比，绘制端帮境界剥采比和经济合理剥采比与端帮衔接位置的关系曲线 $n_j = n_j(L)$ 和 $n_{jh} = n_{jh}(L)$，两曲线交点的横坐标就是纵剖面上合理的开采境界端帮位置。

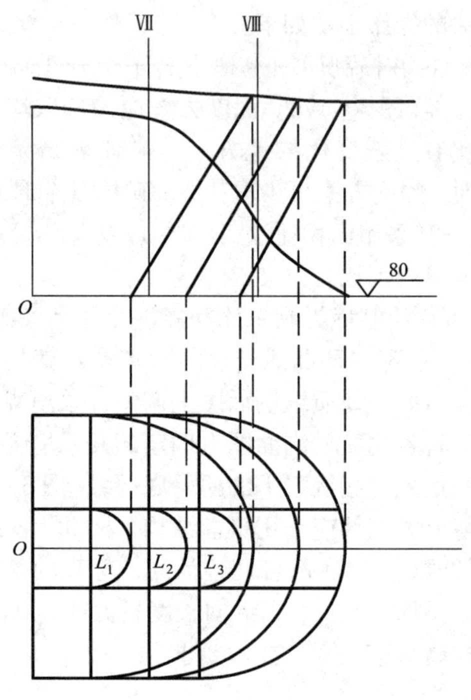

图3－20　端帮衔接位置方案示意图

3.5.4　圈定露天开采境界的底部周界

如图3－21所示，圈定底部周界的步骤如下：

① 按调整后的开采境界深度，在各地质横剖面图及辅助剖面图上绘制或修正开采境界，并在纵剖面上确定开采境界端帮的位置。

② 将各横剖面图上的开采境界侧帮底部位置和纵剖面上的开采境界端帮底部位置分别投影到平面图上，按照空间关系连接相邻下部境界点绘出坡底线便得到原始底部周界(图3－21中的虚线)。

③ 按照采掘、运输工艺和设备的要求，将原始底部周界修整为圆滑平顺的设计底部周界(图3－21中的实线)。

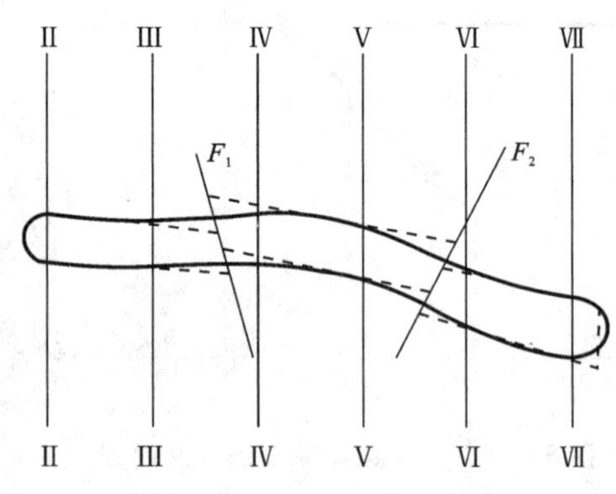

图3－21　圈定底部周界

3.5.5　绘制露天矿开采终了平面图及开采境界剖面图

图纸绘制方法如下：

① 将露天开采境界的设计底部周界绘在地形平面图上。

② 按最终边坡组成设计，从底部周界开始，由里向外依次绘出各台阶的坡底线。显然，

开采境界封闭圈以下各台阶的坡底线在平面图上是闭合的，而处在封闭圈以上的坡底线则不能自行闭合甚至分割成多段。按投影关系，这些非闭合坡底线应与同标高的地形等高线交接闭合(图 3－22)。

③ 按选择的开拓运输方案，在平面图上布置开拓运输线路，即图上定线。图上定线要选择好开采境界上部出入沟口位置和下部盆底沟道端口位置。图上定线后，由于最终边坡插入了倾斜运输沟道，该边坡上的最终台阶的位置会有不同程度的外移。当最终边坡位置变动过大时，应及时检查开采境界合理性，以便进行调整和修正。

④ 按最终边坡组成设计和开拓运输线路布置，从底部周界开始，由里向外依次重新绘出各台阶的坡底线及坡顶线，形成台阶坡面和平台(图 3－23)。绘制倾斜运输沟道时，要注意与相关台阶的连接及闭合。

⑤ 开采终了平面图绘制完成后，按投影关系，绘制工程境界的横剖面图(参见图 3－3)和纵剖面图。至此，便完成了矿床露天开采境界设计。

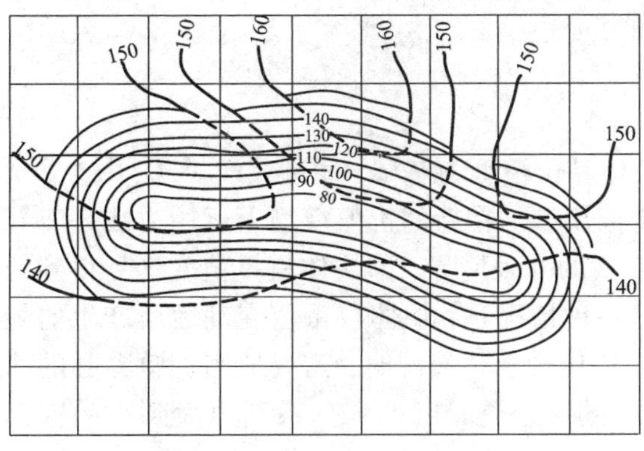

图 3－22　各台阶的坡底线

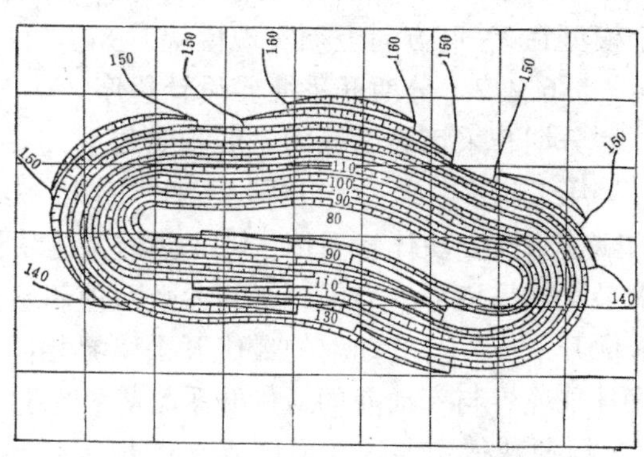

图 3－23　露天矿开采终了平面图

3.6　分期开采境界设计方法简介

3.6.1　分期开采境界设计技术

无论是最终开采境界还是分期开采境界，都可按准则 3.6 借助计算机在三维矿床块体模型中圈定。

在三维矿床块体模型中，开采境界的数学优化解或最佳开采境界的大小与块体权重值有关。从理论上讲，当块体权重值变化后，最佳开采境界也会随之变化。比如：当所有块体权重值都充分减小后，原始最优开采境界内的一些块体不再有开采价值而被排除在境界之外，由此获得的新最优开采境界必是原始最优开采境界的子境界，即新的最优开采境界会被嵌套在原始最优开采境界之内；反之亦然。

对于拟用单一露天开采的矿床，采用净利法计算块体权重 $\omega(b_{ij})$。净利法本身计算的块体权重仅适用于最终开采境界的优化设计，而对应的分期开采境界(子境界)的优化设计，可引入下述净利法的一种减数型参数分析技术给块体权重赋值。

$$\omega'(b_{ij}) = \omega(b_{ij}) - \lambda \quad \lambda > 0 \tag{3-30}$$

显然：当 $\lambda=0$ 时，对应的最优开采境界就是最终境界；当 λ 足够大时，对应的最优开采境界则是虚境界；而在这两者之间通常会存在若干阶段性最优开采境界。

3.6.2 分期开采境界设计方法

3.6.2.1 开采境界设计的基础资料

露天开采境界设计的数值分析法事先要将所需的基础资料转换成一定格式的数据文件。这些资料主要包括：

① 三维块体品位模型文件。应用某种估值方法建立的矿床模型。

② 地表地形等高线文件。以闭合多边形形式存储的地表地形等高线文件。

③ 地表地形离散模型文件。该模型是以地表地形等高线文件为基础，将矿区水平面（$X-Y$ 平面）离散成等尺寸的二维模块形成的。文件中记录了每一模块中心点处的地表标高。二维模块在 X, Y 方向上的边长应与三维品位模型中模块在同方向上的边长相等，并且这两个模型在 X, Y 方向上须实现模块对齐。

3.6.2.2 分期开采境界设计程序

分期开采境界设计的一般步骤如下。

第 1 步：生成一个开采境界序列。以三维块体品位模型为基础，通过式（3－30）中参数 λ 的赋值来改变块体权重值，构成新的三维块体价值模型。在新的价值模型上运用方法 3.2 寻求最优开采境界。有时，新的参数赋值不会产生新的开采境界，即块体权重值变动后得到的最优开采境界与变动前的最优开采境界相同；另一种情况是，块体权重值变动后所产生的最优开采境界与变动前的最优开采境界相差过大。当出现上述情况时，需要适当调整参数的赋值，以便获得预期的开采境界。逐步改变参数 λ 的赋值，即可得到一系列由大到小的嵌套境界。

第 2 步：确定一个分期境界序列。对得到的开采境界序列按有关技术和工艺要求进行取舍，由选取的开采境界组成一个分期境界序列。开采境界序列选取的要求如下：

① 相邻分期境界在各分层的水平距离应大于扩帮要求的最小工作平盘宽度；

② 各分期内的矿、岩量及其增量剥采比应保持相对均衡，以利于分期间平稳过渡。

第 3 步：后处理。上两步中求得的分期境界是基于矿体三维块体模型的数学优化解，需予以必要的技术处理才能成为切实可行的工程设计方案。后处理包括对局部境界线进行调整和光滑处理、插入运输道路等。后处理工作一般需借助某些辅助设计软件在计算机上完成。

3.6.3 分期开采境界设计示例

假设矿床（二维）块体模型如图 3－15 所示，分期开采境界的设计步骤和计算结果（图 3－24）如下。

第 1 步：生成一个开采境界序列。逐步改变式（3－30）中参数 λ 的赋值，得到一系列由大到小的闭包及其相应的嵌套境界（C_7, C_3, C_2, C_1, $C_\varnothing$ 的计算见闭包及其子闭包定义）。

当 $\lambda=0.0$ 时，得到闭包 C_7，$\omega'(C_7)_{\lambda=0.0}=\omega(C_7)=13.5$；

当 $\lambda=0.5$ 时，得到闭包 C_3，$\omega'(C_3)_{\lambda=0.5}=5.5$，$\omega(C_3)=11.5$；

当 $\lambda=1.0$ 时，得到闭包 C_2，$\omega'(C_2)_{\lambda=1.0}=2.0$，$\omega(C_2)=8.0$；

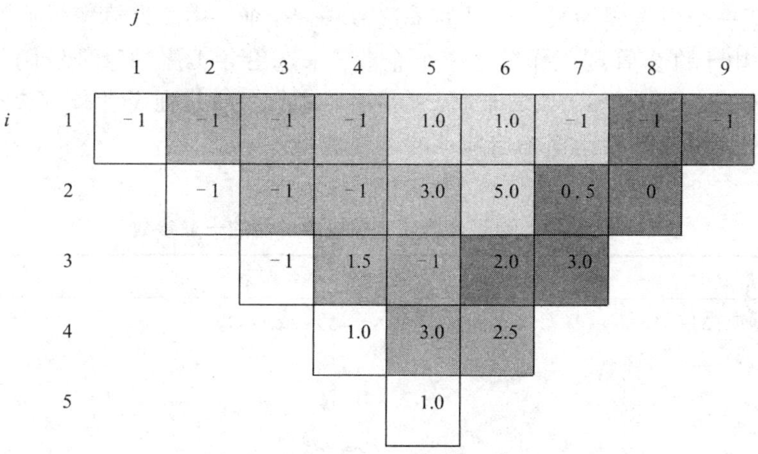

j
1
2
3
4
5
6
7
8
9
i
1
-1
-1
-1
-1
1.0
1.0
-1
-1
-1
2
-1
-1
-1
3.0
5.0
0.5
0
3
-1
1.5
-1
2.0
3.0
4
1.0
3.0
2.5
5
1.0

图 3-24 生成的嵌套境界

当 $\lambda=1.5$ 时，得到闭包 C_1，$\omega'(C_1)_{\lambda=1.5}=0.0$，$\omega(C_1)=6.0$；

当 $\lambda=2.0$ 时，得到闭包 $C_\varnothing$，$\omega'(C_\varnothing)_{\lambda=2.0}=\omega(C_\varnothing)=0.0$。

得到嵌套境界及其对应的闭包序列 $\{C_7, C_3, C_2, C_1, C_\varnothing\}$。

第 2 步：确定一个分期境界序列。

Ⅰ期开采境界即初期开采境界取闭包 C_2；

Ⅱ期开采境界即中间开采境界取闭包 C_3；

Ⅲ期开采境界即最终开采境界取闭包 C_7。

选取分期境界及其对应的闭包序列 $\{C_7, C_3, C_2\}$。

第 3 步：后处理。

分期开采境界的后处理与最终开采境界基本相同。

矿床露天开采境界，即便是最终开采境界并非一成不变，随着矿床开采技术经济条件或矿床周边建设条件及矿体产状变化，露天开采境界也应进行相应调整。因此，矿床开采规划和矿区总平面布置应为露天开采境界的适时调整留有充分的余地。

3.7 露天开采境界计算机优化算法

就单独优化露天矿开采境界而言，实践中最常用的优化方法是浮锥法和图论法。这两种方法的数据基础是三维规则块状价值模型，也称为三维栅格价值模型，简称价值模型。本节首先简要介绍价值模型，然后较详细介绍浮锥法和图论法的优化原理和算法。

3.7.1 价值模型

根据模型中模块的特征属性，三维栅格地质模型可分为两类：一类是品位模型，其中每一模块的特征属性是矿物品位，模块的品位一般应用地质统计学或其他方法，基于探矿钻孔取样进行估值，此类模型用于储量、品位计算；另一类是价值模型，其中每一块的特征属性是假设将其采出并处理后能够带来的经济净价值。

块的净价值是根据块中所含可利用矿物的品位、开采与处理中各道工序的成本及产品价格计算的。对于一个以金属为最终产品的采选冶联合企业，用于计算净价值的一般性参数列于表3－1中。由于许多管理工作覆盖整个企业，采选冶各工序的管理费用共用部分需分摊到每吨矿石和岩石，有的金属（如黄金）需要精冶，精冶一般是在企业外部进行的，所以只计算精冶厂的收费和粗冶产品运至精冶地点的运输费用。

表3－1　计算金属矿床模块净价值的一般参数

矿物参数	
可利用矿物地质品位	%（或 g/t）
采矿回收率	%
选矿回收率	%
粗冶回收率	%
精冶回收率	%
成本参数	
开采成本：	
穿孔	元/t 矿岩
爆破	元/t 矿岩
装载	元/t 矿岩
运输	元/t 矿岩
排岩	元/t 岩石
排水	元/t 矿石
与开采有关的管理费用	元/t 矿石
	元/t 岩石
选矿成本：	
矿石二次装运	元/t 矿石
选矿	元/t 矿石
精矿运输	元/t 精矿
与选矿有关的管理费用	元/t 矿石
	元/t 岩石
冶炼成本：	
粗冶	元/t 精矿
与粗冶有关的管理费用	元/t 矿石
	元/t 岩石
粗冶产品运输	元/t 粗冶金属
精冶	元/t 粗冶金属
销售成本：	元/t 精冶金属
金属售价	元/t（元/g）

表 3－1 中的经济参数种类繁多，为建立价值模型时使用方便，需要对各项成本进行分析归纳和单位换算，并标明归纳后每项成本的作用对象（矿或岩）。表 3－2 是根据表 3－1 中的成本参数归纳后的结果。

表 3－2　用于建立价值模型的成本归类及作用对象

成本项	岩石块	矿石块
开采成本（元/t）	$aH+b$	$cH+d$
选矿成本：		
选矿（元/t）		X
运输（元/t）		X
管理成本：		
元/t 矿石		X
元/t 岩石	X	X
元/t 金属		X
精冶成本　元/t 最终产品		X
销售成本　元/t 最终产品		X

注：① 由于每一块的开采成本与深度有关，所以开采成本一般用深度 H 的线性函数表示；
② “X”表示该项成本的作用对象。

对于岩石块，只有成本没有收入，所以其净价值（NV_w）为负数。

$$NV_w = -T_wC_w \tag{3-31}$$

式中，T_w为岩石块重量；C_w为表 3－2 中作用于岩石块的所有单位成本之和。

对于矿石块，其净价值为收入与成本之差，一般为正数，简化的计算公式为：

$$NV_o = T_op_y - T_oC_o \tag{3-32}$$

式中，T_o为原矿重量；p_y为原矿售价；C_o为表 3－2 中所有作用于矿石并换算成吨矿成本的成本之和。如果企业的销售产品不是原矿，是精矿或金属，可以依据各工序回收率和品位数据，把产品售价折算为原矿售价。

从以上的讨论可以看出，价值模型是地质、成本与市场信息的综合反映。

建立了矿床价值模型，矿床中每一模块的净值变为已知。那么，确定最终开采境界就变成一个在满足几何约束（即最大允许帮坡角）条件下找出使总开采价值达到最大的模块集合的问题。

3.7.2　浮锥法

图 3－25 是一个二维价值模型的示意图，图中每一模块中的数值为模块的净价值。除地表的模块外，由于最终帮坡角几何约束的存在，要开采某一模块，就必须采出以该模块为顶点、以最大允许帮坡角为锥面倾角（锥面与水平面的夹角）的倒锥内的所有模块。以图 3－25（a）中第二行第四列上的模块（记为 $b_{2,4}$）为例，如果左右帮最大允许帮坡角均为 45°，因模块

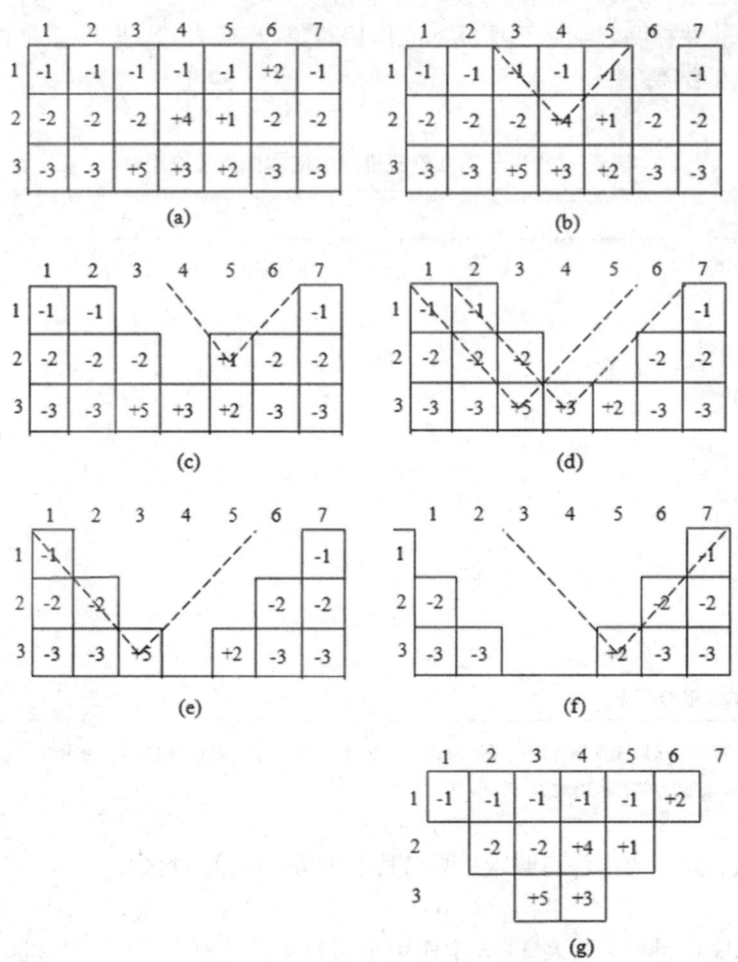

图 3－25　浮锥法境界优化步骤

为正方形，那么模块 $b_{2,4}$的开采只有当 $b_{1,3}$，$b_{1,4}$和 $b_{1,5}$全被采出后才能实现。因此，在确定是否开采某一模块时，首先要看该块的净价值是否是正值，若该块的净价值为负，那么最好不予开采，因为它的开采会减少境界的总值。但有时为了开采负块下面的正块，不得不将负块开采。另一方面，开采一个正块不一定能使境界的总价值增加，因为以该正块为顶点的倒锥中的负块很可能抵消正块的开采价值。因此，在考察是否开采某一块时，必须将倒锥的顶点置于该块的中心，以锥体的净价值(即落在锥体内包括顶点块在内的所有块的净价值之和)作为依据。这就是浮锥法的基本原理。

以图 3－25(a)为初始价值模型，浮锥法的算法步骤如下：

第 1 步：将位于地表的正模块 $b_{1,6}$采出。由于地表模块没有其他模块覆盖，不需使用倒锥。开采 $b_{1,6}$后，价值模型变为图 3－25(b)。

第 2 步：将倒锥(图 3－25 中虚线所示)的顶点从左至右依次置于第二层的正块上，找出落在锥内的模块并计算锥体价值。若锥体价值大于或等于零，则将锥体内的所有模块采出；否则，将倒锥的顶点“浮动”到下一正块。以 $b_{2,4}$为顶点的锥体价值为 $+1$，将锥体内的模块采去后，价值模型变为图 3－25(c)；以 $b_{2,5}$为顶点的锥体只包含 $b_{2,5}$一个模块，将其采去后，模型如图 3－25(d)所示；

第 3 步：逐层向下重复第 2 步，直至所有价值大于(或等于)零的锥体全部被采出。从图 3－25(d)可以看出，以 $b_{3,3}$为顶点的锥体价值为－1，故不予采出。以 $b_{3,4}$为顶点的锥体价值为 0，采去后得图 3－25(e)。这时以 $b_{3,3}$为顶点的锥体价值变为＋2，开采后得图 3－25(f)。虽然 $b_{3,5}$为正块，但其锥体价值为－1，故不予开采。

将浮锥法用于图 3－25(a)所示的价值模型得到的最终开采境界由上述过程中所有被采出的块组成[图 3－25(g)]，若按照此境界进行开采，开采终了的采场现状如图 3－25(f)所示，境界总价值为＋6。若岩石与矿石比重相等，境界平均剥采比为 7∶5＝1.4。虽然在这一简单算例中，应用浮锥法确实得到了总价值为最大的最终开采境界，但该方法是“准优化”算法，在某些情况下不能求出最佳境界，下面是两个反例。

［反例 1］ 遗漏盈利块集合

当倒锥的顶点位于某一正块时，锥体价值若为正数是由于锥中正块的价值足以抵消锥中负块的价值的结果，换言之，负块得以开采是由于正块的“支持”。当位于两个正块的锥体有重叠部分时，单独考察任一锥体时，锥体的价值可能为负；但当考察二锥的联合体时，联合体的总价值为正。结果，浮锥法遗漏了本可带来盈利的块的集合。图 3－26 即为这种情形。根据前面的浮锥法，结论是最终境界只包括 $b_{1,2}$一个块，因为以 $b_{3,3}$，$b_{3,4}$和 $b_{3,5}$为顶点的锥体(图中虚线所示)价值均为负数。但当考察三个锥的联合体或以 $b_{3,4}$和 $b_{3,5}$为顶点的两个锥的联合体时，联合体的价值为正数。所以，最佳开采境界应为粗黑线所圈定的块的集合，总开采价值为＋6。

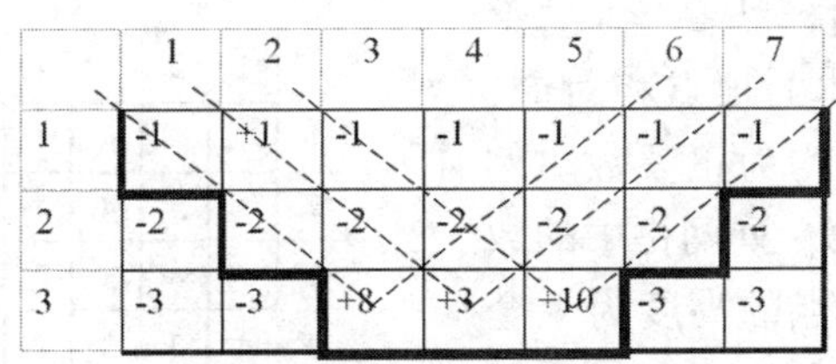

	1	2	3	4	5	6	7
1	-1	+1	-1	-1	-1	-1	-1
2	-2	-2	-2	-2	-2	-2	-2
3	-3	-3	+8	+3	+10	-3	-3

图 3－26　浮锥法反例一

［反例 2］ 开采非盈利块集合

位于某一正块的锥体值为正，可能是由于锥体内其他未被开采的正块的作用。如图 3－27 所示，在考察 $b_{2,2}$和 $b_{2,4}$时，两锥均为负值，故不予开采。当倒锥顶点移到 $b_{3,3}$时，锥体值为＋2。结果浮锥法给出的境界为图 3－27(b)所示块的集合，境界总值为＋2。因此，浮锥法使境界包容了本不应该采的、具有负值的模块集合(即 $b_{2,3}$和 $b_{3,3}$)。本例中的最优境界应是图 3－27(c)，其总价值为＋3。

一些研究者对浮锥法进行了改进，试图克服上述问题。如 Lemieux 浮锥法和 Dowd 浮锥法。改进浮锥法的基本思路是对锥体重叠部分进行某种处理，这里不予详细介绍，有兴趣的读者可阅读有关参考文献。

以上对于浮锥法的讨论是在二维空间进行的。在三维空间，浮锥法的基本方法和步骤与在二维空间相同，只是锥体变为三维锥体，确定落于锥体之内的模块更为复杂、费时。

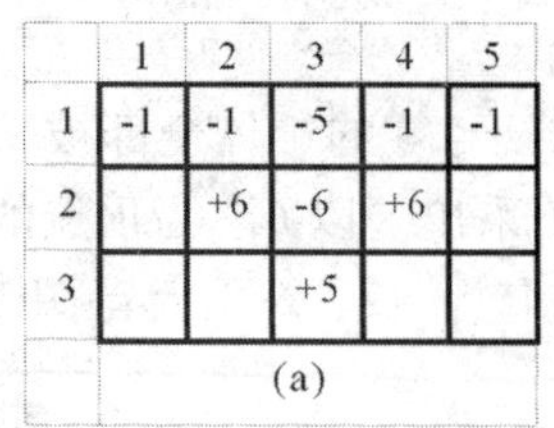

1 2 3 4 5
1 -1 -1 -5 -1 -1
2 +6 -6 +6
3 +5
(a)

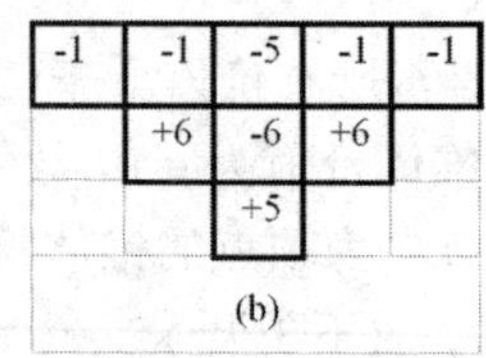

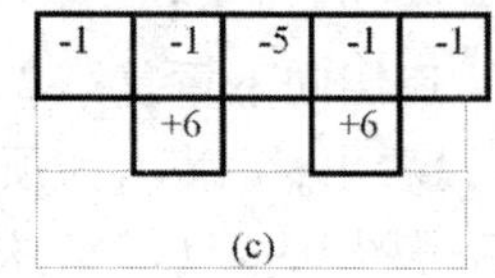

图 3－27　浮锥法反例二

图 3－28(a)是一个三维倒锥体示意图，将这样一个倒锥体的顶点置于价值模型中的正块时，找出落于其内的所有块在算法上较为困难。一个便于计算机编程、且较为节省计算时间的方法是"预制"一个足够大的"锥壳模板"。

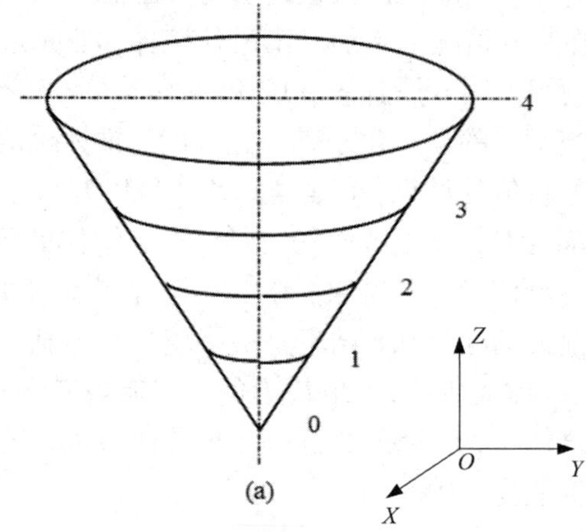

	1	2	3	4	5	6	7	8	9
1				4	4	4			
2		4	4	3	3	3	4	4	
3		4	3	2	2	2	3	4	
4	4	3	2	2	1	2	2	3	4
5	4	3	2	1	0	1	2	3	4
6	4	3	2	2	1	2	2	3	4
7		4	3	2	2	2	3	4	
8		4	4	3	3	3	4	4	
9				4	4	4			

(b)

图 3－28　三维倒锥体与锥壳模板

如图 3－28(b)所示，三维锥壳在 $X-Y$ 面上的投影被离散化为与价值模型中模块的 X，Y 方向上尺寸相等的二维网格，网格内的数字表示锥壳在网格中心的 X，Y 坐标处距离顶点的垂直高度，这一高度不等于锥壳的真实高度，而是与真实高度最接近的台阶高度(台阶高度等于模型中的模块高度)的整数倍。模板的中心点与锥体的顶点相对应，其高度为 0；其余点的高度均为正整数。例如，图 3－28(b)中第 6 行第 9 列网格中的数字"4"表示锥壳在该点距顶点的高度为 4 个台阶。锥壳模板在编程中可用一个二维数组表示。

有了预制的锥壳模板，在应用浮锥法时，将模板的中心网格置于模型中的正块 b_o 上，如果 b_o 上方某一模块 b_i 的台阶水平与 b_o 所在水平的高差大于或等于与模块 b_i 的 X，Y 坐标相同的模板网格上的高度值，则模块 b_i 落在以 b_o 为顶点的倒锥体内；否则，落在倒锥体外。例如，在图 3－29 中，锥顶模块是第 i 水平的一个正块，上一个水平 $i+1$ 上标有 Y 的那一块落于锥体内，因为从图 3－28(b)所示的锥壳模板可知，该块所对应模板网格上的高度值为 1，而两个水平的高度差也为 1；$i+1$ 水平上标有 N 的那一块落于锥体外，因为两水平的高度差 1 小于这一块所对应的模板上的高度值 2。同理，$i+2$ 水平上标有 Y 的那一块落在锥体内，而标有 N 的那块落在锥体外。

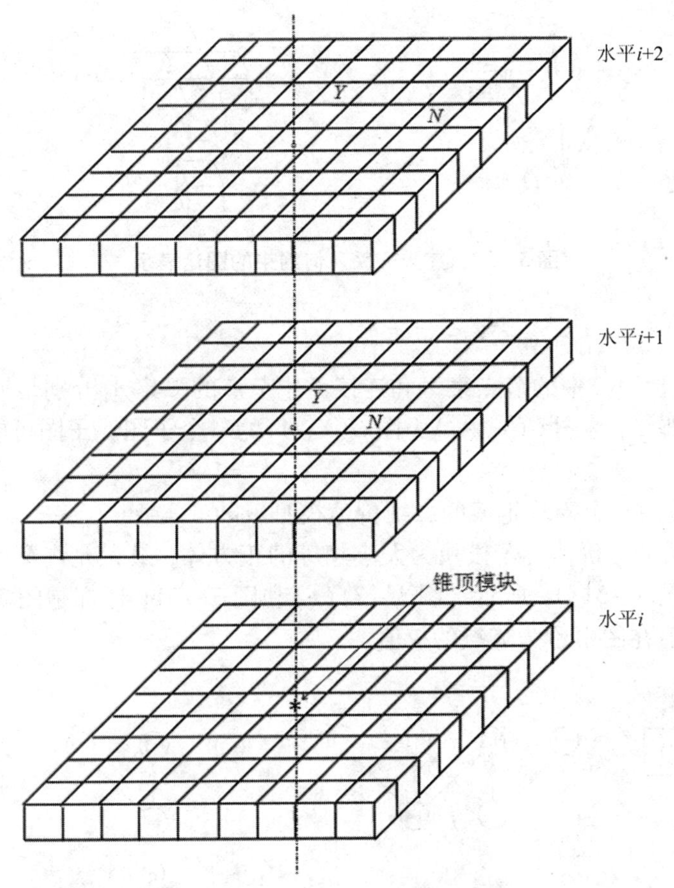

图 3-29 锥壳模板应用举例

应用锥壳模板不仅便于计算机编程，而且便于处理在不同方位具有不同帮坡角的情况。因为不论帮坡角如何变化，锥壳在模板某一网格上距顶点的准确垂直高度很容易用三角函数算出，求出准确高度后，将其用最接近的台阶高度的整数倍代替即可。

3.7.3 Lerchs - Grossmann 图论法

Lerchs - Grossmann 图论法(简称 LG 图论法)是具有严格数学逻辑的最终境界优化方法，只要给定价值模型，在任何情况下都可以求出总价值最大的最终开采境界。

3.7.3.1 基本概念

在图论法中，价值模型中的每一块用一节点表示，露天开采的几何约束用一组弧表示。弧是从一个节点指向另一节点的有向线。例如，图 3-30 说明要想开采 i 水平上的那一节点所代表的块，就必须先采出 $i+1$ 水平上那五个节点代表的 5 个块。为便于理解，以下叙述在二维空间进行。

图论中的有向图是由一组弧连接起来的一组节点组成。图用 G 表示，图中节点 i 用 x_i表示。所有节点组成的集合称为节点集，记为 X，即 $X=\{x_i\}$；图中从 x_i到 x_j的弧用 a_{ij}或(x_i，x_j)表示，所有弧的集合称为弧集，记为 A，即 $A=\{a_{ij}\}$；由节点集 X 和弧集 A 形成的图记为 G

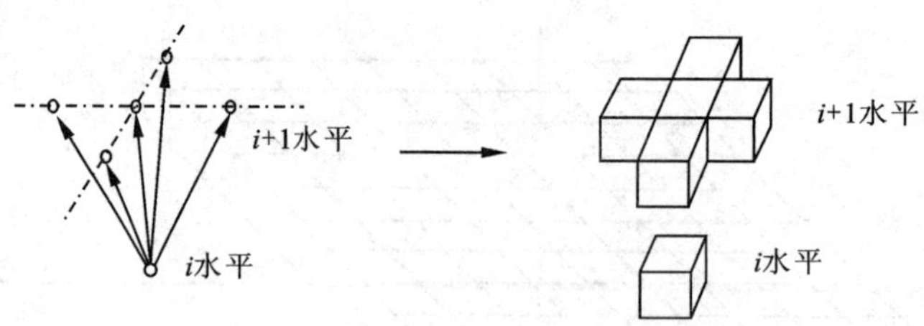

图 3-30　露天开采几何约束的图论表示

(X, A)。

如果一个图 $G(Y, A_Y)$ 中的节点集 Y 和连接 Y 中节点的弧集 A_Y 分别是另一个图 $G(X, A)$ 中 X 和 A 的子集，那么，称图 $G(Y, A_Y)$ 为图 $G(X, A)$ 的一个子图。子图可能进一步分为更多的子图。

图 3-31(a) 是由 6 个模块组成的二维价值模型，$x_i(i = 1, 2, \cdots, 6)$ 表示第 i 块的位置，块中的数字为块的净价值。若模块为大小相等的正方体，最大允许帮坡角为 45°，那么，模型的图论表示如图 3-31(b)所示。图 3-31(c)和图 3-31(d)都是图 3-31(b)的子图。模型中模块的净价值在图中称为节点的权值。

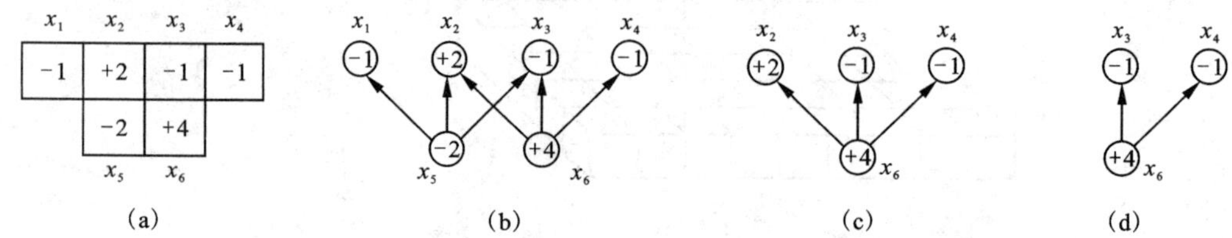

图 3-31　方块模型与图和子图

从露天开采的角度，图 3-31(c)构成一个可行的开采境界，因为它满足几何约束条件，即从被开采节点出发引出的弧的末端的所有节点也属于被开采之列。子图 3-31(d)不能形成可行开采境界，因为它不满足几何约束条件。形成可行的开采境界的子图称为可行子图，也称为闭包。以闭包内的任一节点为始点的所有弧的终点节点也在闭包内。图 3-31(b)中，x_1，x_2，x_3 和 x_5 形成一个闭包；而 x_1，x_2，x_5 不能形成闭包，因为以 x_5 为始点的弧 (x_5, x_3) 的终点节点 x_3 不在闭包内。闭包内诸节点的权值之和称为闭包的权值。G 中权值最大的闭包称为 G 的最大闭包。

树是一个没有闭合圈的图，如图 3-32 所示。图中存在闭合圈是指图中至少有一个这样的节点，从该节点出发经过一系列的弧(不计弧的方向)能够回到出发点。图 3-31(b)不是树，因为从 x_6 出发，经过弧 (x_6, x_2)，(x_5, x_2)，(x_5, x_3) 和 (x_6, x_3) 可回到 x_6，形成一个闭合圈。图 3-31(c)和图 3-31(d)都是树；根是树中的特殊节点，一棵树中只能有一个根。

如图 3-32 所示，树中方向指向根的弧，即从弧的终端沿弧的指向可以经过其他弧(其方向无关)追溯到树根的弧，称为 M 弧；树中方向背离根的弧，即从弧的终端追溯不到根的弧，称为 P 弧。将树中的一个弧 (x_i, x_j) 删去，树变为两部分，不包含根的那部分称为树的一个分支。在原树中假想删去弧(x_i, x_j)得到的分支是由弧(x_i, x_j)支撑着，由弧(x_i, x_j)支撑的分支上诸节点的权值之和称为弧(x_i, x_j)的权值。在图 3－32 所示的树中，由弧(x_3, x_1)支撑的分支节点只有x_1，故该弧的权值为－1。由(x_8, x_5)支撑的分支节点有x_2，x_5，x_6和x_9，该弧的权值为＋5。权值大于 0 的 *P* 弧称为强 *P* 弧，记为 *SP*；权值小于或等于 0 的 *P* 弧称为弱 *P* 弧，记为 *WP*；权值小于或等于 0 的 *M* 弧称为强 *M* 弧，记为 *SM*；权值大于零的 *M* 弧称为弱 *M* 弧，记为 *WM*。图 3－32 是一个具有全部四种弧的树。强 *P* 弧和强 *M* 弧总称为强弧，弱 *P* 弧和弱 *M* 弧总称为弱弧。强弧支撑的分支称为强分支，强分支上的节点称为强节点。从采矿的角度来看，强 *P* 弧支撑的分支(简称强 *P* 分支)上的节点符合开采顺序关系，而且总价值大于 0，所以是开采的目标。虽然弱 *M* 分支的总价值大于 0，但由于 *M* 弧指向树根，不符合开采顺序关系，故不能开采。由于弱 *P* 分支和强 *M* 分支的价值不为正，不是开采目标。

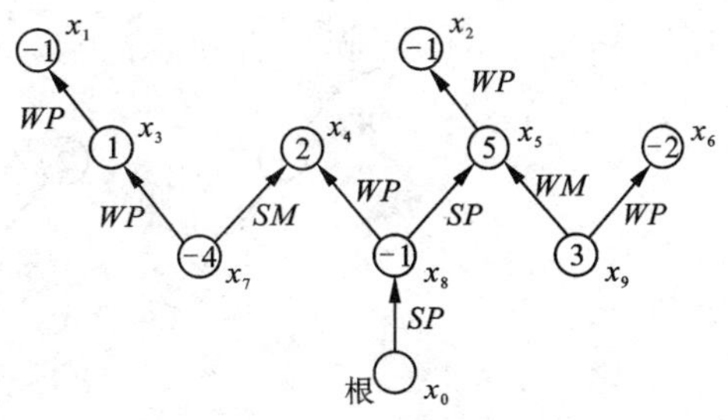

图 3－32　具有各种弧的树

3.7.3.2　**树的正则化**

正则树是一个没有不与根直接相连的强弧的树，正则化是指将树转化为正则树，正则化过程为：

在树中找到一条不与根直接相连的强弧(x_i, x_j)，若(x_i, x_j)是强 *P* 弧，则将其删除，代之以(x_0, x_j)；若(x_i, x_j)是强 *M* 弧，则将其删除，代之以(x_0, x_i)(x_0是树根，以下相同)。重新计算得到的新树中弧的权值，标注弧的种类。以新树为基础，重复这一过程，直到找不到不与根直接相连的强弧为止。图 3－32 中树的正则化过程如图 3－33 所示。

3.7.3.3　**图论法境界优化定理及算法**

从前面的定义可知，最大闭包是权值最大的可行子图。从采矿角度来看，最大闭包是具有最大开采价值的开采境界。因此求最佳开采境界实质上就是在价值模型所对应的图中求最大闭包。

定理 3.9　若有向图 *G* 的正则树的强节点集合 *Y* 是 *G* 的闭包，则 *Y* 即为最大闭包（证明从略）。

依据上述定理求最终境界的图论算法如下：

第 1 步：依据最大允许帮坡角的几何约束，将价值模型转化为有向图 *G*。

第 2 步：构筑图 *G* 的初始正则树 T^0(最简单的正则树是在图 *G* 下方加一虚根 x_0，并将 x_0 与 *G* 中的所有节点用 *P* 弧相连得到的树)，根据弧的权值标明每一条弧的种类。

第 3 步：找出正则树的强节点集合 *Y*，若 *Y* 是 *G* 的闭包，则 *Y* 为最大闭包，*Y* 中诸节点对应的块的集合构成最佳开采境界；否则，执行下一步。

第 4 步：从 *G* 中找出这样的一条弧(x_i, x_j)，即 x_i在 *Y* 内、x_j在 *Y* 外的弧，并找出树中包含 x_i的强 *P* 分支的根点 x_r，x_r是支撑强 *P* 分支的那条弧上属于分支的那个端点(由于是正则树，该弧的另一端点为树根 x_0)。然后将弧(x_0, x_r)删除，代之以弧(x_i, x_j)，得一新树。重新标定新树中诸弧的种类。

第 5 步：如果经过第 4 步得到的树不是正则树(即存在不直接与根相连的强弧)，将树转

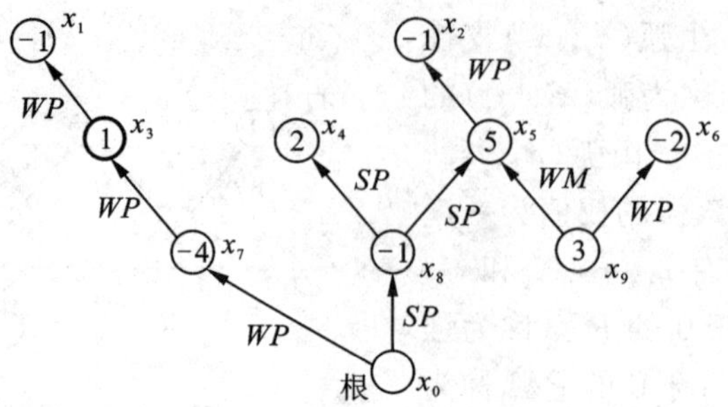

(a)去掉图3.32中的弧(x_7, x_4)代之以弧(x_0, x_7)得树T^1

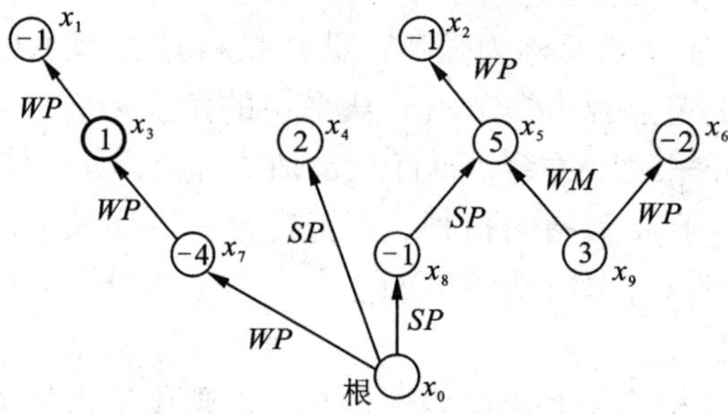

(b)去掉T^1中的弧(x_8, x_4),代之以弧(x_0, x_4),得树T^2

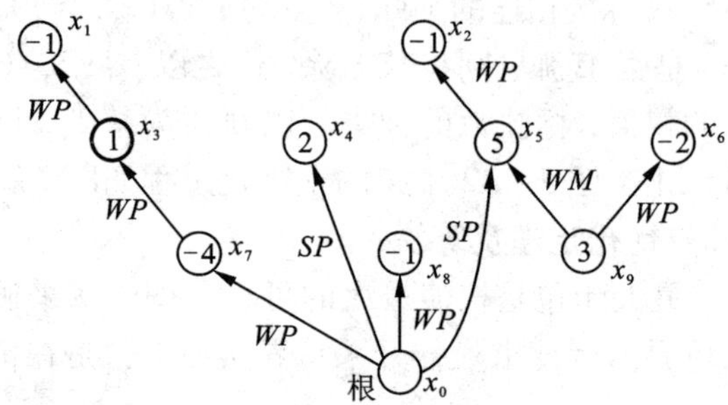

(c)去掉T^2中的弧(x_8, x_5),代之以弧(x_0, x_5),得树T^3, T^3为正则树

图3－33　树的正则化举例

变为正则树。

第6步：如果新的正则树的强节点集合Y是图G的闭包，Y即为最大闭包；否则重复第4和第5步，直到Y是G的闭包为止。

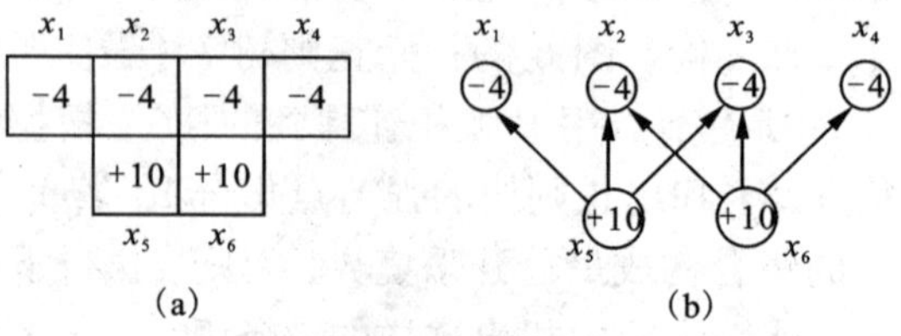

图3－34　价值模型及其图论表述

［例］　二维价值模型如图3－34(a)所示，利用图论法求最佳境界。

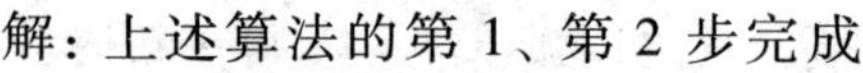

解：上述算法的第1、第2步完成后，图G如图3－34(b)所示，初始正则树T^0如图3－35(a)所示。强节点集$Y=\{x_5, x_6\}$不是G的闭包。从原图G中可以看出，Y内的x_5与Y外的x_1相连，树中包含x_5的分支只有一个节

点，即 x_5本身，所以这一分支的根点也是 x_5。应用算法第 4 步的规则，将(x_0，x_5)删除，代之以(x_5，x_1)，初始树 T^0变为 T^1[图 3－35(b)]。T^1为正则树，所以不需执行算法第 5 步。

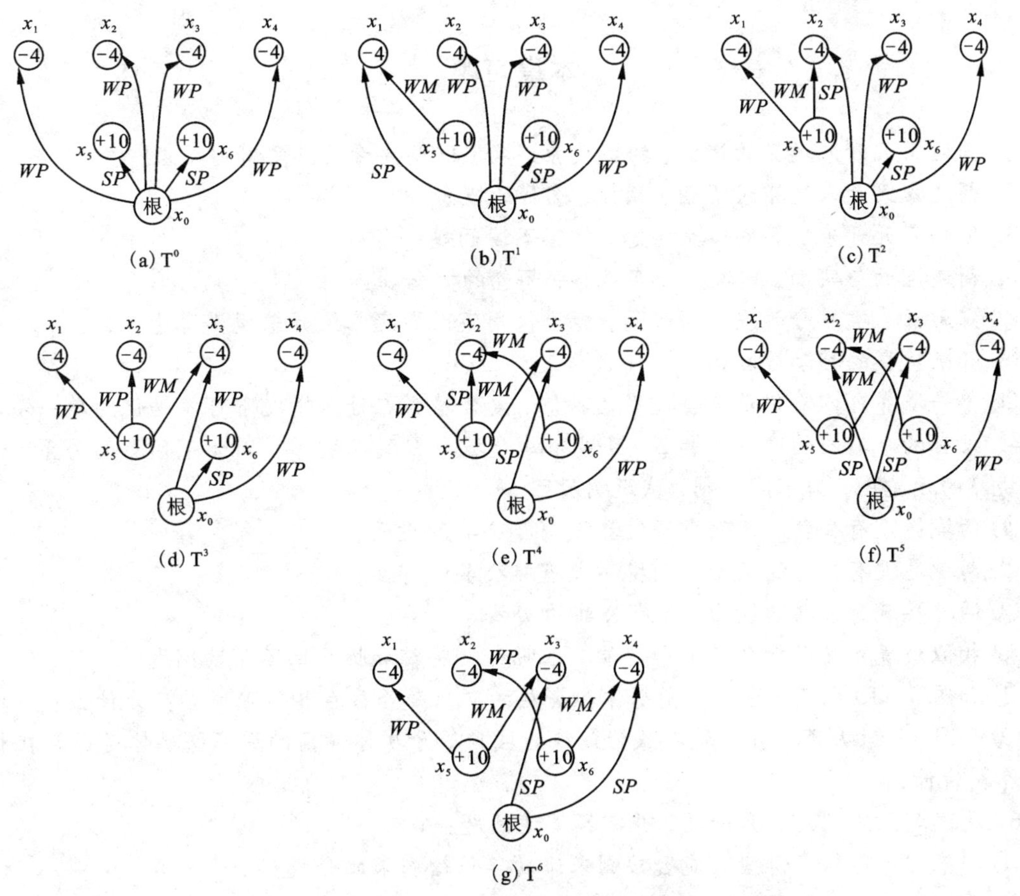

图 3－35 LG 图论法境界优化举例

T^1的强节点集 $Y=\{x_1, x_5, x_6\}$仍不是 G 的闭包。从 G 可以看出，Y 内的 x_5与 Y 外的 x_2相连。T^1中包含 x_5的强 P 分支的根点为 x_1。所以将(x_0，x_1)删除，代之以(x_5，x_2)，T^1变为 T^2[图 3－35(c)]。T^2仍为正则树。

T^2的强节点集 $Y=\{x_1, x_2, x_5, x_6\}$仍不是 G 的闭包。从 G 可以看出，Y 内的 x_5与 Y 外的 x_3相连。T^2中包含 x_5的强 P 分支的根点为 x_2。所以，将(x_0，x_2)删除，代之以(x_5，x_3)，得树 T^3[图 3－35(d)]。T^3仍为正则树。

T^3的强节点集合 $Y=\{x_6\}$仍不是 G 的闭包。从 G 可以看出，Y 内的 x_6与 Y 外的 x_2相连，x_6本身为其所在强 P 分支的根点。将(x_0，x_6)删除，代之以(x_6，x_2)，得树 T^4[图 3－35(e)]。因为(x_5，x_2)变为强弧，T^4不是正则树 。将 T^4正则化得 T^5[图 3－35(f)]。

T^5的强节点集合 $Y=\{x_1, x_5, x_3, x_2, x_6\}$仍不是 G 的闭包。从 G 可以看出，Y 内的 x_6与 Y 外的 x_4相连。T^5中包含 x_6的强 P 分支的根点是 x_2。将(x_0，x_2)删除，代之以(x_6，x_4)得 T^6[图 3－35(g)]。T^6为正则树。

T^6强节点集合$Y=\{x_1, x_5, x_3, x_2, x_6, x_4\}$是$G$的闭包，因此$Y$也是$G$的最大闭包，闭包权数为+4。最佳开采境界由原模型中的全部6个块组成。如果应用浮锥法，本例的结果会是零境界，即境界不包含任何块。

本章习题

1. 简述露天开采境界的定义、组成要素，确定这些要素应满足哪些要求？

2. 简述露天开采境界封闭圈、侧帮、端帮的概念。

3. 依据露天开采境界的衍生概念，回答下述问题：

① 简述虚面与实面、虚境界与实境界、闭包的概念。

② 露天开采境界分为虚面与实面，能否仅用实面界定露天开采境界？为什么？

③ 开采境界的移动边际面具有什么意义？

④ 单一境界可以看作是复合境界的特例，复合境界在什么情况下可以转化为单一境界？

4. 设有两个不同的境界A和B，且境界A是境界B的子境界。对于下列界面关系，试绘制两境界的示意图；若不能绘制，试说明原因。

① 两境界没有公共的虚面或两境界没有非公共的虚面；

② 两境界没有公共的实面或两境界没有非公共的实面；

③ 两境界既有公共的虚面，又有公共的实面。

5. 相似形境界具有什么特征和性质？依据这些特征和性质回答下述问题：

① 如图3-10所示，存在分支矿体和夹层的矿床是否存在相似形境界？为什么？

② 如图3-11所示，开采境界底帮最终边坡角等于矿体倾角的缓倾斜矿体是否存在相似形境界？为什么？

6. 简述剥采比的定义和分类，并回答下述问题：

① 剥采比的单位有哪些？能否按剥采比的单位给剥采比分类？

② 平均剥采比与增量剥采比有什么区别和关系？

③ 境界剥采比与增量剥采比有什么区别和联系？

④ 生产剥采比与增量剥采比等有什么不同？

⑤ 储量剥采比和原矿剥采比有什么区别和联系？

7. 某露天铁矿的最终产品为铁精粉，其技术经济指标如下：开采矿量品位$\alpha_0=40.6\%$，围岩品位$\alpha'=9\%$，矿石体重$\gamma=3.6\ \mathrm{t/m^3}$，采矿实际回收率和实际贫化率分别为$\eta=95\%$和$\rho=5\%$，原矿开采成本$c_c=15$元/t，废石剥离成本$b=30$元/$\mathrm{m^3}$，精矿品位$g_p=64\%$，原矿选矿成本$c_x=105$元/t，选矿回收率$\varepsilon=82\%$，扣除销售税金后的精矿销售收入$p_j=340$元/t。试计算：

① 矿石原矿品位α'和采矿表观回收率η'；

② 单位开采矿量扣除销售税金后的销售收入v（元/$\mathrm{m^3}$）和成本费用c（元/$\mathrm{m^3}$）；

③ 露天开采经济合理剥采比n_{jh}($\mathrm{m^3/m^3}$)。

8. 关于计算经济合理剥采比的储量盈利平衡法(比较法)，回答下述问题：

① 在什么情况下，盈利比较法可简化为成本比较法？

② 在什么情况下，优劣平衡法(中的盈利比较法)可简化为盈亏平衡法？

③ 优劣平衡法(中的盈利比较法)与利润指标法有什么区别和联系?

9. 假设平坦地形下的规则缓倾斜矿体出露地表,最大埋藏深度为 H_b、水平厚度为 m、倾角为 α、该矿体露天开采境界的顶帮和底帮边坡角分别为 γ 和矿体倾角 α、底部宽度为矿体的水平厚度 m。试推导露天开采境界的增量剥采比、平均剥采比和境界剥采比的表达式。

10. 长露天矿开采境界的境界剥采比能否采用平面图法计算?为什么实际设计中没有这样做?

11. 矿床块体模型(价值模型)如图 3-15 所示,其内闭包 C_1,C_2,C_3,C_5,C_6和 C_7中的块体集合见 3.4.2.1,设有相应的增闭包 $I_{2,1}$,$I_{3,2}$,$I_{5,3}$,$I_{6,3}$和 $I_{7,3}$。试依据增闭包的有关概念回答下述问题:

① 这些增闭包的权重 $\omega(I_{s,r})$ 是多少?

② 这些增闭包中哪些是亏增闭包?哪些是强增闭包?

③ 这些增闭包中哪些是增闭包 $I_{7,3}$的子增闭包?

12. 本章给出了 6 个形式不同的露天开采境界设计准则,其中哪些设计准则在实质上是相同的?这些实质相同的设计准则所依据的矿床开采技术经济目标是什么?

13. 设露天开采境界深度即最终边帮高度为 $H=180$ m,最终边坡角为 $\beta=52°$,最终台阶高度 $h_t=15$ m,最终台阶坡面角为 $\alpha_t=65°$。试计算:

① 最终边帮水平投影的宽度 L;

② 最终边帮上所有台阶坡面水平投影的总宽度 L_1;

③ 最终台阶平台的平均宽度 b。

14. 简述确定短露天矿开采境界深度的设计步骤。

15. 设有下述二维矿床块体模型(价值模型),试用浮锥法和 LG 图论法按正确的算法步骤寻求最大闭包,即最优露天开采境界。对于这些矿床块体模型,浮锥法能否求出最优露天开采境界?浮锥法圈定的露天开采境界比最优露天开采境界大或小?参考 3.7.2 中的两个反例,说明为什么会出现这种情形?

① 图 3-15 所示的二维矿床块体模型,已知该矿床块体模型的最大闭包是 C_7;

② 图 3-15 所示的二维矿床块体模型去掉块段 b_{11},b_{22},b_{33},b_{44},b_{55}后,由剩余块段组成的新矿床块体模型,新矿床块体模型的最大闭包仍是 C_7,即该块体模型自身。

16. 图 3-35(g)为包含两个强 P 分支的正则树 T^6,试将 T^6转化为只包含一个强 P 分支的正则树。

4 露天矿采剥方法与程序

4.1 概 述

露天矿的开采方式、开采程序，它是露天矿开采全部生产工艺的关键环节。

采剥方法与生产工艺系统、开拓运输方式有密切联系，往往也会影响生产工艺系统和开拓运输方式的选择与确定，最终将影响露天开采的技术经济效果。因此，合理确定露天矿采剥方法不仅是一个技术问题，也是一个经济问题。

露天矿开采方式主要指采用怎样的设备、方法进行采装作业。坚硬矿岩一般用穿孔爆破的方法进行松碎，然后用采装设备进行铲装，将矿岩分别装车。松软矿岩一般不需凿岩爆破，而用采装设备直接铲装，或用推土机配合铲运机对矿岩进行集堆和铲运工作，也有使用索斗铲挖掘机和轮斗铲挖掘机进行采装工作的。

露天矿开采程序是指采剥工程在空间和时间上的发展变化方式。其要素主要包括开采台阶的结构、采剥工程的首采地段、新水平的降深方式、工作线布置形式和扩展方式以及工作帮的构成特征等。深入细致地研究开采程序，在露天矿设计和矿山生产过程中进行多方案比较，选择最优的开采程序，是一项至关重要的工作。

4.2 合理开采顺序确定

4.2.1 首采地段的选择

在矿山规模和开采方案能满足需要的基础上，首采地段应该选择在矿体厚度较大、矿石品位高、覆盖层薄、基建剥离量小和开采技术条件好的部位，以减少基建工程量，缩短投产和达产时间，提高矿山初期经济效益。

下面以福建宁化行洛坑钨矿为例，说明首采地段方案的选择原则。

福建宁化行洛坑钨矿侵蚀基准面为676 m。基准面以上矿体被山谷自然分为南北两部分。南山地形较陡，矿石量少，剥离量大，但矿石品位高。北山地形较缓，矿石量较多，剥离量小，但矿石品位较低。设计考虑了南山、北山和中部3个首采地段方案。中部山谷方案虽然见矿早，但前期风化矿石较多，品位低，基建剥离量减少不显著，故放弃该首采方案。仅对南山、北山两个方案进行技术经济比较。

南山方案：首先开采南山矿体，再向北山扩展。优点是前期开采的矿石品位高，风化矿石可分期均衡采出；缺点是基建剥离量大。

北山方案：首先开采北山矿体，再向南山扩展。优点是基建剥离量小，风化矿石可分期采出；缺点是前期出矿品位低。

两方案均为陡帮开采，工作帮坡角21°~24°。方案比较结果见表4-1。

表 4－1　行洛坑钨矿首采地段方案比较

项　目	南山方案		北山方案	
	基建	生产(第 1～6 年)	基建	生产(第 1～6 年)
基建剥离量/(万 m^3)	267.0		85.0	
其中副产矿/(万 t)	21.0		20.0	
年采剥总量/(万 m^3/a)		118.0 ～120.0		74.0～88.0
采出矿石量/(万 t/a)		94～128		92～124
其中：送选场/(万 t)		82.5		82.5
堆存/(万 t)		11.5～45.5		9.5～41.5
采出矿石品位/(WO_3%)		0.245～0.277		0.195～0.228
生产剥采比/(m^3/m^3)		1.06～1.9		0.95～1.32
同时工作的挖掘机台数/台	3	3	2	2
投资偿还期/a		5		7

从表 4－1 比较结果知，虽然北山方案的基建剥离量和生产剥采比均比南山方案小，但由于采出矿石品位低，投资偿还期长，因此设计选择南山方案作为首采地段。生产至第 7 年以后，由于南山剥离量下降，北山开始剥离。

4.2.2　新水平降深方式选择

新水平降深表明采剥工程在垂直方向自上而下的发展特征，主要确定以下问题：

(1) 新水平降深始点及与采场的相对位置

台阶开段沟的位置表明采场降深工作从何处开始，当不用开段沟(即无沟)准备新水平时，采场降深位置可理解为出入沟到达新水平开始扩帮的位置。

(2) 新水平降深方向

采场新水平降深方向指上台阶开段沟和下台阶开段沟轴线的移动方向；无沟准备时，即上下台阶开始扩帮位置移动的方向。

(3) 新水平降深角

采场新水平降深角是指上下台阶开段沟轴线与水平面的夹角(以小于 90°的夹角表示)，无沟准备时即为上下台阶开始扩帮位置之间的连线与水平面的夹角。

(4) 新水平降深速度

采场新水平降深速度是指新水平准备工程每年垂直下降的深度。

如图 4－1 所示，矢量线段 *ABCDEF* 用来表示采场降深的位置、方向和角度。*A*，*B*，*C*，*D*，*E*，*F* 各点分别表示不同开采台阶采场降深的开始位置，标高 －20 m 以上为沿矿体下盘垂直降深(线段 *AC*)，标高 －30～－70 m 为沿下盘开采境界降深(线段 *CF*)，θ_1、θ_2 分别表示这两个区间的降深角。

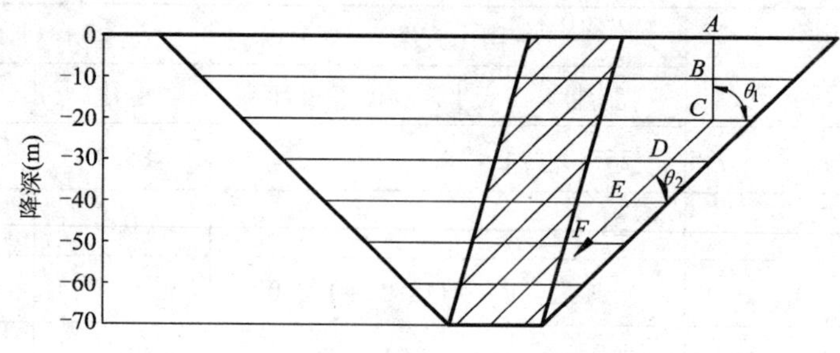

图 4－1　采场降深方向示意图

一般露天矿几种典型的降深方式如下：

① 沿采场下盘(上盘)境界降深，如图 4－2 所示。

② 沿矿体下盘或上盘(紧靠矿体或距矿体一定距离)降深，如图 4－3 所示。

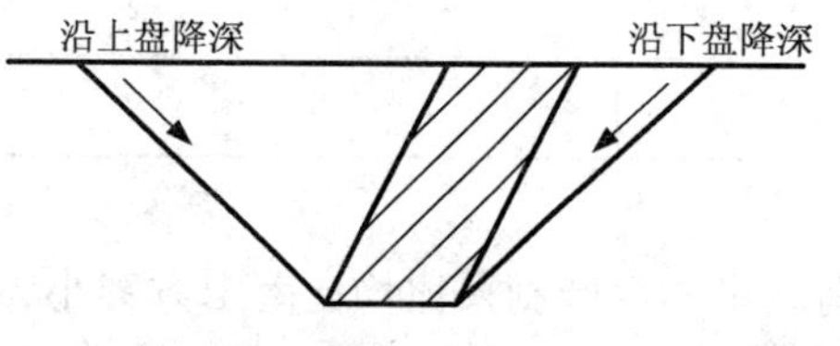

图 4－2　沿采场下(上)盘境界降深

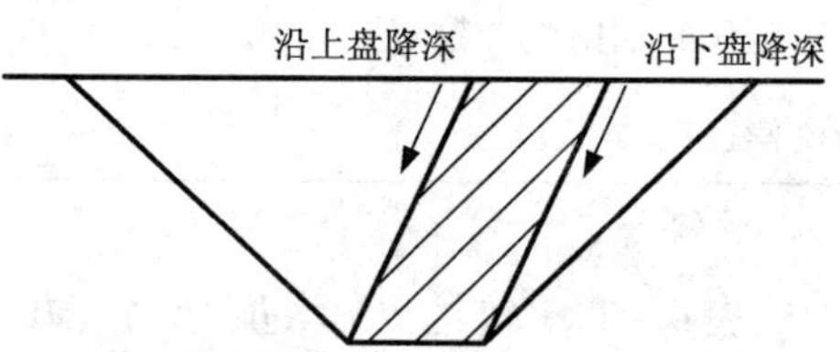

图 4－3　沿矿体下(上)盘降深

③ 先沿矿体下盘(上盘)降深，下降一定深度后转为沿采场下盘(上盘)境界降深，如图 4－4 所示。

④ 先沿矿体下盘(上盘)地形降深，下降一定深度后转为沿采场下盘(上盘)境界降深，如图 4－5 所示。

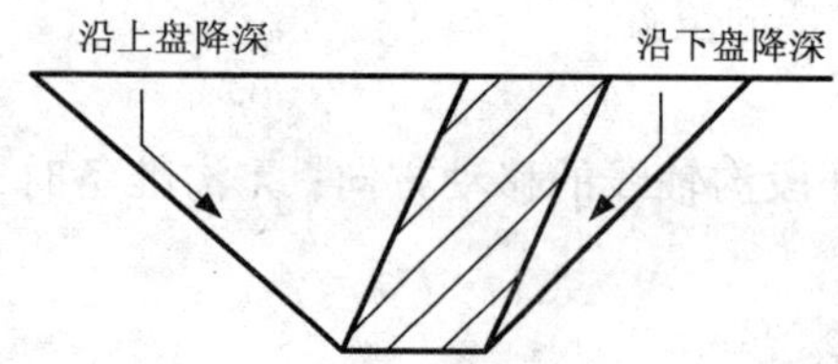

图 4－4　沿矿体下(上)盘—沿下(上)盘境界降深

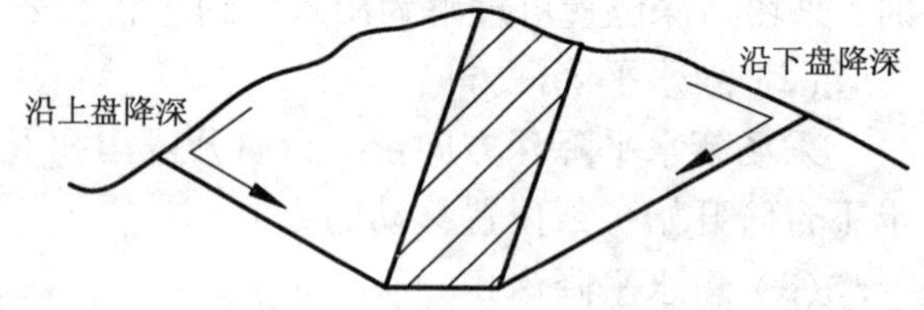

图 4－5　沿矿体下(上)盘地形—沿下(上)盘境界降深

⑤ 先沿矿体下盘(上盘)地形降深，后转为沿矿体下盘(上盘)降深，再转为沿采场下盘(上盘)境界降深，如图 4－6 所示。

⑥ 沿采场境界周边螺旋降深，如图 4－7 所示。

⑦ 沿采场端部境界降深，如图 4－8 所示。

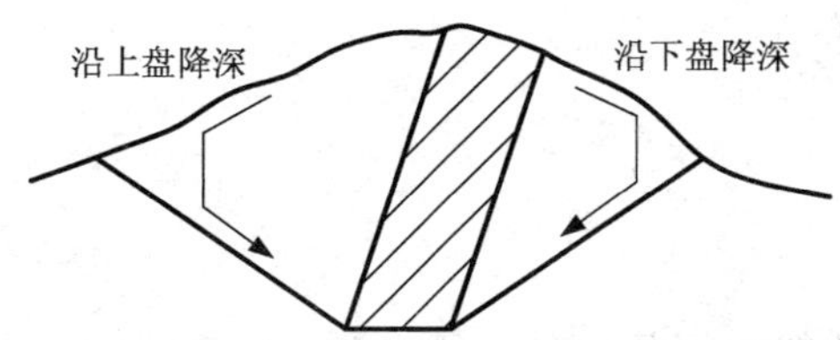

图4-6 沿矿体下(上)盘地形—沿矿体下(上)盘—沿采场下(上)盘境界降深

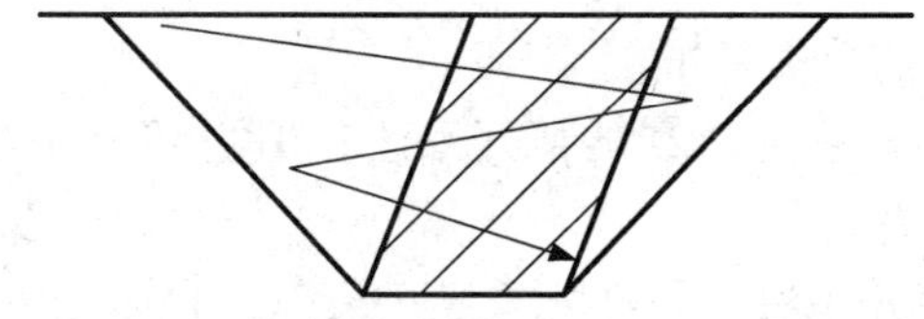

图4-7 沿采场境界周边螺旋降深

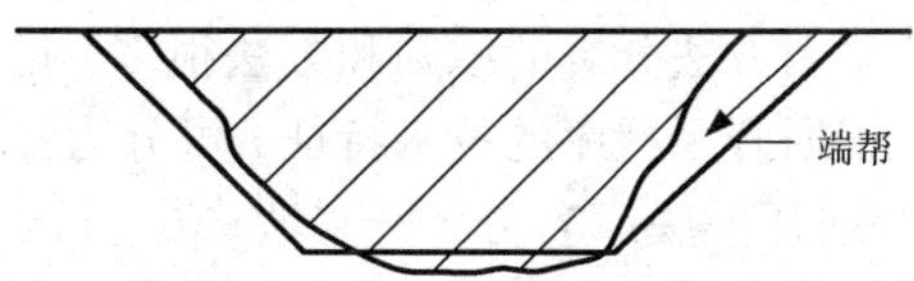

图4-8 沿采场端部境界降深

随着采掘运输设备的发展，按优化设计要求，还可以采用其他更加灵活多变的降深方式，根据矿体实际埋藏条件和开采技术条件因地制宜地确定，这里不一一罗列。

采场新水平降深方式是露天矿开采程序的主要内容之一，它与采场的几何形状及矿体与采场之间的相对位置等条件密切相关。降深位置直接影响基建工程量大小和矿山的投产、达产时间。降深方向和降深角直接影响工作线布置方式和水平推进强度、降深速度，进而影响矿山的生产能力。因此，必须全面考虑相关的工艺技术因素和综合经济效果，经分析比较后加以确定。

一般沿矿体上下盘降深时，由于降深位置紧靠矿体，或距矿体较近，可以减少基建剥离工程，实现早投产、早达产，从而较快地取得经济效益。所以，开采深度较大、走向较长的倾斜或急倾斜层状矿体时，特别是采用铁路运输的大型矿山，常采用这种方式。它的主要特点是沿走向布置工作线，垂直工作线平行推进，由山坡进入凹陷部分后采用移动干线。在生产矿山中，大冶铁矿东露天采用类似图4-5的下盘降深方式；大孤山铁矿采用的是类似图4-6的下盘降深方式；白云鄂博铁矿采用类似图4-6的上盘降深方式；而矿体倾角与下盘境界边坡一致或接近的矿山则往往采取顶板露矿、沿上盘紧靠矿体的降深方式。

一般情况下，要尽可能避免采用沿上盘开采境界的降深方式，因为这种方式的降深位置距矿体较远，会加大基建剥离工程量，推迟投、达产时间，经济性较差。

沿采场周边境界螺旋降深的方式多用于团块状矿体，采场近于圆形或椭圆形的短深露天矿，此条件下采用螺旋固定坑线运输，可以改善采场运输条件。

采用汽车运输的矿山，降深方式可以灵活多变，它可以适应端部降深和采用分期分区开采时多种降深方式的要求。

4.3 露天矿采剥方法

4.3.1 采剥方法分类

露天采矿场是一个复杂的空间几何体，每个露天矿的大小、形状和矿岩量都是不同的。为保证安全、经济、合理地开发露天矿山，露天采场必须按一定的采准(即掘沟工程)、剥离和采矿程序生产。露天矿的采剥方法就是露天开采中的采准、剥离和采矿工程的开采程序以及它们之间的时空关系。

采剥方法分类的原则和方法很多，目前无统一的分类标准。

根据开采程序的技术特征，可分为：① 全境界开采法；② 陡帮开采法；③ 并段开采法；④ 分期开采法；⑤ 分区开采法；⑥ 分区分期开采法。

按工作台阶的开采方式，可分为：① 台阶全面开采法，主要指缓帮开采；② 台阶轮流开采法，主要指陡帮开采。

按工作线的布置形式，可分为：① 纵向布置采剥方法；② 横向布置采剥方法；③ 扇形布置采剥方法；④ 环形布置采剥方法。

4.3.2 按工作线布置形式分类

4.3.2.1 工作线纵向布置的采剥方法

露天矿纵向采剥方法指采剥工作线沿矿体走向布置，垂直矿体走向移动，如图 4－9 所示。

纵向采剥时，开段沟一般沿矿体走向布置。

当露天矿采用纵向采剥、固定坑线开拓时，开段沟可以布置在顶帮，工作线由顶帮向底帮推进，也可以布置在底帮，工作线由底帮向顶帮推进，但一般多采用底帮固定坑线开拓，以减少基建剥岩量。如大冶铁矿、眼前山铁矿均采用底帮固定坑线开拓。

当露天矿采用纵向采剥、移动坑线开拓时，开段沟可以布置在矿体的上盘、下盘或矿体中间，工作线由中间向顶帮和底帮推进。大孤山铁矿曾采用下盘移动坑线开拓。

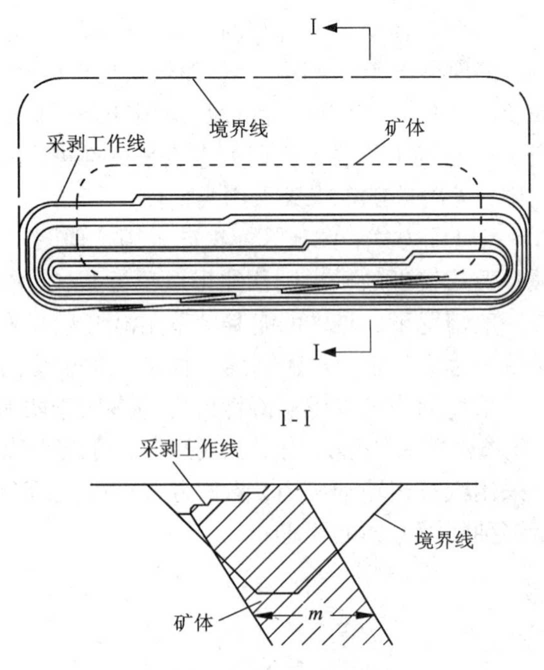

图 4－9　纵向采剥方法

纵向采剥方法的主要优点：

① 纵向开采时，工作线是平行推进的，沿工作线的采掘带宽度基本不变，因而有利于发挥设备效率，同时工作的台

阶数可以减少；

② 开段沟可以布置在矿体的上盘，并垂直矿体走向推进，因而有利于减少矿石的损失、贫化和剔除走向夹石。

纵向采剥方法的主要缺点：

① 在一定的矿山技术条件下，矿岩的内部运距较大（与横向采剥方法相比）；

② 开段沟布置在矿体的下盘、工作线由下盘向上盘推进时，矿岩分类比较困难，矿石损失和贫化较大，基建剥岩量也较大。

纵向采剥方法多用于铁路运输矿山、长宽比接近的汽车运输矿山以及有特殊要求的汽车运输矿山，如桦子峪镁矿。

4.3.2.2　**工作线横向布置的采剥方法**

露天矿横向采剥方法指采剥工作线垂直矿体走向布置，沿矿体走向移动，如图 4－10 所示。

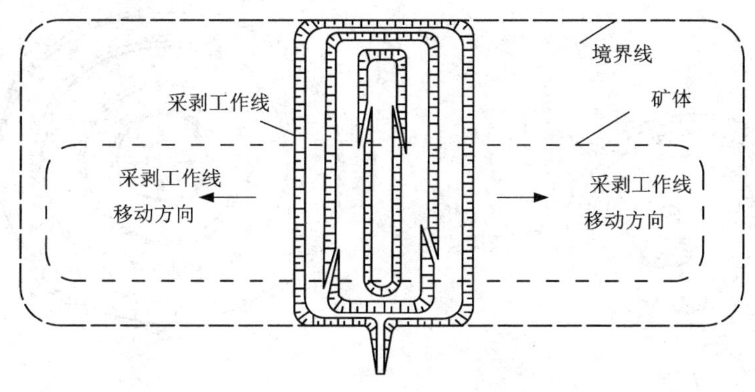

图 4－10　横向采剥方法

横向采剥时，开段沟可以布置在露天矿的端部或者境界中的任何一个地方，并垂直矿体走向开挖，形成初始工作线，然后从一端向另一端，或从中间向两端推进。

横向采剥方法的主要优点：在一定的矿山技术条件下可以减少露天矿的基建工程量，减少采场内部运距和掘沟工程量等。

横向采剥方法的主要缺点：采矿作业台阶多，采掘设备上下调动频繁，影响其生产能力，控制矿石损失、贫化难度大，生产组织和管理比较复杂，容易因计划不周造成采剥失调等。

横向采剥方法主要用于汽车运输矿山，因为汽车运输灵活机动，不受工作线长度的限制，能适应各种不同的矿体埋藏条件和品位的空间分布。此外，长宽比比较大的矿山，在其他条件相同时，横向采剥方法较为有利。

4.3.2.3　**工作线扇形布置的采剥方法**

扇形采剥时，工作线围绕某个点（通常是沟道线路与工作面线路的连接点）移动，如图 4－11所示。

从图可以看出，扇形采剥时，工作线上每个点的推进速度是不同的，因而影响设备效率。

4.3.2.4　**工作线环形布置的采剥方法**

环形采剥时，工作线向四周发展。当开采凹陷露天矿时，工作线自里向外扩展，如

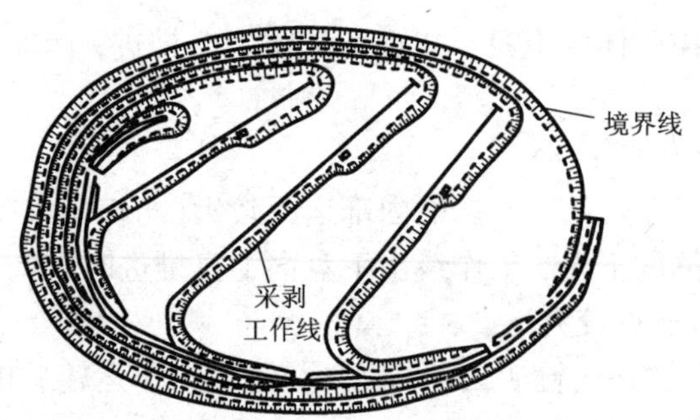

图 4－11　螺旋坑线开拓时的扇形采剥方法

图 4－12(a)所示；当开采山峰型孤立露天矿时，工作线自外向里发展，如图 4－12(b)所示。

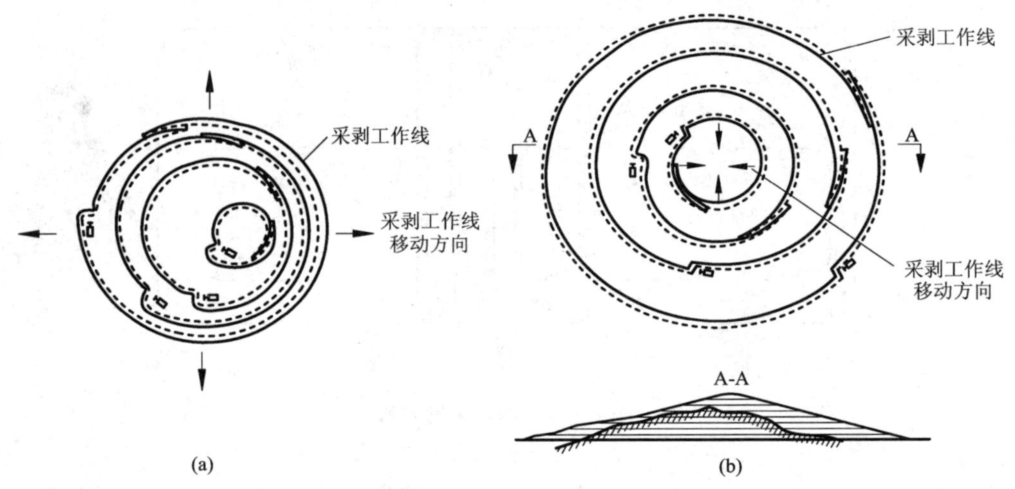

图 4－12　环形采剥方法

采用这种方法时，凹陷露天矿一般先在矿体中间掘一个直径为 50～200 m(依采掘运输设备的规格而定)的圆坑，然后向四周发展。

环形采剥时，环形工作线上各点的推进速度是不同的，主要依矿体倾角及主推进方向而定。沿推进方向的工作线推进速度最大，此时多采用移动坑线开拓，并且坑线多沿圆坑的周边布置。

环形采剥方法的主要优点：基建工程量小，使用比较灵活。如国内弓长岭铁矿独木采场、德兴铜矿，国外宾汉姆、平托谷、双峰、碧玛等铜矿，均使用这种采剥方法。

4.3.3　露天矿陡帮开采

陡帮开采是在工作帮上部分台阶作业、部分台阶暂不作业，作业台阶和暂不作业台阶轮流开采，使工作帮坡角加陡，以推迟部分岩石的剥离。

4.3.3.1　**陡帮开采的作业方式**

陡帮开采主要指台阶轮流开采，根据剥岩挖掘机的大小及工作帮上的台阶数目，陡帮开采的作业方式可以分为：工作帮台阶依次轮流开采、工作帮台阶分组轮流开采、台阶(挖掘机)尾随开采、并段爆破分段采装开采。

(1) 工作帮台阶依次轮流开采

台阶依次轮流开采方式如图 4－13 所示。

台阶依次轮流开采的实质是：露天矿整个剥岩工作帮由一台挖掘机自上而下轮流开采，先第一个台阶，再第二个台阶，依此类推，采完最后一个台阶后，挖掘机再返回到第一个台阶，重新开始下一个条带的剥离工作。

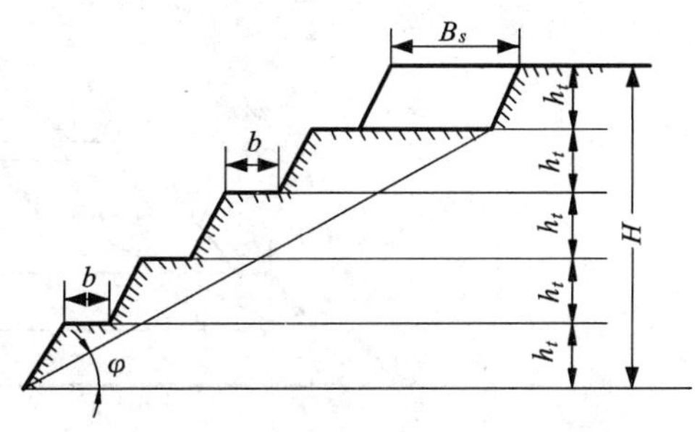

图 4－13 工作帮台阶依次轮流开采

采用这种作业方式时，剥岩带内只有一个台阶在作业(B_s)，其余台阶均处于暂不作业状态(如图中 b)，所留平盘宽度较窄，故能最大限度地加陡工作帮坡角，获得较好的经济效益。

采用这种作业方式时，工作台阶也可以由一组(两台)挖掘机进行采掘，它们在同一个台阶上作业，一前一后，间隔一定距离，并作同向采掘；也可以从端帮向中央作对向采掘。

采用这种作业方式时，工作帮坡角可以陡到 25°～35°或更大，但必须保证以下条件：

$$Q_w \geqslant B_s Hl/T = B_s n h_t l/T \tag{4-1}$$

式中：Q_w——一台或一组(两台)挖掘机生产能力，m^3/a；

B_s——剥岩条带宽度(或称爆破进尺)，m；

l——露天矿的走向长度或剥岩区的长度，m；

n——剥岩帮上的台阶数目，个；

h_t——台阶高度，m；

H——剥岩帮高度，m；

T——剥岩周期，a。

工作帮台阶依次轮流开采方式在国内外得到了广泛应用，并取得了较好的经济效益，如浏阳磷矿二工区采场。

(2) 工作帮台阶分组轮流开采

台阶分组轮流开采方式如图 4－14 所示。其实质是将工作帮上的台阶划分为若干组，每组 2～5 个台阶，每组台阶由一台挖掘机在组内从上而下逐个台阶进行开采。当挖掘机采完组内最下一个台阶后再返回第一个台阶作业，剥离下一个岩石条带。

台阶分组轮流开采时，组内除正在作业的台阶外，其余台阶均处于暂不作业状态，所留平台宽度小，或者直接并段，故能加陡工作帮坡角，但加陡的工作帮坡角比台阶依次轮流开采的方式要小。

台阶分组轮流开采时，只要与相邻组的挖掘机之间保持一定的水平距离，就可以保证安全生产。非相邻组之间挖掘机有一个或多个宽 30～50 m 或更大的平盘隔开，挖掘机即使在同一条垂直线上工作，也可以保证安全生产。

(3) 台阶(挖掘机)尾随开采

台阶尾随开采方式是一台挖掘机尾随另一台挖掘机向前推进，如图 4－15 所示。向前尾

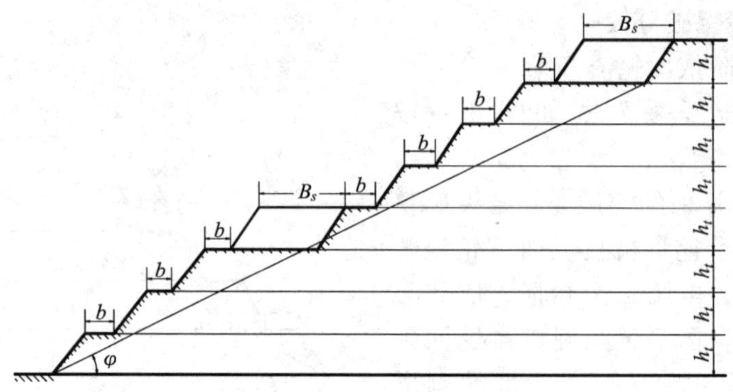

图 4－14　台阶分组轮流开采

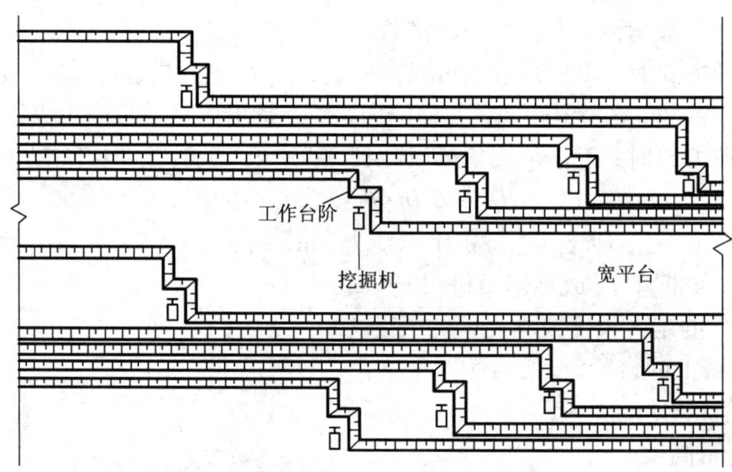

图 4－15　台阶（挖掘机）尾随开采

随的挖掘机构成一组，组内有若干台挖掘机同时作业，如果一组挖掘机的生产能力尚不能满足露天矿剥岩生产能力的要求，则可以布置第二组、第三组。

采用台阶尾随方式开采时，各工作帮任何一个垂直剖面图上，组内只有一个台阶在作业，它保留最小工作平盘宽度，而其他台阶只保留运输平台，故可以加陡工作帮坡角实施陡帮开采。

如果露天矿有几组挖掘机同时作业，则上下不同水平的挖掘机很可能在一条直线上工作。为保证生产安全，组与组之间必须有一条宽平台隔开，如图 4－15 所示。

台阶尾随开采的主要优点：利用规格小的采运设备也能加陡工作帮坡角，并有一定的经济效益。

台阶尾随开采的主要缺点：每一个台阶要布置一台挖掘机，并且上下台阶互相尾随，它们之间必然相互影响，降低了挖掘机生产能力，因而对提高陡帮开采的经济效益不利。

(4) 并段爆破分段采装开采

这种作业方式的实质是将工作台阶并段进行穿孔爆破，然后在爆堆上分段进行采装，它靠减少爆堆占用的宽度来加陡工作帮坡角。

4.3.3.2 **陡帮开采结构参数**

(1) 工作帮及工作帮坡角

陡帮开采时，工作帮由作业台阶、运输道路和路间边坡组成，如图 4-16 所示。

① 作业台阶。剥岩帮上有作业台阶和暂不作业台阶，暂不作业台阶恢复推进时，就从该台阶划出一个岩石条带，开辟新的作业台阶。作业台阶的平盘宽度由剥岩带宽度 B_s 和暂不作业平台宽度 b 组成，见图 4-16。

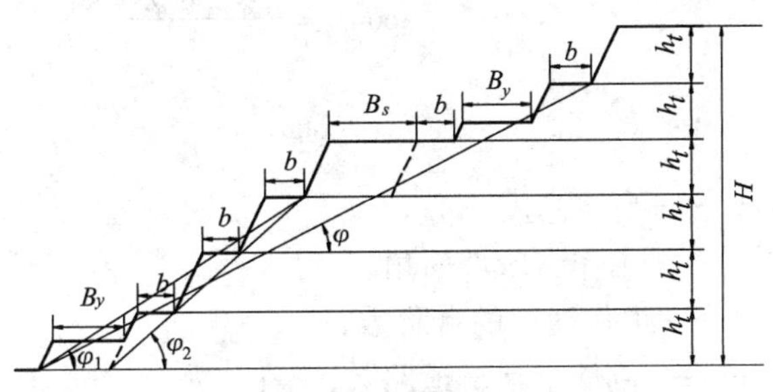

图 4-16 工作帮的组成

作业台阶最小平盘宽度取决于挖掘机和汽车作业所要求的空间。在工作帮内同时作业的台阶数与挖掘机的生产能力、工作帮高度以及采区长度等因素有关，即：

$$n_z = \frac{v_p H l_c}{Q} \tag{4-2}$$

式中：n_z——同时作业的台阶数，个；

v_p——剥岩工作线的水平推进速度，m/a；

H——剥岩帮高度，m；

l_c——采区长度，m；

Q——挖掘机的生产能力，m^3/a。

当 $n_z=1$ 时，即为台阶依次轮流开采方式；当 $n_z=2\sim5$ 时，即为台阶分组轮流开采方式；当 $n_z=n$(剥岩帮上的台阶数目，$n>5$)时，即为台阶尾随开采方式。

② 运输道路。运输道路主要指运输干线，其宽度与数目影响工作帮坡角，运输道路的数目与开拓运输系统有关，根据具体情况而定。露天矿运输道路的宽度可按《采矿设计手册》选取。

③ 路间边坡。几个暂不作业台阶就构成路间边坡。因为剥岩帮上的大部分台阶是暂不作业台阶，所以路间边坡对剥岩帮坡角影响较大。暂不作业台阶除个别台阶保留运输平台外，只留暂不作业平台，或者并段，其宽度范围为：

$$0 \leqslant b < b_{min} \tag{4-3}$$

式中：b——暂不作业平台宽度，m；

b_{min}——最小工作平台宽度，m。

当 $b=b_{min}$ 时，便为台阶全面开采法，即缓帮开采；当 $b=0$ 时，即实行台阶并段，此时工作帮坡角最陡。

选择 b 值时，除使爆堆不压下部台阶外，还应保留一定的平台宽度以作联络之用。根据上述原则和经验，b 值一般取 10～15 m 为宜。

④ 工作帮坡角。当剥岩帮包括作业台阶、运输道路及路间边坡时，其工作帮坡角称为剥岩总坡角，用 φ 表示；当剥岩帮上只有运输道路及路间边坡时，称为剥岩帮坡角，用 φ_1 表示；当剥岩帮上只有路间边坡时，称为路间边坡角，用 φ_2 表示。其数值分别可由下列公式确定：

$$\cot\varphi = \frac{(H-h_t)\cot\alpha_t + (n-1)b + n_z B_s + n_1 B_y}{H-h_t} \tag{4-4}$$

$$\cot\varphi_1 = \frac{(H-h_t)\cot\alpha_t + (n-1)b + n_1 B_y}{H-h_t} \tag{4-5}$$

$$\cot\varphi_2 = \frac{(H-h_t)\cot\alpha_t + (n-1)b}{H-h_t} \tag{4-6}$$

式中：h_t——台阶高度，m；

α_t——工作台阶坡面角，(°)；

n——工作帮上的台阶数，个；

n_1——剖面上运输道路数，条；

B_s——剥岩条带宽度，m；

B_y——运输道路的宽度，m；

其余符号意义同前。

(2) 剥岩条带宽度

剥岩条带宽度 B_s 是陡帮开采中非常重要的参数之一。

B_s 越小，陡帮开采推迟的剥岩量越多，生产剥采比就越小，经济效益就越优。但 B_s 值越小，采掘设备上下调动的次数将增加，运输道路移动频繁，移道工作量将增加，影响陡帮开采的经济效益。

B_s 越大，剥岩周期越大，所需的备采矿量越多，推迟的剥岩量就越小，经济效益就越差。另外，剥岩周期越大，备采矿量的保有期就越长，坑底采矿区的尺寸也将增大，经济上也不合理，故不可能通过增加剥岩周期来大量增加剥岩条带宽度 B_s 值。

剥岩条带的最小宽度 B_{smin} 必须满足：

$$B_{smin} = b_{min} - b \tag{4-7}$$

$$B_{smin} = Tv_{t(i)} = Tv_{k(i)}[\cot\varphi_{c(i)} \pm \cot\delta] \tag{4-8}$$

式中：B_{smin}——第 i 期的推进量，m；

$v_{t(i)}$——第 i 期工作线水平推行速度，m/a；

$v_{k(i)}$——第 i 期的采矿工程下降速度，m/a；

δ——采矿工程延深角，矿体倾斜方向与工作帮水平推进方向夹角，(°)；

$\varphi_{c(i)}$——第 i 期的工作帮坡角，(°)；

T——剥岩周期，a；

“+”——用于下盘向上盘推进($\delta = \alpha$)，α——矿体倾角，(°)；

“-”——用于上盘向下盘推进($\delta = 180° - \alpha$)。

为了增加剥岩条带宽度 B_s 值以满足式(4-7)、式(4-8)的要求，而又不增加剥岩周期，最好的方法是实施分区开采，增加每个采区的采剥条带宽度，而使总的剥岩量和剥岩周期不变。

陡帮开采时，露天矿一般都是分区条带剥岩，条带宽度即为剥岩带宽度 B_s。

(3) 采区长度

当剥岩帮高度、条带宽度和挖掘机规格一定时，采区长度越大，剥岩周期就越长，备采矿量就越多，坑底采矿区的尺寸也相应地增加，因而会降低陡帮开采的经济效益。但采区长度越小，剥岩周期越短，采掘设备上下调动频繁，道路工程量大，也会降低陡帮开采的经济效益。

采区的合理长度主要与挖掘机的规格及工作线的推进速度等因素有关。弓长岭铁矿独木采场，采用斗容 4 m^3 的挖掘机，采区长度为 350 ~ 400 m。若采用斗容 10 m^3 以上的挖掘机，采区长度可达 500 ~ 1000 m。

(4) 采场坑底参数

陡帮开采时，备采矿量的准备是周期性的，每剥完一个岩石条带，坑底就增加一定的备采矿量，同时在剥岩期间也采出一定的矿量。为了保证露天矿能持续地进行生产，备采矿量的保有期应等于或略大于剥岩周期，即：

$$t_b \geqslant T \tag{4-9}$$

式中：t_b——备采矿量保有期，a；

T——剥岩周期，a。

从图 4 - 17 可以看出，当剥岩帮坡角 φ_1 值及坑底最小宽度 $b_{\min}$ 值一定时，坑底上口宽度 B_1 越大，备采矿量就越多，其保有期也就愈长，反之，保有期就越短。所以确定露天矿坑底尺寸，其实质就是确定出能满足式(4 - 9)要求的上口宽度 B_1 值，这就是确定陡帮开采时露天矿坑底尺寸的基本原则。

现以狭长形露天矿为例，简要说明如下：

对于走向长度较大的倾斜及急倾斜矿体，若矿体的倾角及厚度等参数比较稳定，则可利用其典型的横剖面来确定露天矿的坑底参数；若矿体的倾角及厚度等参数变化很大，则可利用其加权平均剖面来确定坑底参数。

陡帮开采时，这类矿体可以采用的采剥方法很多，其工作线布置形式也多种多样，使用最多的是工作线纵横向布置形式，即剥岩工作线纵向布置，采矿工作线横向布置。当矿体的水平厚度 m、最小坑底宽度 $b_{\min}$、上口宽度 B_1 以及 H_1、H'(见图 4 - 17)不同时，计算方法也略有不同，但其原则是一样的，即必须满足式(4 - 9)的要求。

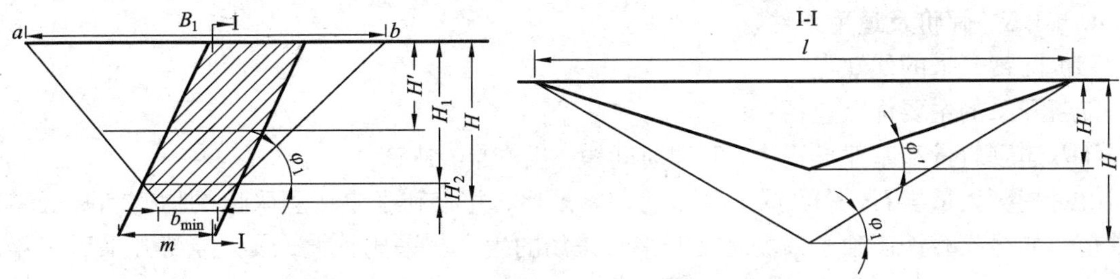

图 4 - 17　工作线纵横布置时的 B_1 计算图

当 $b_{\min} < m < B_1$ 和 $H' < H_1$ 时，B_1 值可按式(4 - 10)确定：

$$B_1 = \frac{2Tv_k}{\tan\varphi_1} + \frac{l\tan\varphi'}{2\tan\varphi_1} + \frac{m}{2} + \frac{b_{\min}^2}{2m} \tag{4-10}$$

式中：m——矿体水平厚度，m；

l——露天矿的走向长度，m；

其余符号意义同前。

坑底采矿区的高度为：

$$H = \frac{B_1 - b_{\min}}{2}\tan\varphi_1 \tag{4-11}$$

式中符号意义同前。

按式(4-11)求出的 H 值应适当调整，使其略大于台阶高度的整数倍，最后反算出 B_1 值用于设计。

坑底采矿区的水平面积有限，应保证挖掘机有足够的空间，否则生产能力将受影响。

坑底采矿区同时工作的挖掘机数目 n_z' 为：

$$n_z' = \frac{S_p}{S_p'}k_1k_2k_3 \tag{4-12}$$

式中：S_p——坑底采矿区的水平投影面积，m^2；

S_p'——每台挖掘机应有的作业面积，m^2；

k_1——考虑到台阶坡面投影面积的系数，$k_1 = 0.85 \sim 0.93$；

k_2——考虑到备用作业面积的系数，$k_2 = 0.75 \sim 0.8$；

k_3——作业面积利用系数，$k_3 = 0.7 \sim 0.9$。

因为

$$S_p' = \frac{S_p}{n_z'}k_y$$

$$k_y = k_1k_2k_3$$

式(4-12)可写成：

$$n_z' = \frac{A}{Q_w} \tag{4-13}$$

式中：A——露天矿矿石生产能力，t/a；

Q_w——挖掘机生产能力，t/a。

4.3.3.3 评价及适用条件

(1) 陡帮开采的优缺点

陡帮开采的主要优点包括：

①基建剥岩量和基建投资少，基建时间短，投产早，达产快。

②可缓剥大量岩石，降低露天开采前期剥采比，并有利于生产剥采比的均衡和降低剥采比峰值。如弓长岭铁矿独木采场缓帮开采时采场的生产剥采比较大，改为陡帮开采后三年内可多生产矿石 200×10^4t，推迟的剥岩量为 200×10^4t，获得了较好的技术经济效益。浏阳磷矿二工区采场改为陡帮开采后，1971—1982 年的生产剥采比为 1.98 m^3/t，仅为平均剥采比的 1.15 倍，并顺利通过了剥离洪峰。

③推迟最终边坡的暴露时间，减少最终边坡的维护工作量与费用。在一定条件下可增加

最终边坡角，减少剥岩量。

陡帮开采的主要缺点包括：

① 采掘设备上下调动频繁，影响其生产能力。

② 运输道路工作量大。陡帮开采时，露天采场一般采用移动坑线，当一个岩石条带剥离完后，运输干线需移动一次，修筑新的线路，因而与固定坑线相比，线路的修筑与维护工程量大，费用高。

③ 采场辅助工程量大。陡帮开采时，采场里的供风管、供水管及供电线移设次数增加，费用增加。

④ 管理工作严格。陡帮开采时，上下台阶之间的配合要协调，在编制年进度计划时，每年的采剥量不但要数量均衡，而且要部位平衡。

(2) 陡帮开采经济效益的评价方法

在已确定的露天矿开采境界内，陡帮开采只能改变矿岩量的时间分布，即采出时间。若采用静态法对露天开采进行经济评价，则陡帮开采与缓帮开采的总费用是相等的，因而很难进行评价。因此，在方案比较时，必须采用动态法来评价陡帮开采的经济效益，即考虑时间因素，将所有的收入和支出都折算到同一时间(贴现法)，然后再进行比较。

(3) 陡帮开采的应用条件

① 适于开采倾角大的矿体，即倾斜与急倾斜矿体，则前期生产剥采比小，可获得好的经济效益；

② 对覆盖岩层厚度大的矿体，采用陡帮开采与缓帮开采比较，基建剥岩量和前期生产剥采比可大大减少；

③ 当开采形状上小下大的矿体时，采用陡帮开采可获得好的经济效益；

④ 陡帮开采适用于开采剥离洪峰期和剥离洪峰期到达以前的露天矿；

⑤ 采运设备的规格越大，越有利于在工作帮上实现台阶依次轮流开采和分组轮流开采，且易于使工作帮坡角加大。

4.3.4 分期开采

分期开采是指在合理的境界(或最终境界)范围内，划分几个小的临时开采境界，按各分期时间和开采顺序，由小的临时境界逐渐开采到大境界(最终境界)。

分期开采每一期开采时间较长，一般10年左右，有较长时间过渡期，一般10年以上，此即为分期开采与扩帮开采的区别。

根据国内外露天矿分期开采的实践，这种开采方式是符合露天矿建设和生产发展规律的，是多快好省地开发矿业的重要途径。目前我国金属露天矿采用分期开采方式的很多，如大孤山铁矿、南芬铁矿、白云鄂博铁矿和华子峪镁矿等。因此，充分研究和掌握分期开采的客观规律，正确处理好分期的技术问题，是采用该种开采方式获得预期效果的关键。

4.3.4.1 分期开采境界的划分方法

我国金属露天矿山在设计中对分期开采境界的划分，一直沿用经济合理剥采比原则，先确定最大境界或最终境界，然后在最大开采境界内再划分分期开采小境界。这种划分分期开采境界的方法，有利于远近结合，全面规划，统筹安排。

分期开采小境界划分方法基本上分两种类型：当矿体厚度大，倾向延续深，储量丰富，开采年限长，沿倾向划分小境界；当矿体走向很长，储量丰富，开采年限长，沿走向划分小境界。

设计中确定小境界范围有两种方法：按服务年限或投资收益率确定。

（1）按服务年限确定

金属矿山第一期的服务年限应等于第一期正常开采期和过渡期的生产年限总和，一般规定应大于30年。根据我国金属矿山开采实际情况，正常开采10年左右为宜。对于扩帮开采每期1~5年为宜。

第一期临时境界可按两种方式圈定：

① 按最终境界参数圈定；

② 按半工作状态参数圈定。

（2）按投资收益率确定

采用动态投资收益率确定第一期露天开采境界，是符合露天开采经济发展规律的，其方法如下：

第一期开采时间：

$$T_1 \geqslant \frac{1}{i_0} \tag{4-14}$$

式中：T_1——第一期开采时间，a；

i_0——投资收益率，国内一般 i_0 为10%~15%。

第一期需要开采矿量：

$$Q = Q_1 + Q_2 = T_1 A + T_1 A k \tag{4-15}$$

$$Q \geqslant \frac{A}{i_0}(1+k) \tag{4-16}$$

式中：Q——第一期境界内矿量，万t；

Q_1——第一期需开采矿量，万t；

Q_2——第一期露天坑底与工作帮坡角之间剩余矿量，万t；

A——第一期矿山生产能力，万t/a；

k——第一期开采范围内剩余矿量系数，一般 $k=0.4\sim0.6$。

我国金属露天矿在设计中对分期开采境界划分方法基本都沿用上述方法，但是，在欧美一些国家，由于矿石销售受市场价格影响以及建设一个矿山往往依靠贷款等，这就要求矿山用最少投资尽快建成初期规模，然后靠企业获得利润扩大开采规模。因此，露天矿多采用分期开采方式，对分期境界确定，一般采用价格法。

4.3.4.2 分期开采的适用条件

分期开采可首先选择矿床有利地段优先开采，由于此开采方式适应范围较大，在设计中一般在以下几种矿床开采条件时可采用分期开采。

① 矿床走向长或延续深，储量丰富，而采矿下降速度慢，开采年限超过经济合理服务年限；

② 矿床覆盖岩层厚度不同，地表有独立山峰，基建剥离量大；

③ 矿床地表有河流、重要建筑物和构筑物以及村庄等；

④ 矿体厚度变化大，贫富矿分布在不同区段，或贫富矿石加工和选别指标不同；

⑤ 矿床上部某一区段已勘探清楚，一般先在已获得的工业储量范围内确定分期开采境界，随着矿山开采和补充勘探扩大矿区范围和深度，并增加矿产资源，引起境界扩大而形成自然分期开采。

4.3.4.3 分期开采的过渡方式

分期境界之间的边帮，它的过渡必须是第一期矿石采到预定位置时，第二期的扩帮工作也处于完成状态。如果扩帮剥离工作量很大，不仅在第一期采矿的同时要进行第二期扩帮剥离工作，甚至以后几期也要在第一期开采的标高上再次扩帮剥岩，以均衡生产剥采比，持续矿山生产。

分期开采不允许停产过渡，其过渡方式按临时非工作帮留法的不同有下列三种情况：

① 按最终开采境界的边帮条件确定，此方式称为“采死过渡”。

② 边帮上留设运输平台，宽度根据采用的运输设备确定，一般单台阶或并段台阶为 8 ~ 12 m 宽度，给扩帮过渡留有基本工作条件，此方式称为“半工作状态过渡”。

③ 边帮上留设宽平台，单台阶或并段台阶宽度大于 16 ~ 20 m，为扩帮过渡准备工作条件，此方式称为“工作状态过渡”。

4.3.4.4 分期开采的过渡时机

选择合理的过渡时机，确定扩帮起始水平标高，是分期开采矿山实现稳产或不停产过渡、均衡过渡期间剥岩量的关键。扩帮起始时若正常开采水平所处标高过高，过渡开始时间定得过早，会失去分期开采的意义；扩帮起始时若开采水平标高位置过低，过渡开始时间定得过晚，便会出现上一分期境界的矿量已采完，而扩帮岩量尚未剥完，使矿山停产、减产。

扩帮过渡时间可由正常生产时延深速度和扩帮区的延深速度来确定，并以采剥进度计划来验证。

4.3.4.5 分期开采的安全问题

(1) 安全平台宽度

安全平台宽度不宜过窄，一般留 10 ~ 15 m 为宜，为了提高临时边坡角度，可采取并段方法。如辽宁北台铁矿张家沟采矿场，在 310 ~ 290 m(两个 10 m 台阶)并段留 9 m 宽安全平台，生产中仍显宽度不足，拟在 290 ~ 260 m(292 ~ 256 m)并段时，设置 256 m 平台宽度 13 ~ 15 m。

(2) 接滚石平台

当采用陡帮扩帮作业时，除组合台阶扩帮外，一般每隔 60 ~ 90 m 高度布置一个接滚石平台，其宽度为 20 ~ 25 m(必要时可在接滚石平台靠采空区一侧布置碎石堆)，以防止扩帮滚石威胁下部正常采剥作业。如辽宁北台铁矿张家沟采矿场，在一期临时境界上盘 245 m 台阶预留宽 20 m 接滚石平台，扩帮开始标高在 310 m，正常采剥标高在 220 m。辽宁镁矿公司华子峪镁矿，在一期临时境界上盘 135 m 台阶预留宽度 20 m 的接滚石平台，扩帮开始标高在 195 m，正常采剥标高在 115 m。上述两个矿山的扩帮实践证明是行之有效的措施。

(3) 定向爆破

扩帮采用定向爆破，其目的是防止扩帮爆破滚石威胁下部正常采剥作业安全。辽宁北台铁矿张家沟采矿场上盘扩帮采用多排孔微差压渣定向爆破，取得了较好效果。

(4) 保证运输作业安全

陡帮采剥区段，如上部正在扩帮作业，下部临时帮上运输线路一般不允许有运输设备通过。为保证运输作业安全，北美一些国家在设计主要运输干线时，在汽车道路靠陡帮采空区一侧布置4～5 m宽碎石堆作为护栏。如美国福陆公司和凯萨公司分别在我国德兴铜矿和司家营铁矿的设计中均考虑采取这一措施。

（5）辅助设备

在设计中应考虑配备必要的辅助设备，如前装机、推土机等，用于穿孔、装载和运输设备的辅助作业，同时也是清扫运输道路及清理边坡碎石的主要设备。

（6）科学的生产管理和必要的安全规程

制定完善的生产管理和相关的安全技术规程是十分必要的。

4.3.5 分区开采

分区开采是在已确定的合理开采境界内，在相同开采深度条件下在平面上划分若干小的开采区域，根据每个区域的开采条件和生产需要，按一定顺序分区开采，以改善露天开采的经济效果。

分区开采方式考虑问题的出发点和想要达到的目的与分期开采方式是相同的，优缺点也基本一样。不同的是分区开采是在平面上划分开采分区，分期开采是在深度上划分采区。图4－18是分区开采方式的平面和剖面示意图。

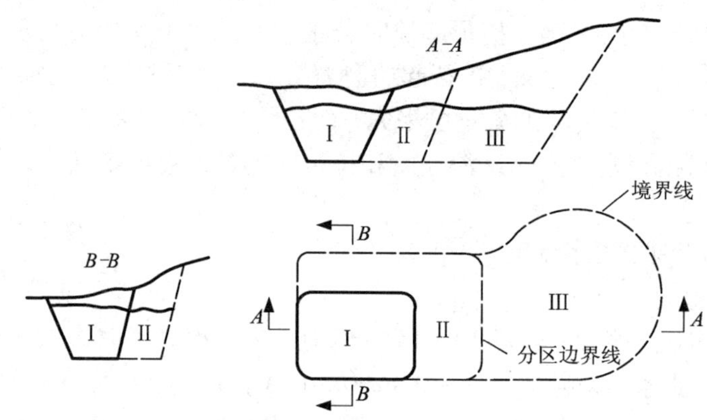

图4－18　分区开采示意图

在图中整个露天采矿场分三个区进行生产，其顺序为Ⅰ、Ⅱ、Ⅲ。Ⅰ区开采条件最好，Ⅱ区次之，Ⅲ区条件最差。

图4－19是分区开采与非分区开采采剥量发展曲线图。这两种开采方式的矿石发展曲线相同，*OABCDEFG*是分区开采时的剥岩发展曲线，*OAHIJKLMG*是不分区开采时的剥岩发展曲线。显而易见，分区开采比不分区开采效果要好得多。露天煤矿较多采用分区开采，如大峰、霍林河、伊敏河、平朔一号、准格尔旗黑岱沟等特大型露天矿。我国冶金露天矿中如金堆城钼矿和峨口铁矿也是采用分区开采方式。

采用分区开采的矿山，各区内部的开采程序如降深方法、工作线布置及推进、工作帮形式等都需要根据具体条件确定。此外，还应注意协调各区生产的正常衔接。

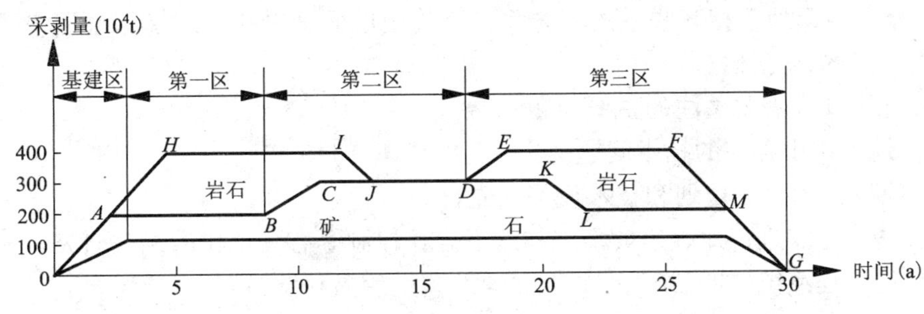

图 4－19　分区与不分区开采的采剥量发展曲线

4.4　露天转地下采矿

对于矿体延伸较深、覆盖层不厚、矿体厚度为中厚或厚大的急倾斜矿床，采用露天开采后，具有投产快、初期建设投资少、贫损指标小等优点，随着露天坑的加深、运距的增大、作业场地的缩小，露天采矿的优越性将不复存在，如果下部还有足够多的矿石储量，必然面临着开采方式的转变——露天转地下。

露天转地下开采的矿山，整个矿山的开采期一般要经过露天开采期、露天与地下联合开采的过渡期和完全的地下开采期三个阶段，在这三个阶段中，矿山的开采强度和矿山企业的生产能力是各不相同的，其中露天与地下联合开采的过渡期对于露天转地下的矿山十分重要。

对于露天转地下开采的矿山，在进行露天转地下开采的设计时，对前(露天)后(地下)期开采应统一全面规划。在考虑露天转地下开采的开采工艺及工程布置时，必须考虑与矿山矿床赋存条件及开采技术条件相适应的开采强度和生产能力，以求获得经济效益的最大化。国内外露天转地下开采矿山的经验表明，当矿山充分利用了露天与地下开采的有利工艺特点时，统筹规划露天与地下开采的工程布置，可以使矿山的基建投资减少 25% ~50%，生产成本降低 25% 左右。

4.4.1　露天转地下开采的条件和特点

在下列条件下，可考虑采用露天转地下开采方案：

① 剥采比大于经济合理剥采比；

② 初期勘探程度低，经生产探矿或补充探矿后，深部又发现具有经济价值的矿体；

③ 围岩稳固性差，边坡维持困难，改用地下开采技术可行且经济合理。

露天转地下开采具有下述特点：

① 矿床的上部已用露天开采多年，并已形成了露天矿完整的生产服务设施；

② 当露天矿的深部向地下开采过渡时，在相当长的一段时间内，同一个矿床必须在露天和地下同时进行开采作业。

露天转地下开采在一定的时期内客观上存在着两种开采工艺系统的互相利用与结合的可

能性问题。故在设计露天转地下开采的矿山时，必须尽量利用矿床的特点，选择露天和地下联合开拓系统、露天地下相互联系的工艺系统，共用地面辅助生产设施及生活福利设施等，以提高矿山企业的生产效益。

露天转地下开采需要关注的主要问题包括：

① 正常地下矿山存在的技术问题。

② 过渡期长，补勘、规划和技术攻关须先行。

③ 地压复杂，需进行地表边坡稳定和地下岩移控制等有关地压的相关研究。

④ 露、地工程系统(如开拓系统、地面辅助和生活福利设施)须有机结合。

⑤ 涌水量大，防洪排水措施须周密。

4.4.2 露天转地下开采的开拓系统

因为露天开拓系统已先期形成，在设计地下开拓系统时，应尽可能地利用或结合露天开拓系统，以减少投资。

根据露天和地下采矿工艺联系的紧密程度，露天转地下开拓系统可分为：露天和地下独立开拓系统、局部联合开拓系统、联合开拓系统三种类型。

(1) 露天和地下独立开拓系统

在深部矿体储量大、服务时间长，或在露天开采深度大、露天采场的底平面狭窄、采场边坡稳定性差，难以保证井巷工程出口安全的情况下，地下开拓工程一般布置在露天采场之外，成为独立的开拓系统。

优点：具有两套生产系统，相互干扰小，露天开采结束后无需继续维护边坡等。

缺点：两套开拓系统的基建投资大，基建时间长，一般仅在矿床地质与地形条件特殊的情况下采用。

(2) 局部联合开拓系统

① 倾斜或急倾斜矿床残留矿体(包括露天矿底柱和挂帮矿)的开采，矿石通过地下开拓系统运至地面。例如我国的铜官山铜矿、凤凰山铁矿和南非的科菲丰坦(Koffyfontein)金刚石矿等。

② 露天开采到设计境界后，下部矿体的储量不多，服务年限较短，通常自露天坑底的非工作帮掘进平硐、斜井或竖井形成地下矿体的开拓系统。

(3) 露天与地下联合开拓系统

① 露天坑内外联合开拓。在露天坑较低的台阶有足够空间的情况下，可以在露天坑内布置斜坡道或风井等辅助井巷，而把主井和主要运输巷道布置在露天坑外，如瑞典的基瑞纳(Kiruna)铁矿。优点是可以减少开拓量，达到提前见矿、保持矿石产量稳定的目的。

② 共用地下井巷运输的联合开拓。露天和地下开采的矿石都从地下井巷运出。露天采用斜井和石门开拓，地下采用盲竖井开拓。露天采下的矿石用汽车或其他方式经石门运到斜井，用斜井的箕斗运到地面，运输线路的长度比用汽车运输缩短了一半，降低了运输费用。这种方案的优点是：露天矿开拓运输系统简单、线路短，在露天开采深度大于 100 ~ 150 m 时，利用石门斜井开拓可使运距缩短 50% ~60%，大大降低了运输费用；可加大露天矿最终边坡角，减少剥离量和基建投资；可利用地下巷道排水和疏干矿床，改善露天矿的生产条件；可缩短露天转地下开采的过渡期，能较快达到地采的设计生产能力。

4.4.3 露天与地下开采的相互影响

(1) 露天开采对地下开采的影响

露天开采对地下开采的影响集中表现在要求地下第一阶段矿块的采矿方法及其结构有利于安全生产。

当地下开采选用空场采矿法时，露天和地下开采可以在一个垂直面内同时作业，但要求在露天坑底部到地下采场顶部之间保留一定厚度的隔离顶柱。同时，对地下采场的暴露面积、间柱强度、露天与地下爆破的规模等均须严格要求与控制。当地下开采选用崩落采矿法时，要求采区上部有一个安全缓冲垫层。

(2) 地下开采对露天开采的影响

露天矿受地下开采影响的范围与程度，与露天和地下在时间、空间上的结合程度以及地下采空区的状况等因素有关。如果露天穿爆和装运工作是在未充填的空场法采空区的上方作业，确定露天与地下之间隔离顶柱的合理厚度是十分重要的。

为了保证作业安全而采取的综合措施，可能导致露天开采强度的下降，特别是在地下开采移动区内进行露天开采时，可能会严重影响矿山的技术经济指标。

4.4.4 过渡期地下回采方案及过渡期限

因地制宜地选择地下第一中段的采矿方法，是露天转地下开采在过渡期稳产的重要环节。如果不事先进行统筹规划并选择合理的采矿方法，必将牵制地下开采的下降速度，影响地下开采的达产时间，拖延露天向地下开采的过渡。

(1) 过渡期地下回采方案

在露天转地下开采的过渡期间，地下开采第一阶段与露天坑底之间矿体的回采方案主要包括：

① 留境界顶柱的分段留矿法方案：用分段留矿法在境界顶柱以下回采矿体时，应该在露天开采结束后进行。

② 不留境界顶柱的分段空场法方案：将分段空场法最上一个分段的高度适当加大，当露天采矿结束后，分区逐段回采第一分段。待矿房回采结束，在回收矿柱的同时，爆破一定数量的上盘围岩充填采空区，其余采空区的处理依赖上盘围岩的自然崩落。一般情况下，矿柱放矿 1 ~2 个月后，顶盘岩石逐渐冒落形成覆盖层，下部矿体采用崩落法回采。

③ 梯段空场法方案：该方法工艺简单，投产快，劳动生产率和矿石回收率高，通风与安全生产条件好，但当两帮围岩控制不好时，易混入废石，且由于凿岩巷道与露天相通，易受地面气候和降水的影响。该方案成功地应用于南非科菲丰坦金刚石矿。

④ 球形药包垂直漏斗后退式采矿法方案：在我国铜绿山铜铁矿露天转地下过渡期开采中应用了这种方案。它具有采准工程量小、效率高、成本低、安全可靠的特点。

⑤ 充填采矿法方案：这种方案的矿房回采工艺与留境界顶柱的分段空场法方案基本相同，不同之处是矿房回采以后，用废石或胶结材料充填采空区。

⑥ 崩落采矿法方案，主要包括：ⓐ分段崩落法方案；ⓑ回采前形成覆盖层的分段崩落法方案；ⓒ回采过程中形成覆盖层的阶段强制崩落法方案；ⓓ充填废石形成覆盖层的阶段强制崩落法方案。

（2）露天转地下开采的过渡期限

为了保证矿山能持续稳产过渡，应及时设计与编制过渡方案，确定合理的建设期限。

① 设计编制过渡方案。矿床开采总体设计若已确定为露天转地下开采，应对整个矿床开采的全过程进行统筹规划，具体的过渡开采设计则往往是在露天开采的中后期进行。露天开采 10 年以内的矿山，从露天矿建设开始就应及时研究向地下开采的过渡。

对于走向长度大或多区开采的露天矿，可采取分区、分期的过渡方案，避免露天与地下同时开采作业的干扰。例如杨家杖子矿务局松树卯矿，矿体走向长 2000 m，划为南北两个露天采场，日生产能力 2000 t，采取先北露天后南露天分期向地下开采过渡。

② 露天转地下过渡期限的确定。露天转地下过渡期的总时间可按下式确定：

$$T = t_1 + t_2 + t_3 + t_4 \quad (4-17)$$

式中：T，t_1，t_2，t_3，t_4——总时间、基建准备时间、地面公共工程建设时间、井筒掘进时间、水平巷道掘进时间。式中不包括采矿方法试验和地下投产至达产时间。上述过渡期应满足三级矿量保有期限的要求。

目前国内外露天转地下开采的过渡期限一般为 7～12 年。

4.4.5 露天矿不扩帮延深开采

露天矿开采到最终设计水平后，是立即转入地下开采，还是采用不扩帮继续延深开采到一定的深度，这是露天转地下首先遇到的问题。

不扩帮继续延深开采，不仅可以充分发挥露天矿现有设备和辅助设施的作用，而且可以解决露天矿结束后向地下开采过渡的产量衔接问题。据国内外部分矿山的实践表明，对于倾斜或急倾斜的厚矿体，采取顶盘边坡留三角矿柱的办法，可以实现不扩帮继续延深开采，延深开采深度取决于露天坑底允许的最小宽度、三角矿柱的损失量和上盘边坡的稳定性等。

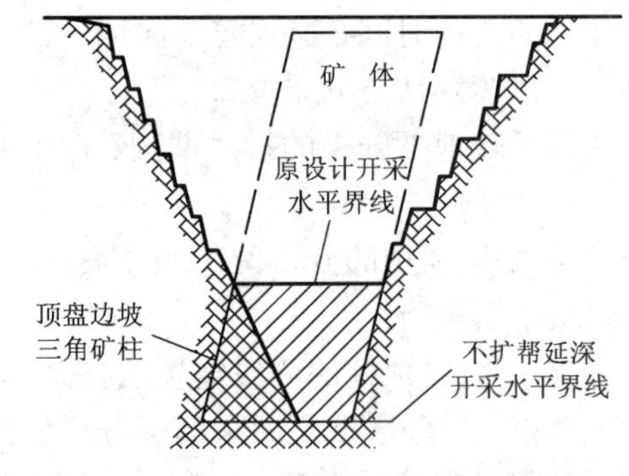

图 4－20 露天矿不扩帮延深开采

露天坑底允许的最小宽度根据露天境界确定的原则通过计算确定。汽车运输允许的最小底宽一般为 18～24 m。

为了尽可能多地采出矿量，采矿台阶不再设置矿石安全平台，或在露天开采结束之前取消矿石安全平台。因此，不扩帮延深开采的边坡通常很陡，甚至是垂直的，大冶铁矿东露天坑底的部分边坡即属此类情况。

近年来国外露天矿按照经济合理性确定的不扩帮延深开采深度为 30～50 m，我国矿山一般延深 20 m。

4.4.6 露天矿残留矿体回采

国内外露天矿的设计和生产实际统计表明，露天开采结束后，矿体两端和边坡挂帮矿量一般可占其总储量的 5%～16%。因此，回采残留矿体具有一定的意义。

由于挂帮矿量埋藏高差可能较大，矿量较少，回采强度较低，安全条件较差，应强化开采，以免牵制地下开采主矿体的下降速度，降低过渡期的矿石产量，影响达产时间。

（1）露天矿边坡残留矿体的回采

由于受到各种外力的破坏且形状不规则，露天矿边坡残留矿体的回采比较困难。对于露天矿挂帮矿体，可先用露天方法直接从非工作帮开采靠外的矿体，然后用地下方法开采靠内的矿体。

当挂帮矿体延伸较长时，通常用地下法开采。针对边坡残留矿体采用的地下开采方法主要包括：

① 充填法回采边坡矿体。当露天坑境界矿柱（或三角矿柱）用充填法回采时，露天矿非工作帮的挂帮矿体通常也采用充填法回采。利用露采剥离废石和尾砂充填采空区，有利于保持边坡稳定。金川龙首矿应用此法。

② 崩落法回采边坡矿体。当露天坑底矿柱和地下第一阶段选用崩落法回采时，边坡挂帮矿体也用崩落法回采。此时，地下的回采顺序应向边坡后退进行，使边坡附近的塌落漏斗逐渐发展，形成比较平缓的崩落区，尽可能避免或减少滚石对露天矿下部台阶的威胁。如加拿大的 Craigmont 镍矿和我国海城滑石矿等采用了这种方法。

③ 露天间隔回采边坡矿体。在露天矿非工作帮为矿体的情况下，可采用露天方法开采100 ~ 200 m 长的区段，并在两个区段之间留 20 ~ 40 m 宽的矿柱。各台阶的深孔均钻至露天底标高。区段爆破出矿后即用剥离废石充填，可省去开采这部分矿石的剥离费，作业较安全。此方法开采的边坡高度可达 50 ~ 85 m。

④ 露天矿房法。当矿体围岩条件好、允许大面积暴露时，在露天矿非工作帮可能形成高60 ~ 140 m，宽 20 ~ 45 m 的空矿房，此方法可利用露天穿孔和运输设备进行开采。

（2）露天矿残留三角矿柱的回采

如图 4 – 20 所示，不扩帮延深开采一般会在顶、底盘下面和端帮留下三角矿柱。由于露天矿端帮的曲率半径较小，稳定性较好，容易回采，通常可以直接从露天采出这部分残留三角矿柱。

对于倾角不陡的厚矿体，在矿岩不稳固的情况下，由于上盘三角矿柱面积大，矿柱回采困难，回采部分矿柱可能引起上盘岩石大量移动，矿柱回收率低，作业安全条件差，是露天转地下的薄弱环节，应当提前单独回采这部分矿柱，或与地下第一阶段的矿体一并回采。

当残留三角矿柱与地下第一阶段的矿体一并回采时，在矿岩稳固的条件下，可用留矿法或空场法回采三角矿柱，然后用废石充填；矿岩不稳固时则用充填法回采。在三角矿柱回采以前，如果露天坑底堆积的废石已将三角矿柱表面覆盖，则回采三角矿柱时一般可在靠边坡一侧留 2 ~ 3 m 宽的隔离矿柱。

4.4.7　国内外露天转地下开采工程实例

国外露天转地下开采的矿山较多，涉及有金属矿山、非金属矿山和煤矿等，如瑞典基瑞纳铁矿、南非科菲丰坦金刚石矿、加拿大基德格里克铜矿、芬兰皮哈萨尔米铁矿、前苏联阿巴岗斯基铁矿、澳大利亚蒙特莱尔铜矿等，上述矿山根据地质、资源、生产、环境和经济等因素，并针对露天开采的极限深度、露天开采向地下开采过渡时期的产量衔接、露天坑底盆的顶柱与缓冲层、露天开采的开拓系统与地下开采的开拓系统衔接、露天开采的边坡管理与残柱回采、坑内通风与防排水系统等主要问题进行了研究，取得了较好的效果。

瑞典基瑞纳矿山由三个透镜状矿体组成，长7000 m，倾角55°~65°，其中基瑞纳矿体走向长3000 m，平均厚度90 m，该矿从1952年开始由露天向地下开采过渡，1962年全部转入地下开采，矿山生产能力(2300~2500)$\times 10^4$t/a。矿山开采的特点是：深部露天的矿石用溜井通过坑内巷道运出，减少了露天剥离量，缩短了运输距离；地下用竖井斜坡道开拓，使凿岩、装运等无轨设备可直接进出坑内采场工作面；井下运输提升全部实现自动化，使地下开采的机械化提高到一个新的水平。

芬兰皮哈萨尔米矿为黄铁矿床，矿体埋深从地表至地下500 m，走向长650 m，中部宽75 m，两端变窄，矿体倾角北部50°~70°，其余部位近乎垂直。该矿开采的特点是：采用露天转地下同时开拓建设，露天超前地下开采的方式，并利用统一的地下巷道，使过渡期拉长，确保地下开采有充分的时间进行采矿方法试验；露天转地下共同使用井下破碎站和提升系统，减少了基建投资和露天剥离量；深部露天矿石通过溜井下放到地下开采的运输系统中，采用竖井提升方式比地面汽车运输节约开采成本；从地面有斜坡道直通井下各个工作面，有利于提高采场的机械化程度和设备效率。

国内露天转地下开采的矿山有江苏凤凰山铁矿和冶山铁矿、安徽铜山铜矿、湖北红安萤石矿、甘肃白银折腰铜矿、浙江漓诸铁矿、山东金岭铁矿、江西良山铁矿和永平铜矿等。虽然国内露天转地下开采的矿山不多，但是通过试验和研究也积累了很多宝贵的经验，如研究了露天与地下联合开采的工艺技术，包括联合穿爆地下出矿采矿工艺、露天漏斗法采矿工艺等，为进一步研究适合我国露天转地下开采的理论方法和技术手段创造了条件。

江苏凤凰山铁矿是我国露天转地下开采最早的矿山，该矿1960年开始进行地下开采工程的建设，1973—1976年由露天转向地下开采过渡，由于过渡期采用的方法得当，达到了过渡期稳产30$\times 10^4$t/a的要求。该矿过渡期开采的特点是：露天与地下同时建设，先采露天部分，待转入地下开采时，露天有足够的时间回采残柱，地下有充分的时间进行试采，这样既保证了露天残柱回采，也给过渡期的持续稳产创造了条件。

浙江漓诸铁矿为露天转地下开采的矿山之一，矿体走向长300 m，倾角55°~75°，埋深335 m，平均厚度60 m。该矿在+80 m以上采用露天开采，露采结束后，沿矿体走向留下了三个露天坑和顶底板三角矿带。转入地下开采后，先采用无底柱分段崩落法回采顶底盘残矿，然后采用大爆破的方式一次性将顶底板围岩崩落后形成厚度大于20 m的废石覆盖层，作为地下开采时的上覆岩层，确保了地下采矿的安全。

安徽铜山铜矿的铜山和前山露天矿，均为露天转地下开采矿山。以铜山露天矿为例，该矿利用原-40 m中段作为矿山的主运输巷道。其开采技术特征是：采用多排孔微差爆破技术，控制每段药量在500 kg以内，以此减轻露天爆破对地下作业面的破坏，保证地下巷道稳定性(不冒顶、不开裂)。

安徽凤凰山铜矿的金牛露天矿，也是露天转地下开采的矿山。该矿与研究单位合作，就开采技术安全进行了全面系统的研究，采用露天矿临界边坡控制爆破技术、地下空区层位及形态探测技术、合理规划露天开采顺序和边坡稳定性监控等研究方法和手段，也实现了露天矿的安全生产，同时确保了地下开采的正常进行。

此外，河南银洞坡金矿、新疆雅满苏铁矿、马钢南山铁矿等露天转地下矿山也进行了大量研究工作，取得了很好的应用效果。

本章习题

1. 何谓露天矿的采剥方法？露天矿的开采方式、开采程序分别指哪些工作？开采程序的要素主要包括哪些？

2. 简述首采地段选择的原则。

3. 简述露天矿典型的降深方式和新水平降深方式选择时需要确定的问题。

4. 简述新水平降深角的定义。

5. 采剥方法分类的原则有哪些？按照各原则可分为哪些方法？

6. 简述纵向、横向采剥方法的主要优缺点。

7. 何谓陡帮开采？简述陡帮开采的优缺点、作业方式、适用条件及结构参数。

8. 何谓分期开采和分区开采？简述分期开采境界的划分方法和分期开采的适用条件。

9. 何谓露天转地下开采？简述露天转地下开采的条件及特点。

10. 简述在露天转地下开采时，露天开采与地下开采的相互影响。

11. 简述露天转地下过渡期的地下回采方案及各自的适用条件。

5 矿床开拓

5.1 概 述

露天矿床开拓就是建立地面与露天采场内各工作水平以及各工作水平之间的矿岩运输通道。其内容是直接研究坑线的布置形式，建立合理开发矿床的运输系统。其意义是露天采场正常生产的运输联系和及时准备出新水平的有力保证，也是研究和解决开发矿床总体规划和矿山工程合理发展的重要问题。

露天矿床的开拓方式与运输方式密切相关。其分类主要按运输方式来确定，按运输干线的布线形式和固定性作为进一步分类的依据。露天矿床的开拓方法可分为：① 公路运输开拓；② 铁路运输开拓；③ 公路－铁路联合运输开拓；④ 提升机提升开拓；⑤ 平硐溜井开拓；⑥ 胶带运输开拓；ⓐ 汽车－半固定破碎机－胶带运输开拓；ⓑ 汽车－半固定或固定破碎机－斜井胶带运输开拓；ⓒ 移动式破碎机－胶带运输开拓。

公路运输开拓和铁路运输开拓属单一开拓运输方式，而其余开拓方法均属两种和两种以上运输方式的联合开拓。

我国大多数露天矿进入凹陷开采后，采用汽车运输做新水平准备，待扩展一定空间后，铁路运输尾随跟进；另外，深凹露天矿由于铁路运输坑线展线不足，采用汽车运输开拓。上述情况，归纳为公路－铁路联合运输开拓。

提升机提升开拓包括斜坡箕斗开拓、斜坡串车开拓以及竖井或斜井提升开拓。斜坡串车开拓，由于生产能力小，仅用于中、小型露天矿。竖井或斜井提升开拓，多用于由露天开采转地下开采或由地下转为露天开采或露天、地下同时开采的条件。因此，在该类开拓方法中只简要介绍斜坡道箕斗开拓，其他从略。

我国的化工、建材等非金属矿山和核工业部的露天矿，多数是中小型矿山，以采用公路运输开拓为主。有色金属的露天矿山绝大多数也采用公路开拓，黑色金属露天矿山中，按矿石产量计算约60%采用铁路运输开拓，30%采用公路运输开拓。

5.2 公路运输开拓

公路运输开拓方法中最常用的运输设备是自卸汽车，因此也称为汽车运输开拓，它是现代露天矿山广泛应用的一种开拓方式。除汽车运输本身的特点外，还可设多出入口进行分散运输和分散排岩，便于采用移动坑线开拓，有利于强化开采，提高露天矿生产能力，对开采地形复杂的露天矿适应性强。

根据矿床赋存条件和露天矿空间参数等因素，汽车运输开拓坑线（即出入沟）的布置形式可分为：直进坑线、回返坑线和螺旋坑线。

5.2.1 公路运输开拓常见坑线形式

5.2.1.1 **坑线断面形式**

(1) 露天坑线的断面形式

露天坑线的断面形式如图 5－1 所示，断面参数由露天矿床开拓方法和露天采场使用的生产设备确定。

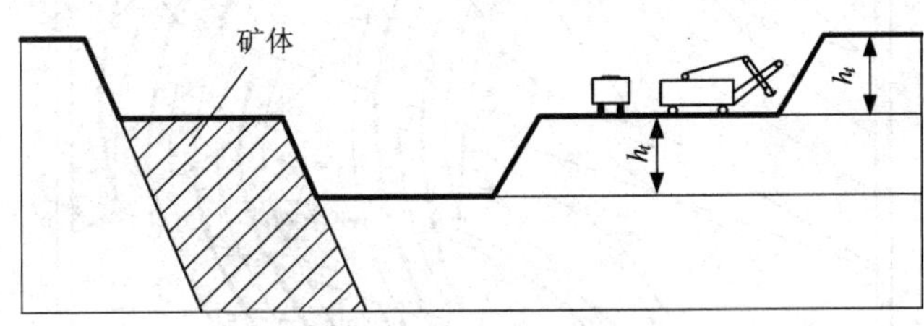

图 5－1 露天坑线的断面形式

(2) 地下坑线的断面形式

露天开拓方法中常用的地下坑线有平硐和斜坡道两种。地下坑线的断面参数由使用的运输和提升设备确定。

5.2.1.2 **坑线的平面形式**

(1) 直进坑线

直进坑线开拓是将运输沟道沿露天采场边帮布置（图 5－2 所示），汽车在坑线上直进行驶，不需经常改变运行方向和运行速度，司机的视线较好。

山坡露天矿常采用场外直进式公路开拓方式，每个台阶设一条场外固定线路。沿地形线开掘单壁沟，扩帮后沿走向推进。

(2) 回返坑线

回返坑线开拓如图 5－3 所示，汽车在坑线上运行时，需经过一定曲率半径的回头曲线改变运行方向，才能达到相应的工作水平。

1) 坑线位置

坑线位置受地形条件和工作线推进方向影响很大，并且直接影响着基建剥离量、基建期限、基建投资、矿石损失贫化、总平面布置的合理性以及坑线在生产期间安全可靠程度。因此，在确定坑线位置时，应综合考虑上述因素。

按坑线在开采期间的固定性分为固定坑线开拓和移动坑线开拓。

① 固定坑线开拓

山坡露天矿一般多采用固定坑线开拓，坑线布置是随地形条件而变化的。图 5－4 为单侧山坡地形，开拓坑线布置在采矿场境界外的端部，各工作水平用支线与干线建立运输联系。

由于剥采工作是从采矿场的最高水平开始，故开拓坑线需要一次建成。随着开采水平的下降，运输距离逐渐缩短，汽车运输效率相应提高。

在凹陷露天矿，固定坑线是布置在开采境界内的最终边帮上（图 5－3），一般多设在底

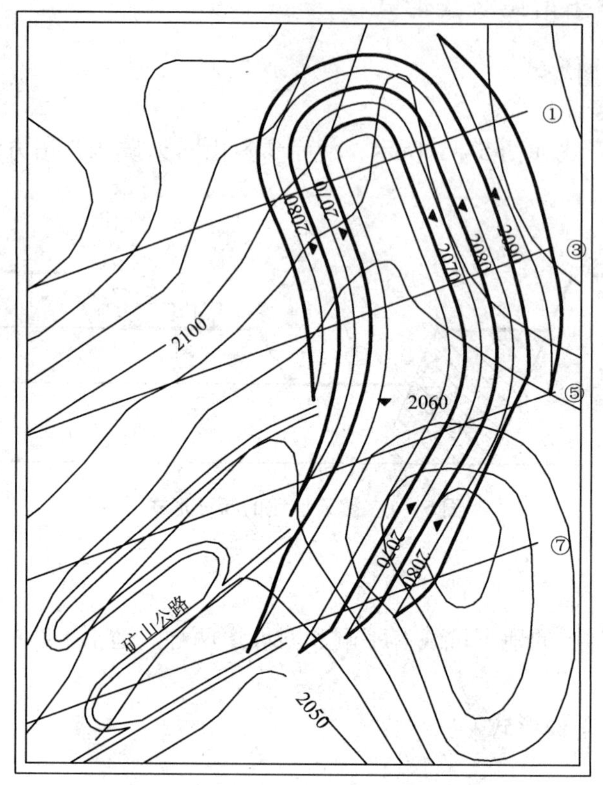

图 5-2　直进坑线开拓

帮，采掘工作线能较快地接近矿体，以减少基建剥离量和基建投资，缩短基建时间。坑线设在顶帮时，必须剥离大量的上盘岩石才能到达矿体，使基建时间和基建投资增加。因此，只有在特殊情况下，如底帮岩石不稳固或为了减少矿岩接触带的矿石损失贫化时，才将坑线设在顶帮。

凹陷露天矿的固定坑线，除向深部不断延伸外，不作任何移动。随着开采水平的下降，坑线不断展长，使运输距离增加，因而汽车运输效率降低。

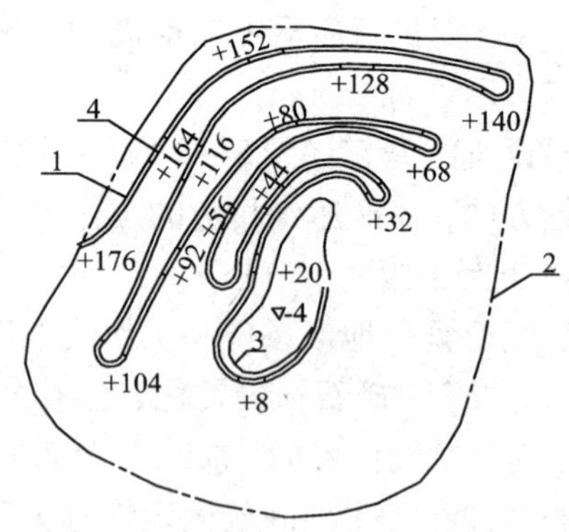

图 5-3　凹陷露天矿回返坑线开拓

1—出入沟；2—露天开采上界；
3—露天底平面；4—连接平台

② 移动坑线开拓

为减少基建剥离量，缩短基建时间，加速露天矿的建设，早日投入生产，可采用移动坑线开拓。出入沟布置在靠近矿体与围岩接触带的上盘或下盘，在开采过程中，出入沟随坑线的推进而移动，直至开采境界的最终边帮时才固定下来(图 5-5)。

合理的坑线位置，应是线路移设工程量少，运输距离短，并具有良好的运输条件。但它们之间有时是相互矛盾的，在这种情况下选择开拓坑线位置时，应在对各布置方案进行技术经济比较后确定。

2）连接平台

重载汽车在坡度较大的开拓坑线上长距离下坡或上坡运行时，易使制动装置和发动机过热而降低其使用寿命。为使汽车得以缓冲，同时便于从坑线通往各工作水平，设有减缓坡道与坑线相连，该减缓坡道称之为连接平台，如图 5－3 所示。该平台可以是水平的，也可以采用不超过 3% 的缓坡，其值应根据汽车的技术性能选取。连接平台的长度，一般不小于 40～60 m。

3）出入沟口

当地表地形条件允许或排土场位置分散，为保证露天矿生产能力及确保空、重车顺向运输时，在服务年限较长的露天矿，采用多出入口是合理的。多出入口可使矿石和岩石的运输距离缩短，减少运输设备数量，降低运营费用。采用多出入口时，矿岩流量分散，当一个出入口和坑线发生故障时，露天矿运输工作不致中断。

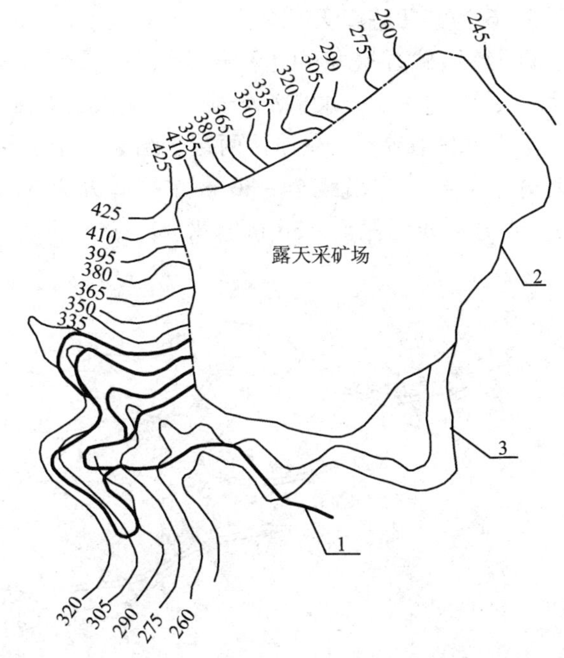

图 5－4　山坡露天矿回返坑线开拓

1—公路；2—露天开采境界；3—地形等高线

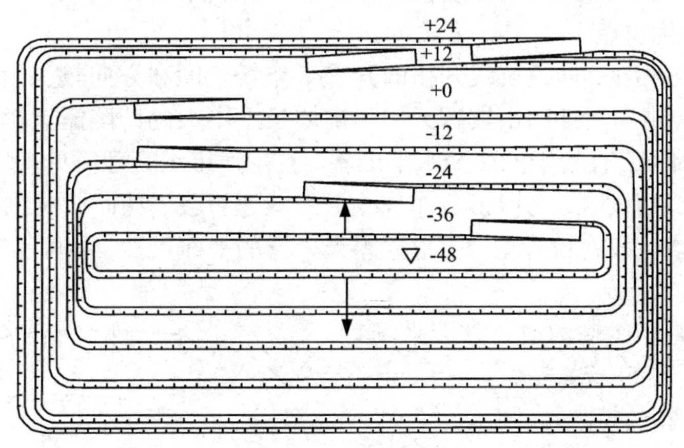

图 5－5　移动坑线开拓

在确定出入沟口位置时，应尽可能使矿石和岩石的综合运输功小，所需运输设备和运营费用少；沟口应避开工程量大及工程地质条件差的地段；在凹陷露天矿，沟口应设在地形标高较低部位，以减少重载汽车在露天采场内上坡运行的距离，同时也要保证地面具有良好的运输条件。

图5－6为某凹陷露天矿多出入沟口示意图。设计的最终开采深度为－44 m水平。为了先采富矿，缩短矿石和岩石的运输距离，沿露天采场底帮两端分别设置岩石运输坑线1和矿石运输坑线3，至+4 m水平汇合成一条坑线，继续延深至－44 m水平的露天坑底平面。当开采到顶帮最终境界时，在顶帮两端已结束开采工作的地方分别增设一条岩石运输坑线2和矿石运输坑线4。2号坑线至－20 m水平后分成两条线路，一条至－44 m水平，一条至－36 m水平。4号坑线延深至－36 m水平。

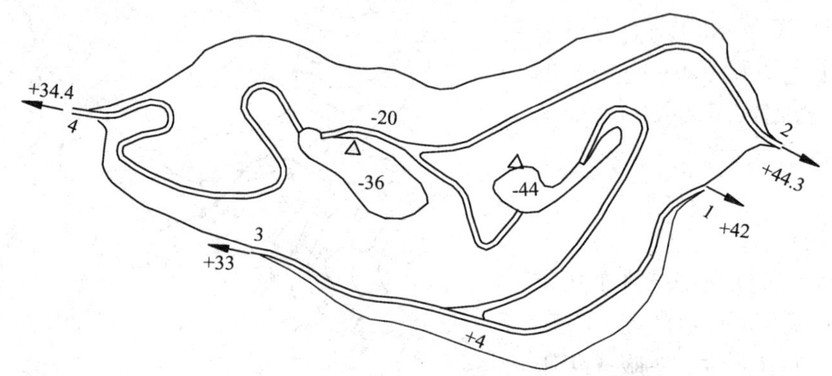

图5－6　某凹陷露天矿多出入沟开拓示意图

由于坑线多，导致边帮的附加剥离量、掘沟工程量及其费用都有所增加。因此，坑线数目不宜过多，应根据生产需要进行综合技术经济分析后确定。

4）回返坑线的优缺点

与螺旋坑线开拓相比，回返坑线开拓的开采工作线长度和方向较为固定，各开采水平间相互影响小，能适应地形复杂的山坡露天矿和矿体长度不大的凹陷露天矿的开采，可减少基建投资，缩短基建时间，有利于加速新水平准备，且生产组织管理简单。

但汽车通过回头曲线时，为保证行车安全，需减速行驶，从而影响汽车运输效率，且行车条件劣于螺旋坑线。故在设计中，应根据露天采场的平面尺寸，尽可能减少回头曲线。

（3）螺旋坑线

螺旋坑线开拓是将运输沟道沿露天采场四周边帮盘旋布置(图5－7)。

1）螺旋坑线开拓的特点

① 螺旋坑线的弯道半径较大，线路通视条件好，汽车在坑线上近似直进行驶，不需经常改变运行速度，道路通行能力强；

② 工作线的长度和推进方向会因采场条件的变化而变化，生产组织较为复杂；

③ 各开采水平之间有一定的影响，新水平准备和采剥作业程序较为复杂；

④ 要求采场四周边帮岩体较为稳固。

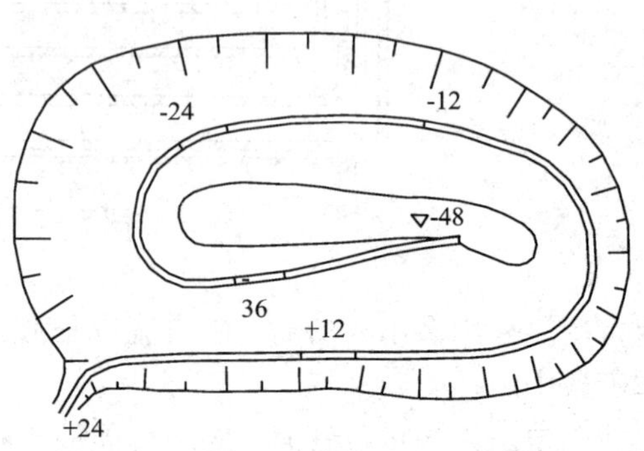

图5－7　螺旋坑线开拓

2）螺旋坑线开拓工程发展程序

螺旋坑线开拓工程的发展程序如图5－8所示。即沿采矿场最终边帮从上水平向下水平掘进出入沟，自出入沟末端沿边帮掘进开段沟，形成剥采工作线。以出入沟末端为固定点，使工作线呈扇形方式推进。当工作线推进到一定距离，不影响新水平掘沟工作时，在连接平台的端部，再沿采矿场边帮向新水平掘进出入沟和开段沟。随后进行扩帮工作。

以下各水平均按此程序发展，最后在露天采场四周形成螺旋坑线。

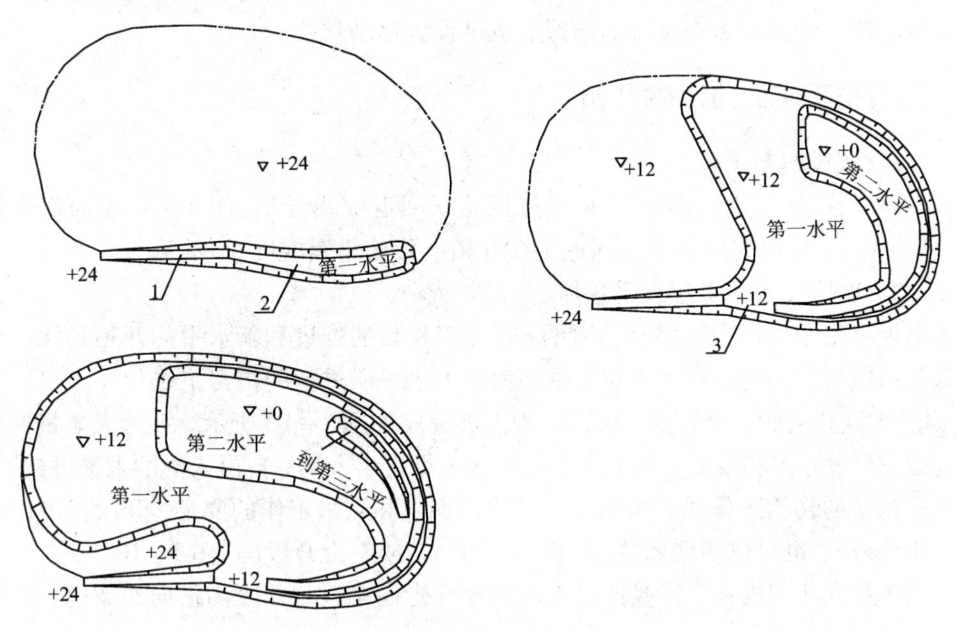

图5－8　螺旋坑线开拓矿山工程发展程序

1—出入沟；2—开段沟；3—连接平台

3）螺旋坑线开拓的优缺点

螺旋坑线开拓的工作线呈扇形方式推进，为及时进行新水平的掘沟工作创造了条件。工作线推进速度在其全长上是不等的，工作线长度和推进方向也经常改变，使露天矿生产组织管理工作复杂化。

螺旋坑线开拓时，各开采水平之间相互影响较大，新水平准备时间较长，同时开采的台阶数量少，露天矿生产能力较低。

综上所述，对于露天采场长度不大、同时开采台阶数量很少的小型露天矿，可单一采用此开拓方法；一般情况下，大型露天矿不单一采用螺旋坑线开拓，但在露天采场上部用回返坑线开拓，深部由于采矿场平面尺寸缩小的情况下，改为螺旋坑线开拓，如图5－9所示。实际上，这就形

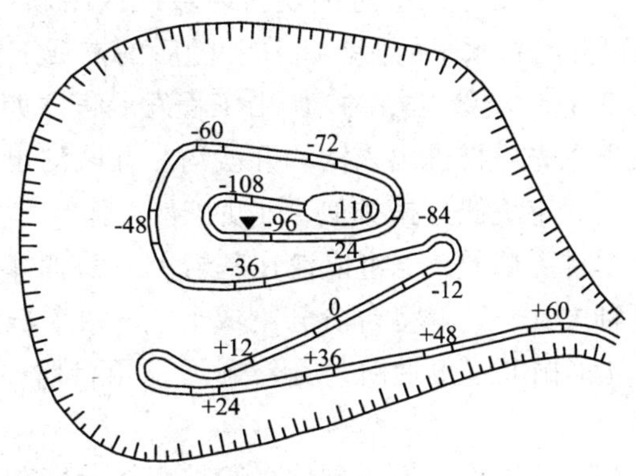

图5－9　回返－螺旋坑线联合开拓

成了回返-螺旋坑线联合开拓，这种开拓方法在使用汽车运输的露天矿中应用较广。

5.2.2 山坡露天矿公路运输开拓

在山坡露天矿，常采用场外直进式公路开拓(图5-2)和固定式回返坑线开拓，坑线布置是随地形条件而变化的。

由于地形条件的限制或因矿体上部矿岩量不多，设置固定坑线经济上不合理时，上部可采用移动坑线建立运输通路。当开拓坑线位于工作线同侧时，由于下部水平的推进，将切断上部水平与坑线的运输联系，此时工作帮上也可设置移动坑线。

5.2.3 凹陷露天矿公路运输开拓

5.2.3.1 坑线的布置

根据矿体赋存条件，凹陷露天矿可采用固定式回返坑线开拓(图5-3)或固定式螺旋坑线开拓(图5-9)，也可采用移动式回返坑线开拓或移动式螺旋坑线开拓。

5.2.3.2 凹陷露天矿工程发展程序

凹陷露天矿工程发展程序包括台阶的开采、工作帮的推进和新水平的开拓延深。新水平开拓延深包括掘进出入沟、开段沟和为掘沟而在上水平所进行的扩帮工作。

① 固定坑线开拓时，凹陷露天矿的工程发展程序如图5-10所示。在露天矿最终边帮按确定的沟道位置、方向和坡度，从上水平向下水平掘进出入沟，自出入沟的末端掘进开段沟，以建立开采台阶的初始工作线。根据露天矿建设期限和剥采工作的要求，开段沟可以纵向布置[图5-10(a)]，也可以横向布置[图5-10(b)]，或不设开段沟[图5-10(c)]。

当开段沟纵向布置时，工作线推进方向为垂直走向推进；开段沟横向布置时，工作线沿走向推进。采用横向段沟时，掘沟工程量少，因而可缩短基建时间，减少基建投资，有利于加速新水平的准备。对于不规则的、产状变化大的矿体和倾斜、急倾斜多层矿体或者矿岩层理发育时，采用横向剥采工作线进行开采，可降低矿石的损失贫化和减少大块、根底。

开段沟掘进到一定长度后，在继续掘沟的同时，开始扩帮作业，以加快新水平的准备工作。

无段沟的剥采工作线是在出入沟端部直接进行扩帮逐步形成的。

当扩帮工作线推进到使台阶坡底线距新水平出入沟沟顶边线不小于最小工作平盘宽度时，可开始新水平的掘沟工作和随后的扩帮工作，开拓坑线自上而下逐渐形成。

② 移动坑线开拓时，矿山工程发展程序如图5-11所示。在靠近矿体与围岩接触带的上盘或下盘先后掘进出入沟和开段沟。开段沟也分为横向布置和纵向布置，或不设开段沟。

与固定坑线开拓类似，可使扩帮工作与部分掘沟工作平行作业向两侧推进。移动坑线可以在爆堆上修筑，也可以设在基岩上。前者修筑简单，它是汽车运输移动坑线开拓广泛应用的一种方式；后者将台阶分割成上、下两个三角台阶，其高度是变化的，由零到一个台阶高度，先采掘上三角台阶，后采掘下三角台阶，运输坑线随上、下三角台阶工作线的推进而移动。

当两帮工作线推进到使台阶坡底线分别距新水平出入沟沟顶边线均不小于最小工作平盘宽度时，便可开始新水平的掘沟工作。

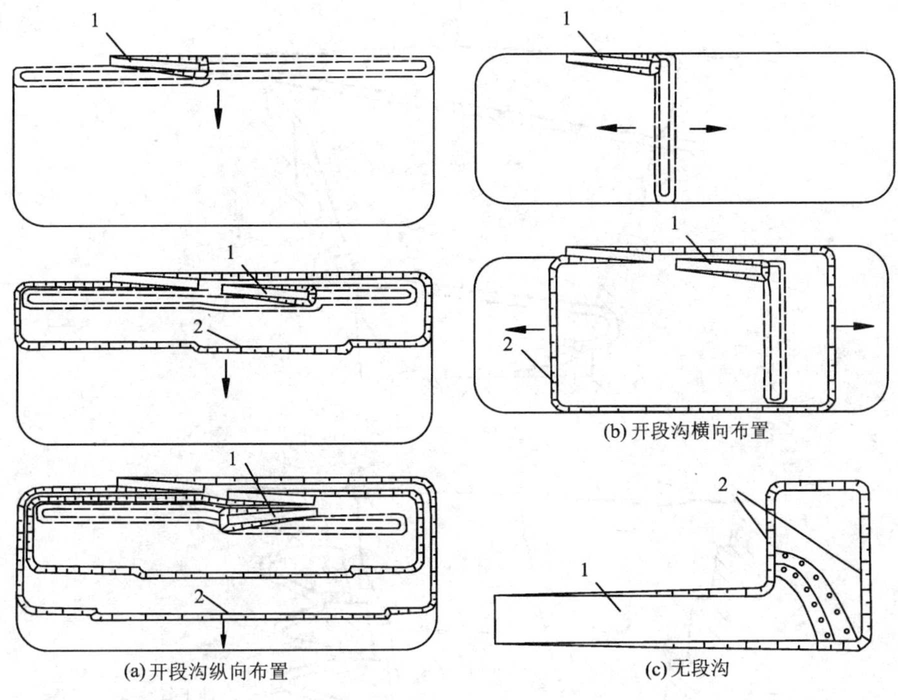

图 5-10 固定坑线开拓的凹陷露天矿山工程发展程序

1—出入沟；2—横向工作面

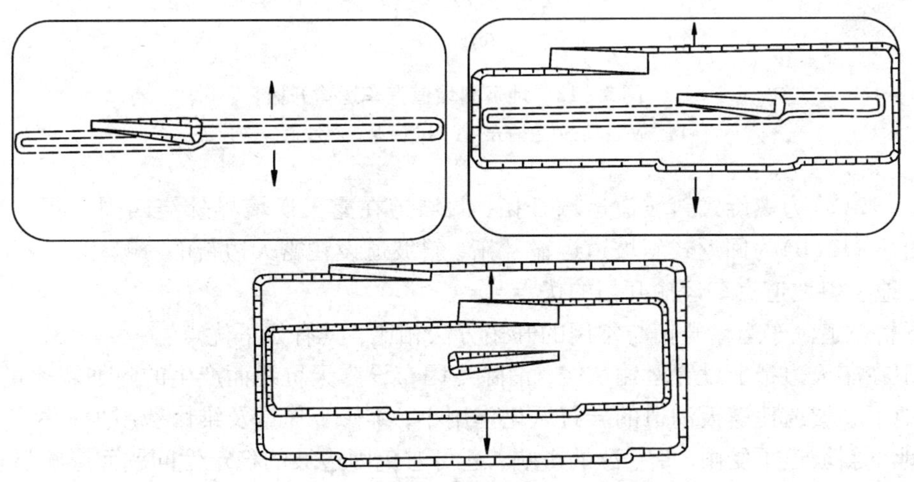

图 5-11 移动坑线开拓的凹陷露天矿山工程发展程序

5.2.3.3 地下斜坡道汽车运输开拓

(1) 开拓工程布置

地下斜坡道汽车运输开拓(图 5-12 所示)，是在露天采场境界外设置地下斜坡道，并在相应标高处设有出入口通往各开采水平，汽车自采矿场经出入口、斜坡道至地表。出入口底板朝向采矿场倾斜1°~3°，以防雨水进入地下斜坡道。

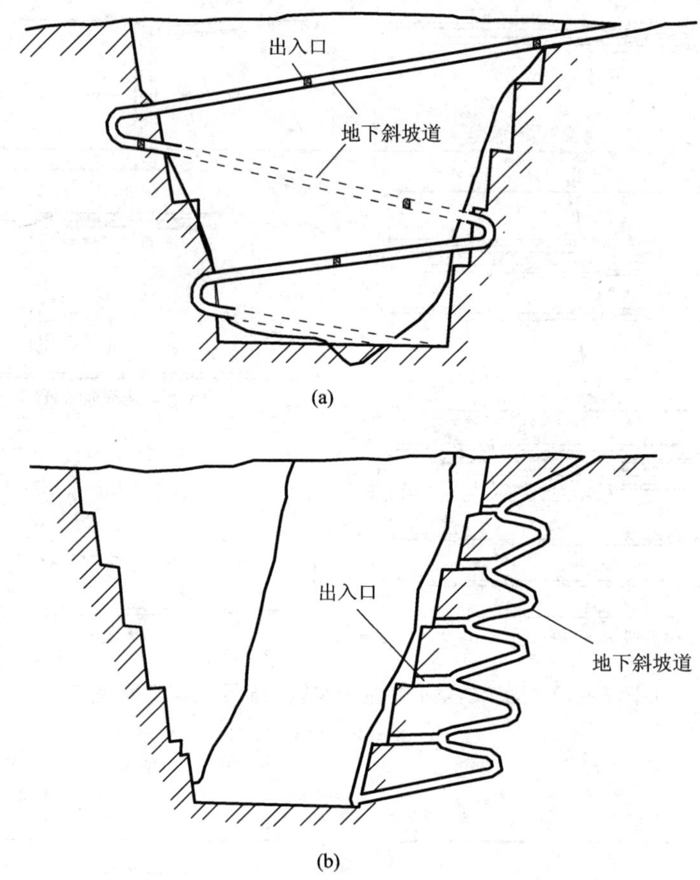

图5-12　地下斜坡道汽车运输开拓

(a)螺旋式斜坡道运输开拓；(b)回返式斜坡道运输开拓

图5-12(a)为螺旋式斜坡道运输开拓，斜坡道在露天矿境界外绕四周边帮螺旋式向下延深。图5-12(b)为回返式斜坡道运输开拓，斜坡道设在露天边帮的一侧。

(2) 地下斜坡道汽车运输开拓的优点

地下斜坡道汽车运输开拓与常用的开拓方法相比，具有如下优点：

① 不在露天边帮上设置运输坑线，消除了因布设露天坑线而产生的附加剥离量；

② 地下斜坡道比露天沟道的岩石风化作用小，维修工作量及维修费用少；

③ 地下斜坡道不受雨、雪、冰的影响，还可避免因边坡的稳定性问题而影响运输工作；

④ 可集中和强化采掘工作。

(3) 地下斜坡道汽车运输开拓的缺点

① 单位体积掘进费用比掘进露天沟道的费用高，但它可以从减少的剥离量得到一定的弥补；

② 斜坡道掘进速度比掘进露天沟道低。

5.2.4 汽车运输开拓的合理深度

露天开采中，运输费用占开采矿石总成本的40% ~50%，它决定着露天开采的经济效益。当矿岩性质变化较小、采用的生产工艺与设备类型不变时，穿孔爆破、采装和排岩费用相对变化不大，而运输费用却随运距加大而增长。其中以设备折旧、工资和汽车修理、轮胎与零件更换的费用所占比重最大。运距越长，汽车的台班运输能力越低，则上述费用所占比重也就越大。因此，汽车的运距存在一个经济合理的范围。

目前，采用普通载重自卸汽车运输时，其合理运距一般不超过3 km；当用大型电动轮自卸汽车运输时，由于载重量增大，故其合理运距也随之相应增加，可达5 ~6 km。

考虑到凹陷露天矿重载汽车上坡和至卸载点的地面运输距离，在合理运距范围内，单一汽车运输开拓的合理深度，采用载重量 40 t 以下汽车时为 80 ~150 m，当采用载重量 80 ~120 t 电动轮汽车时，其合理深度可达 200 ~300 m。如美国碧玛铜矿、加拿大罗伯特铁矿，应用汽车运输的开采深度均超过 200 m。

汽车运输开拓的合理深度是一个经济上的概念，随着技术经济条件的改变，合理深度也将变化。在合理深度内的任意深度采用汽车运输都是可行的，但不都优越于其他可行的开拓方法。在某一深度范围内，在经济上它优于某种开拓方法，超出该深度时(仍在汽车运输合理深度之内)，有可能并不比另一种开拓方法优越。

当地面运输距离较长时，可在采矿场境界外附近设置转载站或破碎站，重载汽车运出采矿场后，通过转载站将矿岩装入列车，经铁路运输至卸载地点，或经破碎站破碎后，用胶带运输机运至卸载地点。由于它们的运输费用较低，这就可适当增加露天采场内汽车运输的开采深度。为了降低运输成本，大多数露天矿以运输成本最低为原则，确定汽车开拓深度及联合运输方式。

5.2.5 公路运输开拓评价

与铁路运输开拓相比，汽车运输开拓坑线形式较为简单，开拓坑线展线较短，对地形的适应能力较强。此外，公路运输还可多设出入口进行分散运输和分散排岩，便于采用移动坑线开拓，有利于强化开采，提高露天矿的生产能力。

5.3 铁路运输开拓

采用铁路运输开拓时，因牵引机车爬坡能力小，从一个水平至另一水平的坑线较长，转弯时所需曲线半径很大，而大多数金属露天采场的平面尺寸又不是很大，故铁路运输的布线方式多为折返坑线和直进 - 折返坑线。前者是每个水平折返一次，后者根据露天采场平面尺寸每隔一个或几个水平折返一次。列车沿坑线运行时，需经折返站停车换向开往各工作水平。直进 - 折返坑线开拓的折返站较少，列车往返运行周期比折返坑线开拓时短，故在可能的条件下，应采用直进 - 折返坑线开拓。

5.3.1 坑线位置

在山坡露天矿，坑线位置也是随地形条件的变化而变化的。当地形为孤立山峰时，开拓坑线布置在非工作坡上[图5-13(a)]；在多水平同时开采的条件下，为保证下部水平推进时不切断上部水平与坑线的运输联系，当工作线的推进方向是由上盘向下盘推进时，坑线应布置在下盘，反之应布置在上盘。随着开采水平的下降，运输线路由上而下逐渐拆除。

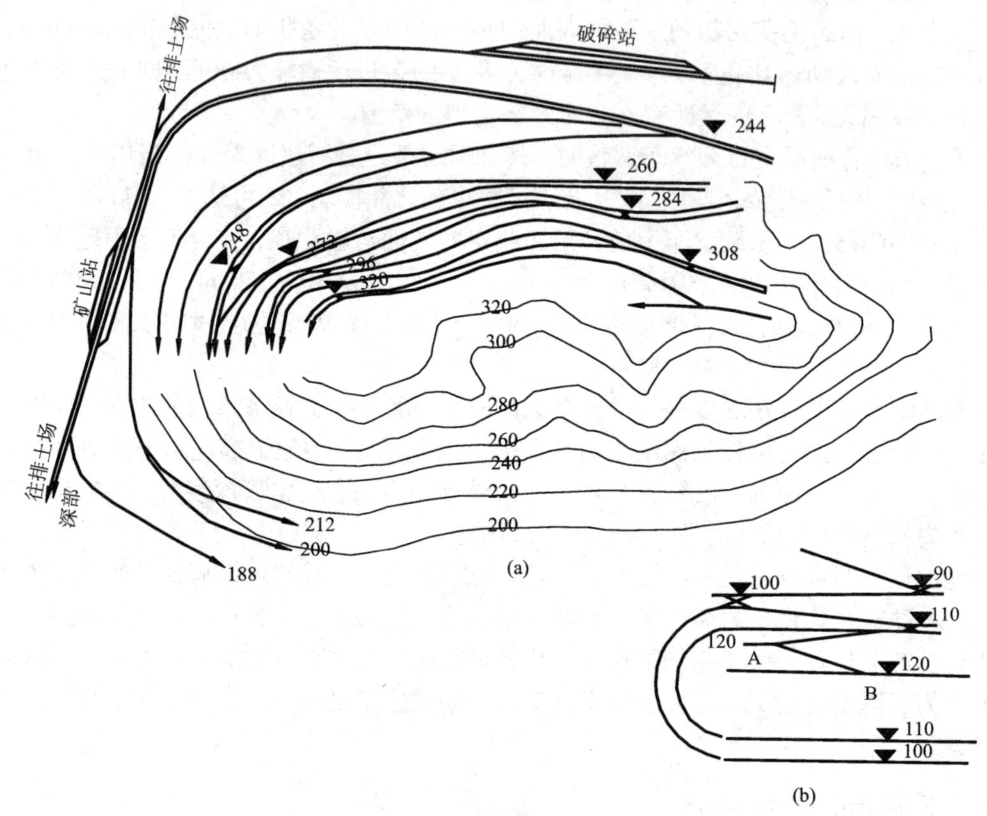

图5-13　孤立山峰折返坑线开拓

(a)开拓运输系统；(b)台阶开采末期的线路配置

台阶开采初期，运输线路经端部绕入工作面。开采到末期，线路曲线半径很小不能绕行时，由折返站斜交工作台阶布置线路进入工作面[图5-13(b)]，故需在工作台阶内掘进双壁路堑。

图5-14为凹陷露天矿顶帮固定直进-折返坑线开拓。因矿体内岩石夹层较多，为减少开采时的矿石损失贫化，工作线的推进方向采用从顶帮向底帮推进，又因工业场地和外部运输线路均在露天采场顶帮境界外，而且底帮境界外又有一条大的河流，故将开拓坑线布置在顶帮。坑线是每隔两个水平折返一次，在深部由于采矿场缩短，改为每个水平折返一次。

在金属矿山，很少是一开始就以凹陷露天矿形式进行开采，大多是先进行山坡露天矿开采，而后转为凹陷露天矿开采。故确定坑线位置时，既要考虑总平面布置的合理性，也应考虑以后向凹陷露天矿过渡时，力争使线路特别是站场的移设和拆除工程量最小。

铁路运输移动坑线开拓时，出入沟一般布置在基岩上，沟内除铺设运输干线形成上、下水平的运输通路外，还包括上三角台阶的装车线(图5-15)。

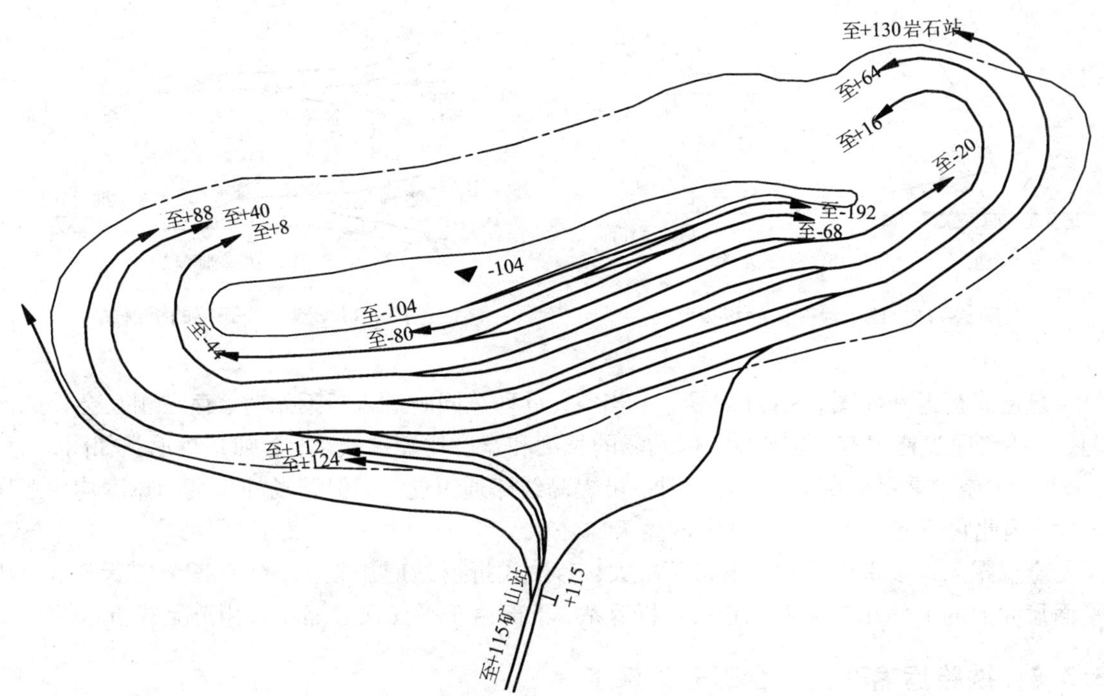

图 5-14 凹陷露天矿顶帮固定直进-折返坑线开拓

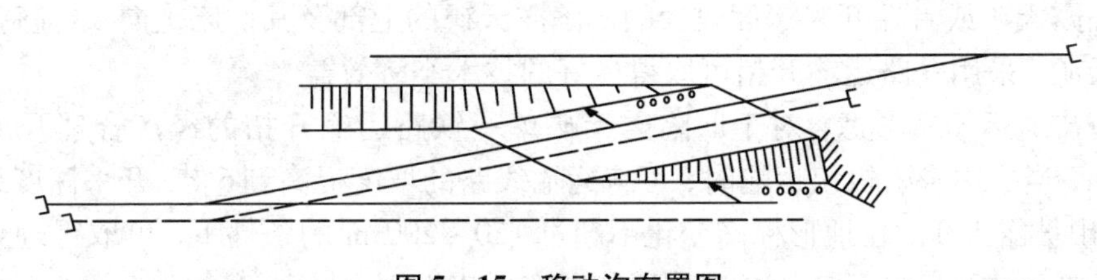

图 5-15 移动沟布置图

5.3.2 线路数目及折返站

根据露天矿的年运输量，开拓沟道可铺设单线或双线。在大型露天矿年运量超过 700 万 t 时，多采用双干线开拓，其中一条线路为重车线，另一条线路为空车线。当年运量小于该值时，则采用单干线开拓。

折返站是设在出入沟与开采水平的连接处，供列车换向和会让之用。

折返站的布置形式较多。图 5-16(a)为单干线开拓和工作水平为尽头式运输的折返站，其中一条线路通往采掘工作面，图 5-16(b)为单干线开拓和工作水平为环形运输的折返站，这种布置形式使边帮的附加剥离量增加，它是在每个台阶上同时工作的挖掘机数为两台和两台以上时使用。

采用双干线开拓时，折返站的布置形式分为燕尾式和套袖式(图 5-17)。

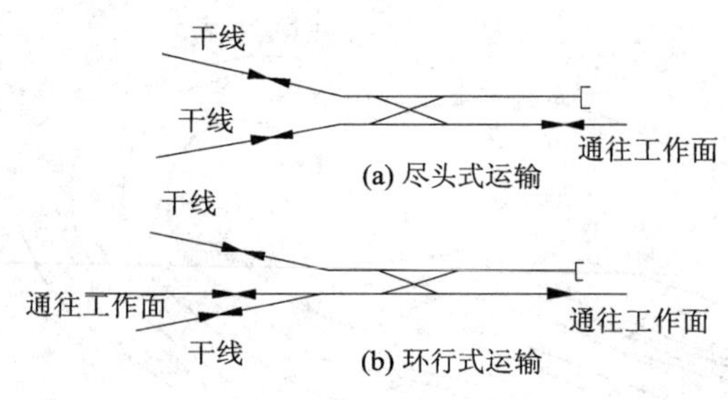

图 5－16　单干线开拓的折返站

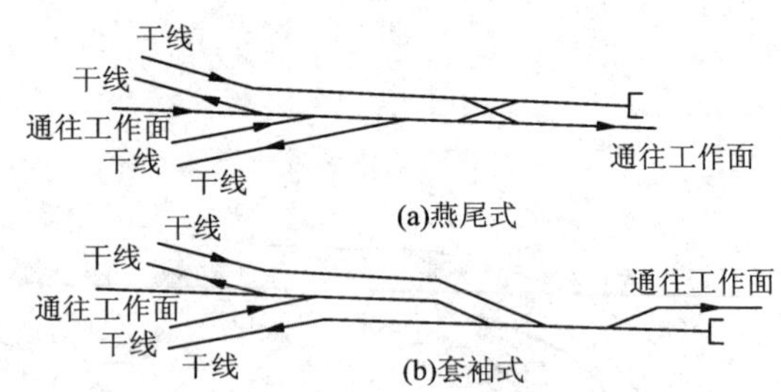

图 5－17　双干线开拓的折返站

燕尾式折返站如图 5－17(a)所示，当空、重列车同时进入折返站时，存在相互会让的问题，对线路通过能力有一定影响，但站场的长度和宽度比套袖式小；套袖式折返站如图 5－17(b)所示，空、重列车在站场不需会让，可提高线路通过能力，但站场的长度和宽度均比燕尾式大，因此它只能用于平面尺寸大的露天矿。

金属露天矿场平面尺寸一般都不很大，套袖式折返站应用较少，仅在凹陷露天矿，对于平面尺寸大的上部几个水平用套袖式折返站，下部由于平面尺寸缩小采用燕尾式折返站。

5.3.3　铁路运输开拓的合理开采深度

铁路运输多为折返坑线开拓，随着矿床开采深度的下降，因列车在折返站的停车和换向使运行周期增加，尤其开采深度大时，运输效率明显下降。只有当矿床埋藏较浅，平面尺寸较大的凹陷露天矿或者在开采深度较大的凹陷露天矿的上部及其矿床走向长、高差相差较小的山坡露天矿，采用铁路运输开拓可取得良好的技术经济效益。

按单位矿岩运输费考虑，对于凹陷露天矿单一铁路运输开拓的经济合理开采深度约为 120～150 m，当采用牵引机组运输时，可将运输线路的坡度提高到6%，开采深度最大可达到 300 m。对山坡露天矿，在地形标高变化不超过 150～200 m 的条件下，可取得理想的经济效益。因此，单一铁路运输开拓的合理使用范围在地表上下可达到 300～350 m(不含牵引机组运输)。

5.3.4　铁路运输开拓评价

采用铁路运输开拓时，吨公里运输费用低，约为汽车运输的 1/4～1/3；运输能力大，运输设备坚固耐用。但铁路运输开拓线路较为复杂，开拓展线比汽车运输长，因而使掘沟工程量和露天边帮的附加剥岩量增加，新水平准备时间较长。

由于铁路运输多为折返坑线开拓，随着开采深度的下降，列车在折返站因停车换向使运行周期增加，尤其开采深度大时，运输效率明显下降。只有当矿床赋存较浅、平面尺寸较大的凹陷露天矿或者在开采深度较大的凹陷露天矿的上部以及延展较长、高差较小的山坡露天矿，采用铁路运输开拓可取得良好的技术经济效益。因此，铁路运输开拓的合理深度一般不超过 120～150 m。

采用铁路运输移动坑线开拓时，随工作线的推进，沟内线路需经常移设，线路质量差，行车速度慢。

铁路运输的缺点包括：导致采掘工作面的空车供应率和挖掘机效率低，线路移设工作量大，各采区间的死角处理较复杂等。

综上所述，单一铁路运输的开拓方法在国内外金属露天矿使用的比例逐渐减少，特别是在深露天矿已成为一种不合理的开拓运输方式。

所以，采用铁路运输开拓的露天矿，当转入深部开采时，可改用公路－铁路联合运输开拓。两种运输方式之间设有转载平台，汽车在转载平台上向列车卸载，然后运至地表。

近年来，由于高效率的胶带运输开拓在深露天矿的应用，使公路－铁路联合运输开拓在新建露天矿应用很少，它只限于前述使用条件。

5.4 胶带运输开拓

铁路运输开拓及其生产工艺所固有的缺点，使其合理的开采深度较小。汽车运输虽然机动灵活、爬坡能力大，但受合理运距的限制，而且随开采深度的下降，运输效率降低，运营费增加，重车长距离上坡运输，汽车的使用寿命缩短，故也受到合理深度的限制。即使采用大型载重汽车，也还不能有效地解决提高运输效率和降低成本的问题。因此，近年来胶带运输开拓逐步应用于金属露天矿开采。

据美国双峰露天铜矿对汽车运输和胶带运输进行的费用分析（表 5－1），在深露天矿采用胶带运输开拓是合理的，并成为大型露天矿开采的一种发展趋势。

表 5－1　双峰露天铜矿汽车运输和胶带运输的比较

运输高度（英尺）	汽车运费（美元）		胶带运输运费（美元）		备　注
	年运费	每吨运费	年运费	每吨运费	
100	1889000	0.0630	2252000	0.0751	汽车运输和胶带运输机运输的年运量均为 3000 万 t，其中矿石 1000 万 t、岩石 2000 万 t；采用载重 100t 电动轮自卸汽车；重车在 8% 的坡道上上坡运行
200	2477000	0.0862	2489000	0.0830	
300	3128000	0.1043	2726000	0.0909	
400	3846000	0.1282	2963000	0.0988	
500	4619000	0.1540	3203000	0.1068	
600	5458000	0.1819	3440000	0.1147	

在高差大的山坡露天矿，也可用胶带运输开拓取代单一汽车运输开拓。爆破后的矿岩块度较大，采用胶带运输开拓时，矿石和岩石必须先经破碎机破碎后，才能用胶带输送。

按破碎机的固定性和胶带运输机的布置方式以及生产工艺流程，露天矿常用的胶带运输开拓系统可分为：

（1）汽车—半固定破碎机—胶带运输开拓；

（2）汽车—半固定或固定破碎机—斜井胶带运输开拓；

（3）汽车—移动式破碎机—胶带运输开拓。

5.4.1 汽车—半固定破碎机—胶带运输开拓

汽车—半固定破碎机—胶带运输开拓方法如图 5－18 所示，破碎站和胶带运输机布置在露天采场的非工作帮上。由于露天边坡角一般比胶带运输机允许的坡角大，故胶带运输机多为斜交边帮布置。矿石和岩石用自卸汽车运至破碎站，破碎后经板式给矿机转载给胶带运输机运至地面，再由地面胶带运输机或其他运输设备转运至卸载地点。

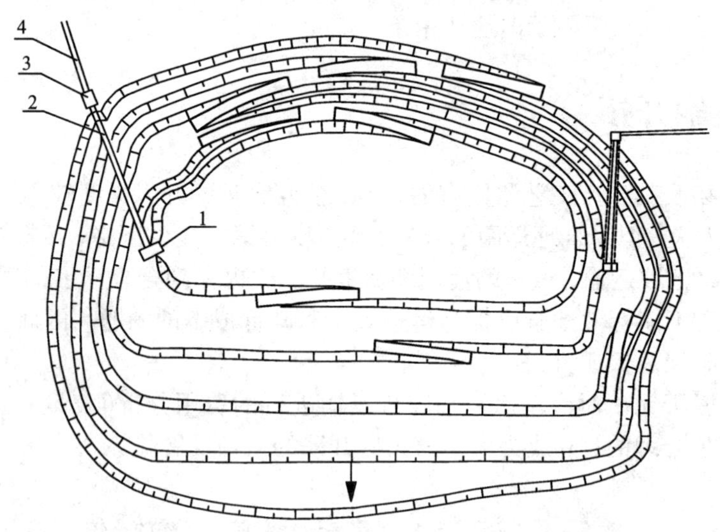

图 5－18　汽车—半固定破碎机—胶带运输开拓

1—破碎站；2—边帮胶带运输机；3—转载点；4—地面胶带运输机

破碎机的选型，应根据露天矿运输系统的生产能力、破碎工作的难易以及破碎费用，在综合分析比较的基础上确定。在采矿场内常用的破碎设备有旋回破碎机和颚式破碎机。前者生产能力大，耗电量和经营费少，使用周期长(即两次修理间隔时间)，但投资多，机体高大，移设和安装工作较为复杂。后者机体小，移设和安装工作相对较为简单，但经营费高。一般情况下，当生产能力超过 1000 t/h，采用旋回破碎机；生产能力较小时，可采用颚式破碎机。

不论采用哪种破碎设备，破碎站的移设和安装工作均较为复杂，所需时间较长。为解决这一难题，国外有采用组装型式的半固定破碎站，也就是把破碎站分割成为 100 t 左右的组装件，使其易于拖动和拆装，每移设一次仅需 10 ~ 15 d。

图 5－19 是旋回破碎机破碎系统，汽车在卸载平台上向倾斜格筛卸载，格筛上的大块进入旋回破碎机，破碎的矿石或岩石经排料口进入漏斗。小于格筛孔网的矿石或岩石直接落入漏斗，漏口下部设有板式给矿机，向胶带运输机供料，经采矿场边帮运输机输送至地面。

在露天采矿场内，为保持汽车的经济合理运距，随着开采深度的下降，破碎站每隔3 ~ 5 个台阶移设一次。其合理的移设步距，可按下式确定，即：

$$h = \frac{C}{(c_1 - c_2)\gamma S} \tag{5-1}$$

式中：h——破碎站移设的垂直距离，m；

C——破碎站移设费用，元；

c_1，c_2——分别为汽车和胶带运输机折算的矿岩提升费用，元/(t·m)；

$$c_1=\frac{c_3k_{zc}}{1000\sin\alpha}\qquad c_2=\frac{c_4}{1000\sin\beta}$$

c_3，c_4——分别为汽车和胶带运输机矿岩运输费用，元/(t·km)；

α，β——分别为汽车运输坑线和胶带运输机的坡度，°；

k_{zc}——汽车运输坑线展长系数；

γ——矿岩的平均体重，t/m^3；

S——矿岩的平均水平截面积，m^2。

计算求得的移设垂直距离，按台阶高度的整数倍的小值确定。

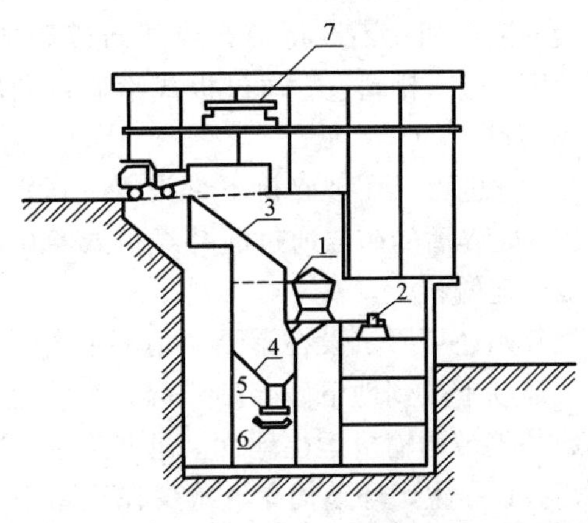

图 5－19　旋回破碎机破碎系统

1—旋回破碎机；2—电动机；3—格筛；4—漏斗；5—板式给矿机；6—胶带运输机；7—吊车

5.4.2　汽车—半固定或固定破碎机—斜井胶带运输开拓

汽车—半固定破碎机—斜井胶带运输开拓系统如图 5－20 所示，岩石和矿石胶带运输斜井分别布置在两端帮的境界外，破碎站布置在两端帮上。在采矿场内，用自卸汽车将矿石和岩石运至破碎站破碎，然后经斜井胶带运输机运往地面。

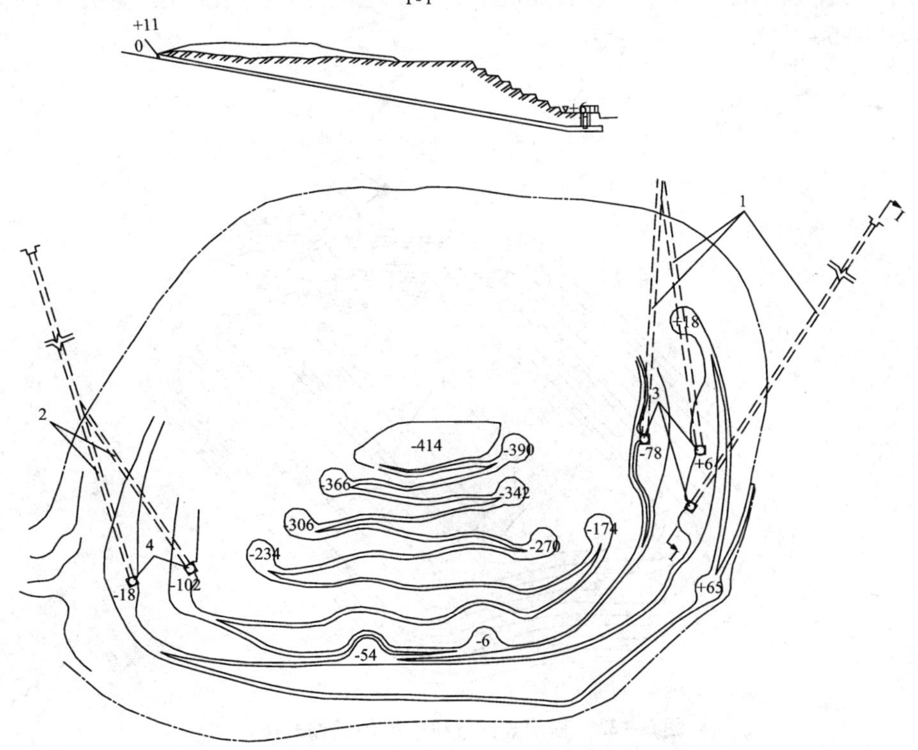

图 5－20　汽车—半固定破碎机—斜井胶带运输开拓系统

1—岩石胶带运输斜井；2—矿石胶带运输斜井；3—岩石破碎站；4—矿石破碎站

无格筛破碎系统如图 5－21 所示，汽车在卸载平台向旋回破碎机卸载，将矿石或岩石破碎成 350 mm 以下粒度，进入排料仓，通过板式给矿机向斜井胶带运输机供料。

此外，也可以在破碎机下部设置一段溜井，作贮矿仓用，破碎后的矿岩通过溜井经板式给矿机转载到斜井胶带运输机上。

破碎站还可固定设在露天矿境界底部，矿石或岩石通过溜井下放到地下破碎站破碎，然后经板式给矿机和斜井胶带运输机运往地面。这种布置方式，破碎站不需移设，生产环节简单，减少在边帮上设置破碎站而产生的附加扩帮量。但初期基建工程量较大，基建投资较多，基建时间较长，溜井易发生堵塞和跑矿事故，井下粉尘大，影响作业人员健康。

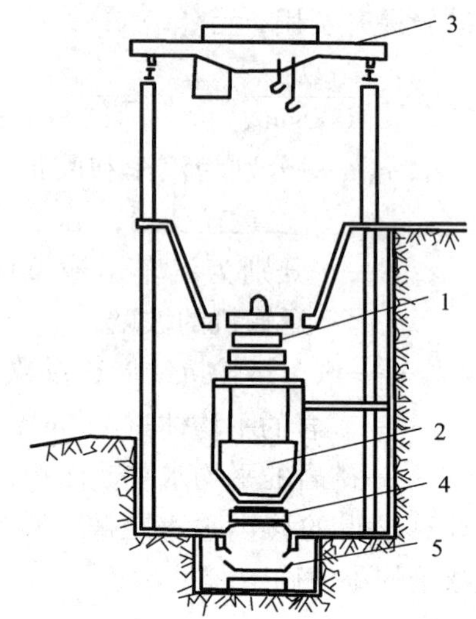

图 5－21　无格筛旋回破碎机破碎系统

1—旋回破碎机；2—排料仓；3—吊车；4—板式给矿机；5—胶带运输机

5.4.3　移动式破碎机—胶带运输开拓

移动式破碎机—胶带运输开拓是用挖掘机将矿石或岩石直接卸入设在采掘工作面的破碎机内，也可用前装机或汽车在搭设的卸载平台上向破碎机卸载，破碎后的矿岩用胶带运输机从工作面直接运出采矿场(图 5－22)。

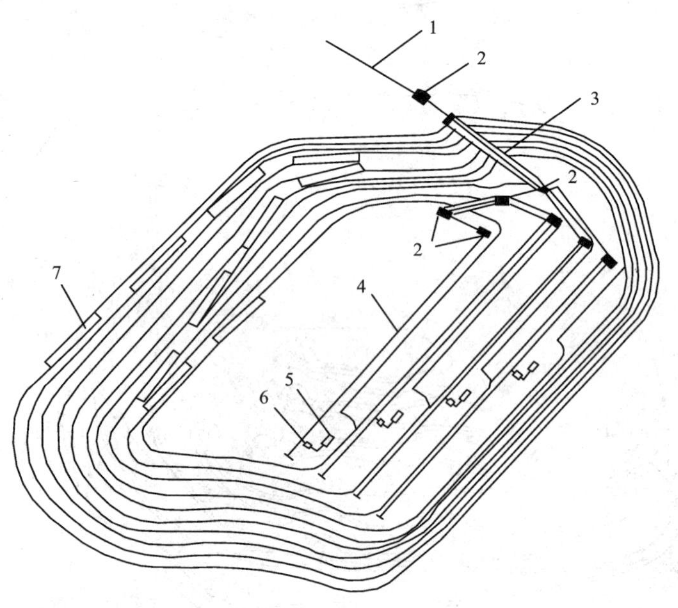

图 5－22　移动式破碎机—胶带运输开拓

1—地面胶带运输机；2—转载点；3—边帮胶带运输机；4—工作面胶带运输；5—移动式破碎机；6—桥式胶带运输机；7—出入沟

在开采过程中，破碎机随工作面的推进而移动。工作台阶上的胶带运输机也随工作线的推进而移设。

工作台阶上胶带运输机的布置方式，主要是取决于工作线长度。当台阶工作线较长时，胶带运输机可平行台阶布置，破碎机与胶带运输机之间敷设一条桥式胶带运输机[图 5 - 23(a)]；当台阶工作线较短时，采用可回转的胶带运输机[图 5 - 23(b)]。

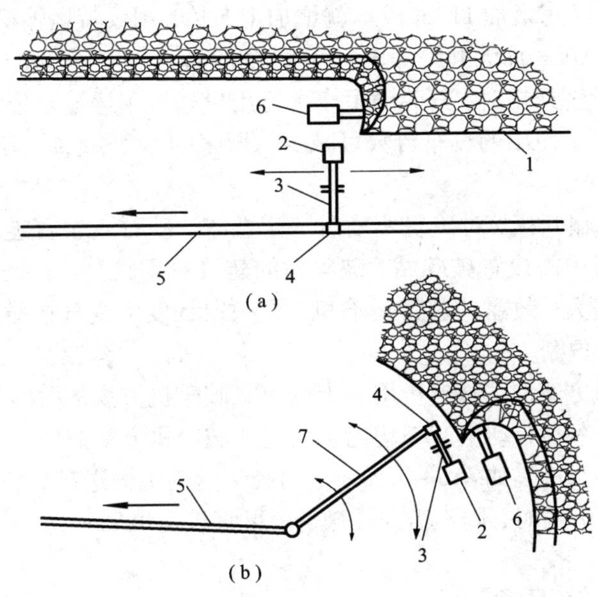

图 5 - 23　胶带运输机在工作台阶上的布置方式

(a)工作线较长时；(b)工作线较短时

1—爆堆；2—移动式破碎机；3—桥式胶带运输机；4—转载点；

5—工作面胶带运输机；6—挖掘机；7—可回转的胶带运输机

移动式破碎机的行走机构可分为履带式和迈步式两种。一般当破碎设备重量大于 300 t 时，采用液压迈步式行走机构。图 5 - 24 为液压迈步式短头旋回移动式破碎机，此类破碎机高度较低，可用挖掘机直接给料，不需配备其他给料设备。

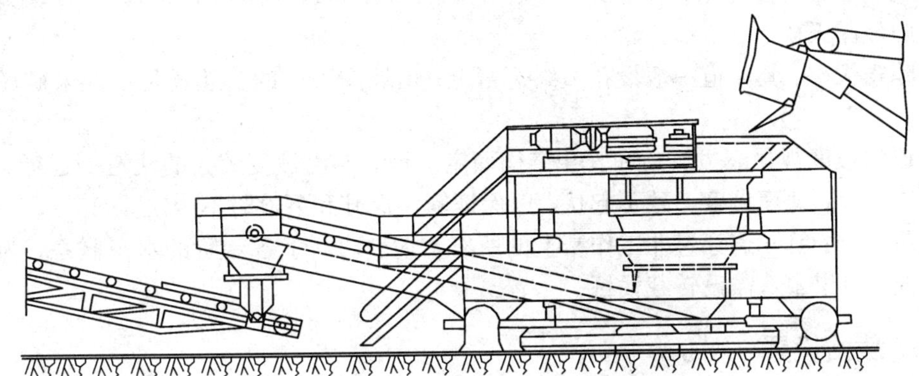

图 5 - 24　液压迈步式短头旋回移动式破碎机

5.4.4 胶带运输开拓评价

胶带运输机运输能力大，美国西雅里塔露天铜矿的一条岩石胶带运输机，全长2.4 km，带宽1840 mm，胶带坡度13°，其运输能力达8000 t/h；升坡能力大，可达16°~18°；运输距离短，约为汽车运距的1/4~1/3，为铁路运距的1/10~1/5；基建工程量少；运输成本低，采用汽车运输时，开采深度每增加110m成本就增加1.5倍，用胶带运输机运输时仅增加5%~6%，因此可扩大开采范围，加大开采深度；由于连续运输，便于实现自动控制；采用汽车－半固定破碎机－胶带运输开拓时，其劳动生产率比用单一汽车运输开拓时提高1~3倍，挖掘机效率提高25%~50%，使用的汽车台数可减少为原来的1/3~1/4，露天矿年下降速度可达20~30 m。

但是，采用胶带运输开拓，对矿岩块度有一定要求，矿石或岩石进入运输机之前，必须先破碎，因而在采矿场内需设置破碎站，破碎站的建设费用较高，移设工作复杂；运送棱角锋锐的矿岩，胶带磨损大；敞露的胶带运输机，在一定程度上受气候条件如暴风雨、雪等影响，因此可设简易的防护棚。

采用移动式破碎机方案时，基建费用为半固定式破碎机方案的70%~75%，经营费约为80%~85%，挖掘机效率和劳动生产率均比半固定式破碎机方案高。

当露天开采深度不大时，如表5－1所示，用胶带运输机输送矿岩，其经济效果较差，甚至是不经济的；用汽车运输时，则不需预先破碎，可直接运出采矿场。

5.5 斜坡箕斗运输开拓

5.5.1 开拓工程布置

斜坡箕斗运输开拓是以斜坡箕斗为主体建立露天矿运输系统的开拓方法。在采矿场内用汽车或其他运输设备将矿岩运至转载站装入箕斗，提升(或下放)至地面矿仓卸载，再装入地面运输设备运往破碎站或排土场。图5－25的浅部为铁路运输开拓，矿岩用列车直接运至卸载地点；深部采用汽车—斜坡箕斗开拓。

地面矿仓也可与破碎站合一，此时箕斗把矿石直接卸入破碎站的原矿槽内(图5－26)，它多用于山坡露天矿。

在凹陷露天矿，箕斗道一般设在最终边帮上；山坡露天矿的箕斗道是设在采矿场境界外的端部。

箕斗道的坡度视最终边坡角和箕斗结构而定。因箕斗沿坡度较大的轨道上运行，故要求轨道稳固不下滑，轨面坡度一致不起伏，以保证箕斗提升和下放时不脱轨。

凹陷露天矿，箕斗道穿过非工作帮上的所有台阶，切断了各台阶的水平联系，为建立运输联系和向箕斗装载，需设转载栈桥。

5.5.2 转载站设置

转载方式有直接转载和漏斗转载。图5－27是汽车直接向箕斗装载的转载站。箕斗载重量一般为汽车载重量的1~2倍。这种转载方式结构简单，但汽车与箕斗相互制约性大，使

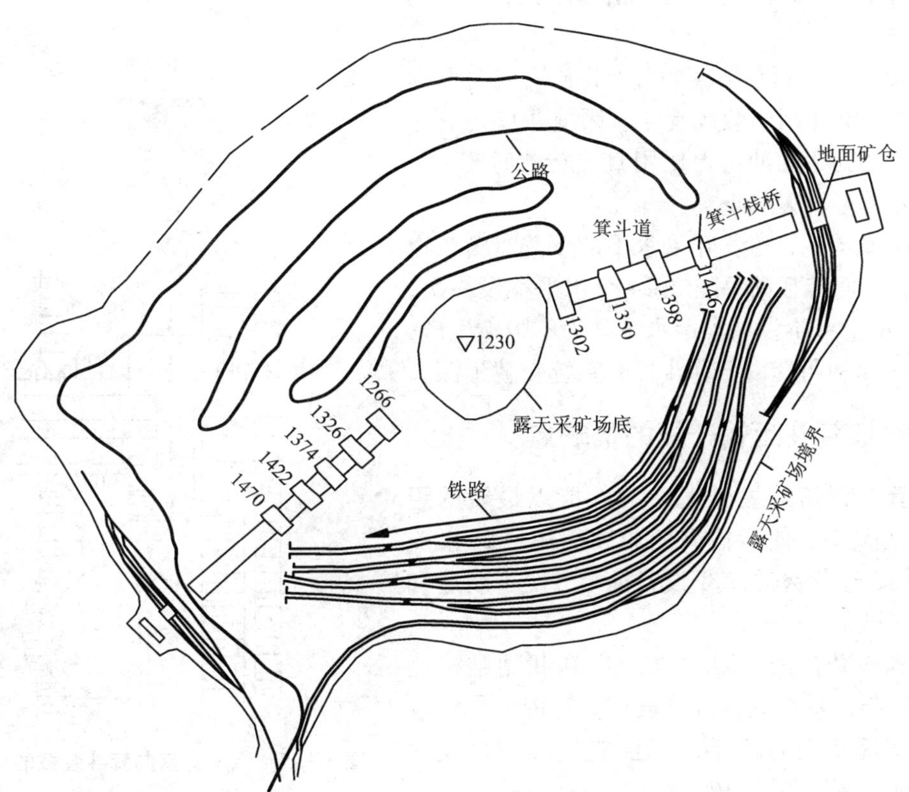

图 5－25　凹陷露天矿斜坡箕斗开拓

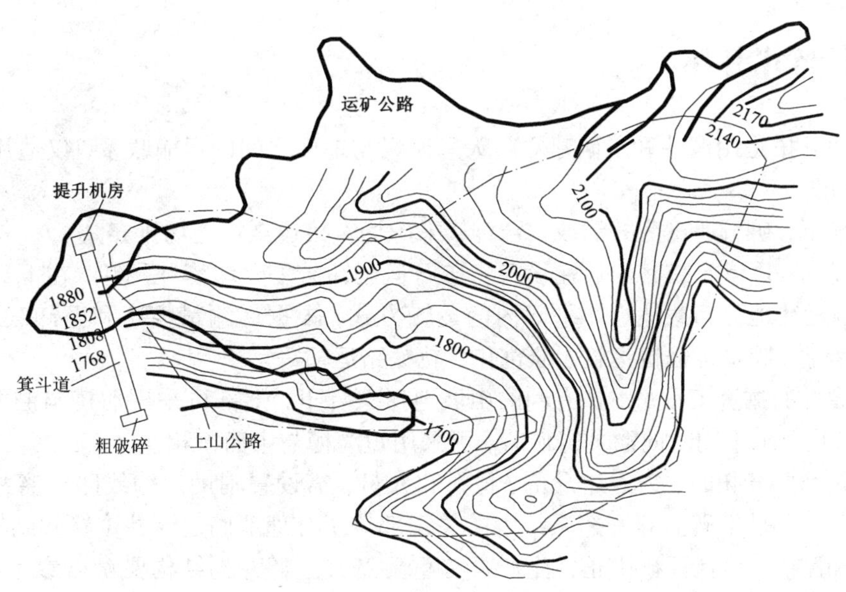

图 5－26　山坡露天矿斜坡箕斗开拓

设备效率降低，矿岩对箕斗的冲击力较大，影响箕斗使用寿命。

漏斗转载是车辆在转载平台上将矿石或岩石卸入矿仓，通过漏斗闸门装入箕斗。因漏斗口距箕斗较近，矿岩对箕斗的冲击力比用直接转载时小，但转载站的设施较为复杂。

在凹陷露天矿，随着开采水平的下降，箕斗道需不断延深，而转载站每隔 2 ~4 个水平移设一次，即每隔 2 ~4 个台阶设一集运水平。为不中断生产，一般采用两套和两套以上箕斗提升系统交替延深。

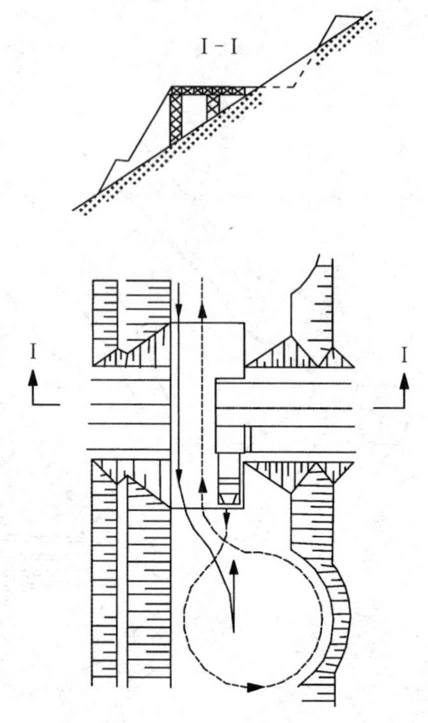

图 5 – 27　汽车直接向箕斗装载的转载站

5.5.3　斜坡箕斗运输开拓的优缺点

斜坡箕斗开拓的主要优点：① 能以最短的距离克服大的高差，使运输周期大大缩短；② 投资少，建设快，经营费低；③ 设备简单，便于制造和维修。

斜坡箕斗开拓的主要缺点：① 转载站结构庞大，移设复杂；② 矿岩需几次转载，管理工作比较复杂；③ 大型矿山的矿岩块度往往较大，箕斗受冲击严重，维修频繁，影响生产。

由于斜坡箕斗开拓的上述优缺点，该开拓方法在中小型露天矿应用较多，大型露天矿应用较少。

5.6　平硐溜井开拓

平硐溜井开拓是用溜井和平硐建立露天采矿场与地面之间的运输联系，仅适用于开采山坡露天矿，如图 5 – 28 所示。

一般情况下，矿石通过溜井溜放，岩石从采矿场直接运至排土场排弃。

在采矿场内，用汽车或其他运输设备将矿石运至卸矿平台向溜井翻卸，在下部通过漏口装车，经平硐运往地面卸载地点。平硐内的运输方式，根据运输量大小和至卸载点的运距，可选用汽车运输、胶带运输机运输、准轨和窄轨铁路运输等。

为减少溜井的掘进工程量，在有利的山坡地形条件下，上部可采用溜槽与溜井相接，如图 5 – 29。当几个水平同时向溜井卸矿时，可采用短溜槽与主溜槽相连。

采用平硐溜井开拓时，为运送设备、材料和人员，需设置辅助运输线路。溜井承担着受矿和放矿任务，它是平硐溜井开拓系统中的关键部位。合理地确定溜井位置和结构要素，防止溜井堵塞和跑矿，对保证矿山正常生产具有重要意义。溜井的结构要素可参考《金属矿床地下开采》，在此从略。

溜井位置与采矿场内采用的运输设备类型有关。采用汽车运输时，为缩短运距，溜井一般设在采矿场内，为了不因溜井发生故障和溜井降段等影响露天矿正常生产，应设置备用溜

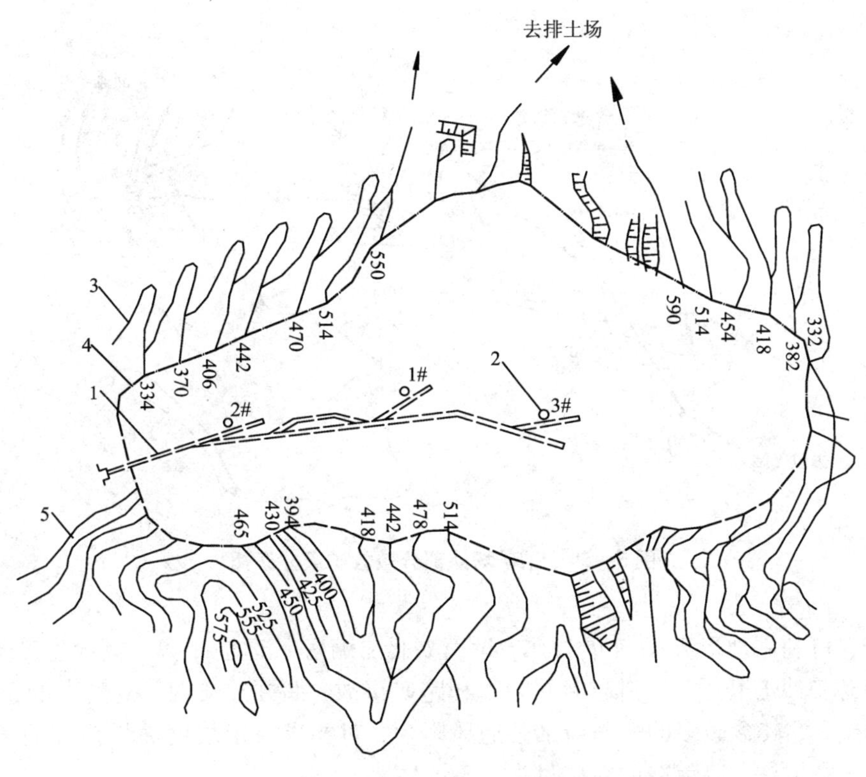

图 5 －28　平硐溜井开拓

1—平硐；2—溜井；3—公路；4—露天开采境界；5—地形等高线

井；采矿场内为铁路运输时，由于其灵活性差和线路坡度的限制，一般是在采矿场境界外的端部布置分散放矿溜井（图 5 －30），每个溜井负担的开采台阶数为 2 ~3 个。

平硐位置应与溜井位置同时确定。确定平硐位置时，除应考虑溜井的合理布置外，还应注意以下几点：① 尽可能缩短平硐长度；② 平硐位于采矿场下部时，平硐顶板距露天采场底的最小垂直距离，要根据爆破安全条件确定，避免在开采最终水平时因爆破而使平硐受到破坏；③ 平硐口应设在洪水位以上，且山坡岩层稳固不易产生滑坡之处。

关于溜井位置的确定原则及数量计算、溜井降段、溜井堵塞、跑矿及其预防等内容，在露天矿运输章节中介绍。

生产实践证明，对于地形复杂、高差较大、坡度较陡的山坡露天矿，采用平硐溜井开拓方案

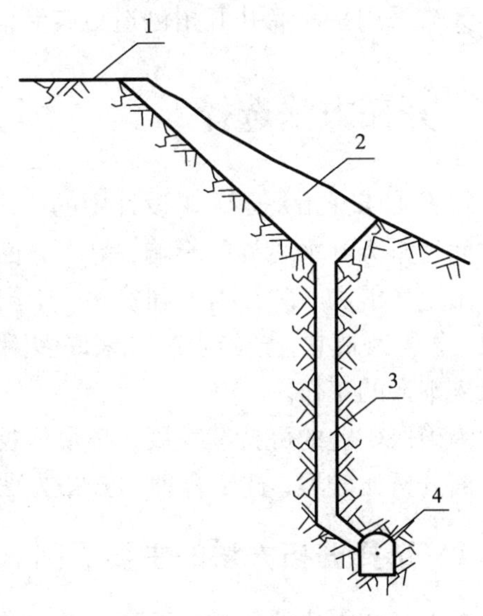

图 5 －29　设有溜槽的平硐溜井示意图

1—卸矿平台；2—溜槽；3—溜井；4—平硐

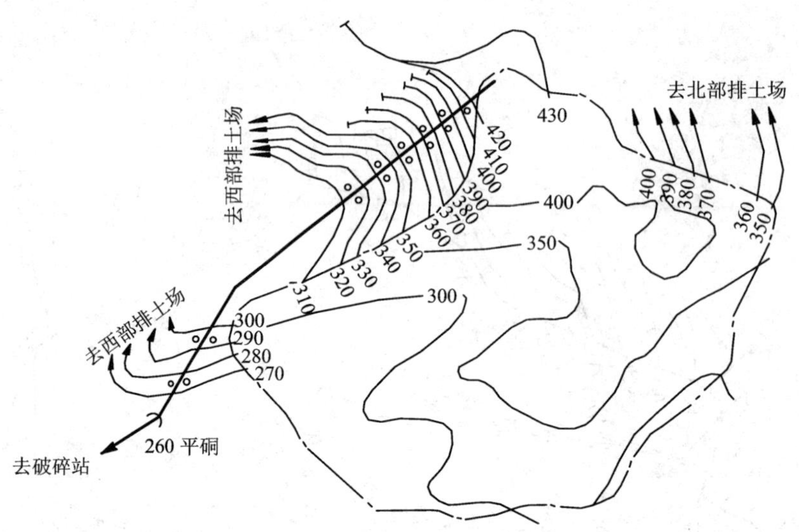

图 5－30　采矿场外部分散放矿溜井开拓

是合理的。它可利用地形高差自重放矿，运营费低；缩短了运输距离，减少生产运输设备。但是溜井壁易受冲击磨损，易引起溜井堵塞和跑矿事故；溜井放矿时，空气中的粉尘影响作业人员的健康，尤其含矽多的矿石应加强通风降尘；对要求一定块度而易粉碎的矿石，一般不宜采用该开拓方法，以免造成粉矿过多。

在采矿场内采用移动式破碎机和胶带运输机运输时，可避免大块矿石堵塞溜井，减轻矿石对溜井壁的冲击和磨损。由于进入溜井的是经过破碎的矿石，故可缩小溜井断面，减少开拓系统基建工程量，有利于加速矿山建设。因此，采用移动式破碎机和胶带运输机运输，将给露天矿采用平硐溜井开拓创造更有利的条件。

5.7　开拓方法选择

露天矿床开拓是露天矿设计中的一个全局性问题，对矿山建设和生产具有重大影响。它一方面受露天开采境界的影响，另一方面它还影响着基建工程量、基建投资和基建时间，影响矿山生产能力、矿石损失和贫化、生产的可靠性和均衡性以及生产成本等。开拓系统一旦形成，如若改造它，会给生产带来许多困难，造成很大的经济损失。因此，选择开拓方法是一项深入细致的工作。

为确保矿业的可持续发展，必须依据矿床赋存的地质地形条件，综合考虑各方面因素，经全面分析比较后，选定合理的开拓方法。

5.7.1　选择开拓方法的主要原则

矿山开拓方法选择的主要原则是在满足需求的前提下，选择生产工艺简单可靠、基建工程量小、基建投资少、生产经营费用低、占地少、投产早、达产快，且静态和动态投资回收期短、投资收益率高的开拓运输系统。

因为露天矿开拓方式直接影响着基建工程量、基建时间和基建投资。不同的开拓方式，矿岩运输成本及能耗各不相同，运输成本一般占矿岩生产成本的40% ~50%，运输能耗占总能耗的40% ~60%。因此，需根据矿体的赋存条件，综合考虑各影响因素，经全面分析比较后，选出技术上可行、经济上合理的开拓方式。

选择开拓方法时，不能片面地认为基建投资越少越好。实践证明，往往因此而长期达不到设计规模，有可能使生产经营费增加，造成被动的生产局面。

5.7.2 影响开拓方法选择的主要因素

(1) 矿床赋存的地质地形条件

矿床赋存的地质地形条件是影响开拓方法选择的主要因素，它在拟定开拓方法和方案中起主导作用。

按矿床赋存条件，可能有一种或几种不同的开拓方法和方案。如赋存较浅、平面尺寸较大的矿体，既可采用公路运输开拓，也可采用铁路运输开拓。对于赋存较深、开采深度较大的矿体，则可采用胶带运输开拓或斜坡箕斗提升开拓。如若赋存较深、平面尺寸较大，还可用公路－铁路联合运输开拓。矿体赋存条件复杂、分散、平面尺寸和高差不大的山坡露天矿或开采深度不大的凹陷露天矿，采用公路运输开拓更为适宜。对于轮廓规则、长宽相差不大的块状矿体，可考虑用螺旋坑线开拓。若矿体赋存在地形高差很大、坡陡的山峰，采用平硐溜井开拓被认为技术上可行、经济上合理的开拓方法。

(2) 露天矿生产能力

露天矿生产能力的大小，直接影响着采掘运输设备的选型，而运输设备类型的不同，开拓方法亦各异。若在露天采场最终边帮布置沟道，倾角一般不大于18°，斜交最终边帮倾向布置沟道；斜坡箕斗提升是沿着最终边帮倾向布置沟道，且在集运水平设转载栈桥。因此，露天矿生产能力影响到开拓方法的选择。生产规模大的露天矿，根据矿床赋存条件和开采深度，可分别选用汽车运输开拓、铁路运输开拓、汽车－铁路联合运输开拓、胶带运输开拓、斜坡箕斗开拓和平硐溜井开拓。

(3) 基建工程量和基建期限

合理地减少基建工程量，对缩短矿山建设期限、加快建设速度、减少基建设备和基建投资具有很大意义。如靠近矿体布置的移动坑线开拓和矿体倾角小时底帮固定坑线开拓以及横向布置开段沟等，有利于减少基建工程量和缩短建设期限。

(4) 矿石损失与贫化

矿石损失与贫化直接影响矿产资源的利用程度和生产经济效益。在选择开拓方法时，要考虑有利于降低矿石损失与贫化的开拓方案，尤其对开采矿石价值高的矿体更为重要。如开采有岩石夹层的矿体，采用汽车运输开拓和采场内采用汽车运输的部分联合开拓方案，有利于进行分采，以减少矿石的损失与贫化。采用工作线由上盘向下盘推进的固定坑线开拓和靠近矿体上盘的移动坑线开拓，均可减少矿岩接触带处的矿石损失与贫化。

(5) 设备供应情况

为加速矿业可持续发展，露天矿应尽可能采用先进的技术装备。但对一般矿山来说，也应根据设备供应情况选择开拓方法。

(6) 地下开拓方式的利用

根据矿体赋存条件，上部用露天开采深部用地下开采。当先进行地下开采，后转露天开采时，若地下开拓系统能满足露天矿矿石生产能力要求，且经济合理，可利用地下开拓系统运输露天矿采出的矿石。

5.7.3 选择开拓方法的步骤

同一矿床赋存条件，往往会有几种可行的开拓方法和方案。在这种情况下，需通过技术经济比较进行选择。其步骤如下：

① 根据开拓方法选择的影响因素，按所确定的开采范围、工业场地和排土场位置，初步拟定技术上可行的开拓方案。

② 对各方案进行初步分析，删去初步评价不合理的方案。

③ 对保留的方案进行沟道定线，并进行矿山工程量和生产工艺系统的技术经济计算。

④ 对各方案的各项技术经济指标进行综合分析比较，取其中的最优方案。

5.7.4 开拓沟道定线

开拓沟道定线即确定沟道的空间位置。它分室内图纸定线和室外现场定线。以下介绍汽车运输回返坑线开拓的室内图纸定线。

定线所需基础资料包括：矿区地质地形图、露天矿总平面布置图和主要开采技术参数，如露天开采境界、台阶高度、沟道宽度和限制坡度、回头曲线要素以及连接平台长度等。

定线步骤(图 5-31)：

① 在具有已确定的底平面周界和各水平最终境界的平面图上[图 5-31(a)]，根据排土场、卸矿点和地质地形条件等，确定出入口的位置，再按沟道各要素，自上而下初步确定沟道中心线位置。坑线回返位置的确定需要考虑边帮岩体条件，并使汽车运距尽量缩短。因此，往往需要多次调整才能最终定线。

② 根据出入沟的底宽和各种平台宽度，在图 5-31(a) 上，自下而上画出开拓沟道和开采终了时台阶的具体位置，即形成图 5-31(b)。

5.7.5 开拓方案技术经济比较

一个合理的开拓方案，应保证基建期间和生产期间的综合技术经济效果最优。

对参加技术经济比较的方案，其比较的内容主要包括：基建工程量、基建的三材消耗、基建投资、建设和达产时间、各时期的生产剥采比和生产经营费、生产能力保证程度、矿石损失和贫化、设备重量、装机电容量、利润、基建投资回收期限和投资效果、生产安全的可靠性等。

其中基建投资和生产经营费是经济比较的主要指标，需精确计算。

基建投资包括：基建工程费、基建剥离费、设备购置费、运杂费、安装费以及其他费用。

生产经营费一般按年计算，主要包括：辅助材料费(不包括机修设施所消耗的材料费)、动力费、生产工人工资、车间经费(包括折旧费、维修费和车间管理费)。

静态分析法一般采用基建投资及年经营费的差额进行计算，即参加经济比较的方案其投资差额用节约的生产经营费来回收多用的基建投资所需年限。即：

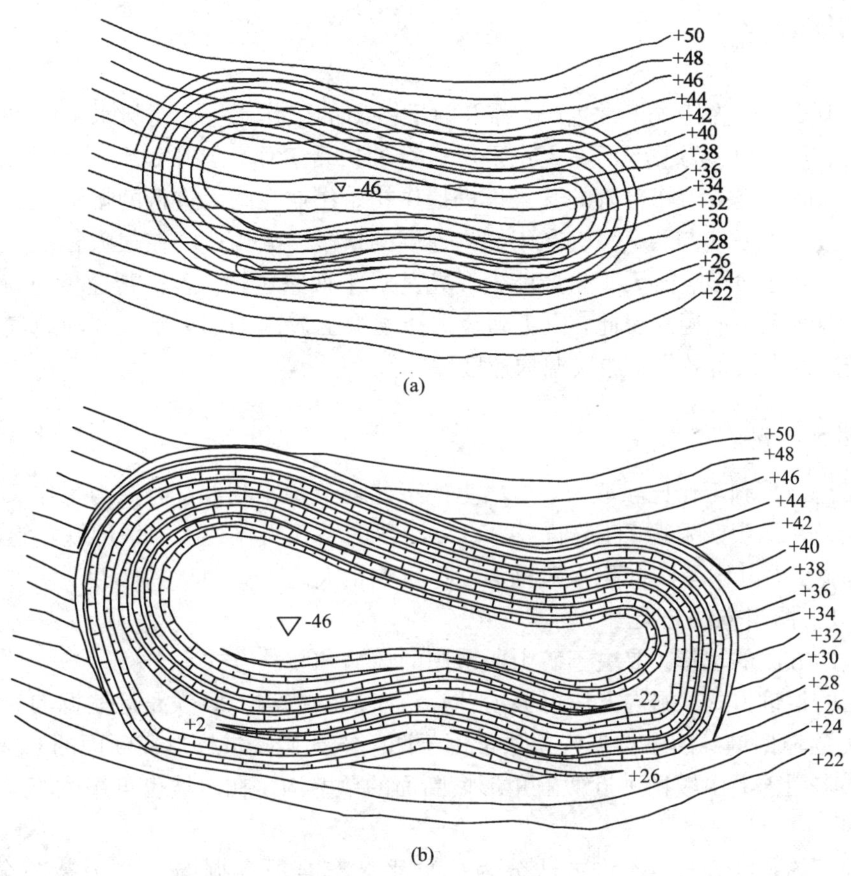

图 5－31　开拓沟道定线

$$T=\left|\frac{K_1-K_2}{C_2-C_1}\right| \tag{5-2}$$

式中：T——投资差额回收年限，年；

K_1，K_2——甲、乙方案的投资额，元；

C_1，C_2——甲、乙方案的生产经营费，元/年。

平均投资回收年限是根据国民经济发展情况、国家的价格政策和市场价格确定，目前在设计中一般可暂取 5～6 年。

如果甲方案的基建投资额大于乙方案，而生产经营费小于乙方案，在该条件下计算的投资差额回收年限小于 5～6 年时，则基建投资大的甲方案是合理的，反之乙方案优越。

进行经济比较时，只需比较各方案之间有差别的各项指标。若参加比较的各方案费用差额不超过 10% 时，可视为其经济效果相同。这时应根据其他主要因素如矿山建设速度、发展远景以及国家特殊要求等选出最优方案。

5.8 掘沟工程

在露天开采中，为持续正常生产，需及时准备新的工作水平，而新水平的准备工作包括掘进出入沟、开段沟和为掘沟而在上水平所进行的扩帮工作。其中，出入沟是联系上、下水平的通道，开段沟是指为新台阶的开采推进提供初始作业空间而进行的掘沟。

新水平准备的及时与否，关键在于掘沟速度的快慢。掘沟速度在很大程度上决定着露天开采强度，并因之而影响露天矿生产能力。尤其对于铁路运输，若扩帮速度过慢，不能按时形成环线，沟将无法挖掘。因此，应正确地选择掘沟工艺即掘沟方法，合理地确定沟的主要参数，以提高掘沟设备效率，加快掘沟速度。

5.8.1 掘沟方法

掘沟工作与采剥工作比较起来，虽然生产工艺环节基本相同，但掘沟工作又有自己的特点。其特点是在尽头区采掘，工作面狭窄，靠沟帮的钻孔夹制性大，采用铁路运输掘沟时装运设备效率低，尤其雨季沟内积水对掘沟工作影响很大。

5.8.1.1 掘沟方法分类

不同掘沟方法的选择，取决于矿山所采用的运输和装载方式。

按采用的运输方式，掘沟方法可分为：① 汽车运输掘沟；② 铁路运输掘沟；③ 联合运输掘沟；④ 无运输掘沟。前三类掘沟方法常用于凹陷露天矿掘进梯形横断面的双壁沟，而无运输掘沟方法多用于沿山坡掘进近似三角形横断面的单壁沟。在山坡也可用汽车运输掘进宽工作面单壁沟。

按挖掘机的装载方式，掘沟方法分为：① 平装车全段高掘沟；② 上装车全段高掘沟；③ 分层掘沟。

5.8.1.2 汽车运输掘沟

汽车运输掘沟多采用平装车全段高掘沟方法，即在沟的全段高一次穿孔爆破，汽车驶入沟内全段高一次装运。个别情况也有采用分层掘沟，由于堆积高度大，为装载设备安全，采用分层装载。

汽车运输掘沟方法的掘沟速度，主要是取决于汽车在沟内的调车方法。它分为回返式调车（又称环行调车）和折返式调车，后者又分为单折返线调车和双折返线调车。

回返式调车掘沟时，空、重车入换时间短，挖掘机和汽车的装运效率较高。

折返式调车是汽车以倒退方式接近挖掘机。单折返线调车时，空、重车入换时间比回返式调车多2 ~4 倍，因而装运效率低；双折返线调车是当一辆汽车装载结束时，另一辆汽车已入换完毕等待装车，故可缩短挖掘机等车时间，提高装载效率，其掘沟速度最快，但所需汽车数量较多。当汽车数量供应充足时，可采用双折返调车方法掘沟，否则宜采用回返式调车法掘沟。

为加速新水平准备，可将堑沟分成几个区段同时掘进。为方便汽车出入工作面，在每个区段要设置临时斜沟，而临时斜沟一般应为堑沟的一部分，待各区段堑沟掘完后再处理临时斜沟。

在坚硬岩石中，汽车运输掘沟工艺包括穿孔爆破、采装、运输、二次破碎，在有涌水的露天矿尚需进行排水工作。

掘沟的穿孔爆破工作是在断面狭窄的尽头处进行的，为提高掘沟速度，广泛应用多排孔微差挤压爆破，其起爆方式按其起爆顺序的不同可分为：斜线微差起爆、排间微差起爆、行间微差起爆即纵向掏槽起爆。

在凹陷露天矿掘进双壁沟时，由于沟的断面较小，边孔爆破的夹制作用较大，为了按设计断面成沟，边孔的装药量应比其他孔增加15%～20%。靠非工作帮掘沟时，为保护边坡稳定性，应实施控制爆破。位于最终边帮平台部分的钻孔宜采用较小的孔网参数和孔径，钻孔不超深或少超深，并应适当减少钻孔的装药量；在沟帮坡面上加一行孔径小的垂直短孔或布置与沟帮坡面平行的钻孔。

5.8.1.3　**铁路运输掘沟**

铁路运输掘沟分为平装车全段高掘沟、上装车全段高掘沟和分层掘沟。

(1) 平装车全段高掘沟

平装车全段高掘沟是将铁路铺设在沟内，空列车驶入装车线，挖掘机向靠近尽头工作面的矿车装载，每装完一辆车，列车被牵出工作面，将重车甩在调车线上，空列车再进入装车线装载。如此反复直到装完整个列车，重载列车驶向沟外会让站后，另一列空车驶入装车线进行装载，即梭式调车法。

这种掘沟方法由于列车解体和调车频繁，空车供应率低，在掘沟过程中线路工程量大，装运设备效率和掘沟速度低。虽然创造了多种平装车作业方法，使装运设备效率和掘沟速度指标有所提高，但远不能满足强化开采的要求。因此，平装车全段高掘沟方法在生产中应用渐少。

(2) 上装车全段高掘沟

上装车全段高掘沟(图5－32)的装车线铺设在沟帮的上部平盘，长臂挖掘机在沟内向上部的列车装载，每装完一辆矿车，列车向前移动一次，逐个装完整个列车。

这种掘沟方法列车不需解体，可缩短调车时间，沟内不铺设铁路，工作组织比平装车掘沟简单，挖掘机利用率较高，掘沟速度较快。用长臂挖掘机上装车掘沟时，除可按先掘出入沟，随后掘开段沟的顺序作业外，还可先在开段沟位置中部长约80 m的区段进行穿孔爆破，然后按8°～10°的坡度呈“之”字形下挖爆堆进行上装车，最后下卧到开段沟底之后继续向两端掘进开段沟，当到达设计的出入沟位置时，在继续掘进开段沟的同时，掘进出入沟(图5－33)。

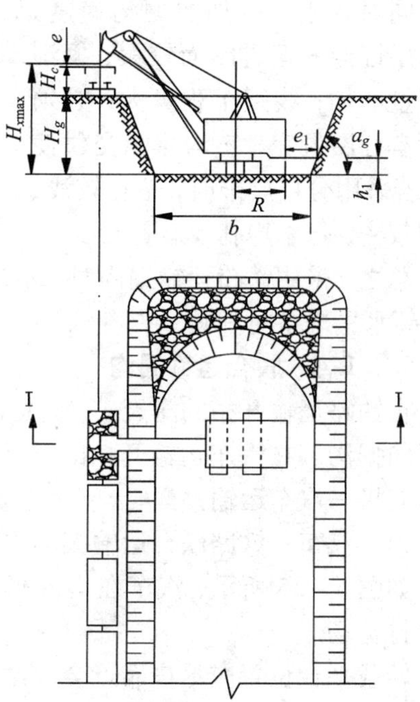

图5－32　铁路运输上装车全段高掘沟

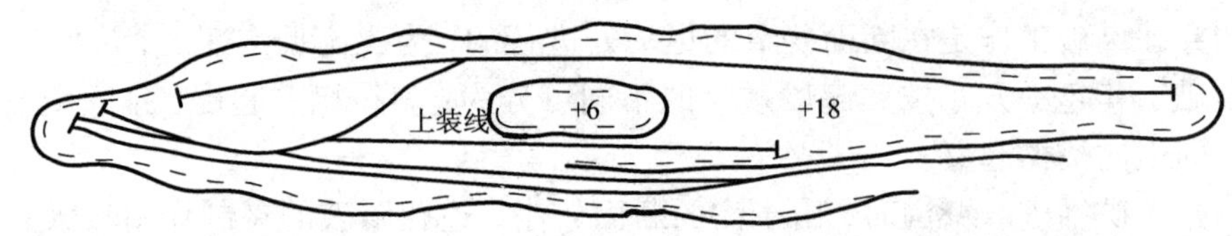

图 5-33　下卧开段沟上装车掘沟示意图

掘进出入沟时，沟道较浅的区段可采用多排孔微差爆破，上装车运输；沟深较大的区段，爆破后用平装铲将岩石倒入段沟内暂不装运，待以后扩帮时一并运出。采用这种掘沟工艺时，其掘沟速度比平装车掘沟提高 25% ~30%，可加快新水平的准备工作。

（3）上装车分层掘沟

在没有长臂挖掘机的情况下，为提高掘沟速度，可用普通规格的挖掘机或半长臂挖掘机进行上装车分层掘沟，如图 5-34。图中数字为掘进分层的顺序，随着分层的掘进，线路向图中箭头所示位置移设。

采用分层掘沟时，列车也不需解体调车，因而装运设备效率较高；必要时可增加装运设备，在上分层超前下分层的情况下，几个分层可同时作业，以加快掘沟速度。但分层掘沟的掘进断面较大，掘沟工程量增加；线路工程量大，必须在所有分层掘完，堑沟才能交付使用；若采用分层爆破时，钻孔较浅，孔网较密，每米炮孔爆破量较少。

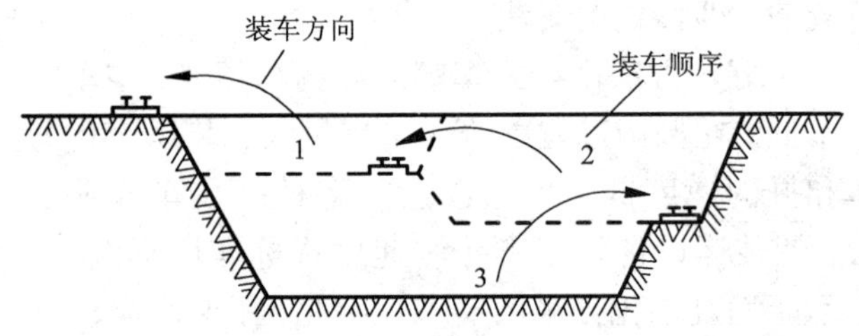

图 5-34　上装车分层掘沟

总之，采用铁路运输掘沟时，不论哪种掘沟方法均比汽车运输掘沟速度低，掘沟工程量大，新水平准备时间长。

5.8.1.4　联合运输掘沟

在铁路运输开拓的露天矿，为提高掘沟速度，加快新水平的准备，可采用汽车—铁路联合运输掘沟。在汽车运输开拓的露天矿，当掘沟的岩土松软或爆破后的岩块较小时，也可采用前装机—汽车运输掘沟。

（1）汽车—铁路联合运输掘沟

如图 5-35 所示，汽车在沟内平装车，运至沟外转载平台上，将岩石卸入铁路车辆后，运往排土场。

转载平台位置应尽量靠近会让站，以缩短列车会让时间，其结构形式不宜复杂，应有利于设置和拆除。

（2）前装机—汽车运输掘沟

在沟内用前装机挖掘岩石并运至沟外向汽车装载，然后运往排土场。当堑沟距地表和排土场很近时，前装机可独自完成采掘、运输和排弃工作，不需汽车转运。

前装机在倾斜堑沟内向下挖掘岩石时，因可阻止机体后退，能减少铲斗挖取时间，提高

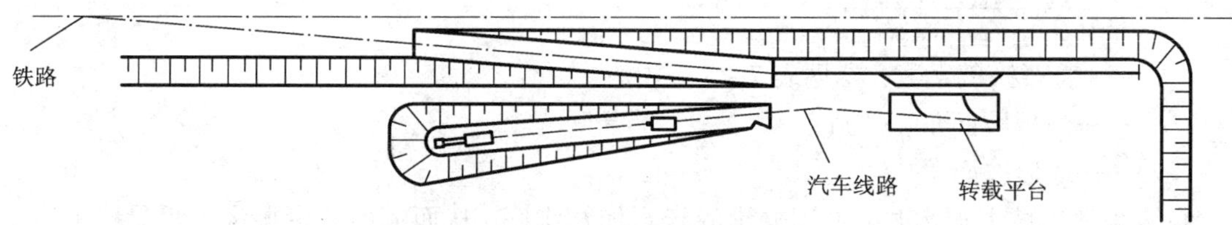

图 5-35 汽车—铁路联合运输掘沟

生产能力；前装机在沟内可倒退出沟外，故所需沟底宽度小。由于设备效率的提高和掘沟工程量的减少，因而能加快掘沟速度。

前装机掘沟也可分为全段高一次掘进和分层掘进。当沟道较浅时，可采用全段高一次掘进；当沟道较深时，宜采用分层掘进，分层高度取决于前装机的工作参数。

5.8.1.5 **无运输掘沟**

无运输掘沟方法主要用于山坡露天矿开掘单壁路堑，分为挖掘机倒堆掘沟和定向抛掷爆破掘沟。

（1）挖掘机倒堆掘沟

如图 5-36 所示，用挖掘机将沟内的岩石直接倾置于沟旁的山坡。

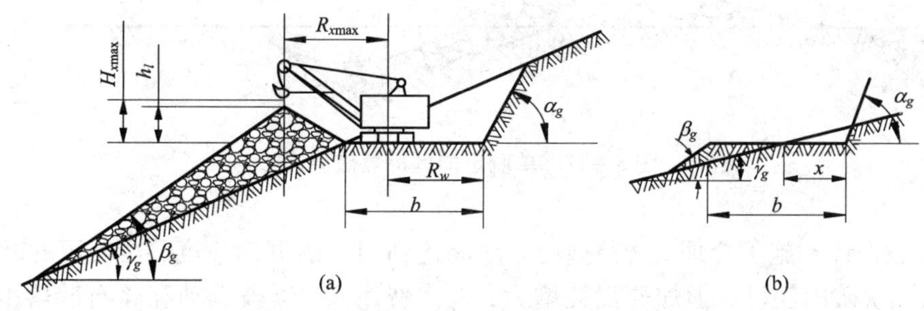

图 5-36 倒堆掘沟

倒堆掘沟所用挖掘机的工作参数应与设计的沟底宽度相适应，其关系如下：

$$R_{xmax} \geqslant b - R_w + h_l \cot\beta_g \tag{5-3}$$

$$H_{xmax} \geqslant h_l \tag{5-4}$$

式中：R_{xmax}——挖掘机最大卸载半径，m；

b——沟底宽度，m；

R_w——挖掘机站立水平挖掘半径，m；

h_l——岩堆超过挖掘机站立水平的高度，m；

H_{xmax}——挖掘机最大水平伸出时的卸载高度，m；

β_g——岩堆坡面角，(°)。

设岩堆横断面积等于沟的截断面积乘以岩石松散系数，则：

$$h_l = \sqrt{\frac{cb^2k_s}{2\cot\beta_g}} \tag{5-5}$$

式中：$c=\dfrac{\sin\alpha_g\sin\gamma_g\sin(\beta_g-\gamma_g)}{\sin(\beta_g+\gamma_g)\sin(\alpha_g-\gamma_g)}$；

k_s——岩石松散系数，参见表 7-7；

α_g——沟帮坡面角，(°)；

γ_g——地形坡面角，(°)。

在缓倾斜山坡上掘沟时，可用掘沟的岩石加宽沟底，从而大大减少掘沟工程量[图 5-36(b)]。这种情况下，实体中挖掘的沟底宽度 x 可按下式计算：

$$x=\frac{b}{1+c_1} \tag{5-6}$$

式中：$c_1=\sqrt{\dfrac{k_s\sin\alpha_g\sin(\beta_g-\gamma_g)}{\sin\beta_g\sin(\alpha_g-\gamma_g)}}$。

但此时，必须采取预防岩石沿山坡滑动的措施，以保证沟底施工的安全。采用大型汽车时，由于荷载很大，一般不宜采用此类半挖半填的沟道。

(2) 定向抛掷爆破掘沟

在掘进单壁路堑时采用单侧抛掷爆破将沟内的岩石破碎，并将其大部分抛至沟外的山坡(图 5-37)，残留在沟内的岩石用挖掘机进行清理，倒置沟外。

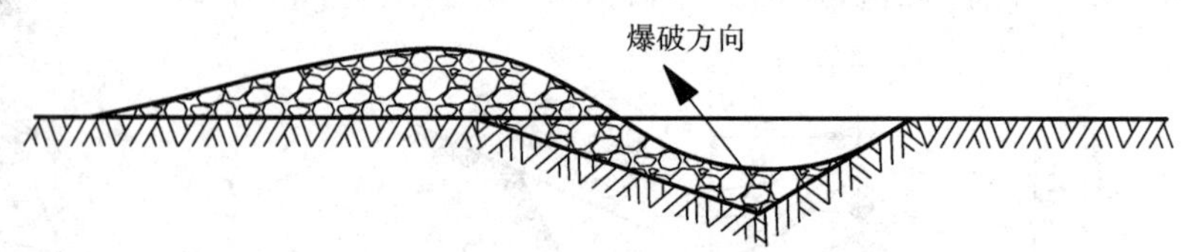

图 5-37 单侧定向抛掷爆破掘沟

如果爆破设计和施工合理，这种掘沟方法能达到很高的掘沟速度，在较短的时间内即能成沟，从而加快矿山建设。但炸药消耗增大，掘沟费用高，爆破震动和碎石散落范围大，影响周围建筑物和施工安全。

5.8.2 堑沟主要参数

露天矿的堑沟有出入沟和开段沟。堑沟的主要参数包括沟底宽度、沟的深度、沟帮坡面角、沟的纵向坡度和沟的长度。

5.8.2.1 沟底宽度

沟底宽度取决于掘沟的运输方法、沟内线路数目、岩石物理力学性质和采掘设备的规格等因素。

(1) 出入沟沟底最小宽度

①汽车运输掘沟时(图 5-38)，沟底最小宽度为：

回返式调车时：

$$b_{min}=2\left(R_{cmin}+\frac{b_c}{2}+e_3\right) \tag{5-7}$$

式中：b_{min}——沟底最小宽度，m；

R_{cmin}——汽车最小转弯半径，m；

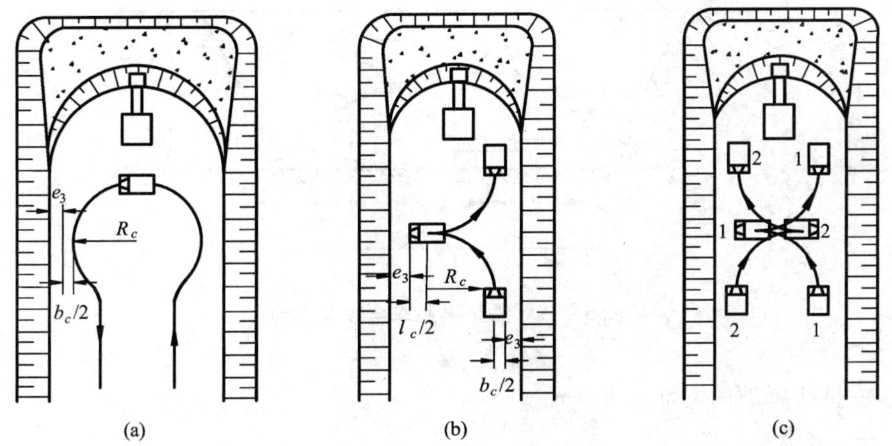

图 5－38　汽车在沟内的调车方法

(a)回返式调车；(b)单折返线调车；(c)双折返线调车

b_c——汽车宽度，m；

e_3——汽车边缘至沟帮底线的距离，m。

折返式调车时：

$$b_{\min}=R_{c\min}+\frac{l_c}{2}+\frac{b_c}{2}+2e_3 \quad (5-8)$$

式中：l_c——汽车长度，m。

其余符号意义同前。

②铁路运输时，沟底最小宽度为：

平装车掘沟(图 5－39)：

$$b_{\min}=2R+b_c+e_1-h_1\cot\alpha_g+e_2+e_3 \quad (5-9)$$

式中：R——挖掘机机体回转半径，m；

b_c——车辆宽度，m；

e_1——挖掘机机体至沟帮距离，m；

h_1——挖掘机底盘距沟底高度，m；

e_2——挖掘机机体与车帮间距，m；

e_3——车帮与沟帮间距，m。

上装车掘沟(图 5－32)：

$$b_{\min}=2(R+e_1-h_1\cot\alpha_g) \quad (5-10)$$

式中：符号意义同前。

(2) 开段沟沟底最小宽度

开段沟沟底宽度与掘沟方式、采装运设备规格、线路数目和布置及扩帮爆破的爆堆宽度等有关(图 5－40)，其最小宽度为：

$$b_{\min}=b_b+b_d-W_{底} \quad (5-11)$$

式中：b_b——运输线路占用宽度，m；

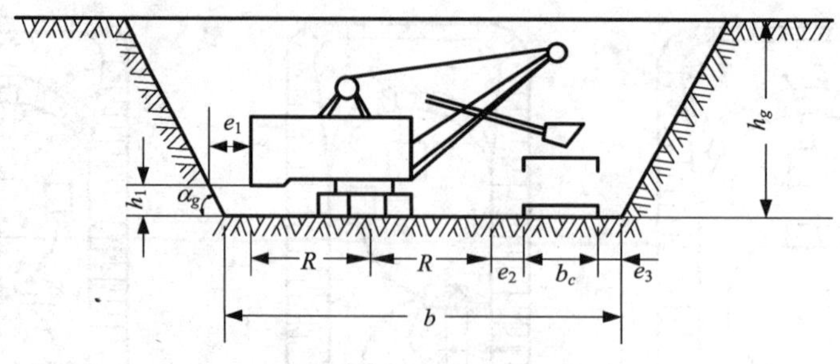

图 5－39　铁路平装车全段高掘沟

b_d——扩帮爆破的爆堆宽度，m；

$W_{底}$——底盘抵抗线，m。

当采用汽车运输、挖掘机端工作面采装扩帮的爆堆时，开段沟的沟底宽度可参照出入沟沟底宽度的计算方法。

5.8.2.2　**沟的深度**

凹陷露天矿的出入沟和开段沟均为双壁堑沟，出入沟的深度从零过渡到台阶全高度，开段沟深度等于台阶全高度。

山坡露天矿的出入沟和开段沟多为单壁堑沟，如图 5－41 所示。

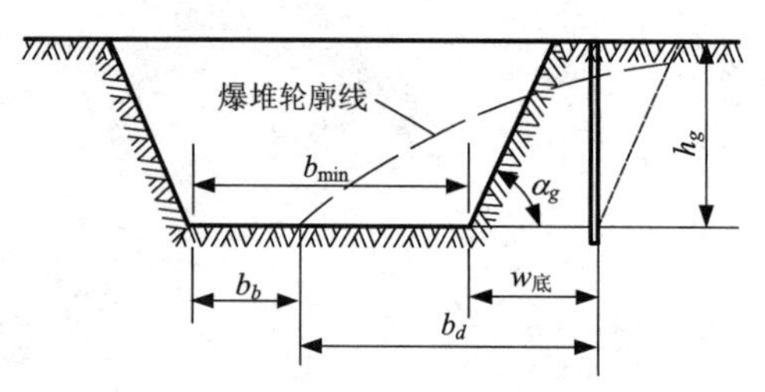

图 5－40　开段沟的沟底宽度

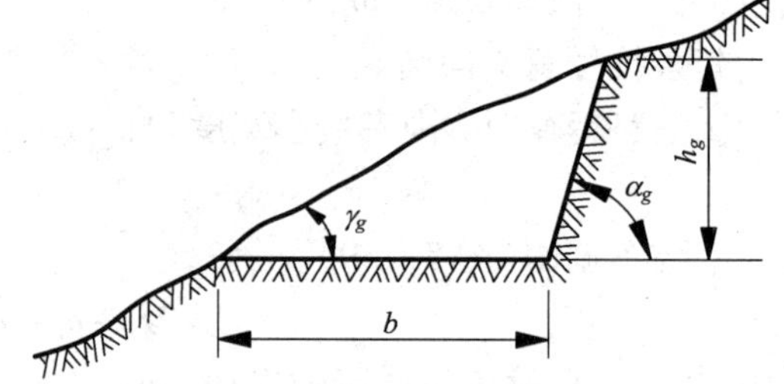

图 5－41　单壁沟横断面要素

山坡露天矿的出入沟和开段沟的深度可按下式计算：

$$h_g = \frac{b}{\cot\gamma_g - \cot\alpha_g} = \phi b \tag{5-12}$$

式中：h_g——沟的深度，m；

α_g——沟帮坡面角，(°)；

γ_g——地形坡面角，(°)；

b——沟底宽度，m；

ϕ——削坡系数，$\phi = \dfrac{1}{\cot\gamma_g - \cot\alpha_g}$。

5.8.2.3　**沟帮坡面角**

沟帮坡面角取决于岩体的物理力学性质和沟帮坡面保留时间的长短。

采用固定坑线开拓时，沟帮一侧坡面是露天开采境界的最终边帮的组成部份，应满足最终边帮稳定的要求，故采用开采终了台阶坡面角；沟帮的另一侧坡随扩帮推进，其坡面角同工作台阶坡面角。

当采用移动坑线开拓时，沟帮两侧坡面角均为工作台阶坡面角。

5.8.2.4 沟的纵向坡度

出入沟的纵向坡度根据掘沟的运输设备类型、堑沟的用途确定。

开段沟一般是水平的，但有时为了排水的需要采用3‰左右的纵向坡度。

5.8.2.5 沟的长度

出入沟的长度取决于台阶高度和出入沟的纵向坡度，即：

$$L = h_t / i \tag{5-13}$$

式中：L——出入沟的长度，m；

h_t——台阶高度，m；

i——出入沟的纵向平均坡度，%或‰。

开段沟的长度与采掘工艺、开拓方法等因素有关，应根据矿山的具体条件确定。

本章习题

1. 简述露天矿床开拓的概念以及分类的依据。
2. 露天矿床的开拓方法可以分为哪几类？
3. 公路运输开拓坑线的平面形式一般有哪几种？
4. 公路运输开拓方式有哪几种？各种方式的坑线的布置形式可以分为哪些？
5. 公路运输开拓的优缺点是什么？
6. 地下斜坡道汽车运输开拓的优缺点是什么？
7. 铁路运输开拓的适用条件是什么？坑线的布置形式有哪些？
8. 铁路运输开拓的优缺点是什么？
9. 露天矿常用的胶带运输开拓系统有哪几种？其分类依据是什么？
10. 胶带运输开拓的优缺点是什么？
11. 斜坡箕斗开拓的主要优缺点是什么？
12. 影响开拓方法选择的主要因素有哪些？选择的主要原则是什么？
13. 简述开拓方法选择的步骤。
14. 露天矿掘沟工程有哪些常用方法？
15. 何谓出入沟、开段沟？堑沟的主要参数有哪些？

6 穿孔爆破

6.1 穿孔工作

6.1.1 概 述

穿孔工作是金属矿床露天开采的第一个工序，是为后续的爆破工作提供装放炸药的钻孔。在整个露天开采过程中，穿孔费用大约占生产成本的10%～15%。穿孔工作的好坏，对其后的爆破、采装等工作有很大影响。特别是我国冶金矿山，矿岩坚硬，穿孔技术不够完善，它往往成为露天开采的薄弱环节，约束矿山生产。因而，改善穿孔工作，可强化露天开采，对露天矿生产具有现实意义。

6.1.2 岩石的可钻性

（1）概念

岩石的可钻性是决定钻进效率的基本因素，反映了钻进时岩石破碎的难易程度。岩石可钻性及其分级在钻探生产中极为重要。它是合理选择钻进方法、钻头结构及钻进规程参数的依据，同时也是制订钻孔生产定额和编制钻孔生产计划的基础，另外，还是考核钻孔设备生产效率的根据。岩石可钻性是多变量的函数，它不仅受控于岩石的性质，而且与外界技术条件和工艺参数有密切的关系。

影响岩石可钻性的主要因素包括：岩石的力学性质（硬度、强度、弹性、脆性、塑性及研磨性等）、矿物成分、结构构造、密度、孔隙度、含水性及透水性。一般情况下，石英含量大、胶结牢固、颗粒细小、结构致密、未经风化和蚀变时，岩石可钻性差；岩石的硬度和强度高、耐磨性强，岩石破碎就比较困难，岩石可钻性也差。

影响岩石可钻性的技术条件有：钻探设备的类型、钻孔直径和深度、钻进方法、碎岩工具的结构和质量等。例如，冲击钻进在坚硬的脆性岩石中具有较好的钻进效果，而回转钻进则在软的塑性岩石中可以获得较好的碎岩效率。

影响岩石可钻性的工艺因素主要有：施加在钻头上的压力、钻头的回转速度、冲洗液的类型及孔底岩粉排除情况等。

（2）岩石可钻性分级

① 用岩石力学性质评价岩石的可钻性。岩石力学性质是影响岩石可钻性的决定因素。在室内采用一定的仪器，测定能够反映碎岩质量的一种或几种力学性质指标，用以表征岩石的可钻性。这类方法测定简便，测得的指标稳定，排除了实钻时人为因素的影响，因而测出的结果比较客观和可靠，但较难选取完全体现某种钻进方法碎岩的力学性质指标。

② 用实钻速度评价岩石的可钻性。用实际钻进速度评价岩石可钻性能够反映地质因素和技术工艺因素的综合影响，所得到的钻速指标可直接用于制订生产定额。对于不同的钻进

方法要求有不同的分级指标，具体操作比较繁琐、标准条件难以保证、受人为因素影响大。另外，由于钻进技术的不断发展，要求对分级指标进行不断修正。

③ 微钻速度评价岩石的可钻性。采用微型设备，在室内模拟钻进，所测得的微钻速度同样能够反映各种因素的综合影响。室内试验条件比较稳定，测试记录也比较准确，在一定程度上可避免人为因素的干扰。因而，也可用微钻速度进行岩石的可钻性分级。

④ 用碎岩比功评价岩石的可钻性。碎岩比功就是破碎单位体积岩石所需的能量。从单位时间的碎岩量还可求得钻进速度。因此，碎岩比功既是物理量又是碎岩效率指标。通过碎岩比功这一指标还可以对各种钻进方法破碎岩石的有效性进行比较。问题在于每种钻进方法的碎岩比功本身也不是一个常量，其变化规律尚未得到充分的研究。

由于各种方法都有其自身的优缺点，因此划分岩石可钻性级别究竟采用什么指标作为准则最好，至今还没有统一的认识。

目前，在地质勘探钻进中仍采用实际钻速来划分岩石可钻性级别；在冲击钻进中有时采用单位体积破碎功(碎岩比功)进行岩石可钻性分级。而在室内研究工作中往往采用岩石力学性质指标和微钻速度探讨岩石可钻性变化规律，并试图把岩石力学性质指标、微钻速度数据与实钻速度联系起来，制订出适用于钻探生产的岩石可钻性分级表。

6.1.3 穿孔方法及其分类

截至目前，露天矿生产中曾广泛使用过的穿孔方式有两种：热力破碎穿孔和机械破碎穿孔。相应的穿孔设备有火钻、钢绳冲击钻机、潜孔钻、牙轮钻与凿岩台车。现代露天矿应用最广的是牙轮钻，潜孔钻次之，火钻与凿岩台车仅在某些特定条件下使用，钢绳式冲击钻已被淘汰。

近年来，国内外一些专家仍在探索新型穿孔方法，如频爆凿岩、激光凿岩、超声波凿岩、化学凿岩及高压水射流凿岩等，但相应的凿岩设备仍处于试验研制阶段，尚未在实际生产中广泛应用。

爆破效率的提高在很大程度上依赖于凿岩设备(机具)的发展。20 世纪 50 年代问世的高效率潜孔钻机以及稍后的牙轮钻机和高频风动冲击钻机，尤其是本世纪初出现的集钻孔、装药和装岩为一体的遥控采掘设备，使得爆破作业的效率大大提高，爆破效果更加理想。爆破机具、设备的发展，促进了爆破技术的日趋进步。

对于机械破碎穿孔而言，根据采用的机具和孔底岩石的破碎机理，可将钻孔方法分为冲击式、旋转式、旋转冲击式和滚压式四种。

根据钻孔直径和钻孔深度可将钻孔方法分为浅孔钻孔、中深孔钻孔和深孔钻孔三种。通常把孔径小于 50 mm，孔深不超过 3 ~ 5 m 的炮孔称为浅孔或浅眼；孔径为 50 ~ 70 mm，孔深为 5 ~ 15 m 的为中深孔；孔径不小于 80 mm，孔深大于 12 ~ 15 m 的为深孔。

(1) 冲击式钻孔法

冲击钻孔时，钻孔机具不断受到冲击作用，每冲击一次后钻头转动一个角度，使钻刃移至新位置，再进行下一次冲击。其过程如图 6 - 1 所示。

钻头在冲击力 P_D 的作用下，侵入岩石并形成一条凿痕 AB，随后将钻头转动一个角度并再次冲击，于是在岩石上形成一条新的凿痕 $A'B'$。在 $A'B'$ 位置进行第二次冲击时，由于孔底中心部分岩石已经破碎，增大了单位刃长上的冲击荷载，又由于有了第一次冲击所形成的凿痕起到自由面的作用，所以除了形成第二条凿痕外，只要转动角度和冲击与岩石的强度相匹配，两个凿痕之间的岩石（扇形体 AOA' 和 BOB'）在第二次冲击力的作用下，也将同时被剪切。钻机不断重复上述动作，即可完成整个圆面的破碎并前进深度 h。破碎后的岩屑要不断利用用风压或水流排出孔外，以避免重复破碎。

这种冲击－转动－排粉的过程连续不断地循环进行，构成冲击式钻孔过程。

在硬岩中钻孔一般采用冲击式钻孔法。凿岩机是冲击式钻孔法的代表工具。

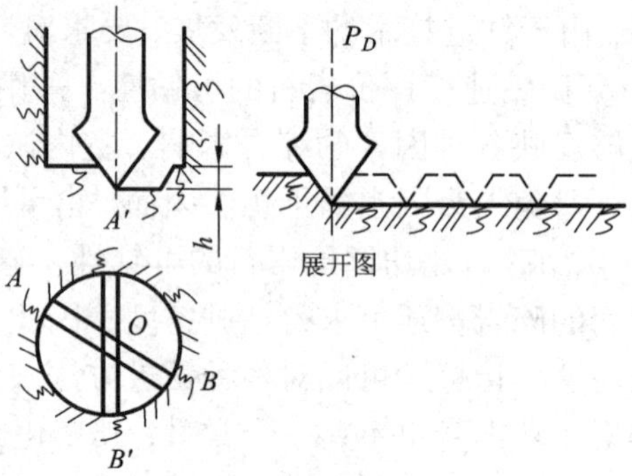

图 6－1　冲击式钻孔过程

（2）旋转式钻孔法

旋转式钻孔的过程如图 6－2 所示。旋转钻孔时，切割型钻头在轴压力 P 的作用下，克服岩石的抗压强度并侵入岩石深度 h，同时钻头在回转力 P_C 的作用下，克服岩石的抗切削强度，将岩石一层层切割下来，钻头运行的轨迹是沿螺旋线下降，破碎的岩屑被排出孔外。

这样，压入－回转切割－排粉的过程连续不断地进行，从而形成旋转式钻孔过程。

在软弱岩层钻孔，一般采用旋转钻孔法。该方法的代表性机具是电钻。

（3）旋转冲击式钻孔法

旋转冲击式钻孔法是旋转式和冲击式钻孔的结合，其过程如图 6－3 所示。旋转冲击钻孔时，钻头在回转切割的同时，既有轴压力 P 的作用，又有冲击力 P_D 和回转力 P_C 的作用。它与冲击式的区别在于钻头连续旋转，与旋转式的区别是增加了冲击作用。

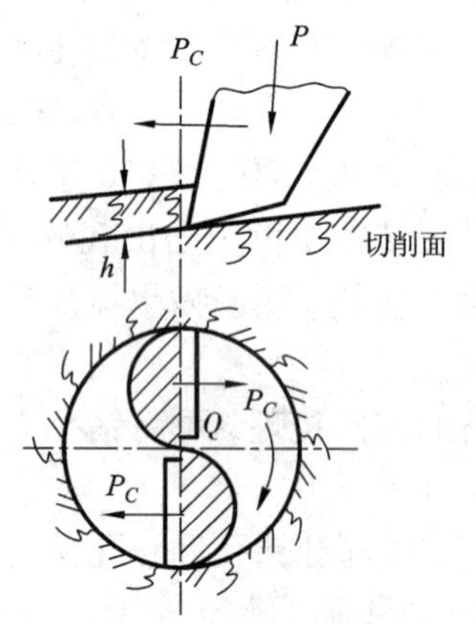

图 6－2　旋转式钻孔过程

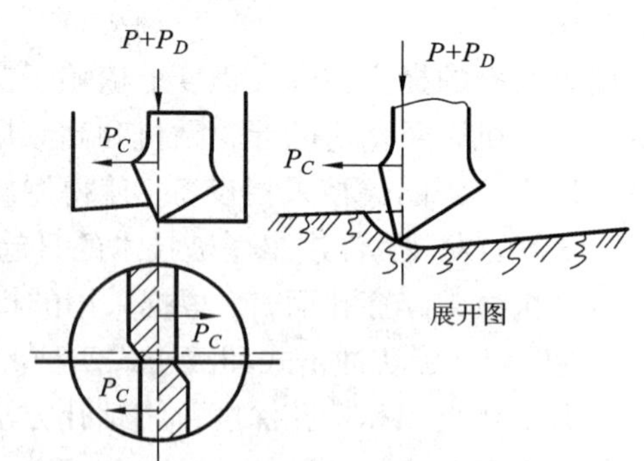

图 6－3　旋转冲击式钻孔过程

压入－回转切削－冲击－排粉过程连续不断地进行，构成了旋转冲击式钻孔过程。

旋转冲击式钻孔法适用于在硬岩中进行大孔径钻孔作业。这种钻孔方法的代表机具是潜孔钻机。

（4）滚压式钻孔法

滚压式钻孔是以牙轮钻头的滚压作用破碎孔底岩石的，其作用过程如图 6－4 所示。凿岩过程中，钻机通过钻杆给牙轮钻头施以轴压 P，同时钻杆绕自身轴旋转，带动牙轮钻头绕钻杆做公转运动，而牙轮又绕自身轴做自转，即在岩石上形成滚动。

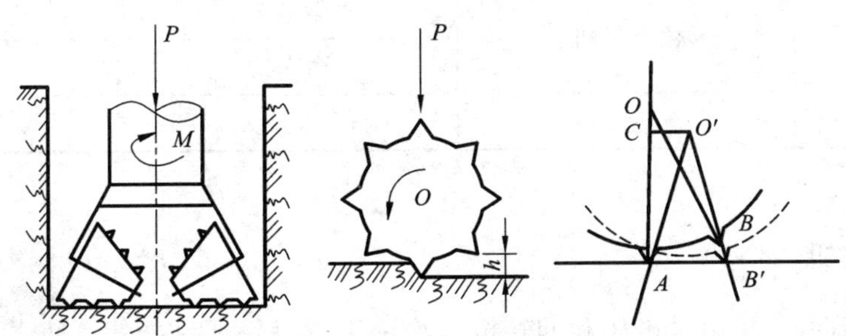

图 6－4　牙轮钻头滚压钻孔过程

在滚动过程中，牙轮是以一个齿到两个齿又到一个齿交替地滚压岩石，使牙轮的轴心上下振动。从而引起钻杆周期性地弹性伸缩，钻杆的弹性能不断作用于牙轮，并通过滚轮牙齿传递给岩石，引起作用处岩石破碎，同时钻杆振动引起的冲击又加强了滚轮牙齿对岩石的破碎。滚压作用后的岩屑在钻头上喷嘴喷出的压缩气体作用下排出孔外。

滚压(压入和冲击)－排粉动作持续进行，直到完成钻孔过程。

在硬岩中进行大孔径钻眼时，一般采用滚压式钻孔法，牙轮钻机是滚压式钻孔法的代表机具。

上述四种成孔方法都是利用机械力的作用，在岩石内产生应力使之破碎的方法，均属于机械法。与之相应的钻机类型如表 6－1 所示。

表 6－1　钻孔方法与相应钻机类型对照

<table>
<tr><th>钻孔方法</th><th>钻机名称</th><th>钻机形式</th><th>钻机重量</th></tr>
<tr><td rowspan="9">冲击式钻孔</td><td rowspan="4">风动凿岩机</td><td>手持式</td><td><30 kg</td></tr>
<tr><td>气腿式</td><td><30 kg</td></tr>
<tr><td>导轨式</td><td>38～80 kg</td></tr>
<tr><td>向上式</td><td>45 kg</td></tr>
<tr><td colspan="3">注:架钻设备有台车、伞型钻架和环型钻架</td></tr>
<tr><td rowspan="2">电动凿岩机</td><td>水(气)腿式</td><td rowspan="2">25～30 kg</td></tr>
<tr><td>架钻式</td></tr>
<tr><td>液压凿岩机</td><td>导轨式</td><td>130～360 kg</td></tr>
<tr><td>内燃凿岩机</td><td>手持式</td><td><30 kg</td></tr>
<tr><td rowspan="4">旋转式钻孔</td><td>煤电钻</td><td>手持式</td><td><18 kg</td></tr>
<tr><td rowspan="2">岩石电钻</td><td>导轨式</td><td rowspan="2">5～40 kg</td></tr>
<tr><td>钻架式</td></tr>
<tr><td>液压钻</td><td>导轨式</td><td>65～75 kg</td></tr>
</table>

续表 6-1

钻孔方法	钻机名称	钻机形式	钻机重量
旋转冲击式	潜孔钻机	架钻式	150～360 kg
		台车式	6～45 t
滚压式钻孔	牙轮钻机		80～120 t

6.1.4 牙轮钻机

牙轮钻机的穿孔，是通过推压和回转机构给钻头以高钻压和扭矩，使岩石在静压、少量冲击和剪切作用下破碎，这种破碎形式称为滚压破碎。牙轮钻机是一种高效率的穿孔设备，一般穿孔直径为 250～310 mm，少数为 380 mm，并有向 420 mm 发展的趋势。目前，牙轮钻机已广泛应用于大型露天爆破。

（1）牙轮钻机的类型

依据牙轮钻机回转和推压方式的不同，目前的牙轮钻机可分为三种类型：底部回转连续加压式钻机、底部回转间断加压式钻机、顶部回转连续加压式钻机。目前，国内外绝大多数牙轮钻机均采用顶部回转连续加压方式。

按传动方式的不同，牙轮钻机可分为以下两种基本类型：① 滑架式封闭链－链条式牙轮钻机，如国产 HZY－250、KY－250C、KY－310 型钻机。② 液压马达－封闭链－齿条式牙轮钻机，如美国 B－E 公司生产的 45R、60R、61R 钻机，美国加登纳－丹佛公司生产的 GD－120 和 GD－130 型钻机。

按钻机大小，牙轮钻机可分为轻型牙轮钻机、中型牙轮钻机和重型牙轮钻机。

（2）牙轮钻机的优缺点

牙轮钻机的优点如下：

① 与钢绳冲击钻机相比，穿孔效率高 3～5 倍，穿孔成本低 10%～30%。

② 在坚硬以下岩石中钻直径大于 150 mm 的炮孔，牙轮钻机优于潜孔钻机，穿孔效率高 2～3 倍，每米炮孔穿孔费用低 15%。

牙轮钻机的缺点如下：

① 钻压高，钻机重，设备购置费用高。

② 在极坚硬岩石中或炮孔直径小于 150 mm 时成本比潜孔钻机高。钻头使用寿命较短，每米炮孔凿岩成本比潜孔钻高。

（3）牙轮钻机的工作原理

牙轮钻机的外形如图 6－5 所示，其穿孔原理主要是通过钻机的回转和推压机构使钻杆带动钻头连续转动，同时对钻头施加轴向压力，以回转动压和强大的静压形式使与钻头接触的岩石粉碎破坏。在钻进的同时，通过钻杆与钻头中的风孔向孔底注入压缩空气，利用压缩空气将孔底的粉碎岩渣吹出孔外，从而形成炮孔。

（4）牙轮钻机的钻具

牙轮钻机的钻具包括钻杆、稳杆器、减震器和牙轮钻头四部分，如图 6－6 所示。

钻杆的作用是把钻压和扭矩传递给钻头。钻杆的长度有不同的规格。采用普通钻架时，

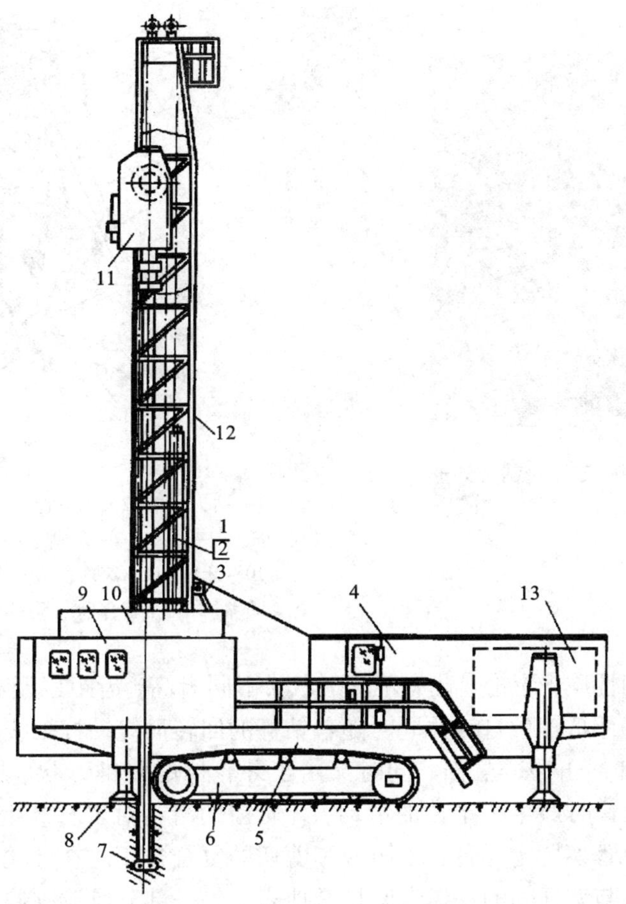

图 6－5 KY－310 型牙轮钻机

1—钻杆；2—钻杆架；3—起落立架油缸；4—机棚；5—平台；6—行走机构；7—钻头；8—千斤顶；9—司机室；10—净化除尘装置；11—回转加压小车；12—钻架；13—动力装置

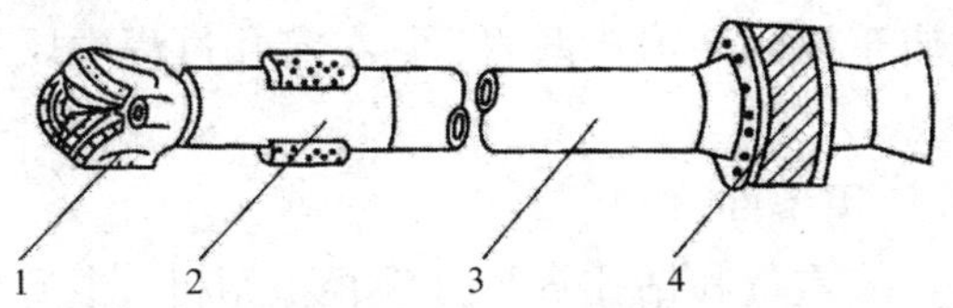

图 6－6 牙轮钻机钻具示意图

1—牙轮钻头；2—稳杆器；3—钻杆；4—减震器

钻杆长度为9.2，9.9 m。采用高顶钻架时，考虑到底部磨损较快，仍用短钻杆。钻孔过程中，上下两钻杆交替与钻头连接，以达到两根钻杆均匀磨损。

稳杆器的作用是减轻钻杆和钻头在钻进时的摆动，防止炮孔偏斜，延长钻头的使用寿命。

钻头是直接破碎岩石的工作部件，其作用是：在推进和回转机构的驱动下，以压碎及部分削剪方式破碎岩石。牙轮钻头由牙爪、牙轮、轴承等部件组成。典型的三牙轮钻头的外形及结构如图 6－7 和图 6－8 所示。

图 6-7　典型的三牙轮钻头外形

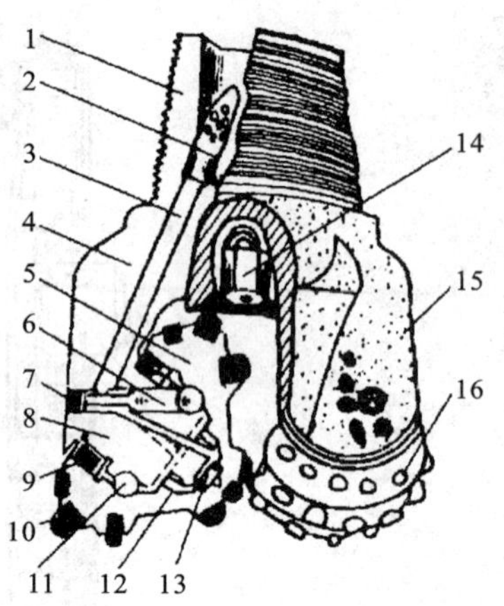

图 6-8　三牙轮钻头结构图

1—钻头丝扣；2—挡渣管；3—风道；4—牙爪；5—牙轮；6—塞销；7—填焊；8—牙爪轴颈；9—滚柱；10—牙齿；11—滚珠；12—衬套；13—止推块；14—喷嘴；15—爪背合金；16—轮背合金

根据岩石的不同性质，牙轮上装有不同形状、不同齿高、齿距以及布齿方式的钢齿或硬质合金齿。牙轮可绕牙爪轴颈自转并同时随着钻杆的回转而绕钻杆轴线公转。牙轮在旋转过程中依靠钻压压入和冲击破碎岩石，同时又由于牙轮体的复锥形状、超顶和移轴等因素作用，使牙轮在孔底工作时产生一定量的滑动，牙轮齿的滑动对岩石产生剪切破坏，因此，牙轮钻头破碎岩石的机理实际上是冲击、压入和剪切的复合作用。在牙轮钻进的同时，用压风将破碎的岩屑由钻孔与钻杆间的环形空间排至地表。另一部分风流则通过挡渣管和牙爪风道进入轴承的各部分，用以驱散轴承内的热量，清洗和防止污物进入轴承内腔。

6.1.5　潜孔钻机

潜孔钻机的工作方式属于风动冲击式凿岩，它在穿孔过程中风动冲击器跟随钻头潜入孔内，故称潜孔钻机。

1）潜孔钻机的种类及使用条件

露天爆破用的潜孔钻机按重量和钻孔直径分为轻型钻机、中型钻机和重型钻机。

① 轻型钻机：主要包括 CLQ-80 型，适用于穿凿孔径 80～130 mm、孔深 20 m 的钻孔。

② 中型钻机：主要包括 YQ-150A 型和 KQ-150 型钻机，适用于穿凿孔径 150～170 mm、孔深 17.5 m 的钻孔。

③ 重型钻机：主要包括 KQ-200 型，适用于穿凿孔径 200～220 mm、孔深 19 m 的钻孔；KQ-250型，适用于大型露天矿山，可钻孔径 230～250 mm、孔深 18 m 的垂直炮孔。

2）潜孔钻机的优缺点

（1）潜孔钻机的主要优点

① 潜孔冲击器的活塞直接撞击在钻头上，能量损失少，穿孔速度受孔深影响少，因此能穿凿直径较大和较深的炮孔。② 冲击器潜入孔内工作，噪声小。③ 冲击器排出的废气可用

来排渣节省动力。④ 冲击力的传递不需经过钻杆和连接套，钻杆使用寿命长。⑤ 与牙轮钻机比较，潜孔穿孔轴压小，钻孔不易倾斜，钻机轻，设备购置费用低。

(2) 潜孔钻机的主要缺点

① 冲击器的汽缸直径受到钻孔直径限制，孔径愈小，穿孔速度愈低。所以，常用潜孔冲击器的钻孔孔径在 80 mm 以上。② 当孔径在 200 mm 以上时，穿孔速度低于牙轮钻机，而动力约多消耗 30% ~40%，作业成本高。

3) 潜孔钻机工作原理

以 KQ－200 型潜孔钻机为例(图 6－9)，钻机由钻具、回转供风机构、提升推进机构、钻架及其起落机构、行走机构以及供风、除尘等机构组成。

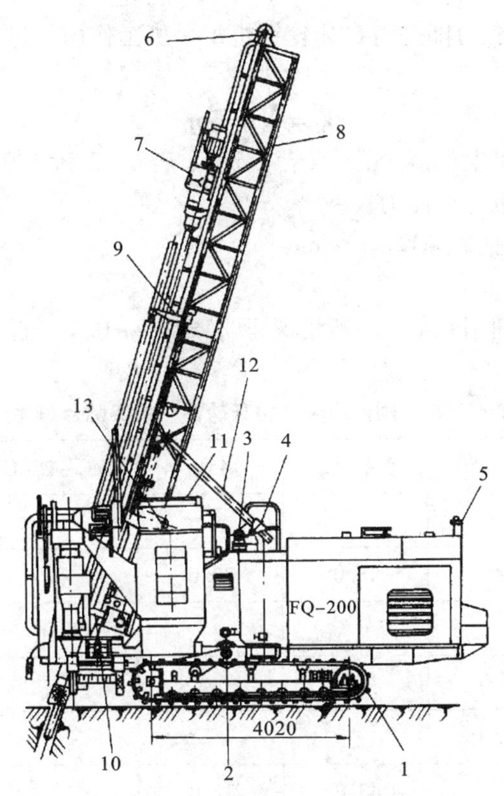

图 6－9　KQ－200 型潜孔钻机

1—行走履带；2—行走传动机；3—钻架起落电机；4—钻架起落机构；5—托架；6—提升链条；7—回转供风机械；8—钻架；9—送杆器；10—空心环；11—干式除尘器；12—起落齿条；13—钻架支撑轴

① 行走机构：行走机构的履带 1 采用双电机分别拖动，行走传动机构 2 通过两条弯板套筒滚子链以传动左右两条行走履带。

② 钻架起落机构：采用机械传动，钻架 8 通过钻架支撑轴 13 安装在机架前部的龙门柱上端，并利用安装在机棚上面的钻架起落机构 4，用两根大齿条 12 推拉钻架起落。齿条既作为起落架的推杆，又当作使钻架稳定地停在 0°~90°中间任意位置上的支撑杆。当钻机行走时，可把钻架落下，平放在托架 5 上。

③ 钻具的推进与提升机构：通过两根并列的封闭链条 6 接在回转供风机构 7 的滑板上。

当提升机构运转时，链条带动回转供风机构及钻杆沿着钻架的滑道上升或下降，使钻具推进凿岩和提升移位。

④ 送杆器 9 安装在钻架左侧下半部，它的作用是接、卸副钻杆。当不使用副钻杆时，将它放在钻架旁边的备用位置。钻架下端有空心环 10，是钻杆的轴承，并在接、卸钻杆时用它将钻杆卡住。

6.1.6 穿孔设备数量计算及选择

(1) 牙轮钻机的生产能力

衡量牙轮钻机生产能力的主要指标，是牙轮钻机的台班生产能力与台年综合生产效率。

① 牙轮钻机的台班生产能力

牙轮钻机的台班生产能力即是每台牙轮钻机每一班工作内钻进的米数，台班生产能力可按下式计算：

$$V_b = 0.6vT_b\eta_b \tag{6-1}$$

式中：V_b——牙轮钻机台班生产能力，m/(台·班)，表 6-2 为 2005 年国内冶金矿山牙轮钻机的实际台班生产能力；

v——牙轮钻机机械钻进速度，cm/min；

T_b——班工作时间，h；

η_b——班工作时间利用系数，一般情况下 $\eta_b = 0.4 \sim 0.5$。

表 6-2 2005 年国内冶金矿山牙轮钻机的实际台班生产能力 单位：m/(台·班)

钻机型号	KY-250	YZ-55	45R	HYC-250C	60R	YZ-35
大石河铁矿	25.0			33.3		
水厂铁矿		45.0	80.0			
北京首铁铁矿				25.0		
棒磨山铁矿	20.0					
庙沟铁矿	15.0					
南芬铁矿		43.0	32.0		42.8	20.0
大孤山铁矿		35.0	30.0			35.0
东鞍山铁矿						54.0
眼前山铁矿			35.0			35.0
弓长岭露天矿						38.5
齐大山铁矿		37.5	28.6			
攀钢矿业公司						30.0

牙轮钻机的机械钻进速度是牙轮钻机的重要技术性能指标，它与钻机的性能、钻头的形式、钻孔的直径、穿凿矿岩的硬度等诸多因素有关，可按经验公式近似计算：

$$v = 3.75 \times \frac{Pn}{9.8 \times 10^3 Df} \tag{6-2}$$

式中：P——轴压，N；

n——钻具的转速，r/min；

D——钻头的直径，cm；

f——矿岩的硬度系数。

② 钻机的台年综合效率

钻机的台年综合效率是钻机台班工作效率与钻机年工作时间利用率的函数。影响钻机工作时间利用率的主要因素有两个方面：一是因组织管理不科学造成的外因停钻时间，一是钻机本身故障所引起的内因停钻时间。表 6-3 为部分牙轮钻机的平均台年综合效率。

表 6-3 部分牙轮钻机的平均台年综合效率

钻机型号	孔径/mm	矿岩硬度系数 f	台班效率/m	台年效率/m
KY-250	250	6~12	25~50	25000~35000
		12~18	15~35	20000~30000
KY-310	310	6~12	35~70	30000~45000
		12~18	25~50	
45R	250	8~20		30000~35000
60R	310	8~20		35000~45000

③ 牙轮钻机的需求数量

露天矿所需牙轮钻机的数量取决于矿山的设计年采剥总量、所选定钻机的设计年穿孔效率与每米炮孔的爆破量，可按下式计算：

$$N = \frac{A_n}{L \cdot q(1-e)} \tag{6-3}$$

式中：N——所需钻机的数量，台；

A_n——矿山设计年采剥总量，t/a；

L——每台牙轮钻机的年穿孔效率，m/a；

q——每米炮孔的爆破量，t/m；

e——废孔率，%。

每米炮孔的爆破量可按设计的爆破孔网参数计算，也可参照类似矿山的经验数据选取。表 6-4 为国内部分矿山的每米钻孔爆破量。

表 6 - 4　国内部分矿山每米炮孔爆破量

矿山名称	段高/m	孔径/mm	每米炮孔爆破量/(t·m^{-1})	
			矿石	岩石
东鞍山铁矿	12	250	128 ~ 146	103 ~ 126
大孤山铁矿	12	250	125 ~ 135	120 ~ 135
齐大山铁矿	12	250	125	137
眼前山铁矿	12	250	115	110
南芬铁矿	12	250	103 ~ 120	89 ~ 97
		310	122 ~ 133	114 ~ 125

(2) 牙轮钻机的选择

牙轮钻机的选择必须与爆破规模、岩石性质、装运设备等因素相适应，见表 6 - 5。

表 6 - 5　牙轮钻机选择

炮孔直径/mm	岩石硬度		
	中　硬	坚　硬	极　硬
120 ~ 150	ZX - 150 KY - 150	KY - 150	-
170 ~ 270	KY - 250 YZ - 35 45 - R	YZ - 35 45 - R KY - 250	YZ - 35
270 ~ 310	60 - R(Ⅲ) YZ - 55	60 - R(Ⅲ) KY - 310 YZ - 55	60 - R(Ⅲ) KY - 310 YZ - 55
310 ~ 380	YZ - 55 60 - R(Ⅲ)	YZ - 55 60 - R(Ⅲ)	YZ - 55 60 - R(Ⅲ)

(3) 潜孔钻机的生产能力

潜孔钻机在发达国家的露天矿山已不作为主要穿孔设备，只用于辅助穿孔作业，但在我国中小型露天矿山仍广泛使用。潜孔钻机的生产能力主要取决于矿岩性质和工作风压。在风压为 0.5 MPa 的条件下，几种潜孔钻机生产能力见表 6 - 6。

表 6 – 6　潜孔钻机的生产能力

钻机型号	冲击器型号	钻头直径/mm	岩石静态单轴抗压强度/MPa	穿孔速度/($m \cdot h^{-1}$)	台班效率/(m · 台班$^{-1}$)
CLQ – 80	J – 100 QC – 100	110	60 ~ 80	8 ~ 12	40 ~ 50
			100 ~ 120	5 ~ 7	30 ~ 40
			120 ~ 140	3 ~ 4	20 ~ 30
			160 ~ 180	2 ~ 3	12 ~ 16
YQ – 150A	J – 150 QC – 150B J – 170 Q – 170	155	60 ~ 80	10 ~ 15	60 ~ 70
		165	100 ~ 120	6 ~ 8	35 ~ 45
		175,180	120 ~ 140	4 ~ 5	25 ~ 35
		170,175	160 ~ 180	2.5 ~ 3.5	18 ~ 22
KQ – 200	J – 200 Q – 200	210 210	60 ~ 80	12 ~ 18	70 ~ 80
			100 ~ 120	7 ~ 9	40 ~ 50
			120 ~ 140	4.5 ~ 6	30 ~ 40
KQ – 250	QC – 250	250	160 ~ 180	3 ~ 4	20 ~ 25

6.2　矿用炸药

6.2.1　矿用炸药的特点

矿用炸药按其组成成分属混合炸药，理想的矿用炸药应具有以下特点：

(1) 爆炸性能好，具有足够的爆炸威力，最好能通过简单改变配方的方式调整其威力；

(2) 安全性能好，其火焰感度、热感度、静电感度、机械感度(撞击感度与摩擦感度)要低，即矿用炸药的危险感度要低；

(3) 具有合适的起爆感度，保证使用雷管或起爆药柱能够顺利起爆；

(4) 具有零氧或接近零氧平衡，爆炸后产生的有毒气体量必须在规定的范围以内；

(5) 性能稳定，在规定的储存期内不会变质失效；

(6) 原料来源广泛，加工工艺简单，操作安全，成本低廉。

6.2.2　粉状硝铵类炸药

常用的粉状硝铵类炸药有铵梯炸药和铵油炸药，由于其组成成分不同，性能指标和适用条件也各不相同。

(1) 铵梯炸药

铵梯炸药的主要原材料是硝酸铵(氧化剂)、梯恩梯(敏感剂)和木粉(可燃剂与松散剂)。

① 硝酸铵

它是一种具有爆炸性的成分，经强力起爆后，爆速可达 2000 ~ 2500 m/s，爆力 165 ~ 230

mL。若同适宜的还原剂相配合，制成零氧平衡或接近于零氧平衡的混合炸药，则因爆热和爆容都增大，爆速可提高到3000～4000 m/s，爆力增大到300 mL左右。

硝酸铵为白色晶体，具有多种晶形，其晶形随温度不同而变化。晶形改变时颗粒体积随之而变。硝酸铵有较高的吸湿性和结块性，吸湿结块后，炸药的感度和爆炸性能下降，甚至完全不能爆炸。

硝酸铵熔点169.6℃，300℃时发生燃烧，高于400℃可转为爆炸。

硝酸铵起爆感度较低，一般不能直接用雷管或导爆索起爆。

为了使硝酸铵获得抗水能力，可加入适量的防潮剂，如石蜡、松香、沥青或凡士林等。硬脂酸锌(钙)等活性物质是另一类防潮剂。防潮剂药膜均匀地包覆在硝酸铵颗粒表面，在一定时间内可有隔潮的作用。

② 梯恩梯

它本身就是一种单质猛炸药，具有良好的爆轰性能，爆力285～300 mL，猛度16～17 mm(密度为1.6 g/cm^3)，爆速7000 m/s(密度为1.6 g/cm^3)。它是军事爆破常用的炸药品种。梯恩梯是负氧平衡物质，同硝酸铵配合后可获得零氧平衡或接近零氧平衡的铵梯炸药，配制后的爆轰性能也得到改善。

③ 木粉

它的作用是阻止硝酸铵结块和作为可燃剂，宜用干燥而较细的木粉(20目～40目)作疏松剂。

(2) 铵油炸药

铵油炸药的原材料主要有硝酸铵、柴油和木粉。

由于硝酸铵有结晶状和多孔粒状之分，其铵油炸药也相应有粉状铵油和多孔粒状铵油炸药之分。前者采用轮辗机热辗混加工工艺制备，后者一般采用冷混工艺制备。

铵油炸药质量受到成分、配比、含水率、硝酸铵粒度和装药密度等因素影响。铵油炸药爆速和猛度随配比变化而变化，当粉状铵油成分配比是硝酸铵：柴油：木粉＝92∶4∶4时，爆速最高。另外，多孔粒状硝酸铵吸油率较高，配制的炸药松散性好，不易结块，便于现场直接配制和机械化装药，生产工艺简单，但由于受多孔粒状的品种限制，目前仍以生产使用粉状铵油为主，多孔粒状铵油炸药正在发展推广之中。

铵油炸药原料来源丰富，加工工艺简单，成本低，生产、运输、使用较安全，具有较好的爆炸性能，但炸药感度低，粉状品有吸湿结块性，故不能用于有水的工作面爆破。

6.2.3 含水硝铵类炸药

含水炸药包括浆状、水胶和乳化炸药，是当前工业炸药中品种最多，发展最为迅速的抗水工业炸药。

1) 浆状炸药

(1) 浆状炸药组分及其作用：

①氧化剂水溶液。氧化剂主要是硝酸铵和硝酸钠。制药中，大部分硝酸铵与水组成硝酸铵水溶液，另一部分则以干粉加入，其作用是作为氧化剂。硝酸钠的作用主要是降低硝酸铵水溶液的析晶点。炸药中加入适量的水，使硝酸铵溶解成饱和溶液状态后就不再吸收水分，起"以水抗水"作用。另外，水使炸药各组分紧密接触，增加密度，提高炸药的可塑性。但水

是钝感物质，加入后炸药感度下降，因此浆状炸药需加入敏化剂，并适当增大起爆能和药径。

②敏化剂。常用敏化剂有三类，一是单质猛炸药如 TNT、硝化甘油等，二是金属粉如铝粉或铝镁合金粉等，三是柴油、煤粉或硫磺等可燃性物质。

③胶凝剂与交联剂。胶凝剂在水中能溶解形成粘胶液，它可使炸药的各种成分胶凝在一起，形成一个均匀整体，使浆状炸药保持必需的理化性质和流变特性，具有良好的抗水性和爆炸性能。胶凝剂一般为槐豆胶、田青胶、皂角胶等。近年也用聚丙烯酰胺等人工合成胶凝剂。交联剂可以与胶凝剂发生化学反应，使其形成网状结构，以提高炸药抗水性能。

④其他成分。除了上述主要成分外，浆状炸药中还常加入少量的稳定剂，表面活性剂和抗冻剂等。

（2）几种国产浆状炸药组分、性能如表 6 –7 所示。

表 6 –7　部分浆状炸药组分与性能

	炸药牌号	4#浆状炸药	5#浆状炸药	6#浆状炸药	槐 1#浆状炸药	槐 2#浆状炸药	白云 1#抗冻浆状炸药	田菁 10#浆状炸药
组分/%	硝酸铵	60.2	70.2 ~ 71.5	73 ~ 75	67.9	54	45	57.5
	硝酸钾(钠)				10	10	10	10
	梯恩梯	17.5	5			10	17.3	10
	水	15	15	15	9	14	15	11.2
	柴油		4	4.0 ~ 5.5	3.5	2.5		2
	胶凝剂①	2.0(白)	2.4(白)	2.4(白)	0.6(槐)	0.5(槐)	0.7(白)	0.7(田)
	亚硝酸钠		1	1	0.5	0.5		
	交联剂	1.3	1.4	1.4	2	2	2	1
	表面活性剂		1	1	2.5	2.5	1	3
	硫磺粉				4	4		2
	乙二醇						3	
	尿素	3					3	3
性能	密度/$(g \cdot mL^{-1})$	1.4 ~ 1.5	1.15 ~ 1.24	1.27	1.1 ~ 1.2	1.1 ~ 1.2	1.17 ~ 1.27	1.25 ~ 1.31
	爆速/$(km \cdot s^{-1})$	4.4 ~ 5.6	4.5 ~ 5.6	5.1	3.2 ~ 3.5	3.9 ~ 4.6	5.6	4.5 ~ 5.0
	临界直径/mm	96	≤45	≤45		96	≤78	70 ~ 80

注：①白岌粉、槐豆胶、田菁胶。

2）水胶炸药

一般情况下，水胶炸药与浆状炸药没有严格的界限，它也是由氧化剂、水、胶凝剂和敏化剂等组成。二者的差别在于敏化剂不同，水胶炸药是用水溶性的甲胺硝酸盐作敏化剂的，而且水胶炸药的爆轰敏感度比普通浆状炸药高，表 6 –8 列出了我国几种水胶炸药的组分与性能。

表6-8　我国几种水胶炸药的组分与性能

	型　号	SHJ—K型	W—20型	1#	3#
组分/%	硝酸铵(钠)	53~58	71~75	55~75	48~63
	水	11~12	5~6.5	8~12	8~12
	硝酸甲胺	25~30	12.9~13.5	30~40	25~30
	铝粉或柴油	铝粉3~4	2.5~3.0		
	胶凝剂	2	0.6~0.7		0.8~1.2
	交联剂	2	0.03~0.09		0.05~0.1
	密度控制剂		0.3~0.5	0.4~0.8	0.1~0.2
	氯酸钾		3~4		
	延时剂				0.02~0.06
	稳定剂				0.1~0.4
性能	爆速/($m \cdot s^{-1}$)	3500~3900	4100~4600	3500~4600	3600~4400
	猛度/mm	>15	16~18	14~15	12~20
	殉爆距离/cm	>8	6~9	7	12~25
	临界直径/cm		12~16	12	
	爆力/mL	>340	350		330
	爆热/($J \cdot g^{-1}$)	1100	1192	1121	
	储存期/月	6	3	12	12

3）乳化炸药

乳化炸药是20世纪70年代末发展的一种含水炸药，其内部结构是油包水型，而浆状、水胶炸药是水包油型结构。

（1）乳化炸药的组分

乳化炸药由三种物相(液、固、气相)的四种基本成分组成，即氧化剂水溶液、燃料油、乳化剂和敏化剂。

①氧化剂：通常用硝酸铵、硝酸钠，含量可达55%～85%。为提高炸药能容量，可添加少量氯酸盐或过氯酸盐作辅助氧化剂。

②溶剂：水用作溶解硝酸盐的溶剂，含量5%～8%。

③可燃剂：柴油、石蜡、硫磺、铝粉或其他类似油类物质，含量1%～8%。

④乳化剂：多为脂肪类化合物，是一种表面活性剂，用来降低水、油表面张力，形成油包水乳化物。国内用司本-80作乳化剂，含量为0.5%～6%。

⑤敏化剂：爆炸成分，金属镁、铝粉、发泡剂或空心微珠均可。如亚硝酸钠等起泡剂、空心玻璃微珠、空心塑料微珠或膨胀珍珠岩粉。

（2）乳化炸药特点与性能

乳化炸药与其他炸药比较，具有密度可调范围宽、爆速高、起爆敏感度高、猛度较高、抗水性强等优点。表 6－9 列出了部分国产乳化炸药组分与性能。

表 6－9　我国几种乳化炸药的组分与性能

	系列或型号	EL 系列	CL 系列	SB 系列	BM 系列	RJ 系列	WR 系列	岩石型	煤矿许用型
组分/%	硝酸钠(铵)	65～75	63～80	67～80	51～36	58～85	78～80	65～86	65～80
	硝酸甲胺					8～10			
	水	8～12	5～11	8～13	9～6	8～15	10～13	8～13	8～13
	乳化剂	1～2	1～2	1～2	1.5～1.0	1～3	0.8～2	0.8～1.2	0.8～1.2
	油相材料	3～5	3～5	3.5～6	3.5～2.0	2～5	3～5	4～6	3～5
	铝粉	2～4	2		2～1				1～5
	添加剂	2.1～2.2	10～15	6～9	1.5～1.0	0.5～2	5～6.5	1～3	5～10
	密度调整剂	0.3～0.5		1.5～3		0.2～1		65～86	消焰剂
	铵油				15～40				
性能	爆速/(km·s^{-1})	4～5.0	4.5～5.5	4～4.5	3.1～3.5	4.5～5.4	4.7～5.8	3.9	3.9
	猛度/mm	16～19		15～18		16～18	18～20	12～17	12～17
	殉爆距离/cm	8～12		7～12		＞8	5～10	6～8	6～8
	临界直径/mm	12～16	40	12～16	40	13	12～18	20～25	20～25
	抗水性	极好	极好	极好		极好	极好	极好	极好
	储存期/月	6	＞8	＞6	2～3	3	3	3～4	3～4

6.3　露天矿台阶爆破

6.3.1　岩石的可爆性

岩石可爆性(爆破性)表示岩石在炸药爆炸作用下发生破碎的难易程度，它是动载作用下岩石物理力学性质的综合体现。由于岩石性质参数较多且复杂，在特定的炸药性能以及一定的爆破参数条件下，不同性质的岩石其爆破效果差别很大。

1）岩石可爆性影响因素

(1）岩石的力学性质

岩体爆破实质上是一个力学作用过程以及与这种作用同时发生的能量转换过程。炸药的爆炸在药包周围岩体中产生一个动态应力场，应力的幅值随时间和空间位置变化而发生变化。当应力值达到岩石的强度时，就会引起岩石的破坏，同时消耗炸药爆炸产生的一部分能量，并导致岩体中应力的下降。

①硬度。一般而言，硬度愈大，凿岩愈困难。

②强度。岩石抵抗压缩、拉伸及剪切作用的性能。一般而言，强度越大越难爆破。

③弹塑性。因为岩石在变形过程中，要消耗大量的能量，所以在爆破中，塑性变形大对凿岩爆破有不良影响。

④韧性。它取决于岩石颗粒彼此之间以及颗粒与胶结物之间的凝聚力大小。韧性大的岩石，凿岩困难，不易破碎。

⑤脆性。岩石不经过显著的残余变形而破坏的性能，脆性大的岩石因变形过程中能量损失较小，容易破碎。

（2）岩石密度（或容重）和动力学性质

在爆炸应力能够克服岩体内部阻力的条件下，如能克服岩体的惯性力，则炸药爆炸产生的部分能量将转化为岩块的动能，使岩石产生位移甚至抛掷运动。因此，岩石的密度影响到岩石破坏过程中爆炸冲击波在岩体内的传播速度，以及在不同密度岩层中的应力分布，通常密度越大越难爆破。因为容重在施工现场极易测定，所以在爆破工程中得到普遍采用。

从爆炸应力波破岩理论出发，不少研究者提出以岩石或岩体的声波传播速度或波阻抗（密度与纵波传播速度的乘积）反映岩石或岩体可爆性的观点，并认为波速和波阻抗值越高，表明岩体的完整性越好，越难爆破。

（3）岩体的地质结构构造及其发育程度

在绝大多数的爆破工程中，岩体是岩块的集合体，岩块间程度不同地存在着节理裂隙等地质结构面，爆破破碎效果与天然岩体结构的大小与尺寸具有相关性。在此条件下，爆破的重要作用在于使天然岩块沿结构面破裂，在一定程度上使天然岩块产生破裂而成为更小的岩块。这表明岩体的地质结构构造越发育，即爆破前岩体越破碎，达到预期的爆破破碎效果所需要的能量就越少，亦即岩体的可爆性越好。因此，反映岩体地质结构构造发育程度的某种参数，是对岩体可爆性进行准确评价的重要指标。

2）岩石可爆性分级

在爆破工程中，对岩体可爆性的准确定量描述是合理选择爆破设计技术参数的重要依据。对岩石的可爆性进行分级可以预估炸药消耗量和制定定额，并为爆破设计优化提供基本参数。有关岩石分级的方法很多，目前尚无统一的比较公认的分级方法，在工程施工中可考虑不同的工程特点选用不同的岩石分级方法。

（1）按岩石坚固性分级

这种分级方法是前苏联学者普洛吉亚柯夫于20世纪20年代提出来的。他经过长期的研究，建立了一种岩石坚固性的抽象概念，即岩石的坚固性是可凿性、可爆性和可挖性等的综合反映，也是岩石物理力学性质的体现。岩石坚固性在各种方式破坏中的表现趋于一致。这种分级根据岩石单轴抗压强度值确定岩石坚固性系数，并按岩石的坚固性系数将岩石分为十个等级（表6-10）。岩石坚固性系数为：

$$f = R/10 \tag{6-4}$$

式中：f——岩石坚固性系数；

R——岩石单轴抗压强度，MPa。

表 6-10 普氏岩石分级表

等级	坚实程度	岩石名称	极限抗压强度/MPa	f值
Ⅰ	最坚固	最坚固、致密和有韧性的石英岩、玄武岩及其他各种特别坚固的岩石	200	20
Ⅱ	很坚固	很坚固的花岗岩、石英斑岩、硅质片岩，较坚固的石英岩，最坚固的砂岩和石灰岩	150	15
Ⅲ	坚固	致密花岗岩，很坚固的砂岩和石灰岩、石英质矿脉，坚固的砾岩，极坚固的铁矿石	100	10
Ⅲa	坚固	坚固的石灰岩、砂岩、大理岩，不坚固花岗岩、黄铁矿	80	8
Ⅳ	较坚固	普通砂岩，铁矿	60	6
Ⅳa	较坚固	砂质页岩，页岩质砂岩	50	5
Ⅴ	中等	坚固的黏土质岩石，不坚固的砂岩和石灰岩	40	4
Ⅴa	中等	各种不坚固的页岩，致密的泥灰岩	30	3
Ⅵ	较软弱	软弱的页岩，很软的石灰岩、白垩、岩盐、石膏、冻土、无烟煤，普通泥灰岩、破碎砂岩、胶结砾岩、石质土壤	20~15	2
Ⅵa	较软弱	碎石质土壤、破碎页岩、凝结成块的砾石和碎石，坚固的烟煤、硬化黏土	15~10	1.5
Ⅶ	软弱	致密粘土、软弱的烟煤、坚固的冲积层、黏土质土壤		1.0
Ⅶa	软弱	轻砂质黏土、黄土、砾石		0.8
Ⅷ	土质岩石	腐质土、泥煤、轻砂质土壤、湿砂		0.6
Ⅸ	松散性岩石	砂、山麓堆积、细砾石、松土、采下的煤		0.5
Ⅹ	流沙性岩石	流沙、沼泽土壤、含水黄土及其他含水土壤		0.3

普氏岩石坚固性系数分级方法抓住了岩石抵抗各种破坏方式能力趋于一致的这个主要性质，并从数量上用一个简单明了的岩石坚固性系数 f 来表示，所以在工程爆破中被广泛采用。但是这种方法忽视了各种岩石的特殊性和差异性，因此有一定的误差，显得有些片面和笼统，如难凿的岩石不一定难爆。

（2）东北大学岩石可爆性分级

我国目前岩石分级状况，在概念上是普氏分级，而普氏分级系数f值的确定离散值很大，为适应岩石可爆性分级的需要，东北大学综合考虑了爆破材料、工艺、参数等条件，进行了爆破漏斗实验和声波测定，根据爆破漏斗的体积、大块率、小块率、平均合格率和波阻抗等大量实验数据，运用数理统计多元回归分析及电算处理，得出了岩石可爆性指数f的公式（6－5），并按f值的大小将岩石可爆性划分为五级，如表6－11所示。

$$f=\ln\left[\frac{e^{67.22}k_d^{7.42}(\rho c)^{2.03}}{e^{38.44}Vk_p^{1.89}k_x^{4.75}}\right] \tag{6-5}$$

式中：f——岩石可爆性指数；

k_d——大块率，%；

k_x——小块率，%；

k_p——平均合格率，%；

V——爆破漏斗体积，m^3；

ρ——岩石密度，kg/m^3；

c——岩石弹性纵波传播速度，m/s；

ρc——岩石波阻抗，$kg/(m^2\cdot s)$。

表6－11　东北大学岩石可爆性分级表

级别		f	爆破性程度	代表性岩石
I	I1	<29	极易爆	千枚岩、破碎性砂岩、泥质板岩、破碎性白云岩
	I2	29～38		
II	II1	38～46	易 爆	角砾岩、绿泥片岩、米黄色白云岩
	II2	46～53		
III	III1	53～63	中 等	石英岩、煌斑岩、大理岩、灰白色白云岩
	III2	63～68		
IV	IV1	68～74	难 爆	磁铁石英岩、角闪斜长片麻岩
	IV2	74～81		
V	V1	81～86	极难爆	矽卡岩、花岗岩、矿体浅色砂岩、石英片岩
	V2	>86		

目前，东北大学提出的“岩石爆破指数分级法”已为国内部分矿山采用。

（3）苏氏岩石分级方法

前苏联苏哈诺夫认为用不同方式破岩时，由于破岩机理不同，岩石表现的坚固性也未必趋于一致。所以他根据实际采用的采掘方法，并按照标准条件下的钻速、单位耗药量等对岩石进行分级，以表征岩石的坚固性。

6.3.2　露天深孔爆破台阶要素

露天台阶爆破是在露天矿场的台阶上进行的，每个台阶至少有倾斜和水平的两个自由面。在水平面上进行爆破施工作业，爆破岩石朝着倾斜自由面的方向崩落，然后形成新的倾斜台阶坡面。

炮孔及台阶坡面剖面图如图6－10所示。h_t为台阶高度，l为钻孔深度，l_1为堵塞长度，l_2为装药长度，b为排距，a为钻孔间距，B为安全距离，W为最小抵抗线，$W_{底}$是底盘抵抗线，即台阶第一排孔中心线到坡底线的水平距离，是爆破阻力最大的地方。h_c为炮孔超深，又叫超钻。其作用是用来克服台阶底盘岩石的夹制作用，使爆破后不留残根形成平整的底盘。超深选取过大，将造成钻孔和炸药的浪费，增大对下一个台阶顶盘的破坏，使下台阶钻机穿孔时易塌孔，并且会增大爆破地震波的强度；超深不足将产生根底或抬高底盘的标高，影响装运工作。

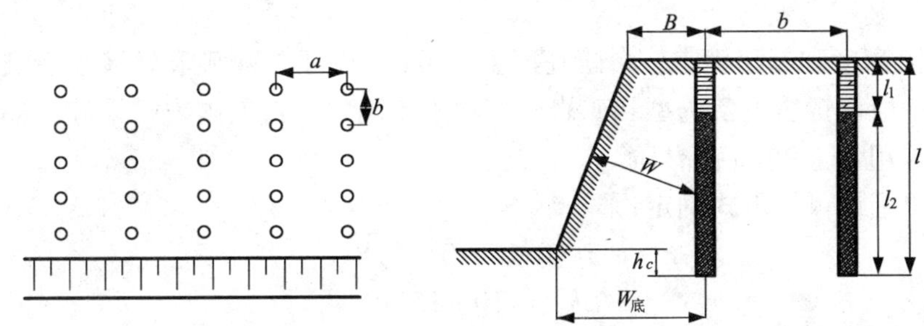

图6－10　露天深孔爆破台阶要素

6.3.3　炮孔布置型式与参数

随着深孔钻机和大型装运设备的不断完善，爆破技术不断提高和爆破器材日益发展，深孔爆破在改善和控制爆破质量、提高设备效率和经济效益方面的优越性越来越显著。因此，这种方法成为露天矿台阶正常采掘爆破最常用的方法。

所谓深孔一般是指孔径不小于80 mm，孔深大于12～15 m的钻孔。

深孔爆破一般在台阶上或事先平整的场地上进行，可全面改善爆破质量，改善爆破技术经济指标，降低工程的总成本。

1）钻孔形式与布孔方式

深孔爆破钻孔形式一般分为垂直孔和倾斜孔两种，如图6－11所示。

从爆破效果来看，斜孔优于垂直孔，主要是斜孔的抵抗线均一。但钻凿斜孔的技术操作比较复杂，孔的长度相应比垂直孔长，而且装药过程中易发生堵孔，所以在大型露天矿山开采中，广泛采用垂直孔。

2）露天台阶深孔爆破参数

（1）孔径

露天深孔爆破的孔径主要取决于钻机类型、台阶高度和岩石性质。当采用潜孔钻机时，孔径通常为100～200 mm，采用牙轮钻或钢绳冲击钻时，孔径为250～310 mm，最大达380～420 mm。一般钻机选型后，炮孔直径也就固定下来，孔径越大，越有利于炸药的稳定传爆和达到理想爆轰，有利于充分释放炸药能量从而提高延米爆破量。

（2）孔深和超深

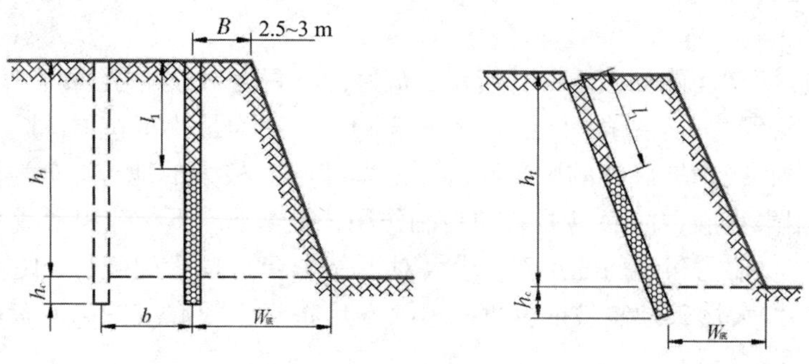

图 6-11　露天矿爆破深孔布置

孔深由台阶高度和超深确定。台阶高度主要考虑为钻孔、爆破和铲装创造安全和高效率的作业条件，一般由铲装设备选型和矿岩开挖技术来确定。目前国内露天矿山多采用 10~15 m 台阶，也有采用 15~20 m 高台阶。

经验表明，超深可按下式确定：

$$h_c = (0.15 \sim 0.35) W_{底} \tag{6-6}$$

$$h_c = (10 \sim 15) d \tag{6-7}$$

式中：$W_{底}$——底盘抵抗线，m；

h_c——炮孔超深，m；

d——孔径，m。

当岩石松软，层理发育时可取小值。如台阶底盘处有水平裂隙或软夹层等地质结构，甚至不用超深或取负值。

(3) 底盘抵抗线

底盘抵抗线是指从台阶坡底线到第一排孔中心轴线的水平距离，它是一个重要的爆破参数。过大的底盘抵抗线会造成根底多、大块率高、后冲作用大；过小则不仅浪费炸药、增大钻孔工作量，而且易产生飞石危害。底盘抵抗线的大小同炸药威力、岩石可爆性、岩石破碎块度要求以及钻孔直径、台阶高度和坡面角等因素有关。根据钻机安全作业要求：

$$W_{底} \geqslant h_t \cot\alpha_t + B \tag{6-8}$$

式中：h_t——台阶高度，m；

α_t——台阶坡面角，一般 $\alpha_t = 60° \sim 75°$；

B——从深孔中心到坡顶线的安全距离，$B \geqslant 2.5 \sim 3.0$ m。

按每孔可以装入药量的条件，则：

$$W_{底} = d\sqrt{\frac{7.85\Delta\psi}{m_m q}} \tag{6-9}$$

式中：d——孔径，dm；

Δ——炮孔装药密度，g/cm^3；

ψ——装药系数，装药长度与孔深的比值，一般 $\psi = 0.7 \sim 0.8$；

q——炸药单耗，kg/m^3；

m_m——炮孔密集系数，$m_m = a/b$，a 为钻孔间距，b 为排间距。

(4) 孔距与排距

孔距 a 是指同一排中相邻两孔中心线的距离，可按下式求得：

$$\begin{cases} 前排：a = m_m W_{底} \\ 后排：a = m_m b \end{cases} \tag{6-10}$$

炮孔密集系数 m_m 一般大于1.0，随着大孔距爆破技术的推广应用，m_m 可扩大到3~8。但是第一排炮孔往往由于底盘抵抗线过大，应选用较小的密集系数，以克服底盘阻力。

排距是指多排孔爆破时，相邻两排孔之间的距离。炮孔的排距一般可取与底盘抵抗线相同的距离。考虑到后排孔爆破时的岩石夹制效应，排距可变为(0.8~0.9)$W_{底}$。

(5) 堵塞长度

堵塞长度关系到堵塞工作量的大小、炸药能量利用率和空气冲击波的危害程度。合理的堵塞长度应能防止爆炸气体产物过早地冲出孔外，使破碎更加充分。经验表明，堵塞长度同孔径有关，是孔径的12~32倍，视岩石和炸药性质而定。

(6) 单孔装药量

在合理选取其他爆破参数的条件下，单排孔爆破或多排孔爆破的第一排孔装药量为：

$$Q_k = qah_t W_{底} \tag{6-11}$$

式中：q——单位炸药消耗量，kg/m^3；

a——炮孔间距，m；

h_t——台阶高度，m；

$W_{底}$——底盘抵抗线，m。

当选用2#岩石硝铵炸药时，可按表6-12选取。

表6-12 单位炸药消耗量 q 值表

岩石坚固性系数	0.8~2	3~4	5	6	8	10	12	14	16	20
q/(kg·m^{-3})	0.40	0.43	0.46	0.50	0.53	0.56	0.60	0.64	0.67	0.70

多排孔爆破时，后排孔应取 Q_k 值的1.1~1.3倍，微差爆破可取小值，齐发爆破取大值。

6.3.4 炮孔装药

露天矿深孔台阶爆破根据炸药在炮孔内的装填情况以及起爆点的位置可以分为以下几种装药结构：

① 连续装药：装药在炮孔内连续装填，没有间隔；

② 间隔装药：装药在炮孔内分段装填，炸药之间有炮泥、木垫或空气使之隔开；

③ 耦合装药：装药直径与炮孔直径相同；

④ 不耦合装药：装药直径小于炮孔直径；

⑤ 正向起爆装药：起爆雷管或起爆药柱位于炮孔孔口处，爆轰向孔底传播；

⑥ 反向起爆装药：起爆雷管或起爆药柱位于炮孔底部，爆轰向孔口传播。

各种装药结构形式如图6-12所示。

(1) 连续装药和间隔装药

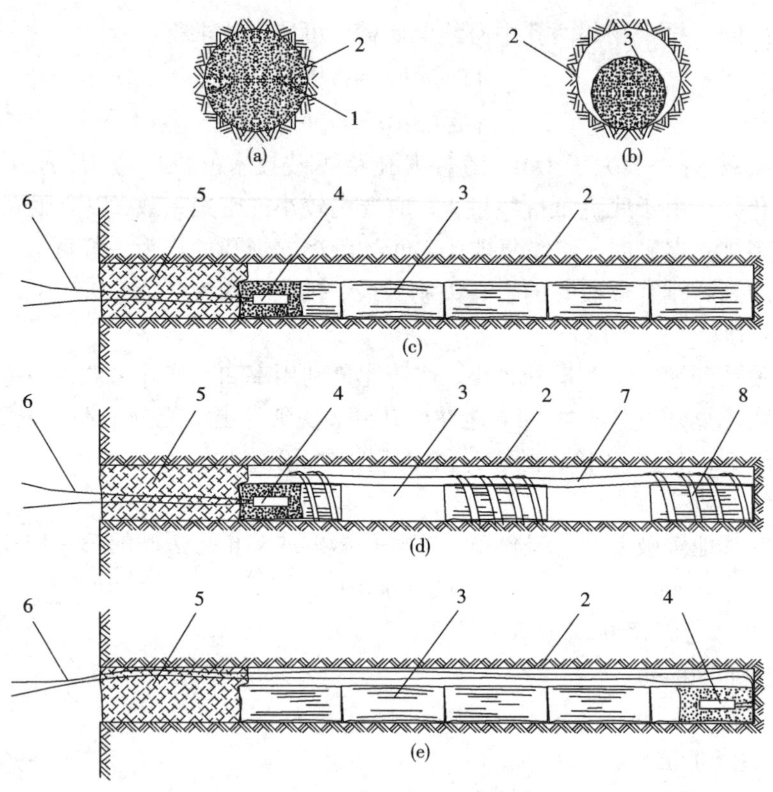

图 6－12　露天深孔爆破装药结构

(a) 耦合装药；(b) 不耦合装药；(c) 正向连续装药；(d) 正向空气间隔装药；(e) 反向连续装药

1—炸药；2—炮眼壁；3—药卷；4—雷管；5—炮泥；6—脚线；7—竹条；8—绑绳

在间隔装药中，可以采用炮泥间隔、木垫间隔和空气间隔三种方式。试验表明，在较深的炮孔中采用间隔装药可以使炸药在炮孔全长上分布得更加均匀，使岩石破碎块度均匀。采用空气间隔装药，可以增加用于破碎和抛掷岩石的爆炸能量，提高炸药能量的有效利用率，降低炸药消耗量。

(2) 耦合装药和不耦合装药

炮孔耦合装药爆炸时，孔壁受到爆轰波直接作用，在岩体内一般要激起冲击波，造成粉碎区，消耗了大量能量。不耦合装药，可以降低对孔壁的冲击压力，减少粉碎区，激起应力波在岩体内的作用时间加长，这样就加大了裂隙区的范围，炸药能量利用充分，在露天台阶光面爆破中，周边眼多采用不耦合装药。

(3) 正向起爆装药和反向起爆装药

装药采用雷管或起爆药柱起爆时，雷管或起爆药柱所在位置称为起爆点。起爆点通常是一个，但当装药长度较大时，也可以设置多个起爆点，或沿装药全长敷设导爆索起爆。试验表明，反向起爆装药优于正向起爆装药。

(4) 炮眼的填塞

用粘土、砂或土砂混合材料将装好炸药的炮孔封闭起来称为填塞，所用材料统称为炮泥。炮泥的作用是保证炸药充分反应，使之放出最大热量和减少有毒气体的生成量；降低爆炸气体逸出自由面的温度和压力，使炮孔内保持较高的爆轰压力和较长的作用时间。

6.3.5 起爆器材

在露天矿爆破工程中，为了使矿用炸药起爆，必须由外界给炸药局部施加一定的能量，这种通过借助不同的起爆器材来施加能量使炸药爆炸的方法，叫起爆方法。

不同的起爆方法，采用不同的起爆器材，而起爆方法的发展又与爆破技术的进步密切相关。例如，20 世纪 50 年代，露天矿爆破中，大都采用火雷管起爆法和导爆索起爆法，主要器材是火雷管、导火索和导爆索等；到了 60 年代，随着露天深孔爆破、光面爆破、微差爆破和预裂爆破等技术的发展，普遍推广电力起爆法，各种类型的电雷管相继出现；在 70 年代末、80 年代初，随着新型起爆器材导爆管的出现，非电导爆管起爆系统在全国各大矿山得到了推广应用，并进一步推动了相应起爆器材的研制和发展。目前，非电导爆管系统由于成本较低、使用方便及可靠性高，已广泛应用于各大露天矿山爆破中，并占据主导地位。

1）工业雷管

雷管是起爆器材中主要的一种，根据其内部装药结构的不同，分为有起爆药雷管和无起爆药雷管两大系列。其中，有起爆药雷管根据点火方式的不同，分为火雷管、电雷管和非电雷管等品种；而在电雷管和非电雷管中，又分别有相应的秒延期、毫秒延期系列产品。目前，毫秒延期雷管已向高精度短间隔系列产品发展。

（1）火雷管

在工业雷管中，火雷管是最简单的一种品种，但又是其他各种雷管的基本组成部分。火雷管的结构如图 6－13 所示，它由管壳、起爆药和加强药、加强帽四部分组成。

（2）电雷管

可分为瞬发和延期电雷管，延期电雷管又分为秒延期和毫秒延期电雷管。

① 瞬发电雷管：瞬发电雷管通电即刻爆炸，其结构如图 6－14 所示。瞬发电雷管装药部分与火雷管相同，不同之处在于管壳内有电点火装置。

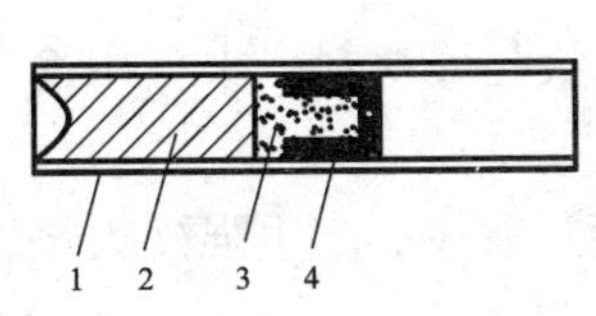

图 6－13 火雷管结构

1—管壳；2—加强药；3—起爆药；4—加强帽

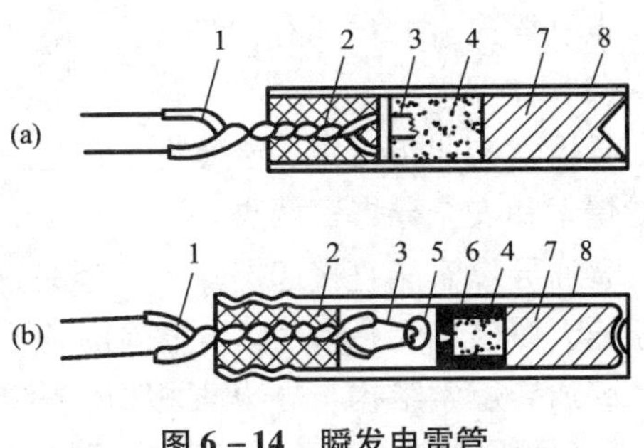

图 6－14 瞬发电雷管

（a）直插式；（b）药头式

1—脚线；2—密封塞；3—桥丝；4—起爆药；5—引火头；6—加强帽；7—加强药；8—管壳

② 秒延期电雷管：通以足够电流后经一段延期时间才爆炸的电雷管叫延期电雷管。延期时间为 1/2 s，1 s 或 2 s 的电雷管叫秒延期电雷管。

它的结构与瞬发式相近，不同之处在于前者引火头与起爆药间装有精制导火索做的延期药。用导火索长度控制时间或令长度一定，调整黑火药组成配比及加工工艺，改变燃速达到不同延时。

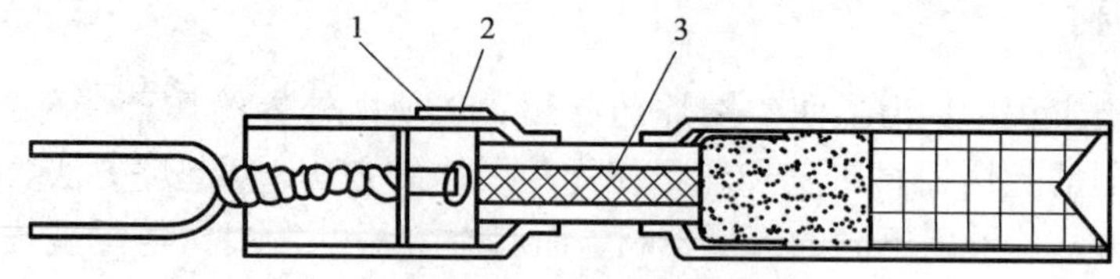

图 6－15　秒延期电雷管

1—蜡纸；2—排气孔；3—精制导火索段

利用秒延期可实现分段起爆，但它的延期时间过长，且精确度低。

③ 毫秒延期电雷管：它通电后爆炸的延期时间以 ms 数量级计数，毫秒电雷管结构如图 6－16 所示。它的组成基本与秒延期电雷管相同，不同点在于延期装置。毫秒电雷管延期装置是延期药，采用硅铁（还原剂）和铅丹（氧化剂）的混合物，并加入适量硫化锑调节反应速度。

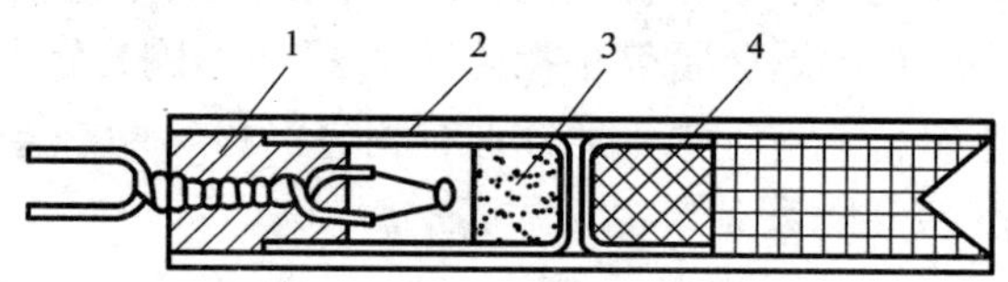

图 6－16　毫秒延期电雷管

1—塑料塞；2—延期内管；3—延期药；4—加强药

2）索状起爆材料

（1）导火索

导火索是以具有一定密度的粉状或粒状黑火药为索芯，外面用棉纱线、塑料或纸条、沥青等材料包缠而成的圆形索状起爆材料。导火索用于传递火焰起爆火雷管。

点燃导火索的材料有：点火线、点火棒、点火筒等。利用点火筒可同时点燃多根导火索。

（2）导爆索

导爆索又叫传爆索、导爆线。它是一种传导爆轰的索状起爆材料。根据用途，可分为普通导爆索和安全导爆索两类。

普通导爆索能直接起爆炸药。但是这种导爆索在爆轰过程中，产生强烈火焰，所以只能用于露天爆破和无瓦斯、矿尘危险的井下爆破。

普通导爆索结构与导火索相似。索芯中也有三根芯线，索芯外有三层棉纱线和纸条缠绕，并有两层防潮层，不同之处在于导爆索的芯药是采用黑索金或泰安制成的，而且在缠包层的最外层涂有红色颜料。

导爆索爆速与芯药密度有关，目前国产导爆索黑索金密度 1.2 g/cm^3 左右，药量 12～14 g/m，爆速大于 6500 m/s。

普通导爆索具有一定防水性和耐热性能。普通导爆索的外径为 5.7～6.2 mm，每 50±0.5 m 为一卷，有效期一般为两年。

安全导爆索专供有瓦斯或矿尘爆炸危险的井下爆破作业使用。它与普通导爆索结构相似，不同之处在药芯或缠包层中增加适量消焰剂（通常是 NaCl），使爆轰中产生火焰小、温度较低。

（3）塑料导爆管

塑料导爆管是20世纪70年代出现的一种全新的非电起爆器材，是塑料导爆管非电起爆系统的主体。

塑料导爆管是一种内壁涂有混合炸药粉末的塑料软管。管壁材料是高压聚乙烯，外径为（2.95±0.15）mm，内径为（1.40±0.10）mm，混合炸药是：91%的奥克托金和黑索金，9%的铝粉。装药量14~16 mg/m。

塑料导爆管需用击发元件起爆。击发元件有：工业雷管、击发枪、火帽、电引火头或专用激发笔。当击发元件作用于塑料导爆管，所激起的冲击波在管内传播，管内炸药发生化学反应，形成一种特殊的爆轰。爆轰反应释放出的热量及时不断地补充了沿导爆管传播的爆轰波，从而使爆轰波能以一个恒定的速度传播。由于导爆管内壁炸药量很少，形成的爆轰波能量不大，不能直接起爆工业炸药。而只能起爆火雷管或非电延期雷管，然后再由雷管起爆工业炸药。

6.3.6 炮孔起爆顺序与延时

露天台阶爆破多采用多排孔爆破。根据各排孔间被引爆时间上的异同，其起爆方式可归纳为两种：多排孔齐发爆破和多排孔微差爆破。目前，国内外的露天矿山多采用多排孔微差爆破。

多排孔微差爆破一般是指多排孔各排之间以毫秒级微差间隔时间起爆的爆破。与过去普遍使用的单排孔齐发爆破相比，多排孔微差爆破有以下优点：

① 提高爆破质量，改善爆破效果，如大块率低、爆堆集中、根底减少、后冲减少；

② 可扩大孔网参数，降低炸药单耗，提高每米炮孔崩矿量；

③ 一次爆破量大，故可减少爆破次数，提高装、运工作效率；

④ 可降低地震效应，减少爆破对边坡和附近建筑物等的危害。

爆区多排孔布置时，孔间多呈三角形、正方形和矩形。布孔排列虽然简单，但利用不同的起爆顺序对这些炮孔进行组合，可获得多种起爆形式。

（1）排间顺序起爆（图6－17）。这是最简单、应用最广泛的一种起爆形式，一般呈三角形布孔。在大区爆破时，由于同排（同段）药量过大，容易造成爆破地震危害。

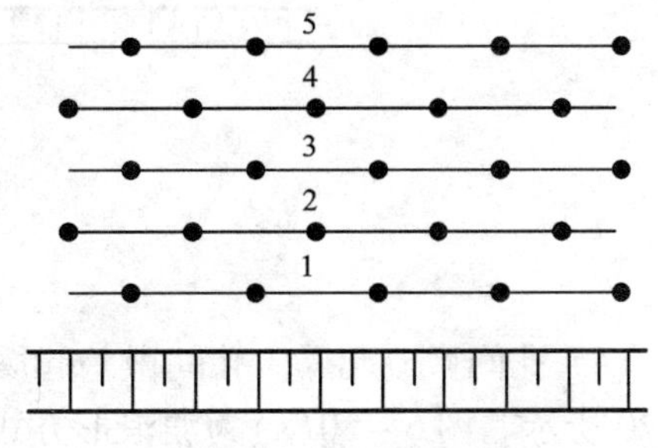

图6－17 排间顺序起爆

1、2、3、4、5—起爆顺序

（2）横向起爆（图6－18）。这种起爆方式没有向外抛掷作用，多用于掘沟爆破和挤压爆破。

（3）斜线起爆（图6－19）。分段炮孔的连线与台阶坡顶线呈斜交的起爆方式称为斜线起爆。图6－19(a)为对角线起爆，常在台阶有侧向自由面的条件下采用。利用这种起爆形式，前段爆破能为后段爆破创造较宽的自由面，如图中的连线。图6－19(b)为V形起爆方式，多用于掘沟工作面。图6－19(c)为台阶工作面采用V形或梯形起爆方式。

斜线起爆的优点：

① 可正方形、矩形布孔，便于穿孔、装药、填塞机械的作业；斜线起爆又可加大炮孔的密集系数；

② 由于分段多，每段药量少且分散，可降低爆破地震的破坏作用，后、侧冲小，可减轻对岩体的直接破坏；

③ 由于炮孔的密集系数加大，岩块在爆破过程中相互碰撞和挤压的作用大，有利于改善爆破效果，而且爆堆集中，可减少清道工作量，提高采装效率；

④ 起爆网路的变异形式较多，机动灵活，可按各种条件进行变化，能满足各种爆破的要求。

斜线起爆的缺点：由于分段较多，后排孔爆破时的夹制性较大，崩落线不明显，影响爆破效果；分段网路施工及检查均较繁杂，容易出错；要求微差起爆器材段数较多，起爆材料的消耗也大。

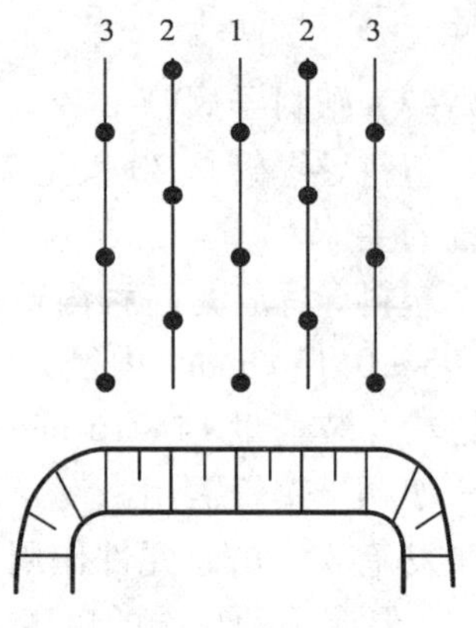

图 6－18　横向起爆

1、2、3—起爆顺序

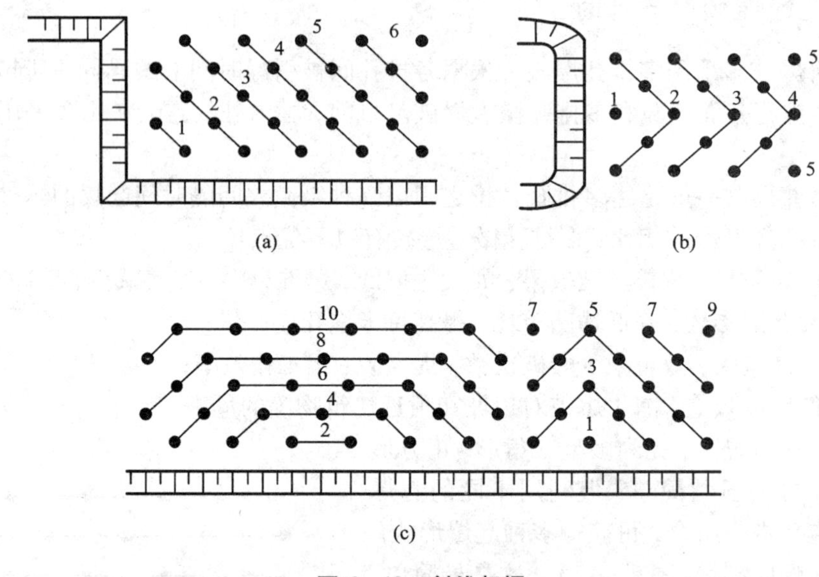

图 6－19　斜线起爆

1～10—起爆顺序

（4）孔间微差起爆。孔间微差起爆是指同一排孔按奇、偶数分组顺序起爆的方式，如图 6－20 所示。图 6－20(a)为波浪形方式，它与排间顺序起爆比较，前段爆破为后段爆破创造了较大的自由面，因而可改善爆破效果。图 6－20(b)为阶梯形方式，爆破过程中岩体不仅受到来自多方面的爆破作用，而且作用时间也较长，可大大提高爆破效果。

（5）孔内微差起爆。随着爆破技术的发展，孔内微差爆破技术得到了广泛应用。孔内微差起爆，是指在同一炮孔内进行分段装药，并在各分段装药间实行微差间隔起爆的方法。图 6－21 是孔内微差起爆结构示意图。实践证明，孔内微差起爆具有微差爆破和分段装药的双重优点。孔内微差的起爆网路可以采用非电导爆管网路、导爆索网路，也可以采用电爆网

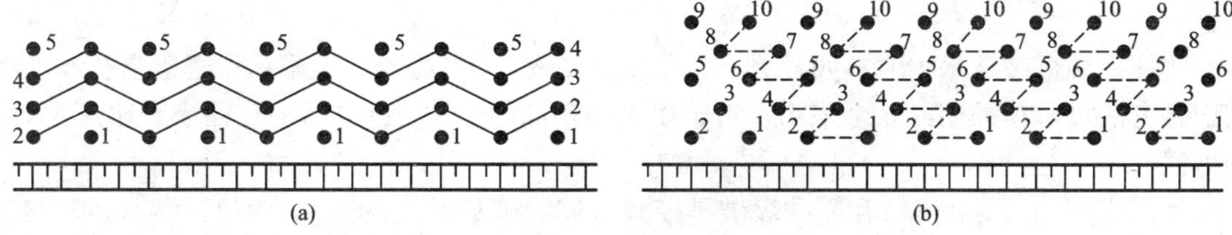

图 6－20　孔间微差起爆

(a)波浪形；(b)阶梯形

路。就我国当前技术条件而言，孔内一般分为两段装药。就同一炮孔而言，起爆顺序有上部装药先爆和下部装药先爆两种，即有自上而下孔内微差起爆和自下而上孔内微差起爆两种方式。

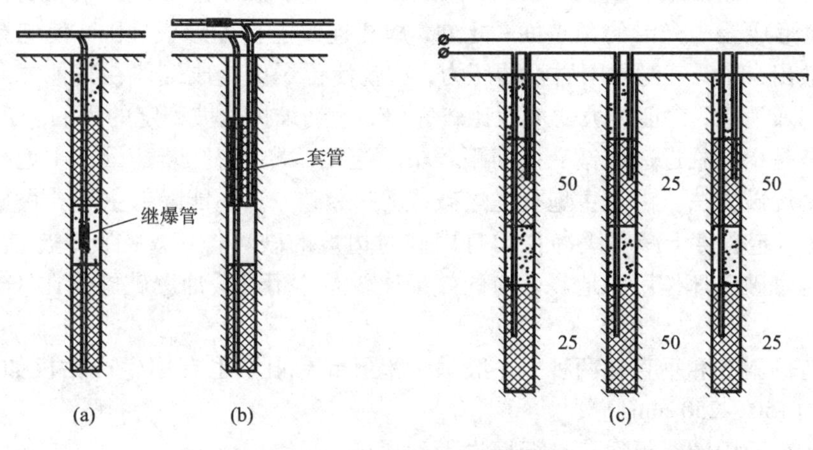

图 6－21　孔内微差起爆结构

(25、50—微差间隔的毫秒数)

(a)导爆索孔内自上而下；(b)导爆索孔内自下而上；(c)电雷管孔内微差

对于相邻两排炮孔来说，孔内微差的起爆顺序有多种排列方式，它不仅在水平面内，而且在垂直面内也有起爆时间间隔，矿岩将受到多次反复的爆破作用，从而可以大大提高爆破效果。

采用普通导爆索自下而上孔内微差起爆时，上部装药必须用套管将导爆索隔开。为了施工方便，在国外，使用低能导爆索。这种导爆索药量小，仅为 0.4 g/m，只能传播爆轰波，而不能引爆炸药。

6.3.7　邻近边坡的控制爆破技术

露天矿开采至最终境界时，爆破工作涉及保护边坡稳定的问题。影响边坡的稳定的因素包括工程地质条件、边坡设计和使用特性、边坡开挖方式等。爆破是其中的一个重要因素。随着露天矿生产规模的不断扩大，一次爆破岩石量和使用的炸药量迅速增加，由此产生的对边坡稳定性的影响就更为突出。因此采用合理有效的边坡控制爆破技术，限制或减弱大量爆破对边坡的破坏，能够以最小成本实现边坡的安全、稳定，是提高边坡稳定性的一项重要措施。

边坡控制爆破技术主要有四种方法，即预裂爆破、缓冲爆破、减振孔和密集空孔爆破法。这四种方法可单独采用或联合采用。对于要求特别高的边坡，也采用小孔径小台阶逐层开挖的方法。

实际应用中，预裂爆破和缓冲爆破是控制边坡爆破最常用的方法，临时性的边坡，有的只进行缓冲爆破。例如，在加拿大 25 个大中型露天矿中，1/2 采用预裂爆破，1/3 采用缓冲爆破。

预裂爆破是一种控制爆破方法，用以减弱在预定方向上的爆破破坏作用。这一方法的实质，是沿设计边坡境界线钻一排间距较小的密集炮孔，称为预裂孔。在生产炮孔即主炮孔爆破之前，预裂孔先起爆，在岩体中沿预裂孔连线形成一定宽度的连线，称为预裂带，以此来隔离或降低主炮孔爆破产生的应力波和地震波对边坡的作用。同时，由于预裂孔孔径一般较小，不耦合装药，采用低猛度装药的爆破，因而预裂孔爆破对边坡的影响程度和范围大大减小，并且可以形成较为光滑的预裂面；此外，炮孔连线上首先形成裂隙，使炮孔的爆炸气体通过该裂隙散出，降低其对周围岩石的压力，这就使得爆破生成气体在其他方向上的压缩与破坏作用减弱或消除，保证边坡的坡面比较完整，达到维护边坡稳定的目的。

缓冲爆破是指在临近边坡钻一排间距较小的炮孔，减少每孔装药量在主炮孔之后进行爆破的一种控制爆破方法。由于主炮孔先爆破，这一爆破方法不能降低主炮孔爆破对边坡的影响，而只能在一定程度上减弱缓冲孔本身爆破对边坡的破坏作用。因此，与预裂爆破相比，缓冲爆破控制爆破破坏作用和地震效应的效果比较差。不过缓冲爆破施工比较简易，费用也比较低。

预裂孔有倾斜孔和垂直孔两种，一般采用潜孔钻钻孔，也有用生产钻机如牙轮钻钻孔。孔径变化范围 150 ~ 250 mm。

图 6 - 22 表示用倾斜预裂孔进行掘沟预裂爆破时，预裂孔、缓冲孔与主炮孔布置情况。预裂孔沿设计境界线布置，向下倾斜 60°，与台阶坡面角一致，孔径 150 mm，孔深 15 ~ 16 m。用铵油炸药和 2 号岩石炸药爆破，药卷直径 35 ~ 45 mm，线装药密度 0.9 ~ 1.6 kg/m，不耦合系数达到 3.3 ~ 4.3，孔间距 1.0 ~ 2.0m。预裂孔在主炮孔之前 50 ~ 150 ms 起爆。辅助孔起辅助破碎作用，一般用于坚硬岩石爆破，它与预裂孔的排距为 2.5 ~ 3.0 m，辅助孔间距为 3.0 ~ 4.0 m，孔深 7.0 ~ 8.0 m，每孔装药量 45 ~ 60 kg。它是在主炮孔之后爆破，即最后一排爆破。

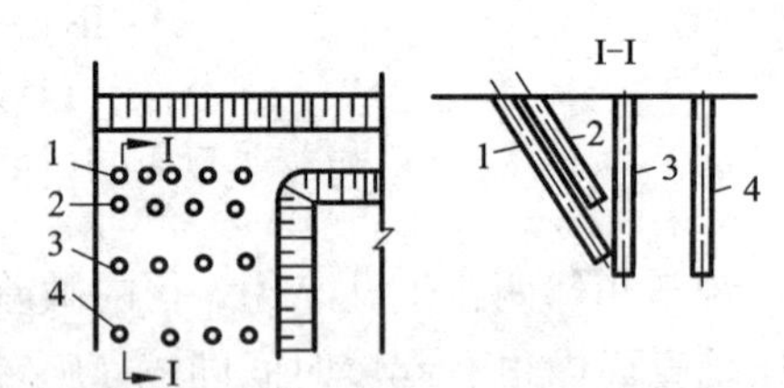

图 6 - 22　预裂爆破炮孔布置图

1—预裂孔；2—辅助孔；3—缓冲孔；4—主炮孔

图 6 - 23 表示用垂直预裂孔进行预裂爆破的炮孔布置图。预裂孔孔径 250 mm，孔间距 2. 8 m，不耦合系数 3.9，线装药密度 2.7 kg/m，采用径向间隙连续装药结构。药包直径 60 ~ 80 mm，用密度为 0.85 g/cm^3 的铵油炸药爆破。预裂孔比主炮孔提前 50 ms 起爆。预裂孔布置在边坡境界前 10 ~ 12 m 处，超钻 0.5 m，孔间距 4 m。缓冲孔与预裂孔距离 4 m，与前排主炮孔距离 6 ~ 7 m，药量为主炮孔装药量的 70%。

预裂爆破参数主要包括预裂孔直径、孔间距、线装药密度等。这些参数及装药结构决定了预裂爆破的效果。此外，还要确保预裂孔同时起爆。至于这些爆破参数的取值，目前仍然建立在经验基础上，一般都是参照类似条件的矿山预裂爆破的经验、资料，并考虑具体矿山条件加以修改完善。

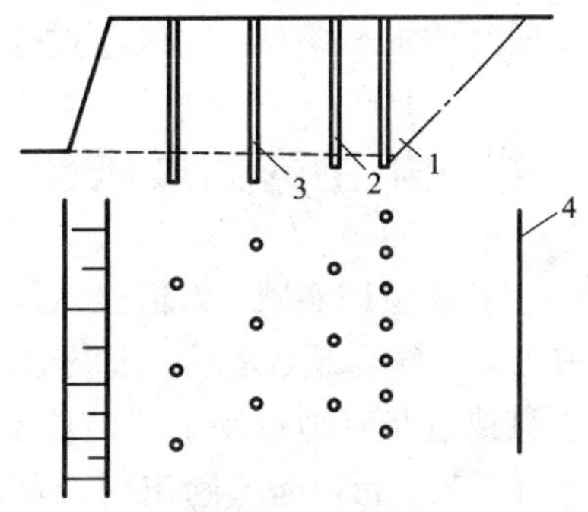

图 6－23　垂直孔预裂爆破

1—预裂孔；2—缓冲孔；3—主炮孔；4—边坡境界线

炮孔直径一般为 150～250 mm，孔间距 $a=(8\sim13)d$，d 为预裂孔直径，硬岩时取小值，不耦合系数取 3.5～5.0，线装药密度 0.6～3.5 kg/m。预裂孔普遍采用导爆索起爆，超前主炮孔 50～150 ms 起爆。

随着孔径的增大，预裂炮孔的孔间距通常也随之增大。表 6－13 列出预裂爆破设计参考值。在普通岩石条件下，预裂爆破装药量随炮孔直径的增大而增大，如表 6－13。最佳装药量随矿岩的性质而变化。松软或裂隙致密的岩石需要减少药量并减小孔距，具有较高强度的完整岩石需要较多的药量。在松散地层，炮孔上部的每延米装药量需要减少 50% 或更多，以便最大限度地减少坡顶线周围的后冲。

表 6－13　普通强度岩石预裂爆破设计参数

孔径/mm	线装药密度/($kg\cdot m^{-1}$)	孔距/m	孔径/mm	线装药密度/($kg\cdot m^{-1}$)	孔距/m
76	0.5	0.9	152	1.4	2
89	0.7	1.2	200	3.3	2.6
102	0.8	1.3	251	5.3	3.3
114	1.1	1.4	270	6.1	3.6
127	1.3	1.5	311	17.8	4

预裂炮孔装药长度通常至离孔口约 8 倍孔径以下，在裂隙致密的岩石中，孔口不装药长度为孔径的 15 倍以上。对于 200 mm 及以上的大直径预裂孔，如没有特制的炸药，最通常的方法是在孔底和孔中将空气间隔器同散装的乳化油炸药或铵油炸药联合使用，也可采用大直径药包按一定间隔放置在孔中并用导爆索连接。

对充满水的预裂孔，来自不耦合装药的炸药爆炸能量可被水有效地传递到周围岩石中。在完整性较好的岩体中，不会形成多少新的裂隙，因而可以得到满意的预裂爆破效果；但对节理裂隙发育的岩石，充满水的预裂孔爆破将产生较大的破坏和疏松，对此，爆破设计时必须充分重视。

预裂爆破的起爆，将所有预裂孔中的导爆索连接到一根主导爆索上，以确保预裂装药的同时起爆。同时起爆在地面震动很可能引起过爆或惊扰居民的地方，可采用成组炮孔延时。如果最小抵抗线小于 150 倍的预裂炮孔直径，预裂孔的起爆应与毗邻的主炮孔一起起爆。如果最小抵抗线较大或在坚固岩石中爆破，预裂爆破在邻近最终边帮之前提前起爆，一般可获得较理想的预裂效果。

边坡预裂控制爆破技术的发展，有下列一些新的趋势：采用超深预裂孔；新的装药结构；针对不同边坡地质条件，选取适宜的预裂边坡参数。

6.4 现代矿山露天爆破新技术

通过多年生产实践，人们已认识到露天矿爆破作业是露天采矿工艺中的重要环节，爆破质量好与坏，对采装、运输、设备效率、作业成本有很大影响，如装载时间、材料消耗、作业安全。科技进步有力推动了爆破技术的发展。目前，国内外爆破技术发展非常迅速，一些新方法、新工艺、新设备不断出现，为露天爆破的进步提供了新的思维。

6.4.1 钻孔设备

目前国外大型露天矿绝大部分都使用牙轮钻机，中小型露天矿则呈多样化，有牙轮钻机、潜孔钻机(高风压)和全液压凿岩钻车等，在软岩中还使用旋转钻机。发展最快的应属牙轮钻机和全液压凿岩台车。随着采矿技术的发展，露天矿山钻孔设备正朝着设备大型化、自动控制、全液压以及定位精确方向发展。

(1) 牙轮钻机

近年来牙轮钻机不但在结构上有较大改进，而且在自动控制上也有了很大提高，其技术水平以美国 B-E(BueyrusErie)公司和 H-F(HarnishFeger)公司为代表。

① 采用了无链静态直流加压提升系统，简化了结构，提高了可靠性和传动效率，提高了穿孔速度。

② 采用了无链可反转的液压马达驱动的履带行走系统，取消了链传动和离合器，提高了可靠性，可实现原地转弯，缩短了更换孔位和非作业行走时间。

③ 应用微电子技术更新了原已实现的自动化系统，推出了炮孔可编程控制系统，不但可以自动钻进，而且已有自寻最优钻进和岩性识别的智能化功能，并且应用了全球定位系统(GPS)。

④ 为提高每米爆破量和降低成本，钻机向大型化发展，加大孔径、轴压力、功率和机重，如 B-E 公司的 59R 钻机，孔径增加到 445 mm、轴压力为 590 kN、机重 184 t、功率达 828 kW。该机在美国明塔克铁矿使用，平均穿孔速度比早期钻机高 27%，钻头平均寿命延长 35%左右。H-F 公司 P&H100A 和 P&H120A 钻机最大孔径分别为 445 mm 和 559 mm，轴压力分别为 590 kN 和 680 kN。此外，还普遍加大了排渣风量，采用效率高、消耗低的螺杆式空压机取代了划片式空压机。

(2) 全液压凿岩台车

液压凿岩机具有节能、高效、成本低和作业条件好等显著优点，国外除地下凿岩已推广外，在中小型露天矿方面也有较多应用。20 世纪 80 年代初挪威某水坝工地就试用了全液压凿岩台车，在片麻岩中钻 ϕ200 mm 炮孔，平均进尺为 22 m/h，牙轮钻机在该工地钻 ϕ250 mm 孔，平均进尺 12 m/h。1984 年挪威年产 2500 万 t 的比约纳湖(Bjornevatn)铁矿采用 THerbert 液压台车，配 HL-4000 超重型液压凿岩机，在抗压强度为 180 MPa 的岩石中钻凿 ϕ230mm 的孔(最大孔径 275 mm)，钻孔速度 600~700 mm/min，孔深 20~30 m，作业率达到 85%，为该矿同级牙轮钻机钻孔速度的 1.6 倍，能耗为牙轮钻机的 1/2。芬兰的 Tamrock 公司和瑞典的 Atlas Copco 公司是生产露天液压台车两大著名厂商，其产品行销世界各国。在中小型露天矿可取代气动潜孔钻机（能耗为潜孔钻机的1/4倍，钻速为其2.5～3倍），在炮孔直径为250 mm左右的矿山，可与牙轮钻机竞争，是很有发展前途的设备。

国内企业从20世纪90年代开始自主发展中、高气压露天潜孔钻机，目前已具有了一些成熟的经验，比如：宣化采掘机械厂的KQG100、KQG150和天水风动工具厂的KQLG115、QLG165型高气压露天潜孔钻机，钻孔直径范围ϕ175～180 mm，基本适应了技术发展的潮流和施工工艺的要求。长沙矿山研究院研制成功的CS165E高性能一体化大型露天潜孔钻机，为国内大、中型露天矿山提供了一种全新的具有高效率、高可靠性和多功能的凿岩装备。CS165E一体化露天潜孔钻机集凿岩、柴/电动力和供气于一体，采用全液压驱动，高气压潜孔凿岩，履带行走，配备电动机动力和柴油机动力的双动力系统和凿岩综合自动控制系统，装备多自由度钻架定位装置和微增压空调驾驶室，自带高效双级螺杆空压机，可广泛用于各类岩土工程中钻凿直径ϕ140～178 mm，深度30 m内的多方向炮孔。该机采用模块化组合设计方法，应用先进的PLC控制技术和电液比例控制技术，具有结构紧凑，性能先进，高效低耗，可靠性指标高，人机界面优良，操作、维护方便等特点，可进行采矿孔和边坡孔等多种工况的凿岩。

（3）钻孔定位技术

在国外露天钻孔爆破作业中，大量采用GPS和GLONASS卫星定位技术，不仅可以提高钻孔效率，而且还可降低钻孔爆破费用。精确的炮孔与机载监控信息有机配合，可取得良好的效果。如在加拿大海兰瓦利铜矿，采用GPS技术且通过钻机机载计算机系统进行钻孔定位，所获得的钻孔定位偏差小于0.1 m。钻孔作业时，与爆破有关的炮孔位置和其他地形特征存储在钻机上，当钻机在爆破网路地图覆盖的范围内移动时，移动地图显示器能够自动显示正确网路。当钻机接近一个炮孔时，地图显示器的比例自动变化；当钻机正确定位后，机载软件自动确定孔口高程，同时调节钻孔深度，使台阶高度保持一定。采用卫星定位技术可减少传统的测量工作，节省费用。同时，卫星定位能够使钻孔数据直接传递给装药车，实现钻孔、装药过程的自动化。由此可见，利用设备操作信息来提高露天开采效率是今后的主要发展趋势。在美国，已有多种新技术用于露天开采，其中不仅有先进的数字计算技术设备，而且还有精确可靠的GPS全球卫星定位系统、高速高频双向无线数据通信技术、平面显示器等。同时，这些新技术还是目前正在开发的各种矿山控制系统的基础。

6.4.2 炸药与装药技术

1）新型炸药

随着爆破技术的发展，国内外在各种新型炸药的研制和使用方面也取得了很大的进展，比如无梯或少梯炸药、低密度炸药、高冲能炸药等的研制和应用，进一步改善了工业炸药的性能，降低了工业炸药的制造成本，丰富了工业炸药的种类。

（1）岩石粉状铵梯油炸药

岩石粉状铵梯油炸药属于少梯工业炸药，它是工业粉状炸药的第二代产品，是由工业粉状铵梯炸药发展而来的。其关键技术是将乳化分散技术应用于粉状铵梯炸药中，在炸药的组分中加入非离子表面活性剂为主构成的复合油相，取代了部分梯恩梯，使梯恩梯的含量由11%降至7%，达到了降低粉尘、防潮、防结块的综合效果。

表 6-14　岩石粉状铵梯油炸药的组分和性能

<table>
<tr><th colspan="3" rowspan="2">组 分 与 性 能</th><th colspan="2">炸 药 名 称</th></tr>
<tr><th>2 号岩石铵梯油炸药</th><th>2 号抗水岩石铵梯油炸药</th></tr>
<tr><td rowspan="5">组分/%</td><td colspan="2">硝酸铵</td><td>87.5±1.5</td><td>89.0±2.0</td></tr>
<tr><td colspan="2">梯恩梯</td><td>7.0±0.7</td><td>5.0±0.5</td></tr>
<tr><td colspan="2">木粉</td><td>4.0±0.5</td><td>4.0±0.5</td></tr>
<tr><td colspan="2">复合油相</td><td>1.5±0.3</td><td>2.0±0.3</td></tr>
<tr><td colspan="2">复合添加剂(外加)</td><td>0.1±0.005</td><td>0.1±0.005</td></tr>
<tr><td rowspan="9">爆炸性能</td><td colspan="2">水分/%</td><td>≤0.30</td><td>≤0.30</td></tr>
<tr><td colspan="2">猛度/mm</td><td>≥12</td><td>≥12</td></tr>
<tr><td colspan="2">爆力/mL</td><td>≥320</td><td>≥320</td></tr>
<tr><td colspan="2">爆速/$(m \cdot s^{-1})$</td><td>≥3200</td><td>≥3200</td></tr>
<tr><td rowspan="2">殉爆距离/cm</td><td>浸水前</td><td>≤4</td><td>≤3</td></tr>
<tr><td>浸水后</td><td>-</td><td>≤2</td></tr>
<tr><td colspan="2">有毒气体量/$(L \cdot kg^{-1})$</td><td>≤100</td><td>≤100</td></tr>
<tr><td colspan="2">药卷密度/$(g \cdot cm^{-3})$</td><td>0.95~1.10</td><td>0.95~1.10</td></tr>
<tr><td colspan="2">炸药有效期(月)</td><td>6</td><td>6</td></tr>
</table>

为进一步降低梯恩梯含量，并改善炸药性能，在岩石粉状铵梯油炸药的基础上，成功研制了 4 号岩石粉状铵梯油炸药。该产品的特点是梯恩梯含量降至 2%，组分中选用了 1 号复合改性剂，解决了硝铵炸药的结块问题，提高了爆破性能、储存性能及防潮、防水性能。

表 6-15　4 号岩石粉状铵梯油炸药的组分和性能

<table>
<tr><td rowspan="2">组分/%</td><td>硝酸铵</td><td>木粉</td><td>复合油相</td><td>梯恩梯</td><td>1 号改性剂</td></tr>
<tr><td>91.3±1.5</td><td>4.0±0.7</td><td>2.7±0.6</td><td>2.0±0.2</td><td>0.30±0.01</td></tr>
<tr><td rowspan="8">爆炸性能</td><td colspan="2">水分/%</td><td colspan="3">≤0.30</td></tr>
<tr><td colspan="2">药卷密度/$(g \cdot cm^{-3})$</td><td colspan="3">0.95~1.10</td></tr>
<tr><td colspan="2">爆速/$(m \cdot s^{-1})$</td><td colspan="3">≥3200</td></tr>
<tr><td colspan="2">猛度/mm</td><td colspan="3">≥12</td></tr>
<tr><td colspan="2">殉爆距离/cm</td><td colspan="3">≥4</td></tr>
<tr><td colspan="2">爆力/mL</td><td colspan="3">≥320</td></tr>
<tr><td colspan="2">有毒气体量/$(L \cdot kg^{-1})$</td><td colspan="3">≤100</td></tr>
<tr><td colspan="2">炸药有效期(月)</td><td colspan="3">6</td></tr>
</table>

（2）膨化硝铵炸药

膨化硝铵炸药是一种新型粉状工业炸药，属于无梯炸药。其关键技术是硝酸铵的膨化，膨化的实质是表面活性技术和结晶技术的综合作用过程，是硝酸铵饱和溶液在专用表面活性剂作用下，经真空强制析晶的物理化学过程。这一过程可制得具有许多微孔气泡，成为膨松状和蜂窝状的膨化硝酸铵。岩石膨化硝铵炸药是由膨化硝酸铵、燃料油、木粉混合而成。爆破性能优良、爆轰速度快，综合性能优于2号岩石铵梯炸药；产品吸湿性低，不易结块，贮存性能和物理稳定性高；安全性能好，使用可靠。其特点是炸药中不含梯恩梯，彻底消除了梯恩梯对人体的毒害和对环境的污染。该产品适用于中硬及中硬以下矿岩使用。膨化硝铵炸药的主要组分和性能见表6－16。

表6－16　岩石膨化硝铵炸药的组分和性能

组分/%	膨化硝酸铵	复合油相	木粉
	92.0±2.0	4.0±1.0	4.0±1.0
爆炸性能	水分/%	≤0.30	
	药卷密度/(g·cm^{-3})	0.80～1.00	
	爆速/(m·s^{-1})	≥3200	
	猛度/mm	≥12	
	殉爆距离/cm	≥4	
	爆力/mL	≥320	
	有毒气体量/(L·kg^{-1})	≤100	
	炸药有效期(d)	6	

（3）粉状乳化炸药

粉状乳化炸药是近几年发展起来的一种炸药新品种，是一种具有高分散乳化结构的固态炸药，属于乳化炸药的衍生品种，是当前爆破行业发展较为迅速的炸药新品种，其科技含量高，发展迅速。粉状乳化炸药爆炸性能优良，组分原料不含猛炸药，具有较好的抗水性，贮存性能稳定，现场使用装药方便，是兼有乳化炸药及粉状炸药优点的新型工业炸药。它克服了现有粉状炸药混合不均匀的不足，提高了粉状炸药爆炸性能，其技术指标均高于工业粉状铵梯炸药标准规定的要求。

粉状乳化炸药设计思路的独到性在于，巧妙地把工业胶质乳化炸药与工业粉状炸药的性能优点有机地结合起来，形成一种新型的高性能无梯炸药。目前该炸药已经在国内部分矿山使用。粉状乳化炸药的主要组成及性能见表6－17。

2）装药技术

进行露天深孔爆破所需炸药量大，一般均在几吨至几十吨以上，现场装药工作量很大。20世纪80年代以来，我国一些大型露天矿山（如本钢南芬露天矿、首钢水厂铁矿等）先后引进了混装炸药车。一般来说，露天散装系统包括多孔粒状铵油炸药混装车、乳化炸药混制装药车、重铵油炸药装药车。混制装药设备与技术已经比较成熟，应用范围也比较广泛。其中有美国埃列克公司生产的SMS型和3T(即TTT)型车。国内一些厂家与国外合资生产了一些型号的混装炸药车，如北京矿冶研究总院(BGRIMM)研制开发的BCRH－25型乳化炸药混装车技术，实现了机械化快速装药，提高了装药质量及生产效率，适合大中型露天矿山推广使用。多年的生产实践证明，混装炸药车技术经济效果良好，促进了露天矿爆破工艺的改革，降低了装药劳动强度，提高了露天矿机械化水平。一个需装400～500 kg炸药的深孔，只需1～1.5 min即可装完。混装炸药车对我国中小型露天矿尤其适用。使用混装炸药车主要有以下几个优点：

表6－17　岩石粉状乳化炸药的组分和性能

组　分　/%	硝酸铵	复合油相	水　分
	91.0±2.0	6.0±1.0	0～5.0
爆炸性能	药卷密度/(g·cm^{-3})	0.85～1.05	
	爆速/(m·s^{-1})	≥3400	
	猛度/mm	≥13	
	殉爆距离/cm	浸水前	≥5
		浸水后	≥4
	爆力/mL	≥320	
	撞击感度/%	≤8	
	摩擦感度/%	≤8	
	有毒气体量/(L·kg^{-1})	≤100	
	炸药有效期/月	6	

① 生产工艺简单，现场使用方便，装药效率高；

② 同一台混装炸药车可以生产几种类型的炸药，其密度又可以随意调节，以满足不同矿岩、不同爆破的要求；

③ 生产安全可靠，炸药性能稳定，不论是地面设施或在混装车内，炸药的各组分均分装在各自的料仓内，且均为非爆炸性材料，进入孔内才形成炸药；

④ 生产成本低；

⑤ 大区爆破可以预装药；

⑥ 可在车上混制炸药，大大节省加工厂和库房的占地面积。

近年来随着乳胶基质，允许作为非炸药类危险品在公路上运输，乳胶远程配送系统与重铵油炸药装药车，已成为一个重要发展方向，其应用范围越来越广泛。

目前，国外矿山爆破作业中比较广泛地推广预装药爆破技术，即在钻机钻孔的同时，利用装药车装填已钻好的炮孔，边钻孔边装填炸药和起爆器材。在加拿大海兰瓦利铜矿，利用计算机控制乳化炸药装药车可自动将炸药装入炮孔。

可以预见，将来人们可在办公室将炮孔数据连同装药指令一起传给装药车上的计算机，GPS定位系统将使得机载计算机能够确定爆区各个炮孔的位置、装药量，并自动调节炸药配比，进行装药作业。

6.4.3 起爆器材

传统的电力起爆和非电起爆技术是目前露天矿山爆破工程中的主要起爆方法。电力起爆技术由于具有能在爆破前导通检测、起爆可靠性较好等优点，应用广泛，但它易受杂电、射频电的影响，危及爆破安全性。近年来研制开发的电磁雷管和安全雷管弥补了这方面的不足。

为适应工程爆破的需要，增加和改进爆破器材的种类和性能，是今后工程爆破技术发展的方向。近年来爆破器材研制技术发展较快，如无起爆药雷管、高能电磁感应起爆雷管、高精度毫秒延期雷管、电子雷管等已经陆续问世且已投入使用。

（1）电子雷管

数码电子雷管是起爆器材领域里最引人瞩目的进展，其本质在于用一个微型集成电路取代普通电雷管中的化学延时与电点火元件。它不仅控制延时精度，而且也控制了通往雷管引火头的电源，从而最大限度地减少了因引火头能量需求所引起的误差(通常可控制在0.2 ms以内)。这种起爆系统配合专用的具有特定编码程序的点火设备，改善了操作的安全性。电子雷管各段之间的延时间隔通常为2 ms，延时误差为0.2 ms。数码电子雷管为爆破设计提供了创新的手段，已在加拿大、美国、南非、澳大利亚、瑞典等有关矿山获得了实际应用。例如2001 年 7 月加拿大 Noranda 公司在其所属的 Branswick 地下矿山，利用 Orica 公司的 I－Kon 系列数码电子雷管成功地进行了大型卸压爆破，回收了用一般爆破方法难以回收的36 万 t 铅锌矿石。

目前，数码电子雷管的价格较贵，但应用实践表明，使用数码电子雷管操作简便、延时精确、安全性能及爆破效果良好，综合效益足以抵偿价格上的差异。目前，已有美国、瑞典、日本等国在生产和使用，拥有 250 个段别；我国在数码电子雷管研制处于起步阶段，与国外有较大差距。国内试制产品延时间隔 5 ms，有 63 个段别。

（2）电磁雷管

电雷管使用的安全性是采矿企业所普遍关注的课题。为了避免因杂散电流和静电等引起雷管误爆，需要对雷管结构进行改进，使之适应复杂的爆破作业环境和场所。英国 ICI 公司研究的 Magnadet 电雷管，这种电雷管采用一种独特闭路设计，能自动隔绝外部电荷效应。电雷管通过自身的变压器与一个特殊起爆器连接。变压器是一个环形铁素体，并与雷管脚线连接，形成变压器耦合的二次绕组。每一个环形体包有塑料外壳，并以色码标记延期段数。初级回路通过雷管的环形包体中心，并与特殊的高频交流起爆器相连。雷管只在 15～30 kHz 频率范围内起爆，不受 50/60 Hz 交流电的影响。

（3）遥控起爆系统

澳大利亚矿山现场技术公司和澳瑞卡公司合作相继推出了适用于不同作业场所的遥控起爆系统，其中 BLASTPED 型遥控起爆器，用于露天和地下爆破作业，BLASTPED EXEL 型遥控起爆器只能用于露天爆破作业。这两种型号遥控起爆器既可以用于电雷管(包括数码电子雷管)起爆系统的遥控起爆，也可以用于塑料导爆管非电起爆系统的遥控起爆，适用范围广泛，遥控引爆率很高，已在澳大利亚矿山爆破作业中获得推广应用。在爆破作业安全警戒线以外的适当位置进行遥控起爆，使起爆作业更加安全可靠。应该说，这是起爆技术与装备的一次重要变革。

(4) 低能导爆索及起爆系统

导爆索通常可分为三类：高能导爆索(70～100 g/m)、普通导爆索(32 g/m)、低能导爆索(6 g/m, 3.6 g/m)。目前已将低能导爆索的装药量降至1.6 g/m，为爆破设计提供了新的手段。低能导爆索起爆系统由小直径低能导爆索和延时雷管组成。通常用铺在地面上的普通导爆索起爆炮孔中的低能导爆索，通过爆轰波点燃雷管的延期元件使雷管爆炸，进而引爆炸药。其优点是低能导爆索只传播爆轰波，并不引爆工业炸药，而且不会对炮孔内的炸药产生动态压死等不良影响，也不会出现切断和早爆的危险，无外来电的危险，这为露天矿台阶爆破孔底起爆提供了条件。

(5) 新型非电导爆管

非电起爆系统的发展避免或减轻了杂散电流对爆破工作的影响。导爆管起爆系统不仅可防止因地层漏电或接线不良引起的拒爆，也可防止因静电或杂散电流等引起的早爆。

ICI公司推出了一种名为EXEL的单层塑料导爆管系统。它与工业标准导爆管不同，是一种单层管而不是双层压制管。管的内侧具有适度的粘着性，能均匀粘附一层炸药，所用药量比普通导爆管少。这种导爆管在高温时的收缩量较小且耐油性好，因而非常适应于温度较高的(约80℃)散装乳化炸药，而在低温条件下(－40℃)使用也同样合适。目前，太钢峨口铁矿等矿山都在使用该类导爆管。

(6) 新型无雷管激光起爆技术

常用的起爆器材，像雷管、导爆索等的一个共同缺点是要对主爆炸药的局部激发爆轰。这些不足之处可以采用基于激光起爆的无雷管起爆方法来消除。近年来，俄罗斯圣彼得堡国家技术研究所已经开始直接对无机炸药进行起爆的技术研究工作，主要研究激光脉冲对络合物盐的激活，这种化合物对激光脉冲具有很高的灵敏度。

这种起爆技术是将对激光脉冲具有高敏感度的薄片炸药安装在起爆炸药表面，当用超过起爆能量临界量的激光束照射时，就会在具有光敏感薄片炸药的表面产生爆轰波。这种方法可以不用附加炸药形成任何形状的爆轰波，其优点是激光束的几何尺寸很容易控制且没有距离的限制。

6.4.4 计算机技术在爆破中的应用

随着计算机技术的发展，从20世纪中期开始，计算机技术陆续应用到露天矿爆破中，在爆破效果预测、优化设计等方面取得了显著的进展。目前，国外矿山爆破技术已能运用计算机对爆区矿岩可爆性差异进行自动优化爆破设计，运用合理的爆破参数计算合适的装药量，同时在计算机上完成模拟爆破。我国许多露天矿在爆破生产中运用计算机技术也取得了良好的效果。计算机技术在爆破中的应用主要集中在钻孔自动控制、爆破破碎块度预测、计算机辅助设计以及专家系统等几个方面。

(1) 钻孔自动控制

硬岩钻凿是一项极为繁重的采掘作业。液压钻车技术的成熟和计算机技术的进步已使自动化凿岩的设想成为现实。在液压钻车上一般均配有自动开孔、自动推进、自动返回及卡钎保护等功能。目前计算机控制的全自动化钻车，如：芬兰塔姆鲁克公司(Tamrock)的Datasolo深孔钻车、Datamatic全液压钻车以及日本古川公司、瑞典阿特拉斯公司(Atlas Copoc)、斯特龙内斯公司(Stromnes)、挪威的 Furuholmen 公司生产的系列钻车。

全自动化液压钻车均配备自动控制系统，实现按预编凿岩模型自动凿岩。自动控制系统可适用于钻臂数不等、大小不同的任何钻车。其控制系统的主要部件一般有：①微处理机；②操作盘和直观的显示器；③装在钻臂结点上的精确角度传感器；④控制伸长、给进和推压结构的位移传感器；⑤液压传感器；⑥操纵执行结构的电液伺服器。这种控制系统一般可以用全自动、操纵杆控制和手动控制三种方式操纵钻车。

在全自动控制过程中，可按预定凿岩模型实现全自动凿岩。将设计的炮孔参数，即每个炮孔位置、角度和深度，编制成凿岩模型程序，存储在操纵台上的计算机内，并通过便携式计算机输入或修改程序。在操纵杆控制模式中，所有钻臂与钻机的动作均由操作者发出命令后，通过微机执行，即任何需要的动作，只要简单移动操纵杆即可有效而精确地完成。对于手动方式而言，操作者用操纵杆直接操纵各个钻臂而不使用微机，但仍然可以使用显示器观察钻机的钻进情况。

(2) 爆破破碎块度预测

爆破效果好坏直接影响后续铲装工作能否顺利进行。同时，爆破是一个涉及诸多因素的复杂过程，具有瞬发性、模糊性和不确定性。因此，对爆破效果进行爆前预测，实现爆破的优化设计已成为爆破工作者普遍关注的问题。

将计算机技术应用于爆破破碎块度预测的研究始于 20 世纪 60 年代，但由于受当时计算机硬件技术发展水平的制约，直至 70 年代才进入实质性的发展阶段。我国在 20 世纪 80 年代把计算机技术应用到露天矿爆破中。爆破破碎块度预测模型主要有以下三类：

① 第一类是从矿岩破碎机理入手建立的矿岩爆破物理、数学、力学模型，借助于计算机进行模拟，求得各种爆破参数下的矿岩爆破块度分布。1983 年，邹定祥等人在 Harries 模型的基础上提出了一种预测爆破破碎块度的数学模型——BMMC 模型，这是我国第一个完整的爆破数值计算模型。该模型将炮孔装药视为多个集中药包的集合，并根据应力波理论计算出应力波能量在炮孔周围的三维分布，进而以岩石破碎单位表面能指标求算出均质连续台阶岩体的爆破块度，采用概率统计方法——"蒙托卡罗法"确定地质构造弱面和前次爆破破坏弱面的分布及其对爆破破碎效果的影响，最终求出台阶爆破块度分布。

② 第二类是爆破块度统计模型，通常采用爆破块度分布规律和块度尺寸对爆后矿岩的破碎程度进行定量描述。大量的统计资料显示，岩石爆破块度分布服从 Rosin - Rammler 分布，该分布得到了广泛的应用。把块度分布规律和一些爆破理论相结合，就产生了爆破块度统计模型，如 KUZ - RAM 模型就是将 Kuznetsov 公式和 Rosin - Rammler 分布相结合的一种算法。

③ 第三类是分形损伤模型。此类模型主要以损伤力学和分形几何理论为基础，分析分维值与爆破参数的关系(如炸药单耗、最小抵抗线与分维值的关系)，从而建立爆破块度分形损伤模型和节理岩体爆破块度计算模型等。

(3) 计算机辅助设计

计算机辅助设计技术近年来得到飞速发展和广泛应用，爆破领域也不例外，国内外爆破界都很注重计算机辅助设计的研究。国外在爆破 CAD 方面的研究起步较早，并已取得了较大进展，一些爆破软件的开发已进入商业化阶段，并产生了许多专门服务于爆破领域的软件公司。国外不同矿山的爆破设计程序尽管有所差异，但是一般都是根据爆区地质平面图、现场孔位标志、炮孔和爆堆的品位标志以及矿岩性质、地质构造、爆区形状和炸药类型等，设计优化孔网、装药量等参数。美国奥斯汀炸药公司编制的QET计算机程序，可根据地形地质情况、爆破参数、装药结构、要求的爆破块度和爆破有害效应等项内容，用以确定出不同的爆破方案供用户选择。诺贝尔公司利用三种计算机程序进行爆破方案设计，即DYNOVIEV程序、DYNACAD程序、BLASTEC程序。利用这些程序可预测最可能的爆破顺序以及地面震动情况。根据现有岩石和振动数据可使爆破设计最优化。

国内爆破研究人员通过对AutoCAD进行二次开发生成爆破CAD系统，不仅使设计周期大大缩短，设计精度提高，而且由于数据管理系统保存了大量有用的数据和图形，既能随时对方案进行快速修改补充，又能为后续测震和爆破效果分析评价提供资料。我国目前开发的爆破CAD系统主要实现了以下几个方面的功能：

① 爆破系统数据库。数据库是实现爆破计算机自动设计的前提和基础，数据库中存储有实测的地质地形原始数据、采场任意区域内的矿岩分布及矿岩的物理力学性质，计算机能对这些内容进行自动查询和识别。数据库记录爆破设计的有关布孔、装药、起爆器材、起爆方式、爆破的矿岩量、爆破效果预测等数据，能够根据爆破破碎范围预测结果或现场地形变化的实测结果，自动对数据库内容进行相应的更新。

② 穿孔设计。爆破CAD系统已经实现了计算机自动布孔，即圈定爆破区域后，计算机自动识别矿岩的物理力学性质、炸药参数以及相关因素，进行分析和计算，最终确定爆区内各个炮孔的合理位置和孔深。系统还可通过手动自行调整和修正炮孔的位置。德兴铜矿利用GPS和CAD系统实现了台阶炮孔的自动布置；由北京科技大学开发的BLAST－CODE模型实现了炮孔的计算机自动设计，并在水厂铁矿等矿山得到应用。

③ 装药设计。计算机根据所爆区域内矿岩的地质结构、炸药爆炸参数等条件，自动计算药量。

（4）专家系统

专家系统能根据所获得的不完整的或不确切的信息，像专家一样根据积累的经验和掌握的知识，通过分析、推断得出最佳的结论。专家系统能够接受经验教训，不断积累资料，修正输出。

由于地质条件的复杂性，在露天矿爆破中，各种特殊条件的爆破是屡见不鲜的，如遇到断层、破碎带等，这些特殊情况的处理需靠专家的经验来解决，通常的计算机程序很难办到。通过在专家系统中建立处理各种可能的特殊情况的特殊知识库和处理规则，就能够完成这一任务，并且随着知识的积累，处理特殊情况的功能也不断加强。

专家系统的知识库区别于传统的爆破数据库，传统的爆破数据库主要是管理功能，包括查询、检索、统计、打印等；而专家系统中的数据库既可以是普通数据库，又可以是表示成一定规则的客观规律的描述，还可以是网络连接的权值矩阵。知识既可以是理论性的，又可以是经验性的，其中经验是经过推敲分析经大多数专家确认的，不是随机积累的。知识一旦纳入知识库，就可作为下一次爆破设计的依据，并且知识库中的知识可以不断更新、修改和追加，提高知识水平。

专家系统和神经网络是一个较新的研究领域，在采矿中，特别是在矿山爆破方面的应用相对较少，一些国家在矿山开采和坑道掘进工作中应用了专家系统，并取得了显著的进步，如美国、英国和加拿大的50多个矿山应用专家系统，经过多年开发与试验，不断完善，矿山凿岩爆破费用明显降低。

国内已开发了基于人工智能原理、模糊数学、神经网络、数据库及多目标决策等理论的爆破专家系统，有基于规则的露天矿爆破专家系统、基于实例的露天矿爆破专家系统、爆破预测的专家系统等。系统功能主要包括爆破决策、爆破设计、评价爆破质量、灵敏度分析和成本计算等。专家系统的应用使我国露天矿爆破设计更趋于科学化、规范化和系统化。

本章习题

1. 根据破岩机理，可将钻孔方法分为哪几类？其代表机具是什么？

2. 冲击凿岩原理是什么？

3. 潜孔钻机、牙轮钻机的工作原理是什么？其优缺点分别是什么？分别包括哪几种类型？

4. 矿用炸药有什么特点？

5. 画图并简要说明露天矿深孔爆破的台阶要素。

6. 露天深孔爆破的参数有哪些？如何确定？

7. 什么是底盘抵抗线？其与最小抵抗线有何区别？不合适的底盘抵抗线将产生哪些负面效应？

8. 根据炮孔与孔内炸药的相互关系，可分为哪几种装药结构？各有什么特点？

9. 目前露天矿最常用的起爆器材及起爆方法有哪些？

10. 露天深孔爆破的特点是什么？

11. 露天矿台阶爆破采用微差爆破时，根据不同的起爆顺序可以获得哪几种起爆形式？

12. 邻近边坡爆破时常采用哪些控制爆破方法？简述其原理。

7　矿岩采装

采装工作，是指用一定的采掘设备将矿岩从整体或爆堆中采出，并装入运输或转载设备，或直接卸在指定地点。

采装工作所用的设备类型很多，主要有挖掘机（包括单斗机械铲、拉铲、多斗铲）、装载机、铲运机以及推土机和螺旋钻等。图 7 -1 为单斗机械铲实物图。

图 7 -1　机械铲实物图

采装工作是露天矿全部生产过程的中心环节，其工艺过程和生产能力在很大程度上决定了露天矿的开采方式、技术水平、矿床开采强度及矿山的总的经济效益。采装工艺的理论基础是岩石的可挖性。改善采装工艺的关键，是使采装设备的选型与采装工作曲线参数互相适应，主机和辅助作业设备的良好匹配。

7.1　岩石的可挖性

岩石的可挖性是指岩石可挖掘的特性，它是一个受多因素影响的岩石铲挖阻力的总概念。根据被挖岩石的状态可分为原岩的可挖性与经爆破破碎后岩石的可挖性。通常，金属露天矿挖掘的岩石是经过爆破破碎后的岩块，采掘工作在生产中按采掘带分区段进行。

采装设备、铲挖工具的挖掘阻力值 F_s 取决于被爆岩石的松散程度、块度大小以及岩块的强度和容重。松散系数 k_s 由 1.4 ~1.5 下降至 1.05 时，F_s 值从（0.5 ~1.0）×10^2 kPa 增大至（7 ~9）×10^2 kPa，当岩石的容重 γ 和块度 d_p 增加时，F_s 成比例增长。经爆破破碎后的岩石，其可挖性相对指标可按如下经验式确定：

$$W = 0.022\left[A + \frac{10A}{k_s}\right] \tag{7-1}$$

式中：$A=\gamma d_p+10^{-3}\sigma_s$；

k_s——松散系数，取值见表7－1；

d_p——爆堆中岩块的平均尺寸，cm；

γ——岩块容重，N/cm^3；

σ_s——岩石抗剪强度，kPa。

根据W值的大小，可将爆破后岩石的可挖性指标分为10级，见表7－1。根据W值，考虑所采用的采装设备类型、规格及其系数k_l和k_g，确定岩石的实际可挖性指标W_s的计算式为：

$$W_s=k_lk_gW \tag{7-2}$$

式中：k_l——与爆破破碎后的岩石性状及采装设备类型有关的参数，取值见表7－2；

k_g——与采装设备类型及规格有关的系数，取值见表7－3。

表7－1　经爆破后的岩石可挖性分级表

等级	不同块度（按d_p）时的松散系数k_s					可挖性相对指标W
	很小的	小的	中等的	大的	很大的	
Ⅰ	1.05～1.40	1.20～1.45	1.30～1.50	1.50～1.60	–	≤3
	1.10～1.15	1.25～1.30	1.35～1.40	–	–	
	1.20～1.25	1.35～1.50	1.50～1.60	–	–	
Ⅱ	1.01～1.03	1.10～1.15	1.15～1.25	1.25～1.40	1.35～1.60	3～6
	1.01～1.10	1.10～1.25	1.20～1.35	1.30～1.60	1.50～1.60	
	1.10～1.20	1.20～1.40	1.25～1.60	1.35～1.60	–	
Ⅲ	–	1.02～1.05	1.10～1.15	1.15～1.20	1.25～1.30	6～9
	1.01～1.03	1.05～1.15	1.10～1.20	1.20～1.30	1.30～1.50	
	1.02～1.10	1.10～1.20	1.15～1.25	1.25～1.40	1.35～1.60	
Ⅳ	–	1.01～1.02	1.03～1.05	1.10～1.15	1.20～1.25	9～12
	–	1.02～1.05	1.05～1.10	1.15～1.20	1.25～1.30	
	1.01～1.05	1.05～1.10	1.10～1.15	1.20～1.25	1.20～1.40	
Ⅴ	–	–	1.01～1.03	1.05～1.10	1.10～1.20	12～15
	–	1.01～1.03	1.02～1.05	1.10～1.15	1.15～1.25	
	1.01～1.02	1.03～1.05	1.05～1.10	1.15～1.20	1.25～1.30	
Ⅵ	–	–	–	1.03～1.05	1.05～1.15	15～18
	–	–	1.01～1.03	1.05～1.12	1.15～1.20	
	1.01～1.01	1.02～1.05	1.03～1.10	1.10～1.15	1.20～1.25	
Ⅶ	–	–	–	1.02～1.03	1.03～1.08	18～21
	–	–	1.00～1.02	1.03～1.10	1.05～1.15	
	–	1.00～1.03	1.02～1.08	1.08～1.15	1.15～1.20	

等级	不同块度(按 d_p)时的松散系数 k_s					可挖性相对指标 W
	很小的	小的	中等的	大的	很大的	
Ⅷ	–	–	–	1.01~1.02	1.02~1.05	21~24
	–	–	–	1.02~1.08	1.03~1.10	
	–	–	1.00~1.05	1.05~1.12	1.08~1.15	
Ⅸ	–	–	–	1.01~1.05	1.01~1.08	24~27
	–	–	1.00~1.02	1.02~1.08	1.05~1.12	
Ⅹ	–	–	–	1.01~1.02	1.01~1.03	27~30
	–	–	–	1.01~1.05	1.02~1.10	

注：各等级中，第1行为经爆破后的密实岩石 k_s值，第2行为中硬岩石的 k_s值，第3行为坚硬岩石的 k_s值。

表7-2　系数 k_l 的参考取值

采掘设备	当 W 值为如下时的 k_l值			
	≤3	3~6	6~10	11~15
拖拉铲运机	1.25	1.30	1.40	1.60
推土机	1.20	1.25	1.35	1.50
前装机	1.00	1.05	1.10	1.15
单斗挖掘机	1.00	1.00	1.00	1.00
索斗挖掘机	1.05	1.10	1.15	1.25

表7-3　系数 k_g 的参考取值

设备类型及规格	铲斗容积(m^3)或功率(kW)							
机械铲	采矿型				剥离型			
	<2	3~5	8~12.5	16~20	10~20	30~50	80~100	>100
	1.10~1.15	1.00	0.95~0.90	0.90~0.85	0.90~0.85	0.75	0.70	0.65
拉铲	4~6		10~15		20~30		50~100	
	1.00		0.95~0.90		0.85~0.75		0.70~0.60	
前装机	2~3		4~6		7.5~12.5		15~28	
	1.10~1.05		1.00		0.95~0.90		0.90~0.85	
铲运机	3~5		8~12		15~20		>20	
	1.00		0.97~0.93		0.90~0.85		0.80~0.70	
推土机	功率<75 kW		功率100~135 kW		功率150~220 kW		功率>300 kW	
	1.08~1.03		1.00		0.97~0.92		0.90~0.80	

7.2 采掘设备类型

在矿床露天开采中采用各种类型的采掘设备，按功能特征区分为采装设备和采运设备。各种单斗挖掘机即采装设备，铲运机和推土机属采运设备，前装机既是采装设备又是采运设备。

各种采掘设备在技术上的适用性和利用率取决于岩石的可挖性、矿床贮存特点、设备生产能力、露天矿生产规模、挖掘方法、相邻工序的作业设备、采场要素、气候条件和其他因素。

单斗挖掘机按使用方式分为采矿和剥离两种类型。

多电机传动、履带行走的采矿型挖掘机对采掘软岩和任何破碎块度的硬岩($W\leqslant16$)均适宜。对于台阶高度为6～20 m的露天矿，挖掘机铲斗容积一般为2～23 m^3，通常适用于平装车。为上装车设计的具有加长铲杆的采矿型挖掘机，在铲斗容积相同时，较普通挖掘机的技术生产能力低20%～40%。但在运输状况良好、运费降低、露天矿综合指标(工作面推进速度、延深速度等)得到改善时，上装车是有效的。剥离型挖掘机主要用于向采空区倒堆剥离，铲斗容积小于15 m^3时，也可用于上装车。

新型液压单斗挖掘机具有重量轻，易控制，行走快，灵活性大，抗冲击性能好等优点，但液压系统要求精度高、维修复杂，斗容一般为6.5～8 m^3，最大为30 m^3，可直接挖掘硬页岩、砂岩等岩石。

索斗铲依靠挠性吊挂的工作机构可远距离装运岩石。大功率的索斗铲能有效地挖掘软岩及破碎后的岩石($W\leqslant10$)，并移运至卸载地点，也可用于修筑路堤和掘沟等。

前装机是由柴油发动机或柴油机－电动轮驱动、液压操作的一机多能装运设备。其优点是：机动灵活；设备尺寸小；与同样生产能力的单斗挖掘机比较，每立方米铲斗容积所需的金属量少1/6～1/4；制造成本低66%～75%等。铲斗载重能力为4 t的前装机挖掘软岩和破碎后的岩石时($W\leqslant7$)，移运距离小于80～700 m是有效的，适用于生产能力为(100～500)$\times10^4$t/a的露天矿。

铲运机用以挖掘软岩($W\leqslant4$)和经破碎后的中硬岩石($W\leqslant3$)，当运距小于2～3 km时是经济的，目前多用于砂矿。大型拖拉铲运机，特别在基建时期，可用于大型露天矿的剥离工作。其缺点是使用的季节性强，服务期限较短，随运距的增加生产能力急剧下降，岩石块度(大于40 cm)和含水率(大于10%～15%)增大时，其生产能力显著下降。

推土机的特点是机动性好、通行能力强、结构简单，在露天矿广泛用于辅助作业。推土机用作采掘设备时，其采掘效率受岩石可挖性和距离的限制。

7.3 机械铲作业

露天采矿用的机械铲可分为两种类型：剥离型和采矿型。前者主要用于向采空区倒排岩石，其特点是臂架长，勺斗容积大，一般都在10 m^3以上；后者多用于向运输设备装载，一般线性尺寸较小。

7.3.1 机械铲的工作规格

机械铲的主要工作规格，如图7-2所示。

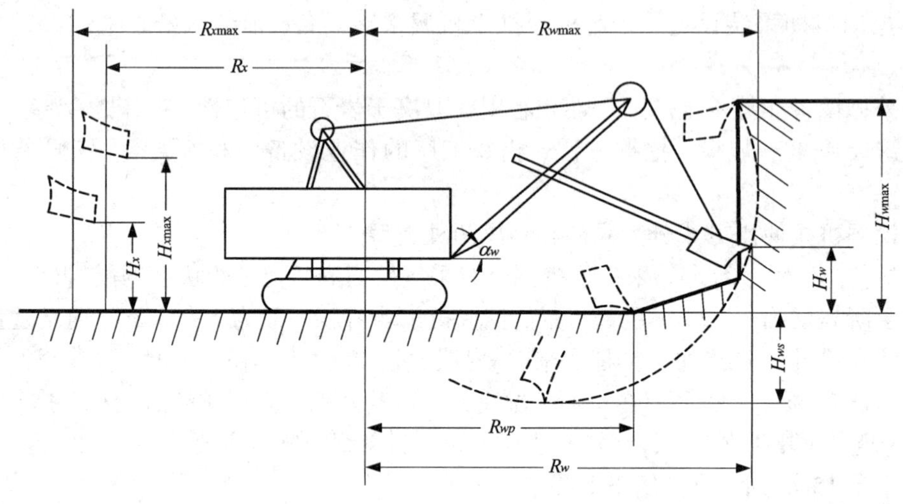

图7-2 机械铲工作规格

(1) 挖掘半径 R_w——由挖掘机回转中心线到勺斗齿顶端的水平距离。斗柄伸出最大时的挖掘半径为最大挖掘半径，以 R_{wmax} 表示；斗齿位于挖掘机站立水平时的挖掘半径以 R_{wp} 表示。

(2) 挖掘高度 H_w——斗齿顶端到挖掘机站立水平的垂直距离。斗柄最大伸出并提到最高位置时的挖掘高度为最大挖掘高度，以 H_{wmax} 表示。

(3) 卸载半径 R_x——挖掘机回转中心线到卸载中的勺斗中心线的水平距离。斗柄最大伸出时的卸载半径为最大卸载半径，以 R_{xmax} 表示。

(4) 卸载高度 H_x——指卸载勺斗开启时，斗底下缘到挖掘机站立水平的垂直距离。最大卸载高度 H_{xmax} 是当斗柄最大伸出并提至最高位置时的卸载高度。

(5) 下挖深度 H_{ws}——勺斗下挖时，斗齿顶端到挖掘机站立水平的垂直距离。

(6) 动臂倾角 α_w——挖掘机动臂与水平面夹角，一般为30°~50°。

7.3.2 工作面类型及作业方式

工作面是指机械铲采掘矿岩的地点。工作面的规格和形状取决于电铲的规格、作业方式和矿岩的特性，可分为尺头工作面、端工作面和侧工作面(图7-3)。一般情况下，端工作面作业时挖掘机的效率最高，因为这时挖掘机的平均回转角不大于90°。尽头工作面用于掘沟或与汽车或胶带运输机配合作业的宽采掘带中。侧工作面作业时，挖掘机的平均回转角在120°~140°之间，由于工作面宽度小，运输线路需要经常增铺或移设，致使挖掘机效率下降，因此应用不多；但可在特殊条件下，如选采时采用。

机械铲的作业方式，按与运输设备的相对位置分为平装车[图7-4(a)]、上装车[图7-4(b)]、倒堆[图7-4(c)]和联合装车四种。平装车时挖掘机和运输设备位于同一个

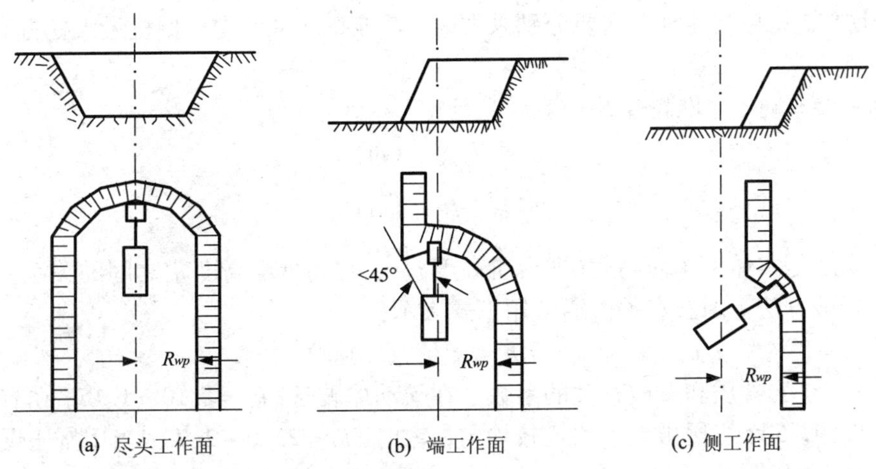

图 7-3 机械铲工作面的形式

水平上；上装车指运输设备高于挖掘机的站立水平，上装车和平装车结合构成联合装车；倒堆时没有运输设备，由挖掘机直接将矿岩倒至适当地点。

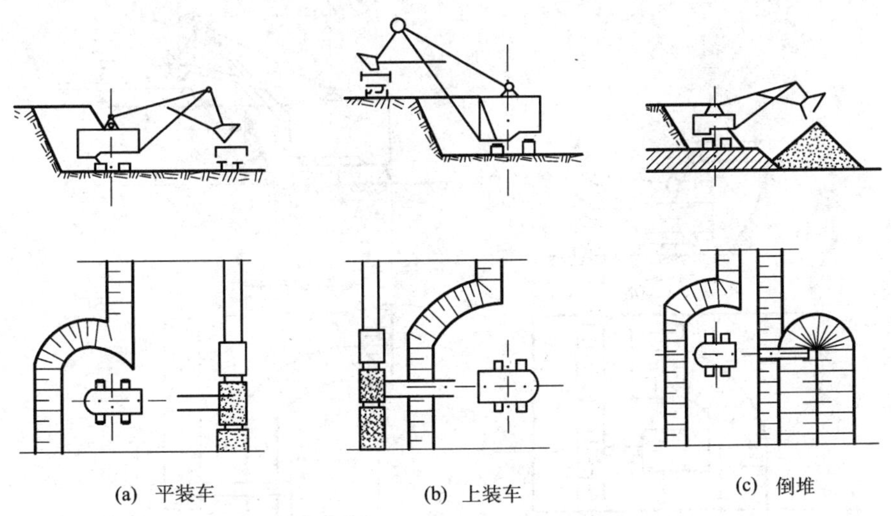

图 7-4 机械铲端工作面的作业方式

7.3.3 机械铲工作面参数

挖掘机工作面参数包括：工作面高度 h_t、采掘带宽度 a、爆堆宽度 b_d 等。这些参数的确定，与挖掘机规格及工作面条件有关，见图 7-5 和图 7-6。

7.3.3.1 **工作面高度 h_t 的确定**

在采掘不需爆破的软岩时，为保证满斗，工作面高度不应小于挖掘机推压轴高度 H_r 的三分之二；为保证安全，工作面高度不应大于最大挖掘高度 H_{wmax}。

在采掘矿岩的爆堆时，爆堆的高度一般不应大于挖掘机最大挖掘高度 $H_{w\max}$。但当爆堆矿岩松碎、均匀、无粘结性且不需要分别采掘时，爆堆高度可以是挖掘机最大挖掘高度的1.2~1.3倍。

当采用平装车时，爆堆高度 h' 一般应满足：

$$h' \leqslant H_{w\max} \quad (\mathrm{m}) \tag{7-3}$$

$$h' \geqslant \frac{2}{3}H_r \quad (\mathrm{m}) \tag{7-4}$$

工作面高度是实体工作面高度（即台阶高度 h_t），它和爆堆高度 h' 之间的关系，与被爆矿岩的性质和爆破方法等因素有关。通常用下式表示：

$$h_t = k_b h' \leqslant k_b H_{w\max} \quad (\mathrm{m}) \tag{7-5}$$

式中：k_b——与矿岩性质和爆破有关的系数。在松动爆破时：$k_b=1.10\sim1.15$；在有一定抛掷时：$k_b=1.20\sim1.50$；当爆破无大块且较均匀松散时：$k_b=2.50\sim2.70$；当用挤压爆破时可能出现 $k_b<1$。

有些露天矿为了减少爆破后电铲扫道时间，通常控制爆堆宽度和爆堆形状，爆堆高度往往较高（特别是大区多排微差爆破）。另外，掘沟爆破因受挤压作用，爆堆高度也较大，挖掘时可与推土机配合，降低挖掘高度，确保电铲作业安全。

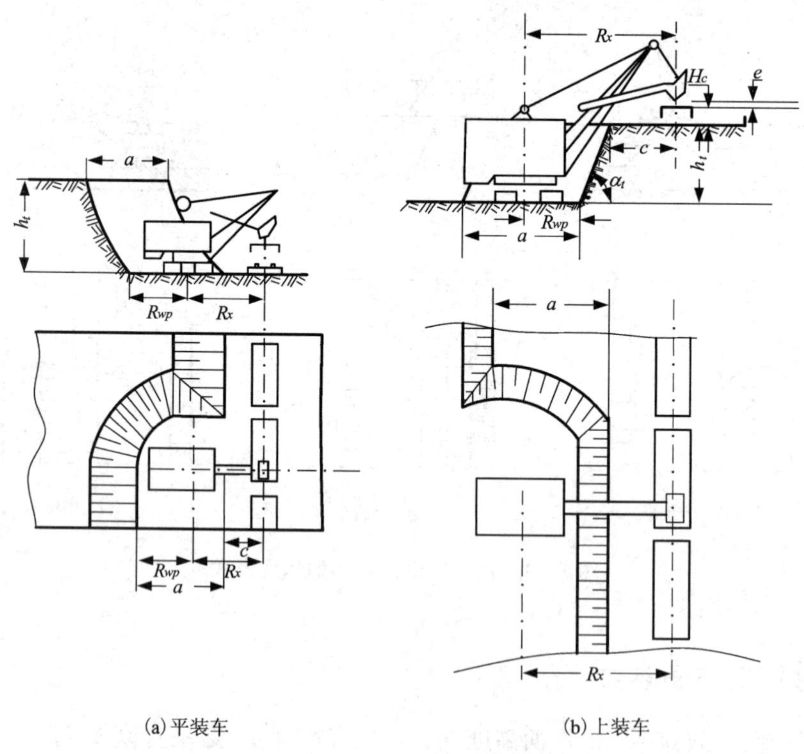

(a) 平装车　　(b) 上装车

图7-5　软岩挖掘工作面

我国多数露天矿的实践表明，当采用勺斗容积为3~4 m³的电铲采装时，工作面高度以8~12 m为宜。

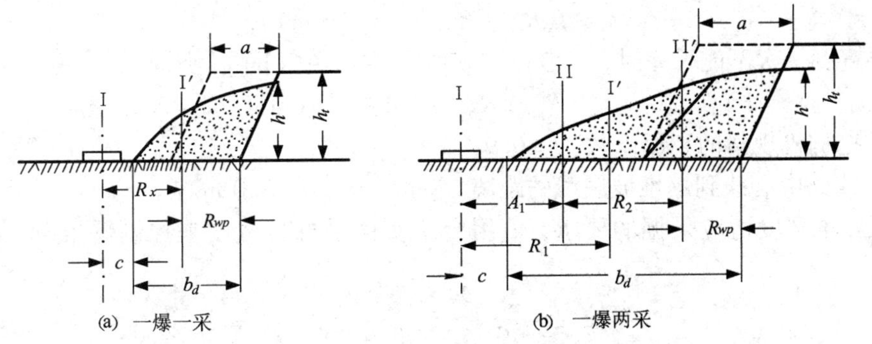

图 7-6 爆堆的采掘工作面

当用上装车时，工作面高度 h_t 为：

$$h_t = H_{x\max} - H_c - e \text{ (m)} \tag{7-6}$$

式中：H_c——自运输设备堆装的物料上缘到运输线基底水平的垂直距离，m；

e——卸载时斗底下缘和运输设备堆装的物料上缘之间的安全间距，m；一般 $e=0.5\sim1.0$ m。

上装车时，h_t 值的确定还要考虑挖掘机的卸载半径。可按下式计算：

$$h_t = (R_{x\max} - R_w - c)\tan\alpha_t \quad \text{(m)} \tag{7-7}$$

式中：c——线路中心线到台阶坡顶线或坡底线的安全距离，一般为 2.0 ~ 3.0 m；

α_t——台阶坡面角，°。

因此，上装车所能达到的工作面高度为式(7-6)和式(7-7)计算结果的较小值。

7.3.3.2 采掘带宽度 a 的确定

在采掘硬度系数 $f\leqslant3$ 的软岩石时，不需要进行爆破，采掘带宽度可按下式确定：

$$a = (1.0\sim1.7)R_{wp} \quad \text{(m)} \tag{7-8}$$

合理的采掘带宽度取 $R_{w\max}$ 为宜。表 7-4 为不同型号挖掘机在端工作面条件下采掘软或密实岩石时的主要参数。

表 7-4 几种机械铲的工作面参数

电铲斗容	最大挖掘半径 $R_{w\max}$	工作面高度 h_t	采掘带宽度 a	挖掘机中心线位置	
m^3	m	m	m	到坡底线/m	到坡顶线/m
3 ~ 4.6	14.5	10	13	6.1	6.9
5	15.0	10.5	14	6.6	7.4
8	17.5	12.5	17.5	8.3	9.2
12.5	22.5	15.5	22	9.0	13.0

7.3.3.3 爆堆宽度 b_d 的确定

如图 7-6 所示，挖掘机在矿岩爆堆中采掘时有两种情况：

爆堆宽度可以一次采完，作一爆一采[图7-6(a)]，此时爆堆宽度 b_d 值应为：

$$b_d \leqslant f(R_{wp} + R_{x\max}) - c \quad (\text{m}) \tag{7-9}$$

当爆堆宽度一次不能采完时，一般作一爆两采[图7-6(b)]，此时：

$$b_d \leqslant f(R_{wp} + R_{x\max}) + a - c \quad (\text{m}) \tag{7-10}$$

式中：f——挖掘机规格的利用系数，$f \leqslant 0.9$；

c——线路中心线到爆堆坡底线的距离，一般 $c = 2.0 \sim 3.0$ m。

为保证爆堆宽度适应采掘的要求，可用台阶实体采掘带宽度来控制爆堆宽度，其关系如下：

$$b_d = 2k_s a \frac{h}{h'} - \varepsilon_d a \quad (\text{m}) \tag{7-11}$$

或

$$a = \frac{b_d}{2k_s \dfrac{h}{h'} - \varepsilon_d} \quad (\text{m}) \tag{7-12}$$

式中：k_s——矿岩在爆堆中的松散系数；

ε_d——爆堆形状系数，与矿岩性质和爆破性质有关。

坚硬矿岩爆堆呈三角形[图7-7(a)]，$\varepsilon_d = 0$；较软矿岩爆堆呈梯形[图7-7(c)]，$\varepsilon_d = 1$；中硬矿岩爆堆介于两者之间[图7-7(b)]，$0 < \varepsilon_d < 1$。

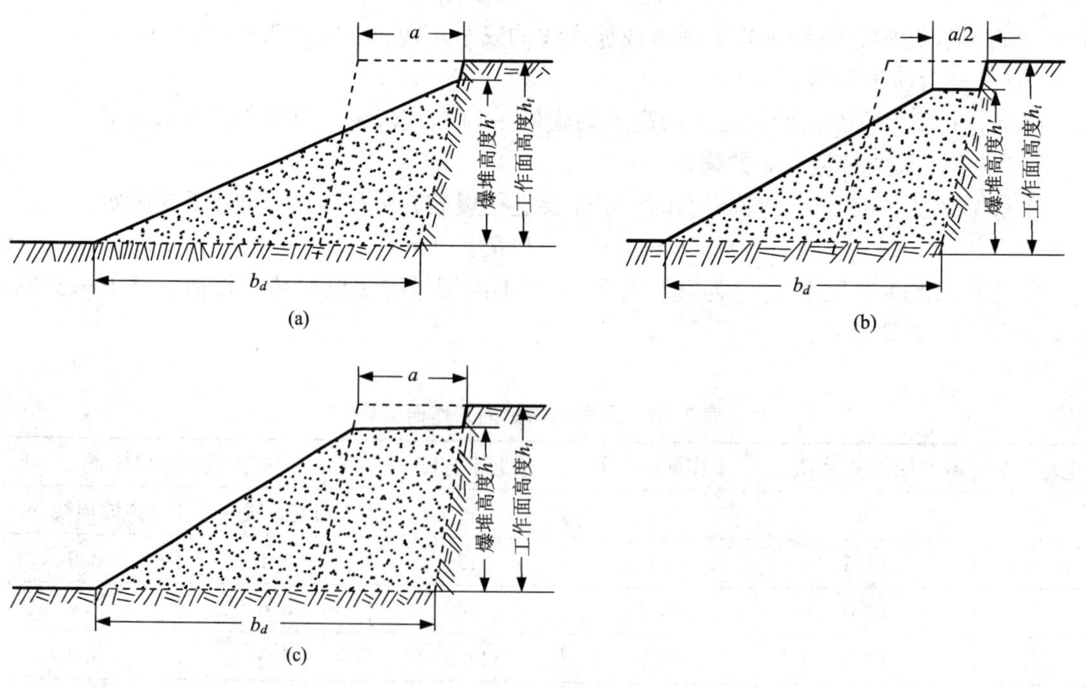

图7-7　爆堆断面形状和有关参数

(a)坚硬矿岩；(b)中硬矿岩；(c)较软矿岩

松散系数与爆破对岩石的松碎程度有关，而且爆堆的各个部位也有所不同。例如，在多排孔爆破时，爆堆中第2～3排位置的松散系数可比第一排孔位置低8%～10%；相应地4～5排降低12%～15%；第6～8排降低20%～30%。挤压爆破时，爆堆上部的松散系数可达1.30～1.50，而中部为1.12～1.20，下部为1.03～1.09，式7－11、式7－12中k_s取平均值。

当采用上装车时，

$$b_d \leqslant 1.7R_{wp} \quad (7-13)$$

7.3.3.4　**机械铲向汽车和胶带装载时采掘带宽度确定**

汽车运输时，机械铲和汽车的相互位置比较灵活，因此必要时可以采用比铁道小的采掘带宽度。例如，当挖掘机勺斗容积为4～5 m³时，可取采宽$a=5\sim9$ m。也可为了增大矿岩的一次爆破量，选用很宽的采掘带(40～60 m)。图7－8为宽采掘带岩石爆堆中的挖掘机作业方式。可以看出，为采掘宽采掘带，挖掘机或横向作"之"字形移动[图7－8(a)]，或与工作线垂直站立，在采掘中作穿梭式行走[图7－8(b)]。

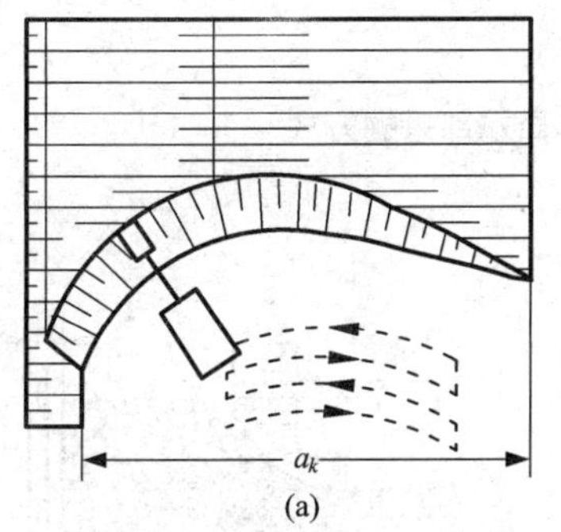

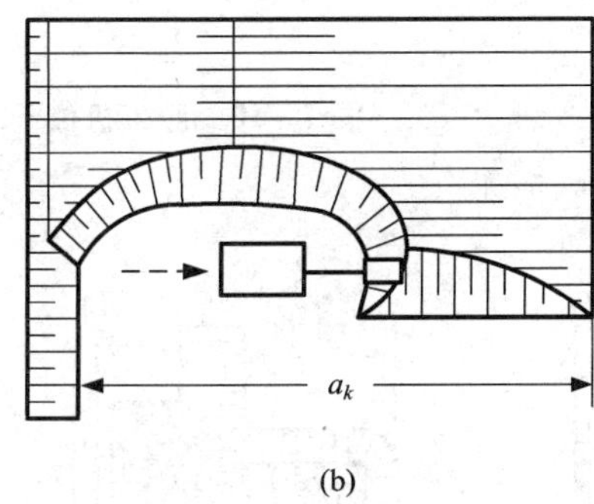

图7－8　汽车运输宽采掘带作业方式

汽车运输时，应尽量使汽车位于挖掘机装车回转角小的地方，并且最好位于挖掘机的右侧，以便司机在装车时瞭望。严禁勺斗由汽车驾驶室上方经过，以保证人、车安全。

当工作面采用胶带输送机运输时，挖掘机需经过漏斗给料机卸载，遇有不合格的大块岩石时，需经过移动式破碎机破碎后再卸入胶带。

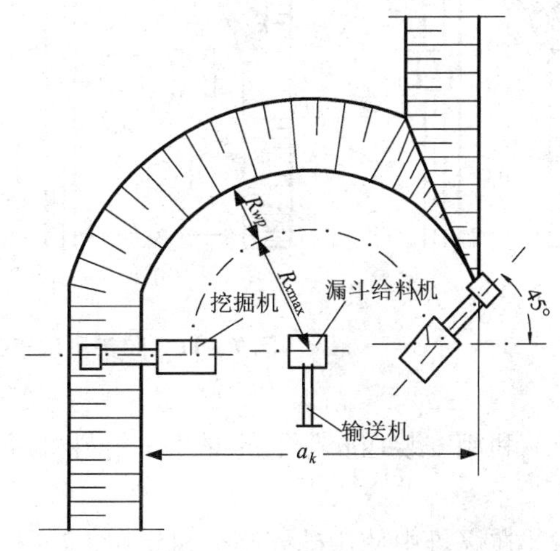

图7－9　软岩工作面向胶带输送机装载

上述条件下挖掘机也可在宽采掘带中作业，软岩采装工作面的一种作业方式如图7－9所示，其中漏斗给料机位于工作面尽头的中部，挖掘机沿弧线移运进行装载，软岩中宽采掘带的宽度a_k为：

$$a_k = 2R_{x\max} + 1.7R_{wp}(\text{m}) \quad (7-14)$$

在爆堆中，机械铲和胶带运输机配合作业如图7－10和图7－11，主要包括以下方式：

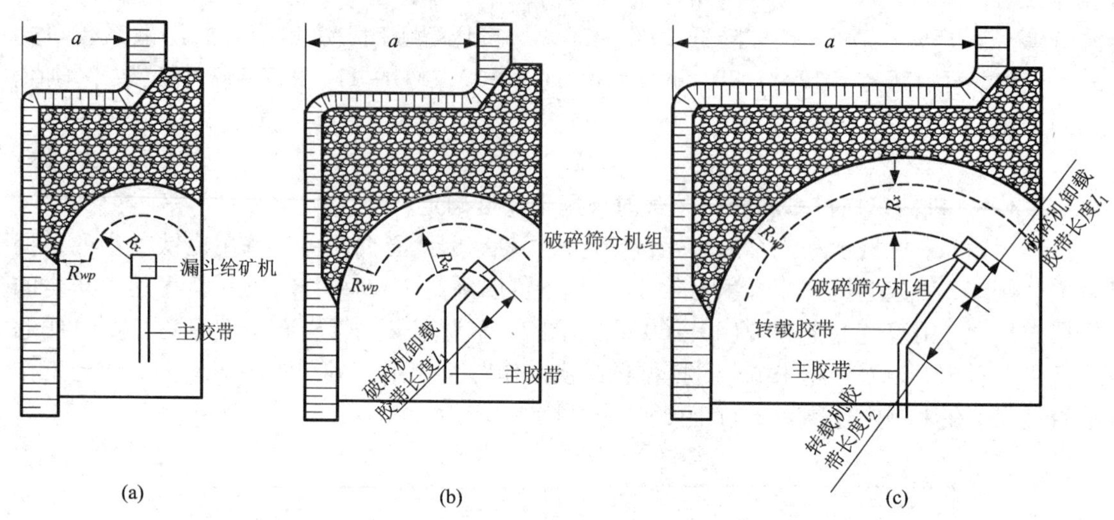

图7－10 胶带机位于工作面端部采掘方式

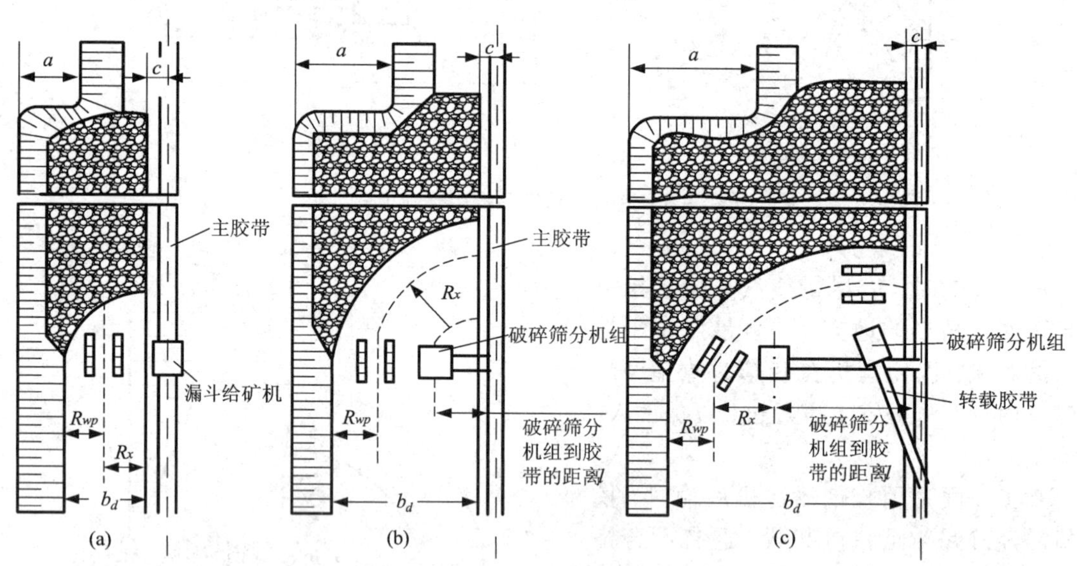

图7－11 胶带机位于工作面侧面的采掘方式

（1）利用安装在胶带上的漏斗—给料机[图7－10(a)和图7－11(a)]，其特点与图7－9相同；

（2）在爆堆中使用破碎筛分机组[图7－10(b)和图7－11(b)]；

（3）利用自动漏斗给料机或破碎筛分机组与转载机配合装载[图7－10(c)和图7－11(c)]。按图7－11(c)中方式进行采装时，爆堆宽度可为：

$$b_d=(1-0.05k_f)R_{wp\max}+1.6R_x \quad (\mathrm{m}) \tag{7-15}$$

式中：k_f——考虑矿岩挖掘困难程度的系数。

k_f 值与挖掘机铲斗挖掘时的切片宽度和挖掘深度有关，且与矿岩的性质和结构有关。W－4电铲工作时的 k_f 值如表 7－5 所示。

表 7－5　W－4 电铲工作时切片宽度与 k_f 值的关系

岩　石	结　构	不同切片宽度时的 k_f 值/(kg · m^{-2})			
		200/cm	100/cm	50/cm	25/cm
中砂岩	块状	5.1	5.7	6.7	7.4
混岩	有裂隙块状	7.3	10.4	12.9	14.5
粉砂岩	有裂隙块状	6.9	10.0	12.9	14.5
褐煤	层状	5.5	6.1	7.3	8.4

当按图 7－10(b)进行采装时，因破碎筛分机组带有卸载悬臂，采宽允许加大。

为了不降低挖掘机的生产能力，在不同性质的岩石中 b_d 值可按以下算式分别计算：

在Ⅰ～Ⅲ级爆破岩石中，

$$b_d = R_{wp\max} + 0.8R_x - c \quad (\mathrm{m}) \tag{7-16}$$

在Ⅳ～Ⅶ级爆破岩石中，

$$b_d = (1 - 0.05k_f)R_{wp\max} + 0.8R_x - c \quad (\mathrm{m}) \tag{7-17}$$

式中：c——胶带运输机中心线到爆堆坡底线的安全距离，一般为 4 m。

7.3.4　工作平盘配线及列车入换

采掘设备和运输设备的效率，在某种程度上取决于工作平盘上运输线路的配置方式(配线方式)以及列车在工作面的入换组织。列车的入换是指空载列车进入换时间，以 t_r 表示。挖掘机装载时间 t_z 所占工作时间的比重，与入换时间 t_r 有着直接的关系。在不考虑入换以外欠车条件下，这一关系可用下式来表示：

$$\eta_k = \frac{t_z}{t_z + t_r} = \frac{1}{1 + \frac{t_r}{t_z}} \tag{7-18}$$

η_k 叫空车供应率。由上式可以看出，在 t_z 不变的情况下，入换时间 t_r 越大，空车供应率越低。为充分发挥挖掘机的生产能力，应尽可能缩短入换时间，以提高空车供应率 η_k 值。

入换时间 t_r 的大小，主要取决于列车的运行速度、工作线长度和工作平盘配线方式等。而工作线长度和行车速度在一定条件下变化是较小的，因此 t_r 的大小主要与工作平盘的配线方式有关。

露天矿常用的配线方式与全矿运输系统有关。如，阜新某露天矿采用非工作帮固定折返坑线，使工作帮平盘形成环形线路运输系统；抚顺某露天矿采用工作帮移动坑线，使工作平盘形成折返线系统等等。

工作平盘上典型的配线方式(图 7－12)，按平盘上的线路数可分为：

① 单线[图 7－12(a)，(b)，(d)，(e)]；

② 双线[图 7－12(c)，(f)，(g)]。

按工作平盘的采区数目分为：

① 单采区[图7－12(a)，(d)]；

② 多采区[图7－12(b)，(c)，(e)，(f)，(g)]。

按空重列车的运行方向可分为：

① 单出口[图7－12(c)，(f)]；

② 双出口[图7－12(g)]。

在不同的平盘配线方式下，列车的入换时间也不同。图7－12(a)是最简单的配线形式：单线单采区空重车对向运行。此方式多用于台阶不太长的中小型露天矿或大型露天矿的深部水平及狭窄地区。这时，入换时间与挖掘机的工作位置有关：当挖掘机位于采区始端时，运行距离短，入换时间 t_r 最小；在采区的末端作业时，运距最长，t_r 值也最大，其平均值为：

$$t_r = 120\left(\frac{l_0}{v_0} + \frac{0.5 l_g}{v_c}\right) + 2\tau \quad (\text{min}) \tag{7-19}$$

式中：l_0——采场入换站到工作线起点的距离，km；

l_g——台阶工作线长度，km；

v_0——列车在 l_0 区段的运行速度，km/h；

v_c——列车在台阶移动线上的运行速度，km/h；

τ——列车进出工作面的联络时间，min。

图7－12(b)所示配线方式除为两个采区外，其他条件与图7－12(a)相同。该配线方式两采区列车入换会出现相互影响，在离入换站较远的采区列车装车完成后，可能因较近采区中列车仍在装车而等待放行，从而引起挖掘机停顿，故这种配线方式目前较少应用，但当平盘宽度较小而不得已时也可采用。

图7－12(c)为双线多采区空重车对向运行的配线形式。除平盘上有行车线外，各采区都各自设采掘线。该配线方式在工作台阶较长的露天矿很适用。但因平盘为双线，要求平盘有较大的宽度。各采区的平均入换时间可分别按下式计算：

第一采区

$$t_r^{(1)} = 120\left(\frac{l_0}{v_0} + 0.5\,\frac{l_c}{v_c}\right) + 2\tau \quad (\text{min}) \tag{7-20}$$

第二采区

$$t_r^{(2)} = 120\left(\frac{l_0}{v_0} + \frac{1.5 l_c}{v_c}\right) + 2\tau \quad (\text{min}) \tag{7-21}$$

$$\cdots$$

第 n 采区

$$t_r^{(n)} = 120\left(\frac{l_0}{v_0} + \frac{(n-0.5) l_c}{v_c}\right) + 2\tau \quad (\text{min}) \tag{7-22}$$

式中：n——采区的顺序数；

l_c——采区的长度，km。

为使各采区入换互不影响，各采区列车的入换时间和挖掘机装车时间应保持如下关系：

$$t_z^{(x)} = \sum_{i=1}^{n} t_r^{(i)} - t_r^{(x)} \quad (\text{min}) \tag{7-23}$$

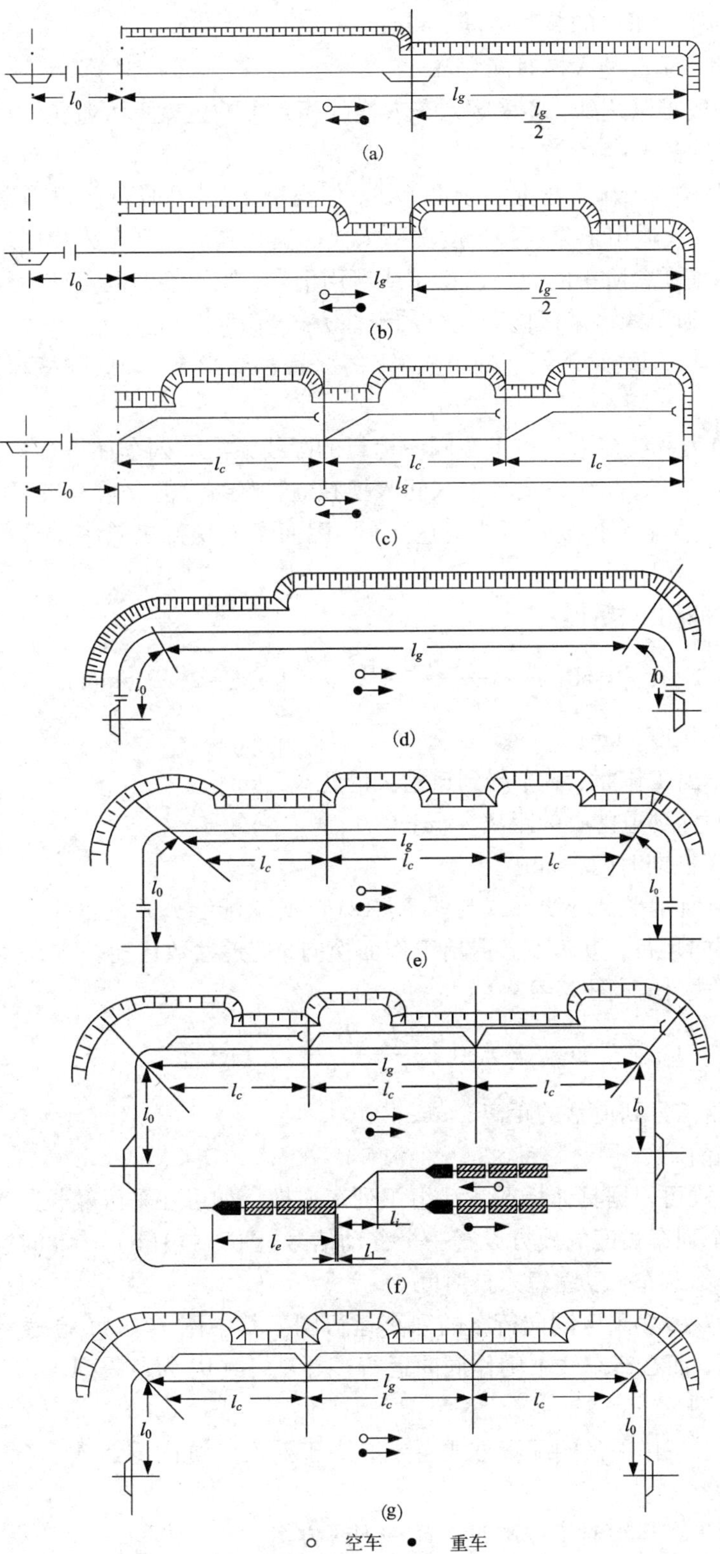

图 7－12 工作平盘配线方式

式中：$t_z^{(x)}$——为第 x 采区的装车时间，min；

$t_r^{(x)}$——第 x 采区的入换时间，min。

上述关系一般难以达到，各采区列车入换的相互影响也就不可避免。因此同一平盘的采区数不宜太多，最多3～4个。

图7－12(d)中，工作平盘上虽只设单线，但空重车为同向运行，工作线两端都与干线相连接，这种配线方式适用于深度和长度都不太大的露天矿，其列车入换时间与单线采区对向运行时相同。如果在台阶中间设一入换站或专用信号，则入换时间可减少一半甚至更多。

图7－12(e)为单线多采区同向运行的配线方式。其特点是平盘窄，线路少，无道岔，架线方便，便于移设，但线路任何一处出故障，各采区都受影响，因此除特殊情况外，一般不采用。

图7－12(f)为双线多采区空重车同向运行的配线方案。列车在行车线上空重车同向，在采掘线上则对向。这种配线方式各采区间入换独立性较强，但要求有较宽的工作平盘，道岔多，架线复杂，且在采区相接处不能装整排车，因而影响挖掘机效率。这种方式在大型露天矿应用最普遍。

列车入换时间用下式计算：

$$t_r = 60[\frac{l_0}{v_0} + \frac{2(l_e + l_l) + l_i + l_c}{v_c}] + t_1 + 2\tau \quad (\text{min}) \qquad (7-24)$$

式中：l_e——列车长度，km；

l_l——列车出工作面后，车尾到道岔尖的距离，km；

l_i——警冲标到道岔心的距离，km；

t_1——列车换向时间，min。

图7－12(g)所示平盘配线方式与图7－12(f)所示配线方式的区别，只是列车在采掘线上也是空重车同向运行，重车不必退出工作面换向，但道岔数比前一方式多一倍，移设不便。其入换时间用下式计算[图7－13(a)]：

$$t_r = 60\frac{l_c + l_e + l_l + l'}{v_c} \quad (\text{min}) \qquad (7-25)$$

式中：l'——进路信号到道岔的距离，km；

其他符号同前。

这种配线方式可根据具体情况灵活组织列车入换。如可在采区较长的情况下，在距离挖掘机1.5～2.0个列车长度的地方设置一个移动信号[图7－13(b)]，此时空车可以在采掘线上等侯进入工作面装车，以缩短入换时间。

图7－14为双线多采区同向行车的列车运行图。其中图7－14(a)表示空重列车在采掘线上作相向运行，而在行车线上则作同向运行；图7－14(b)为空重列车在行车线和采掘线上都是同向的运行图。

汽车运输时，工作平盘的配置方式主要取决于露天矿坑内的运输系统(空重车对向或同向运行)。

图7－15为汽车运输时工作平盘的几种配线方案。

图7－15(a)中空重汽车在台阶工作线作同向运行，汽车在工作面上平行于工作线行驶，不转弯，该方式多用于采掘带宽度窄的情况下。

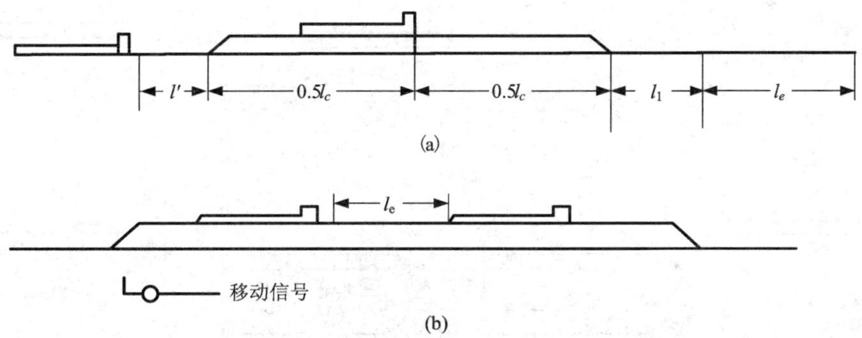

图 7－13　双线多采区同向行车的组织方式

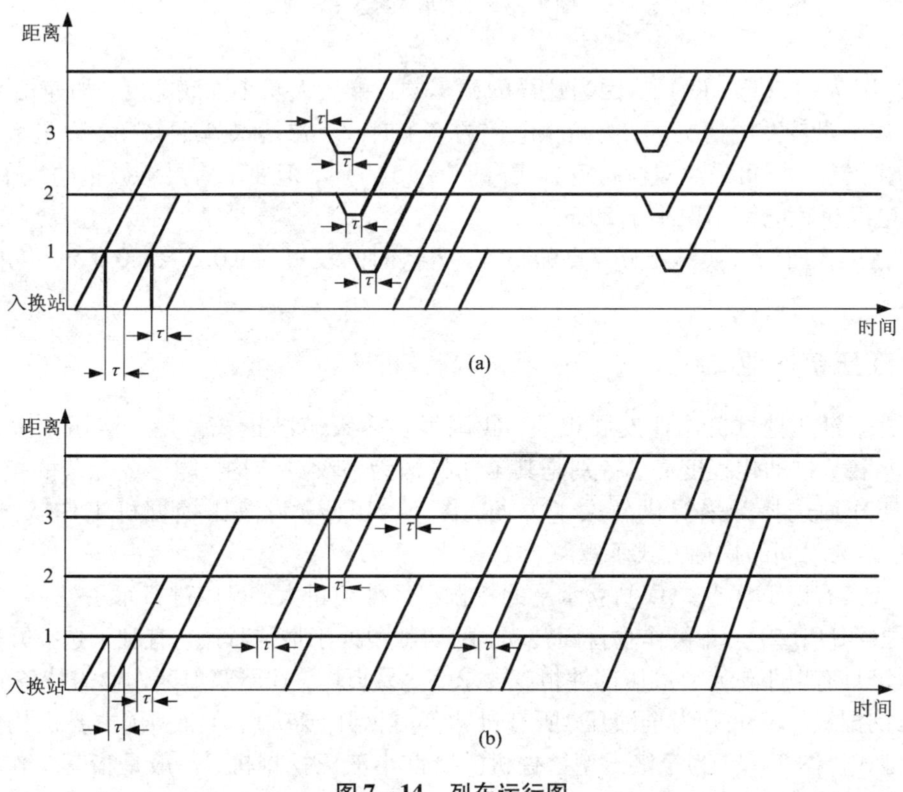

图 7－14　列车运行图

1，2，3 为采区顺序号

图 7－15(b) 中汽车在工作面附近作靠近挖掘机的转弯运行，这可减少挖掘机装车的回转角，在采掘带宽度较大时适用。

当空重车在工作台阶上相向运行时，可用回返式[图 7－15(c)，(d)，(e)]或折返式[图 7－15(f)，(g)]。一般回返式调车入换时间短，但需要较宽的工作平盘。折返式调车则与之相反。在掘沟的尽头工作面入换，一般也可用回返式和折返式两种调车方式，但应用最多的

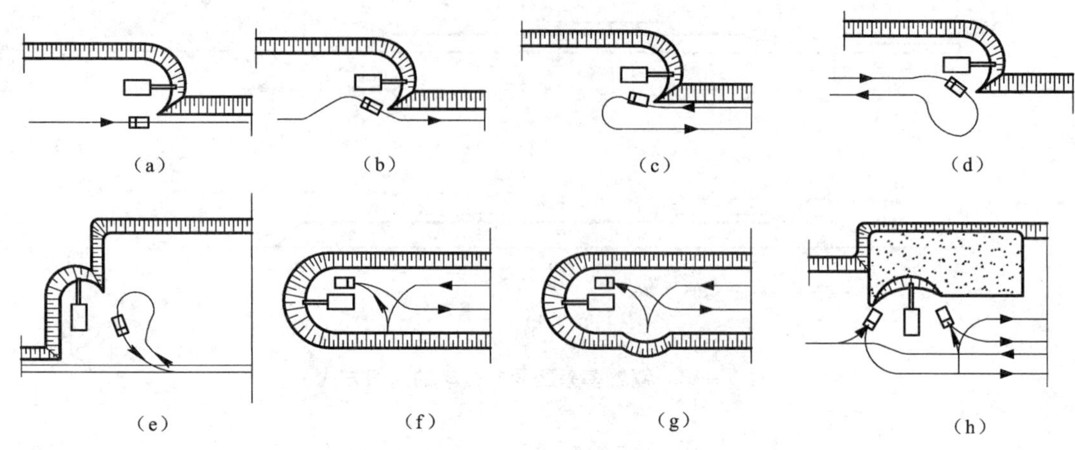

图 7－15　汽车入换方式

是折返式[图 7－15(f)，(g)]，因为这样的调车方式能大大减小沟底宽度，加速掘沟进度。

在工作平盘较宽的情况下，为减少电铲的等车时间和减少装车回转角，以最大限度地发挥电铲的生产能力，可采用双侧折返方式[图 7－15(h)]，但要求有足够数量的汽车，并架设电缆桥，电缆桥距电铲不得小于 50 m。

汽车在工作面的入换不受分界点的影响，入换时间较短，约 0.5～2.0 min，一般在 1 min 之内。

7.3.5　液压铲作业

近年来，液压挖掘机作业发展很快，我国很多露天矿已正式使用。液压挖掘机轻便灵活、工作平稳、自动化程度高，特别是其工作机构为多绞点结构，能形成完善的挖掘和卸载轨迹，为工作面选择开采提供较大了方便，图 7－16(a)为液压挖掘机工作状态示意图，图 7－16(b)为不同的挖掘方式示意。

液压铲具有以下优点：① 站立水平的挖掘半径伸缩量大，可以进行水平挖掘，且能获得较大的下挖深度；② 勺斗可作垂直面转动，使切削角处于最佳状态，有利于选择开采。

液压铲具有以下缺点：液压部件精度要求高，易损坏，在严寒地区作业需特备低温油等。

液压挖掘机一般可分为全液压(所有机构都是液压传动)、半液压(主要机构用液压传动)两种型式。图 7－17 为全液压型挖掘机。所谓半液压挖掘机，一般是指其工作装置为液压传动，而走行、回转等机构为机械传动；也有挖掘机仅个别机构为液压传动，主要用来控制勺斗的转动，以便改善挖掘动作。国内外常用的单斗液压挖掘机的主要型号有：RH—75、RH—170、RH—300、日立 EX400、CE220－6、CE460－5 和 CE400－6 等。单斗液压挖掘机的斗容目前多为 2～8 m^3。

还有一种所谓“超级”机械铲，也属半液压传动挖掘机，如美国马利昂公司制造的 194M 型(勺斗容积 16 m^3)、204M 型(勺斗容积为 19.8 m^3)。

这种液压机械铲的“超级”传动系统，可使推压力和提升力协调一致。在挖掘过程中使勺斗相对于斗杆转动，当挖掘下部工作面时，能保证最大的挖掘力，可达到自身重量的 40%。

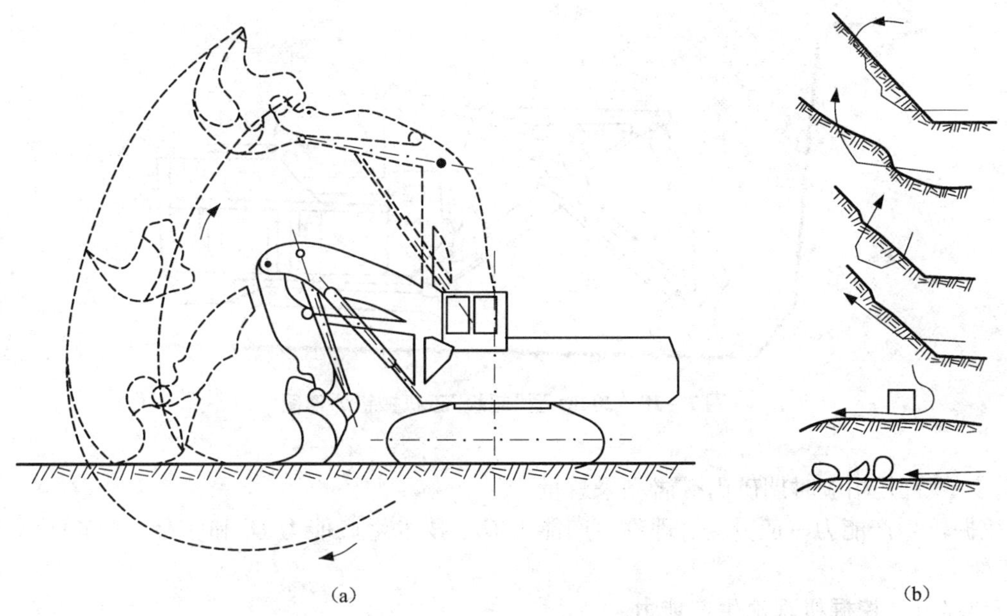

图 7－16　液压铲挖掘机结构示意及其作业方式

图 7－17　RH—170 型液压挖掘机

依靠其特有的两组连杆机构配合动作，可有效地进行选择开采，如图 7－18 所示。

7.3.6　挖掘机生产能力

挖掘机生产能力是露天矿的重要技术经济指标，是确定采掘设备、运输设备以及其他主要设备数量的基础，其在很大程度上影响着矿山生产能力、工人劳动生产率和矿山生产的经济效益等，同时也是分析露天矿生产和组织管理状况的主要因素。露天矿挖掘机生产能力的

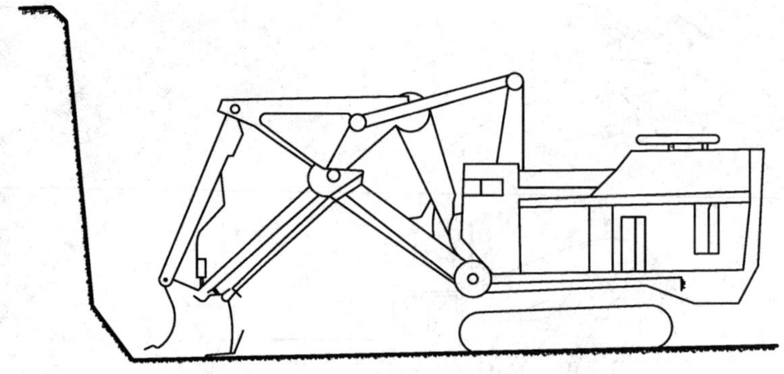

图 7－18　204M 型“超级”正机械铲外形图

总和，一般就是相应时期矿山矿岩剥采总量。

挖掘机生产能力一般分为：理论生产能力 Q_l、技术生产能力 Q_j 和实际（工作）生产能力 Q_w 三种。

7.3.6.1　**挖掘机理论生产能力**

Q_l 只和机械本身的技术条件，如勺斗容积、电机功率、工作机构线性尺寸以及传动速度等有关，是理想条件下（每勺斗完全装满、装卸不间断等）的生产能力，可用下式计算：

$$Q_l = 60nE \quad (\mathrm{m^3/h}) \tag{7-26}$$

或

$$Q_l = \frac{3600}{t_l} \cdot E \quad (\mathrm{m^3/h}) \tag{7-27}$$

式中：E——勺斗容积，$\mathrm{m^3}$；

n——每分钟采装勺斗数；

t_l——挖掘机完成一勺采装的理论周期时间，s。

表 7－6 为挖掘机的工作循环时间推荐值。

表 7－6　挖掘机工作循环时间 t_l 推荐值

挖掘机斗容/$\mathrm{m^3}$	工作循环时间 t_l/s			
	易于挖掘	比较易于挖掘	难于挖掘	非常难于挖掘
1.0	16	18	22	26
2.0	18	20	24	27
3.0～4.0	21	24	27	33
6.0～8.0	24	26	30	35
10.0～12.0	26	28	32	37
15.0	28	30	34	39
17.0	29	31	35	40

7.3.6.2 挖掘机技术生产能力

挖掘机的技术生产能力，是在具体矿山条件下(矿岩性质、工作面规格、装卸条件、技术水平等)，挖掘机进行不间断作业所能达到的生产能力。通常用下式计算：

$$Q_j = \frac{3600E}{t_j} k_w \cdot k_f \quad (\mathrm{m^3/h}) \tag{7-28}$$

式中：t_j——挖掘机完成一勺采装的技术周期时间，s；

k_f——电铲移动、处理大块、选采等因素形成的辅助操作系数，其值为0.90~0.50；

k_w——挖掘系数，也叫实方满斗系数。

$$k_w = \frac{k_m}{k_s} \tag{7-29}$$

满斗系数 k_m 和松散系数 k_s 与矿岩破碎程度、铲斗形式、矿岩块度级配、司机操作水平等因素有关。

表7-7为不同矿岩块度、不同勺斗容积时 k_m 和 k_s 的实际指标，可供参考。

表7-7 系数 k_m，k_s，k_w 实际指标

系数	矿岩块度平均尺寸/cm											
	20			30			40			50		
	勺斗容积/m³											
	3~6	8~10	12~16	3~6	8~10	12~16	3~6	8~10	12~16	3~6	8~10	12~16
k_w	0.79	0.80	0.82	0.74	0.76	0.79	0.66	0.68	0.70	0.50	0.53	0.56
k_s	1.40	1.38	1.35	1.50	1.45	1.40	1.60	1.55	1.50	1.80	1.70	1.60
k_m	1.10	1.10	1.10	1.10	1.10	1.10	1.05	1.05	1.05	0.90	0.90	0.90

在设计或实际工作中，可用挖掘机的技术生产能力来分析和比较具体矿山条件下挖掘设备的利用情况，确定和比较实际生产能力的高低。

7.3.6.3 挖掘机实际生产能力

挖掘机实际生产能力 Q_w 也称工作生产能力，是指具体矿山在某段实际工作时间内，在各种技术和组织因素包括爆破质量、运输设备和其他辅助作业的影响下，挖掘机所能达到的生产能力，是矿山制定挖掘计划的基础。

挖掘机的实际生产能力，一般分为小时、班和日、月以及年生产能力。班生产能力为：

$$Q_w = Q_j \cdot T_b \cdot \eta_b \quad [\mathrm{m^3}/(\text{台班})] \tag{7-30}$$

式中：T_b——挖掘机班工作时间，h；

η_b——班工作时间利用系数，即装车时间与班工作时间之比。

η_b 数值与运输设备的类型、规格、工作面配线方式、空车供应率和内外故障率等因素有关。铁道运输时一般 $\eta_b=0.4\sim0.5$；汽车运输时一般 $\eta_b=0.6\sim0.7$；胶带运输机或机械铲直接倒堆作业时，$\eta_b=0.9\sim0.95$。η_b 值亦可用下式计算：

$$\eta_b = \eta_0 \cdot \eta_1 \tag{7-31}$$

式中：η_0——空车供应率(考虑了欠车时间 t_j)。

$$\eta_0 = \frac{t_z}{t_z + t_r + t_j} \tag{7-32}$$

η_1——受辅助作业和内外障因素等影响的挖掘机时间利用率；

t_j——因空车供应不及时引起的挖掘机欠车时间。

表 7－8 和表 7－9 为阜新某露天矿和抚顺某露天矿的挖掘机时间利用组成资料。

表 7－8　阜新某露天矿装一列车平均时间组成情况(min)

时间利用系数	装车时间	欠车时间	内障时间	移道时间	杂作业时间	其他时间	爆破时间	合　计
0.49	47	31.2	5.5	3	3.7	2	4.6	97

表 7－9　抚顺某露天矿挖掘机时间利用与效率的组成情况(min)

挖掘机	装车时间	欠车时间	外障时间	内障时间	合计	效率/[万 m³/(台·a)]
120B	32	36	14	18	100	70.7
ЭКГ－4	33	30	14	23	100	89.0

由上述公式和表中统计资料可以看出，目前提高挖掘机生产能力的途径，应着重于提高空车供应和减少内外障时间。空车供应率的好坏，除与工作平盘配线有关外，尚与全矿生产管理水平有关。

每台挖掘机的年效率 Q_{wn}，可按下式确定：

$$Q_{wn} = Q_w \cdot m_w \quad [\mathrm{m^3/(台 \cdot a)}] \tag{7-33}$$

或

$$Q_{wn} = Q_w \cdot m_b \cdot \eta_w \quad [\mathrm{m^3/(台 \cdot a)}] \tag{7-34}$$

式中：m_w——挖掘机年实际出勤班数，班；

m_b——挖掘机年日历工作班数，班；

η_w——挖掘机年出动率，%，一般 $\eta_w \geq 80\%$。

表 7－10 是每台挖掘机生产能力推荐参考指标。

上述挖掘机实际生产能力的计算公式，是针对挖掘机在正常工作面和正常生产期间的作业而言。在掘沟(尽头式)工作面或露天矿基建期，挖掘机的生产能力均比上述计算值低。当开挖沟道或在三角掌子面作业时，可用下式计算挖掘机生产能力。

$$Q'_{wn} = k_{n1} Q_{wn} \quad [\mathrm{m^3/(台 \cdot a)}] \tag{7-35}$$

在露天矿基建期，

$$Q''_{wn} = k_{n2} Q_{wn} \quad [\mathrm{m^3/(台 \cdot a)}] \tag{7-36}$$

式中：k_{n1}——挖掘机挖沟能力系数，一般 $k_{n1} = 0.75 \sim 0.85$；

k_{n2}——挖掘机在基建期的能力系数，一般 $k_{n2} = 0.60 \sim 0.70$。

表 7－11 和 7－12 是挖掘机挖沟作业生产指标参考值和特殊条件下作业效率降低参考值。

表 7－10　每台挖掘机生产能力推荐参考指标*

铲斗容积/m³	计量单位	矿岩硬度系数 f		
		<6	8～12	12～20
1.0	m³/班	160～180	130～160	100～130
	万 m³/a	14～17	11～15	8～12
	万 t/a	45～51	36～45	24～36
2.0	m³/班	300～330	210～300	200～250
	万 m³/a	26～32	23～28	19～24
	万 t/a	84～96	60～84	57～72
3.0～4.0	m³/班	600～800	530～680	470～580
	万 m³/a	60～76	50～65	45～55
	万 t/a	180～218	150～195	125～165
6.0	m³/班	970～1015	840～880	680～790
	万 m³/a	93～100	80～85	65～75
	万 t/a	279～300	240～255	195～225
8.0	m³/班	1489～1667	1333～1489	1222～1333
	万 m³/a	134～150	120～134	110～120
	万 t/a	400～450	360～400	330～360
10.0	m³/班	1856～2033	1700～1856	1556～1700
	万 m³/a	167～183	153～167	140～153
	万 t/a	500～550	460～500	420～460
12.0～15.0	m³/班	2589～2967	2222～2589	2222～2411
	万 m³/a	233～267	200～233	200～217
	万 t/a	700～800	600～700	600～650

注：*（1）表中数据按每年工作 300 d、每天 3 班、每班 8 h 作业计算；
（2）均为侧面装车，矿岩体重按 3 t/m³ 计算；
（3）汽车运输或山坡露天矿采剥取表中上限值，铁路运输或深凹露天矿采剥取表中下限值。

表 7－11　挖掘机挖沟作业（正面装车）生产指标参考值

铲斗容积/m³	年台班数/d	电动机车运输/(m³·a⁻¹)	自卸车运输/(m³·a⁻¹)
1.0	700	105000	143500
2.0	700	294000	416000
4.0	700	366000	475000
8.0	700	500000	650000
10.0	700	800000	950000

表 7－12　挖掘机在特殊条件下作业效率降低参考值

挖掘机工作条件	运 输 方 式	作业效率降低值/%
出入沟	机车运输	30
出入沟	汽车运输	10～15
开段沟	机车运输	20～30
开段沟	汽车运输	10～20
选别开采	机车运输	10～30
选别开采	汽车运输	5～10
基建剥离	机车运输	30
基建剥离	汽车运输	20
移动干线	机车运输	10
三角工作面装车	机车运输	10

综上所述可知，提高挖掘机生产能力的因素是多方面的，主要包括：

（1）采用合理的采装方式和工作面规格

实践证明，端工作面平装车时挖掘机效率最易发挥，而侧工作面和尽头式工作面要比端工作面的生产能力下降 15%～40% 左右；工作面太高对挖掘机作业不安全、过低则不易满斗；窄采掘带会增加挖掘机的移动时间，太宽又不能有效铲挖。

（2）合理配置工作面线路和合理调车

采用铁路运输与挖掘机配合作业时，应优化列车调度，合理组织运输，在工作平盘上应合理配设线路，提高线路质量，适当加快运行速度，缩短列车入换时间。采用汽车运输与挖掘机配合作业时，在供车方式上，应注意汽车的停靠位置要尽量减少挖掘机装车时的回转角，缩短汽车在工作面的入换时间，有条件时可在工作面并列两辆汽车，使挖掘机不间断工作。

（3）合格的爆破质量和足够的矿岩爆破储备量

爆破质量对采装作业有很大的影响，从采装作业的角度出发，它要求矿岩爆破后块度应均匀适中、不合格大块少、爆堆不应过高或过散、没有根底和伞岩。若爆破后的矿岩块度大、根底多，将显著增加挖掘的铲取难度和铲取时间，同时影响挖掘机的满斗系数，也增加设备磨损及故障率。另外，应保证爆堆有足够的矿岩储量以减少挖掘设备的频繁移设，提高挖掘机的时间利用率。

（4）配备足够的运输设备，提高空车供应率

（5）提高操作技术，压缩采装周期

通过技术培训，提高挖掘机操作人员的工作水平和熟练程度，提高挖掘机的工作效率与生产能力。

（6）加强设备维修，减少机械故障率

（7）加强各生产环节的配合，减少外障影响

（8）按照具体矿山的实际情况，不断改进坑内运输系统

表7－13和7－14是国内一些露天矿挖掘机的台年生产效率及国外挖掘机采剥作业的台年生产效率。

表7－13 国内一些露天矿挖掘机的台年生产效率

矿山名称	挖掘机斗容/m^3	运输设备类型	矿岩硬度 f	运输距离/km	线路坡度/%	挖掘机综合效率/(万 $t \cdot a^{-1}$)
南芬露天铁矿	10 4 7.6	60～100 t 汽车 27 t 汽车 120 t 电动轮汽车	14～18(矿) 8～12(岩)	1.3 1.5	6～8(下坡)	483.0 284.1 884.1
大孤山铁矿	10 4 7.6	80～150 t 电动机车	12～16(矿) 8～12(岩)	11.6 13.5	2.0(上坡)	306.3 190.7 890.7
东鞍山铁矿	4	80 t 电动机车	12～16(矿) 6～8(岩)	7 7	3.5(下坡)	246.4
眼前山铁矿	4 6.1	80～150 t 电动机车 60 t 汽车	12～16(矿) 8～12(岩)	2 11	2.5(下坡)	391.75 150.25
齐大山铁矿	4	20 t 汽车 80 t 电动机车	12～18(矿) 5～12(岩)	0.67 5.24	8(下坡) 2.2(下坡)	351.0 129.5
歪头山铁矿	4	80 t 电动机车	12～15(矿) 8～10(岩)	1.0 1.3	3.7(下坡)	148.0
大宝山铁矿	4	12～15 t 汽车	4～8(矿) 4～7(岩)	1.0 1.3	3.0(上坡)	76.1
白云鄂博铁矿	4 6.1	80～150 t 汽车	8～16(矿) 6～16(岩)	3.0 4.0	3.5(下坡)	82.3 132.4
大石河铁矿	3 4	80 t 电动机车 27 t 汽车	8～16(矿) 8～10(岩)	1.0 1.6	6～8(上坡)	198.6 202.2
大冶铁矿	3 4	80～150 t 电动机车 32 t 汽车	10～14(矿) 8～12(岩)	1.6 1.57	8(上坡)	101.3 109.7
德兴铜矿	16.8 4	100 t 汽车 27 t 汽车	6～8(矿) 5～7(岩)	0.43 0.91	0(平)	1673.2 88.7
铜录山铜矿	10 4	100 t 汽车 27 t 汽车	6～15(矿) 4～12(岩)	2.1 3.1	6～8(上坡)	485.1 39.3
朱家包包铁矿	4	80～150 t 电动机车 25 t 汽车	12～14(矿) 10～14(岩)	9 8	3.5(下坡)	81.3
海城镁矿	4 1	27 t 汽车 窄轨电动机车	4～8(矿) 4～6(岩)	1.4 1.4	10(下坡)	114.3 37.3
水厂铁矿	4 10	27 t 汽车 80 t 电动机车	12～14(矿) 8～10(岩)	1.0 1.3	7(下坡) 1.5(下坡)	173.2 491.6

续表 7－13

矿山名称	挖掘机斗容/m^3	运输设备类型	矿岩硬度 f	运输距离/km	线路坡度/%	挖掘机综合效率/(万 t·a^{-1})
柳河峪铜矿	4	27 t 汽车	8～12(矿) 8～10(岩)	1.0 1.3	6～8(下坡)	294.9
兰尖铁矿	4	20～27 t 汽车	12～18(矿) 10～16(岩)	1.0 1.3	8(下坡)	212.1
海南铁矿	4 3	80 t 电动机车 32 t 汽车	10～15(矿) 4～10(岩)	3.0 4.4	3.0(下坡)	122.6 69.7
乌龙泉石灰石矿	4 3	80 t 电动机车 20 t 汽车	6～10	2.6 3.5	1.2(下坡) 2.5(下坡)	135.5 124.5
北京密云铁矿	4 2	25 t 汽车 15 t 汽车	10～12(矿) 8～10(岩)	0.6 0.7	8(上坡)	80.0 47.5
金堆城钼矿	4 3	25 t 汽车	6～10(矿) 6～8(岩)	3.0 5.0	6～8(上坡)	50.0 24.4

表 7－14　国外挖掘机采剥作业的台年生产效率*

挖掘机型号	挖掘机斗容/m^3	汽车实际载重量/t	最高台年生产率/(万 t · a^{-1})
120B	3.4	85	200
150B	4.6	85	300
190B	6.1	100	470
экг－4	4.6	75	400
экг－8	8.0	75	1000
280B	9.2	160	1032
P&H2100BL	11.5	116	1679
P&H2100BL	11.5	162	1679
P&H2300	16.8	120	2011
P&H2300	16.8	150	2011

注：* 矿岩硬度系数为 $f=8\sim14$、运距为 0.5～1.0 km。

7.4　拉铲作业

7.4.1　工作规格

拉铲(也称吊斗铲或索斗铲)主要用来挖掘松散的或固结但不致密的松软岩土及有用矿物。在爆破质量较好、块度比较均匀的条件下，也可用拉铲挖掘中硬、甚至硬度很大的矿岩。

拉铲具有很长的臂架，能将挖掘物料自工作面直接排弃到一定距离以外的排卸地点，因此在露天矿场中主要用以进行无运输倒堆以及露天矿浅部的基建工作，亦可配合其他采掘设备进行露天矿深部有用矿物的开采。

拉铲还广泛应用于土方工程(如道路修筑、河床开挖等)和采砂场中。图 7－19 是拉铲的主要结构及工作尺寸示意图。表 7－15 是拉铲主要工作参数及意义。

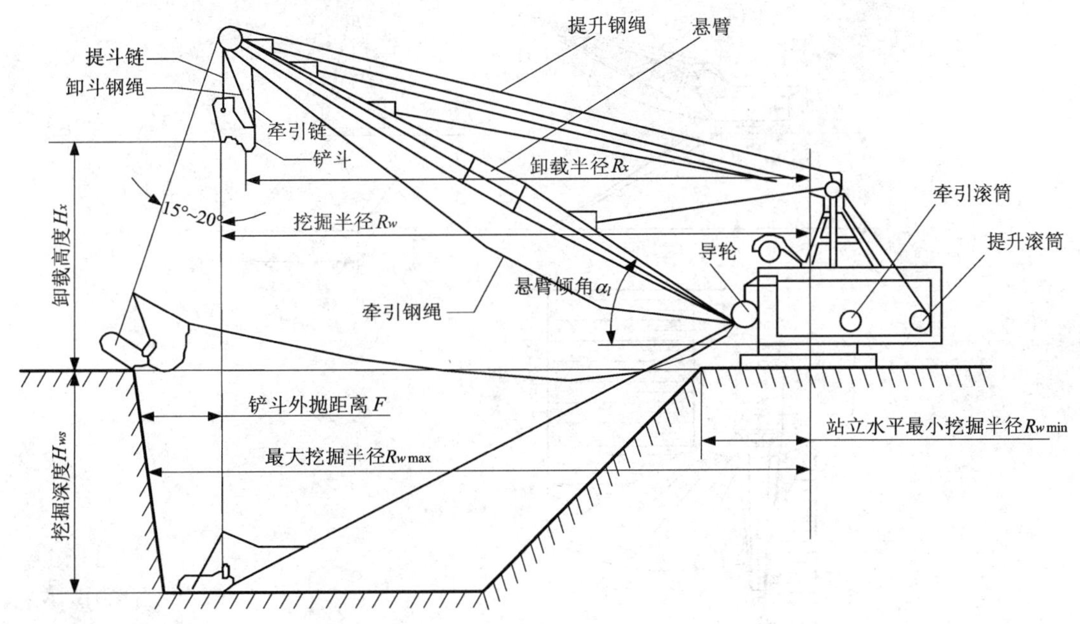

图 7－19 拉铲主要结构及工作尺寸示意图

表 7－15 拉铲主要工作参数及简要说明

工作尺寸	单位	说　　明
挖掘半径 R_w	m	挖掘机回转中心线至铲斗斗齿齿缘间的水平距离
最大挖掘半径 $R_{w\max}$	m	铲斗外抛后,铲斗的回转中心线至铲斗斗齿齿缘间的水平距离,铲斗外抛距离取决于司机技术水平
站立水平最小挖掘半径 $R_{w\min}$	m	拉铲回转中心至工作面坡顶线的最小水平距离,该值取决于台阶的稳定性
卸载半径 R_x	m	拉铲回转中心线至卸载铲斗的水平距离
卸载高度 H_x	m	卸载时铲斗齿缘至拉铲站立水平的垂直距离
挖掘深度 H_{ws}	m	下挖时铲斗齿缘至拉铲站立水平的垂直距离,该值与岩石性质及挖掘方式有关

拉铲的工作规格除取决于设备本身的线性参数和悬臂的倾角外，还与作业方式、挖掘物料性质等因素有关。

7.4.2 作业方式及工作面参数

拉铲的主要作业方式，是拉铲位于台阶顶盘上的可能塌落线以内，铲斗由下而上挖掘站立水平以下的物料(图 7－20)。

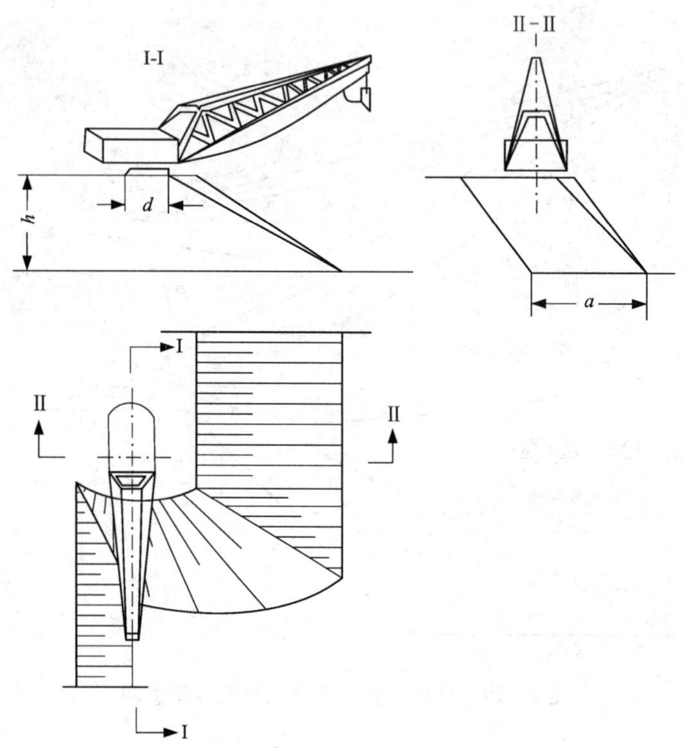

图 7－20 拉铲下挖作业时的工作面形状

采掘带宽度 a 按下式计算：

$$a = R_w(\sin\sigma_1 + \sin\sigma_2) \tag{7-37}$$

式中：σ_1——悬臂中心线相对于拉铲中心线向采空区一侧的回转角度，通常 $\sigma_1 = 30 \sim 45°$；

σ_2——悬臂中心线相对于拉铲中心线向台阶内侧的回转角度，一般 $\sigma_{小}$ 于 30～35°，在设计时为减少拉铲的作业循环时间，提高设备生产能力，通常取 $\sigma_2 = 0°$。

铲斗容积大的拉铲，也可以站在台阶底盘上，铲斗由上而下挖掘站立水平以上的物料(图 7－21)。

上挖作业时，拉铲工作面坡面角一般不大于 20°～25°，以防止因土、岩在挖掘过程中沿坡面滚落而影响满斗。

拉铲上挖时的工作面高度可按式(7－38)计算：

$$h_t \leqslant (0.5 \sim 0.7)H_x \tag{7-38}$$

一般来说，当 h_t 大于 $0.4H_x$ 时，拉铲的生产能力较下挖时低。另外，只有在拉铲铲斗容积大于 10～15 m^3时才能有效地进行上挖作业。

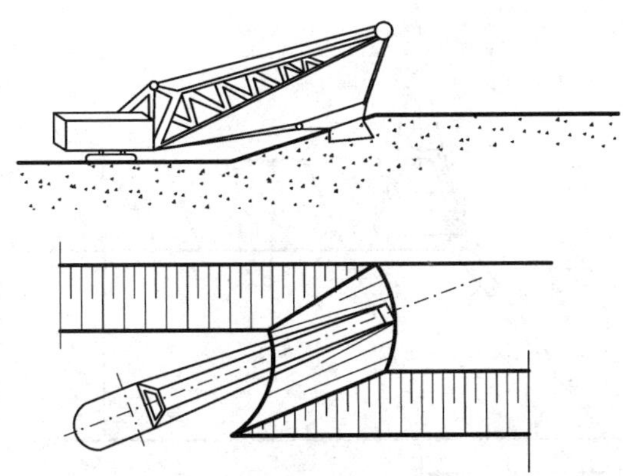

图 7－21 拉铲上挖作业时的工作面形状

为有效地利用大型拉铲的线性参数，加大总的采掘高度，可将拉铲布置在中间平台上，交替进行上挖和下挖作业（图 7－22），该作业方式在无运输倒堆时经常采用。

在某些开采条件下，拉铲也可用来将挖掘物料装载于运输容器中。直接向运输容器（自翻车、自卸载重卡车）装载的拉铲，其铲斗容积一般为 4～15 m^3。此时拉铲通常采用下挖方式，将挖掘物料装载于和拉铲位于同一站立水平的运输容器中［图 7－23（a）］。

采用直接向运输容器装载的作业方式，拉铲采掘带宽度 a 可按下式计算：

$$a = R_x(\sin\sigma_1 + \sin\sigma_2) - (h_t\cot\gamma + g) \tag{7-39}$$

式中：R_x——卸载半径，m，设计时可按挖掘半径计算；

γ——台阶的稳定坡面角，（°）；

g——运输线中心线与假定的稳定坡面坡顶线间水平距离，m。

当 $\sigma_1 = \sigma_2 = 90°$时，拉铲的采掘带宽度达到最大。

拉铲的可能挖掘深度取决于其最大挖掘半径和站立水平的最小挖掘半径以及工作面坡面角 φ，即：

$$H_{ws} = (R_{w\max} - R_{w\min})\tan\varphi \tag{7-40}$$

式中：φ——拉铲工作面坡面角，（°）。

而台阶高度 h_t 应符合下述关系：$h_t \leqslant H_{ws}$。

利用拉铲向运输容器装载时，其单位斗容所能完成的生产能力较相同条件下的机械铲低，但由于不存在物料在作业过程中因重心降低而导致运输费用相对增加的缺点，故在条件适宜时，其总体经济效果可能更好，这点已为前苏联沙尔巴依斯克（сарбаискпн）露天矿的实践所证明（该矿水文地质条件复杂，在开挖开段沟时采用 эщ6/60 型拉铲配合 100 t 自翻车进行装载作业，成本较用 экг－4 型机械铲低 8%～10%）。

铲斗容积和线性参数较大的拉铲，由于受运输容器容积及挖掘机司机直视条件的限制，一般不直接向运输容器装载，而采用先把土岩卸在站立水平的临时排岩堆内，再由其他装载设备向运输容器装载的方式［图 7－23（b）］。采用这种方式时，拉铲的卸载半径应满足下述关系：

$$R_x \geqslant a - 0.5d + l_0 \quad (\mathrm{m}) \tag{7-41}$$

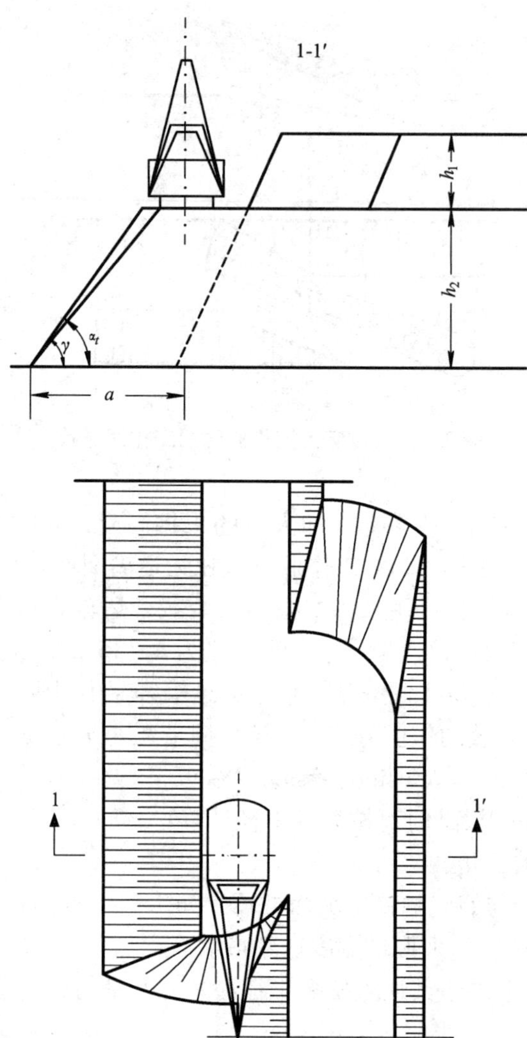

图 7－22　兼上挖和下挖的拉铲工作面形状

式中：d——拉铲的走行宽度，m；

　　l_0——临时排岩堆的坡面宽度，m；该值可按下式计算：

$$l_0 = \sqrt{h_P a k_s \cot\beta} \qquad (7-42)$$

式中：k_s——物料在临时排岩堆中的松散系数；

　　β——临时排岩堆的坡面角，(°)。

如式(7－42)不能得到满足，则应减小拉铲的采掘带宽度。

大型拉铲也可通过转载设备(一般是带有卸载漏斗的矿仓)，将挖掘物料装载到铁道车辆、胶带运输机或水力运输设备中[图 7－23(c)]。

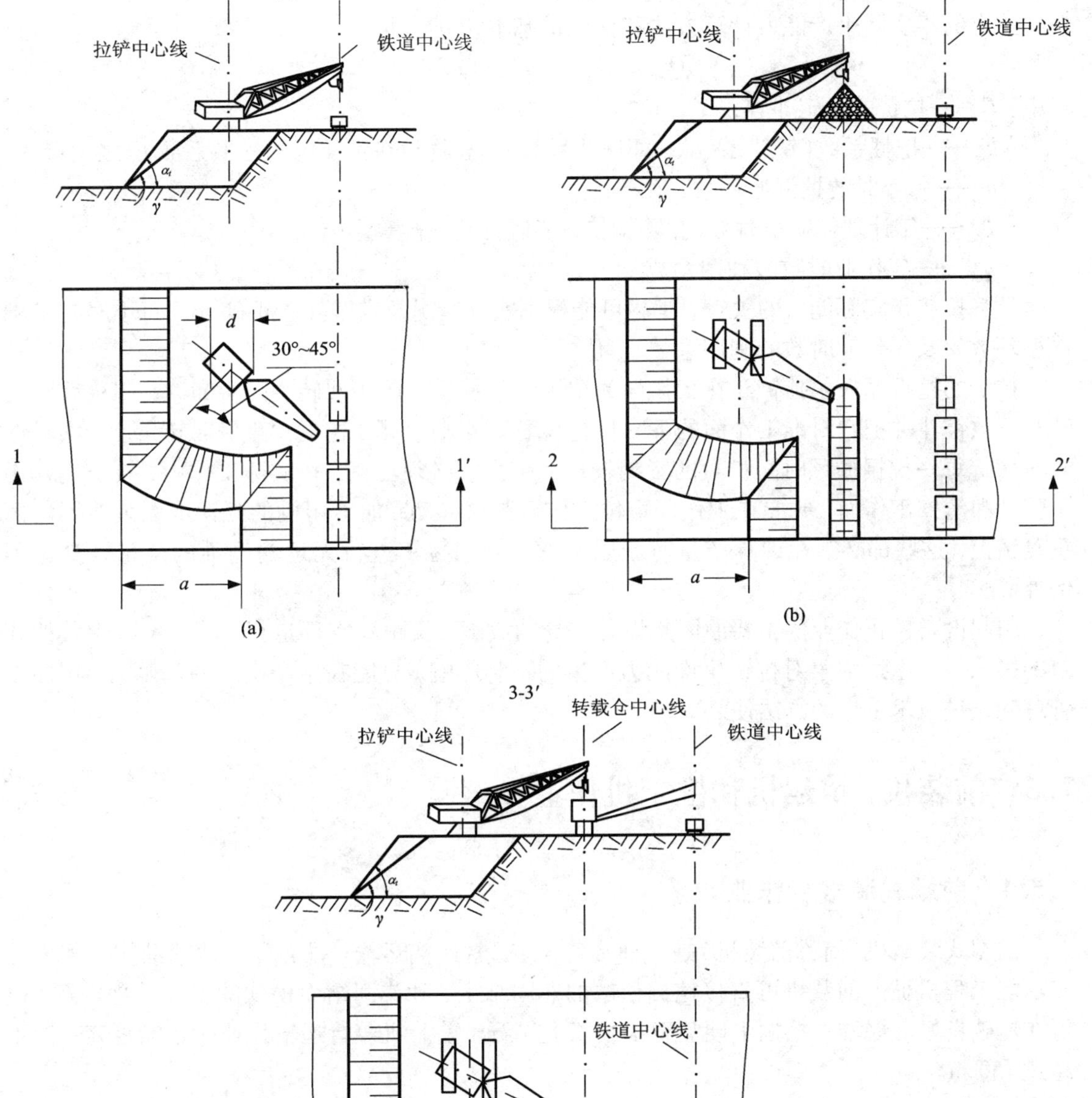

图 7－23　拉铲进行装载作业时的工作面布置

7.4.3 生产能力

拉铲的年实际生产能力计算方法和机械铲基本相同，即：

$$Q_{wn}=Ek_{w}nT_{n}\eta_{oT}\quad (\mathrm{m^3/a}) \tag{7-43}$$

式中：E——拉铲的额定斗容，$\mathrm{m^3}$；

k_w——挖掘系数（铲斗系数），即满斗系数 k_m 和物料在铲斗内的松散系数 k_s 之比；

n——每小时的挖掘循环数，次/h；

T_n——年计划作业小时数（扣除检修、节假日及气候等影响）；

η_{oT}——年作业时数的利用系数。

计算拉铲年实际能力的关键，是尽可能根据实际情况及实践经验正确计算每小时拉铲工作循环数 n 及年作业时数的利用系数 η_{oT} 值。

拉铲的挖掘循环包括铲斗在工作面的拉挖满斗提升、铲斗回转、铲斗卸载、卸载后的反转和下放铲斗并把它对准工作面的下一拉挖位置。实践表明，挖掘深度、回转角度、物料性质对拉铲每一挖掘循环时间长短的影响较机械铲大。必须注意，在实际工作中，拉铲经常用于整理和清扫工作面，并要在工作面定位而作短距离移动，加上司机的延误或因装斗不满而重复铲挖，这些都必须在计算产量时予以考虑。利用拉铲进行无运输倒堆的产量计算也不例外。

引起设备停止作业的主要原因是设备本身的故障、长距离空程走行、工艺系统中其他环节的影响等。上述因素对拉铲生产能力产生的不利影响，只能在生产实践的基础上，用加强管理和改进技术工作的方法使之减轻。

7.5 前装机、铲运机和推土机作业

7.5.1 前端式装载机作业

前端式装载机（简称前装机）是一种具备采装、短距离运输、排弃和其他辅助作业能力的多功能工程机械。前装机可直接挖掘松散的非固结土、砂或固结而松软的土及风化岩石，也可在爆破良好的爆堆中挖掘中硬甚至中硬以上岩石。前装机兼行运输作业时运输距离一般不超过 150 m。

前装机可根据需要装备前卸、后卸或侧卸式铲斗。有的前装机工作部分和走行部分可相对转动 90°，有利于装载工作的顺利进行。这种设备既有采用履带走行的，也有采用双轮或四轮驱动胶轮走行的。虽然同类轮式前装机的挖掘力较履带走行的前装机小，但由于它具有灵活机动、运行速度高、缓坡作业性能较好、维护费用相对较低等优点，因此 80% 以上的前装机都是胶轮的。前装机的动力装置可以是柴油机－电动机组或柴油机－液压装置。目前，国外生产的特大型前装机的功率已达 1500 马力，铲斗容积达 22 $\mathrm{m^3}$；我国也已成批生产一些类型的前装机，最大斗容达 5 $\mathrm{m^3}$。

前装机和斗容相同的机械铲相比，具有机体重量轻（仅为机械铲的 1/6～1/7）、购置价格低、操作简单方便等优点，但生产能力低（仅为机械铲的 1/2）、寿命短，并且要耗费大量昂贵的燃油和轮胎。

在国外，前装机已广泛应用于土方工程和露天矿场内。在一些规模不大的中、小型露天矿中，有可能使用前装机进行采装工作。但前装机的挖掘力及线性参数较小（允许安全作业的台阶高度。一般不大于5～6 m，个别可达10 m左右），限制了它作为主要采掘设备在大、中型露天矿中的应用。

目前，前装机在露天矿场中的作业主要有：配合自卸载重卡车、胶带输送机等进行采掘作业（图7-24）；作为装运卸设备时，可以直接向溜矿井、移动式破碎机的受矿斗以及其他转载设备卸载，布置都应在合理运距范围内，工作面的具体布置（图7-25）；工作场地的准

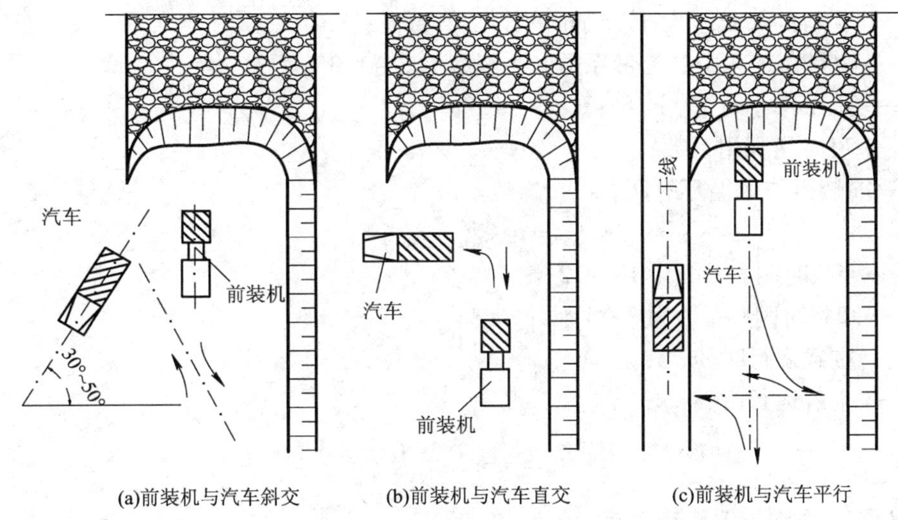

图7-24　前装机与装载汽车配合作业方式示意图

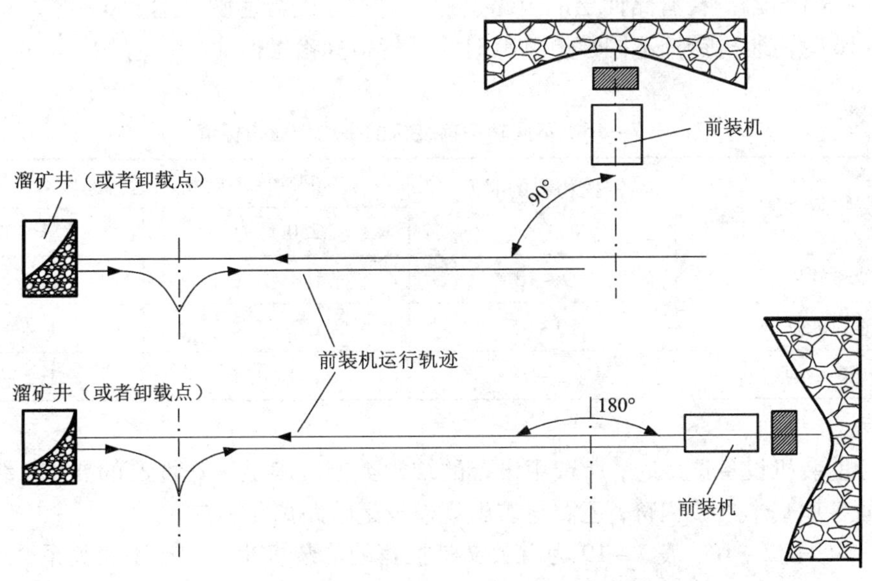

图7-25　前装机配合溜井向运输设备装载示意图

备和平整；出入沟及运输道路的修筑和维护；配合机械铲、拉铲或轮斗挖掘机作业进行工作面集堆和选择开采；清扫或采掘大型采掘设备作业剩留的残煤(或其他有用矿物)；排土场辅助作业；地面贮矿场的装车外运以及移设水泵、移置涵洞管道、牵引损坏车辆等辅助工作。

前装机生产能力可按下式计算：

$$Q_c = \frac{3600Ek_m T_b \eta_b}{tk_s} \quad (\text{m}^3/\text{班}) \tag{7-44}$$

式中：E——铲斗额定容积，m^3；

k_m——铲斗装满系数，与物料铲挖的困难程度有关，一般变动在1.1～1.25之间；如物料的最长边大于35 cm，则 k_m 值更低；

k_s——物料在铲斗中的松散系数，一般取1.2～1.35；

T_b——班工作小时数，h/班；

η_b——班时间利用系数；

t——前装机作业循环时间，s；

$$t = t_e + t_{ye} + t_{yq} + t_x$$

式中：t_e——装载时间，一般为10～12 s；

t_x——卸载时间，一般为3～4 s；

t_{ye}——重载运行时间，s；

t_{yq}——空载运行时间，s；

$$t_{ye} = \frac{l_e}{v_e}; \quad t_{yq} = \frac{l_h}{v_h}$$

l_e，l_h——分别为重载和空载运行距离，m；

v_e，v_h——分别为重载和空载运行速度，m/s。

运行速度和距离有关，一般当运距为20～30 m时，重、空车运行速度分别为1.0～1.7 m/s和2.2～3.0 m/s。在有路面层的道路上运行时空车运行速度可达3.6～4.2 m/s。

表7－16为前装机铲挖不同性质物料时的平均指标参考值。

表7－16　不同功率前装机的平均作业指标值

挖掘物料性质	铲挖物料的时间/s	不同功率前装机的运行速度/($\text{m}\cdot\text{s}^{-1}$)	
		250马力	大于300马力
砂和软岩	9～12	1.4～1.6	1.5～1.7
致密的砂砾岩	10～15	1.2～1.4	1.4～1.5
爆破粒度小的岩石	12～18	1.0～1.1	1.2～1.4

在进行前装机设备选型时，所选用设备的结构类型应满足工作性质的要求，线性参数必须与工作面各项基本参数相符，还需与矿山规模及运输距离相适应。

表7－17、表7－18、表7－19为有关文献推荐的前装机斗容与运距的关系。

表 7-17 前装机斗容与运距的关系

斗容/m^3	2.0	3.0	4.5	7.5	9.0
最大运距/m	120	150	170	250	300
合理运距/m	50	65	80	125	150

表 7-18 大型露天矿采用轮胎式前装机的合理运距(m)

年产量/万 t	挖掘机和汽车规格		前装机载重量/t				
			2	4	5	9.9	16
100	2.3 m^3 挖掘机	10 t 自卸汽车	70	120	150	380	430
100	4 m^3 挖掘机	27 t 自卸汽车	60	110	140	350	390
150	3.1 m^3 挖掘机	27 t 自卸汽车	70	100	120	150	200
150	4.6 m^3 挖掘机	40 t 自卸汽车	50	80	90	100	150

表 7-19 中小型露天矿采用轮胎式前装机的合理运距(m)

年产量/万 t	挖掘机和汽车规格		前装机载重量/t				
			2	4	5	9.9	16
10	2.3 m^3 挖掘机	10t 自卸汽车	470	760	920	950	1100
	4 m^3 挖掘机	27t 自卸汽车	3500	560	650	700	800
30	2.3 m^3 挖掘机	10 t 自卸汽车	170	280	350	800	890
	4 m^3 挖掘机	27 t 自卸汽车	260	450	540	1190	1330
50	2.3 m^3 挖掘机	10 t 自卸汽车	110	190	240	560	630
	4 m^3 挖掘机	27 t 自卸汽车	160	280	340	750	830
80	2.3 m^3 挖掘机	10 t 自卸汽车	80	130	170	400	440
	4 m^3 挖掘机	27 t 自卸汽车	110	190	230	520	570

7.5.2 铲运机作业

铲运机自问世以来，一直是最重要的土方机械之一。它能完成物料的铲挖、运送及排弃等工作，是一种多功能的高效设备。

铲运机在露天矿中，主要用于表土的剥离、运输和排弃，也用于采掘煤或其他松软有用矿物，并可用于复田工程。

目前铲运机主要有两种形式：① 配备有一台柴油机的标准两轴四轮驱动型；② 配备有一台(两台)柴油机及一台提升运输机，能将物料从切割边缘推向铲斗的四轮驱动提升型，这类铲运机 20 世纪 70 年代以来获得了很大发展。图 7-26 为普通型铲斗和带有提升输送机的铲斗挖掘物料示意图。

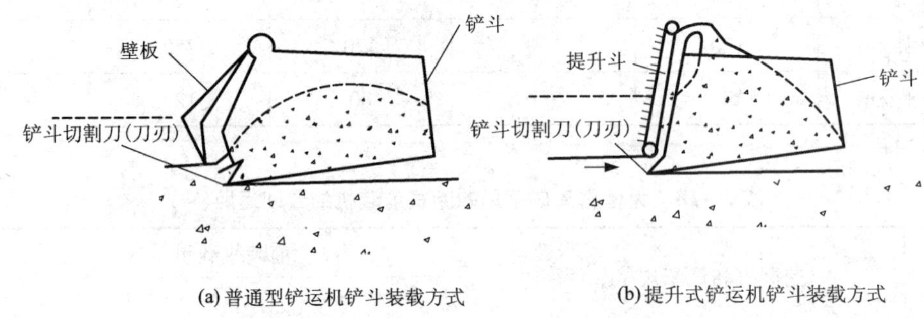

(a) 普通型铲运机铲斗装载方式　　(b) 提升式铲运机铲斗装载方式

图 7-26　两种不同类型铲斗铲挖物料示意图

铲运机可以由拖拉机牵引作业，也可以是自行(轮式)的。目前，在国外大量使用的是斗容为 10 ~ 42 m^3、功率为 175 ~ 900 马力的铲运机。

铲运机在露天矿中使用具有以下优点：① 机动性好；② 既可完成剥、采工作，又能担负筑路等辅助作业；③ 能有效铲挖矿层间的软薄夹层，有利于选择开采；④ 对运输道路要求不高，并能在较陡的斜坡上作业；⑤ 能有效地进行复田工作。其缺点是：① 作业的有效性指标受气候影响较大；② 只能铲挖松软的、不夹杂砾石和含水量不大的土岩；③ 运输距离受到一定限制。

因此，铲运机的有效工作条件为：① 1 ~ 4 级不含集聚砾石的松散土岩，对于 3 ~ 4 级较致密的土岩需用犁土机预先松散；② 物料含水不超过 10% ~ 15%，含水超过 20% ~ 25% 时，除物料粘附于斗壁而不易卸出外，还会使铲运机陷于土中；③ 铲运机的运距，斗容为 6 ~ 10 m^3的不大于 500 ~ 600 m，斗容 15 m^3的不大于 1000 m，斗容大于 15 m^3的可达 1500 m；④ 作业区的纵向坡度在拖拉机牵引时，空载上坡不大于 13°，下坡不大于 22°，重载上坡不大于 10°，下坡不大于 15°，侧向坡度不大于 7°；自行式铲运机上坡时不大于 9°，下坡时不大于 15°，侧向坡度不大于 5°。

铲运机工作循环：① 下放铲斗，铲运机在工作面慢速运动以铲挖物料，满斗后，将铲斗提升至运输位置；② 重载运行；③ 下放铲斗，打开斗底在慢速运动过程中将物料均匀地排弃在指定的地点，物料卸尽后，将铲斗提升至运输位置；④ 空载运行返回工作面。

为提高铲运机在铲挖较致密物料时的有效性和生产能力，可采用由拖拉机助推的串联作业方式(图 7-27)。助推时，应使拖拉机和铲运机尽可能地保持接触，并在助推拖拉机上安装减震装置。

为充分发挥串联机作业效率，铲运机在进入工作面前即应处于进行装载的状态。拖拉机在铲运机完成铲挖并提起铲斗后即应返回到助推的起始位置，并尽可能在转角平缓的条件下停于离下一台铲运机装载起始点对角距约 15 m 处，以便拖拉机在最有利位置把铲运机引导至装载地点并减少机组串联的对准时间。

图 7-28 为铲运机的几种典型工作面布置方式。其中图 7-28(a) 为铲运机在水平工作面铲挖物料，重载及空载铲运机通过单独的通道出入工作区和排土场；图 7-28(b) 为铲运机在倾斜工作面铲挖物料，排弃作业也在倾斜面上进行；图 7-28(c) 为排土场布置在采区两

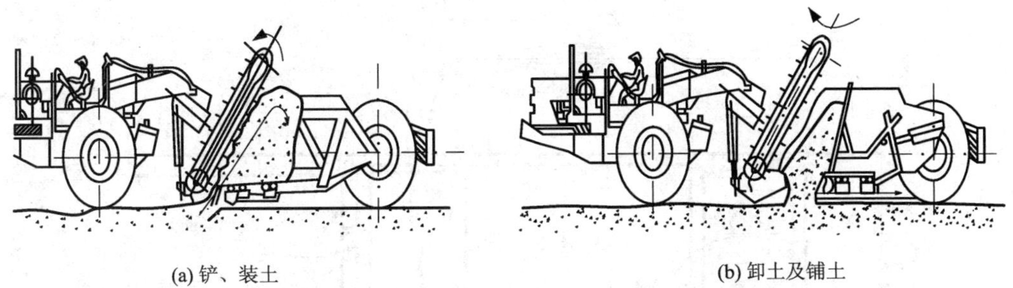

(a) 铲、装土　　(b) 卸土及铺土

图 7－27　轮式铲运机采用助推拖拉机配合作业示意图

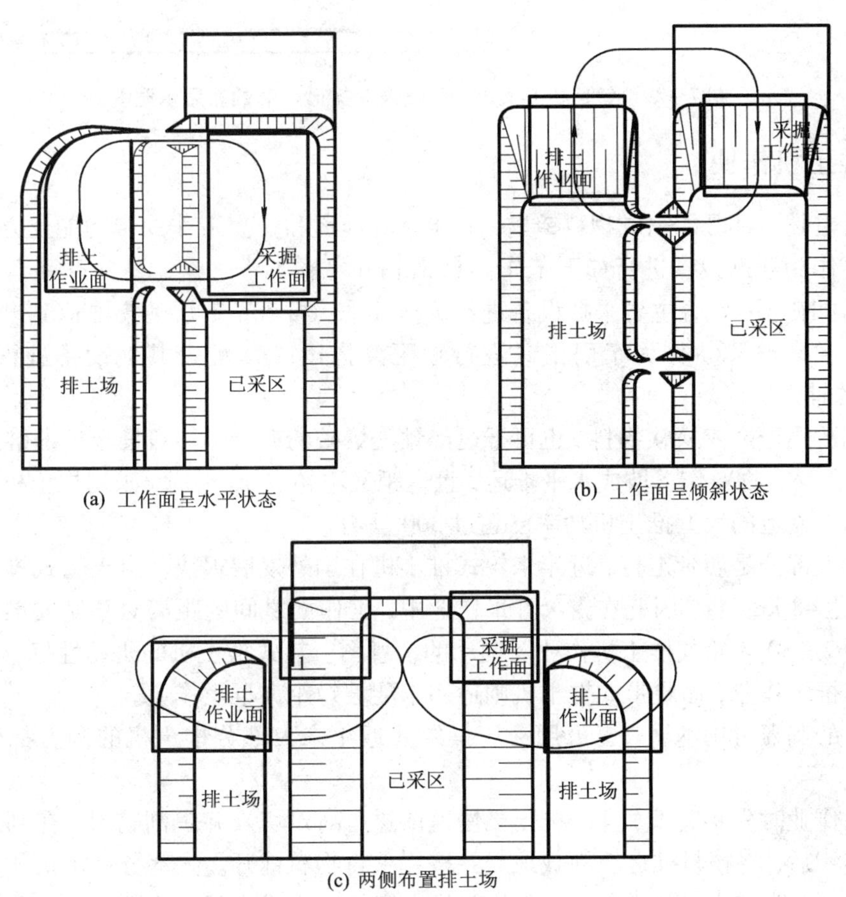

(a) 工作面呈水平状态　　(b) 工作面呈倾斜状态

(c) 两侧布置排土场

图 7－28　铲运机典型工作面布置方式示意图

侧，铲运机采用穿梭方式进行物料的铲挖和排弃。

图 7－29 为铲运机交叉进行剥离及采掘砂矿时的布置示意图。

铲运机生产能力可参照前装机生产能力计算公式计算，其班时间利用系数，两班作业时为 0.85，三班作业时为 0.70。

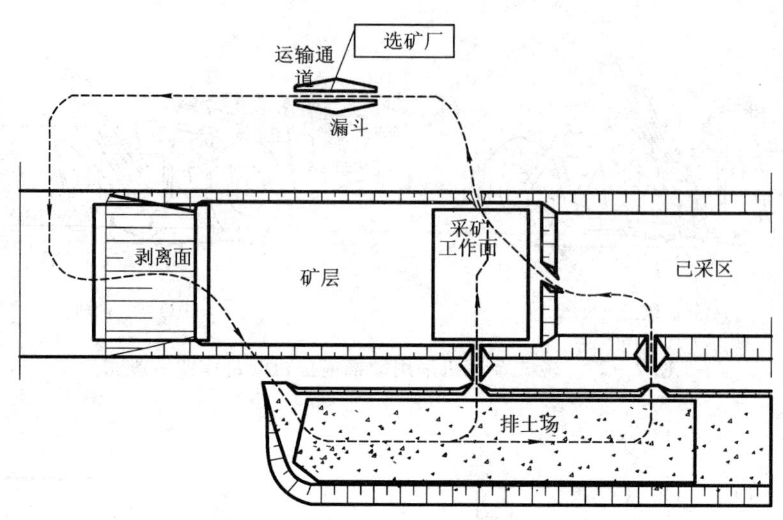

图 7-29　铲运机交叉进行剥离及采掘砂矿时的布置示意图

7.5.3　推土机作业

推土机也是一种既能完成物料铲挖、又能完成推运和排弃工作的多功能土方机械，在露天矿中主要作为辅助设备进行如下工作：① 清扫和平整工作平盘；② 工作平盘标高的局部调整；③ 清扫矿层、配合主要采掘设备进行选择开采；④ 残留矿层的集堆；⑤ 出入沟和运输道路的修筑和维护；⑥ 作为牵引工具进行短距离拖运；⑦ 配合其他设备进行复田工作；⑧ 排土场的辅助工作。

推土机适用于推挖松软物料，也可推运经预先爆破的矿岩。一般推土机的推运距离不大于 100 m。在松软物料作下坡成水平推运，且运距又不超过 50 m 时，采用推土机是极为有利的。目前国外制造的大型推土机功率已超过 300 马力。

推土机大部分是履带走行，近年来轮式推土机在国外发展很快。由于轮式推土机运行速度较高（可达 48 km/h），因此在露天开采作业中，工作面之间的距离对于轮式推土机作业影响较小。图 7-30 为轮式推土机作业及调动的示意图。轮式推土机的机动性好，适用于中等坡度长距离推土作业，而履带式推土机则适用于陡坡短距离推土作业。

推土机的刮刀可用钢绳，也可用液压操纵。近年来大部分推土机的刮刀都已采用液压操纵。

推土机作业时先将刮刀放下，推土机慢速前进，刮刀切入并铲刮物料，在刮刀前的物料达到一定容积后，将物料推运至卸载地点并按要求将物料铺开。大部分推土机的刮刀仅能垂直升降，但也有能作水平侧向转动，将物料推向旁侧的。推土机生产能力以单位时间内推运物料体积表示：

$$Q_t = 60q\frac{T_b}{t}\eta_b \quad (\mathrm{m^3/班}) \tag{7-45}$$

式中：Q_t——推土机班生产能力，m^3/班；

q——每次推土铲刮下的物料体积，m^3/次，与物料性质及工作面坡度有关，下坡时的推土量较平地时多；

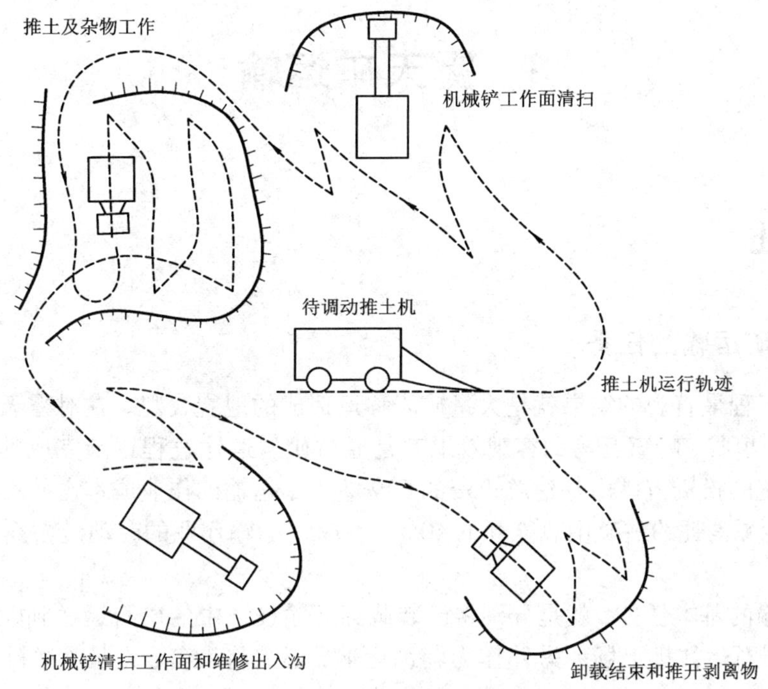

图 7－30　轮式推土机作业及调动示意图

t——每次作业循环时间，min，其值取决于推土距离和作业坡度；

T_b——班工作小时数，h/班；

η_b——班时间利用系数，一般为 0.80 ~ 0.85。

推土机的生产能力在平整地面时用单位时间内完成平整场地的面积来表示。

本章习题

1. 简述采装工作所采用的主要设备。
2. 简述单斗挖掘机的类型。
3. 简述机械铲作业方式、工作面类型及工作面参数。
4. 阐述工作面高度的合理确定方法。
5. 简述工作平盘的配线方式，其适用条件分别是什么？
6. 简述汽车运输时工作平盘的几种配线方案。
7. 简述提高挖掘机生产能力的主要途径。
8. 简述拉铲（吊斗铲）的施工工艺及特点。
9. 简述拉铲（吊斗铲）的作业方式及工作面参数。
10. 简述铲运机的作业方式、优点及适用条件。
11. 简述推土机的作业方式及适用条件。
12. 简述前装机的作业方式及特点。

8 露天矿运输

8.1 概 述

8.1.1 露天矿运输的任务

露天矿山工程最直观的结果就是大量矿岩移运造成的地貌改观。在对露天采场经年累月的开采中，移山填谷、峰壑互易的客观效果都是通过矿岩运输过程逐渐完成的。据统计，露天矿山运输系统的投资占矿山基建总投资的60%左右，运输的作业成本占矿石开采总成本的40%～50%，能源消耗约占矿山总能耗的40%～60%，运输作业的劳动量占露天开采总劳动量的一半以上。

露天矿运输的基本任务，就是分别将已装载到运输设备中的矿石运送到贮矿场、破碎站或选矿厂，将岩石运往排土场。另外作为辅助运输，还需将设备、人员、材料运到露天采场的各工作地点。

与其他开采工序相比，唯有运输工序的成本是随矿山工程的延深而明显增长的；另一方面，由运输方式决定的露天矿开拓方法对开采工艺也有较大的影响。显然，运输环节对露天矿的开采作业和经济效益影响甚大。目前露天矿运输方法的选择范围涉及了几乎所有可能的运输设备和技术手段。为降低运输成本而推动的技术进步，使得露天矿山集中了世界上能力最大、技术最先进的各类陆地运输设备，例如载重量最大的自卸汽车、爬坡最陡的铁路机车、倾角最大的胶带运输机等。计算机技术及卫星定位系统的运用，也为露天矿运输工作的高效和集约化提供了先进手段。

在露天矿运输设计和生产中，除了必须依据具体矿山的条件确定经济有效的矿岩运输方法外，还要针对具体运输作业的需要确定合适的设备类型和数量。

8.1.2 露天矿运输的特点

露天矿运输与其他地面运输的要求有很大区别，即必须在有限的平面空间内，对大量矿岩进行垂直方向上的提升或下放，以克服境界开采深度产生的运输高差。对于山坡露天矿，则依据所处地形条件尽量选择运输功小的方案。例如，在适合条件下，可以利用溜井或溜槽实现矿岩自重下放克服地形高差，以减少运输功。对于凹陷露天，运输系统必须实现矿岩的上向提升，要求运输设备在重载爬坡条件下完成整个境界内体积庞大的矿岩移运。研究露天矿运输问题，主要是解决运输系统能力、投资及运费等因素之间的合理平衡问题。

露天矿运输通常是指由矿山自备运输系统完成的部分。按照运输范围，露天矿运输可分为内部运输和外部运输。内部运输是指用矿山自备运输系统将矿岩输送到受料地点，将辅助物料运往露天采场。外部运输是从选矿厂或贮矿仓将矿石运输给用户。外部运输可以部分或全部利用社会交通资源来承担。

露天矿运输区别于其他运输的特点主要有：矿岩运输的物流单向性；运输强度高、运量大；矿岩硬度大、大块矿岩装卸有冲击作用；装卸地点变动频繁；运输线路移动多、坡度大，路面条件差；当矿石需配矿时，运输组织工作复杂等。

根据以上特点，确定露天矿运输方案时应主要考虑：

① 露天矿的运距，尤其是矿岩运距要短；

② 力争线路固定，或移动量尽量小；

③ 尽量采用单一的运输方式和设备类型；

④ 运输设备要与采装设备配套；

⑤ 运输设备可靠、主要设备停歇时间短；

⑥ 运输安全和成本低。

8.1.3 露天矿运输方式

露天矿采用了几乎所有已知的物料移运方式和设备来运输矿岩。虽然有多种角度对露天矿的运输方式进行分类，但应用最多的分类方法是按所用线路和设备来归纳运输方式。按此方法分类，露天矿的主要运输方式包括：公路汽车运输(简称汽车运输)、铁路机车运输(简称铁路运输)、带式输送机运输(简称胶带机运输)、斜坡箕斗提升运输、架空索道运输等。

上述运输方式中，前三种可以独立承担露天矿山的矿岩运输任务，也可以根据需要，联合几种不同运输方式共同完成矿岩运输。此外，由于矿山开采条件的多样性，可以采用的物料移运方式，还有利用溜槽、溜井进行重力运输和利用水力运输等。

以上运输方式的运用现状，简单概括起来就是：汽车运输运用广泛，铁路运输难以取代，胶带机运输方兴未艾，联合运输形式多样，具体选择因地制宜。

8.2 公路汽车运输

公路汽车运输是目前运用最广泛的露天矿运输方式。它可以成为露天矿的单一运输系统，也可以与铁路机车运输、带式输送机运输等构成露天矿的联合运输系统。

汽车运输和铁路运输相比较，具有较高的灵活机动性。矿用公路修筑快速便捷，而矿用自卸汽车爬坡能力大，转弯半径小，机动性强，对装载地点经常变动的露天开采作业有极强的适应性。有利于采用移动坑线开拓，分期或分区开采、陡帮作业，有利于分采、分装、分运，有利于采用高台阶和近距离排岩。尤其对分散、小规模、开采期短的矿床，汽车运输方式通常具有较高的经济合理性。

汽车运输方式的广泛运用，得益于数十年来汽车制造业的发展，特别是重型自卸汽车的出现，使汽车运输在各类露天矿山成为主要运输方式。而在其他运输方式中，也经常需要汽车运输的配合。因此汽车运输在露天矿运输中占有非常重要的地位。

但汽车运输的燃油和轮胎消耗量大，运输成本高，经济运距短；汽车的保养和修理技术复杂，需配套建设保养修理基地；汽车运输受气候影响较大，在风雨冰雪天气行车困难，特别在水文地质不良且疏干效果不好的矿山可靠性差；在深凹露天矿中，汽车排放的尾气还会造成露天坑内的大气污染。这些缺点成为选择汽车运输时必须考虑的因素，也是汽车运输难以完全取代其他运输方式的制约条件。

为克服上述缺点，露天矿正通过下列方面的改进来提高汽车运输方式的适应性：

① 在汽车制造上，通过增大汽车载重量，改进汽车结构，如上坡时采用双能源等措施，以降低单位运输成本；

② 在汽车使用上，通过改善汽车调度以提高汽车的有效作业率，强化汽车的维护检修以提高出车率；

③ 在运输系统上，通过改善道路质量以减轻轮胎磨损和机件的破损；

④ 在运输方式上，使汽车成为深凹露天矿的集载工具，把汽车运输对矿岩的提升功能减至最小，并把提升功能转移给其他设备。

8.2.1 运输设备

8.2.1.1 设备类型和技术特征

1）矿用汽车载重量

露天矿公路汽车运输方式所用设备是矿用自卸汽车，属于非公路汽车。矿用汽车最主要的技术参数是最大装载质量，简称载重量。

半个世纪以来，随着工业技术的进步，矿用汽车和与之配合的矿山装载设备不断向大型化发展，汽车载重量吨级已从最初的 10 t 发展到了 300 t 以上，成为露天矿技术进步最显著的特征之一。

大载重量汽车的突出优点是，随着载重量的增加，汽车单位载重所需的发动机功率下降。例如，载重量为 50 t 的汽车，单位载重量所需发动机功率为 8.1 kW/t，而 190 t 汽车降为 6.3 kW/t。单位发动机功率与载重量的关系如图 8－1 所示。

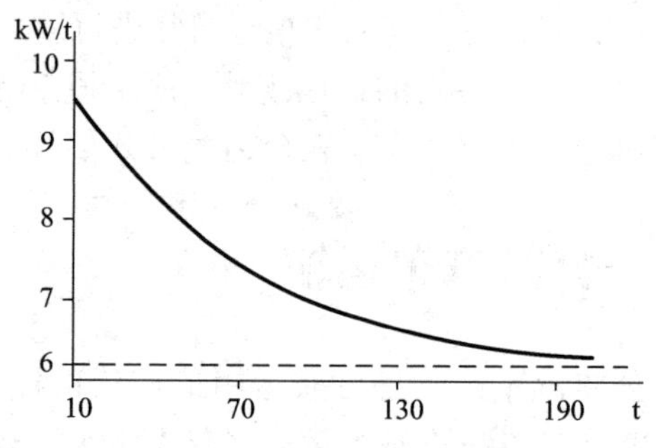

图 8－1 单位发动机功率与载重量关系

据国外矿山的使用对比，154 t 汽车的运输能力比 108 t 的高出 30% ~50%，运输成本降低 20% ~50%。有资料表明，3 台 218 t 汽车代替 6 台 108 t 汽车，在不到 7 个月的时间里即可收回两者投资上的差额。虽然大型汽车初期投资较高，但其显著的使用效益一直促使设备制造公司向矿山推出更大载重量的汽车。

自卸汽车根据其载重量大小分为不同吨级。至今，汽车制造业已能够为露天矿提供载重量从 10 t 级到 360 t 级的各类型汽车。根据年采剥运输总量选配适当吨级的自卸汽车是露天矿汽车运输设计的任务之一，图 8－2 是与不同吨级自卸汽车相匹配的矿山年运输量的例子。

2）矿用汽车基本类型

矿用自卸汽车按卸载方式可分为后卸、侧卸、底卸和推卸等形式。

按车身结构形式可分为整体式和铰接式。铰接式汽车的转弯半径小，质量中心较低，而且各车轴之间可以有一定的相对扭曲，适合在多雨地区或道路条件很差的矿山和开发初期的矿山使用。铰接式汽车如图 8－3 所示。

露天矿自卸汽车的工作条件十分恶劣。其特点是道路坡度陡峭，转弯半径小，起动、制动、调车频繁，道路质量差，挖掘机装车对汽车冲击大。矿用自卸汽车应具有高度的灵活性

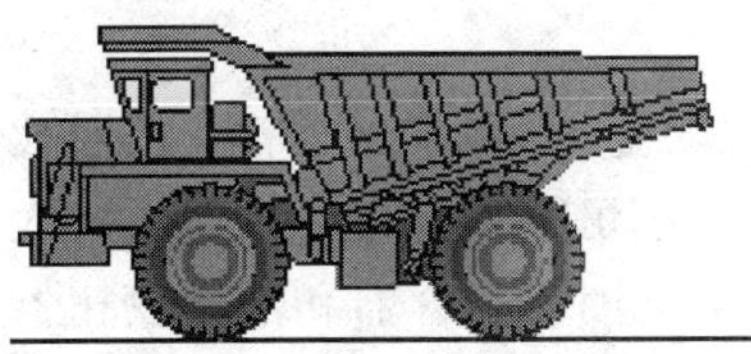

70 t车，800～2500 万t/a　　30 t车，250～1200 万t/a　　20 t车，120～600 万t/a

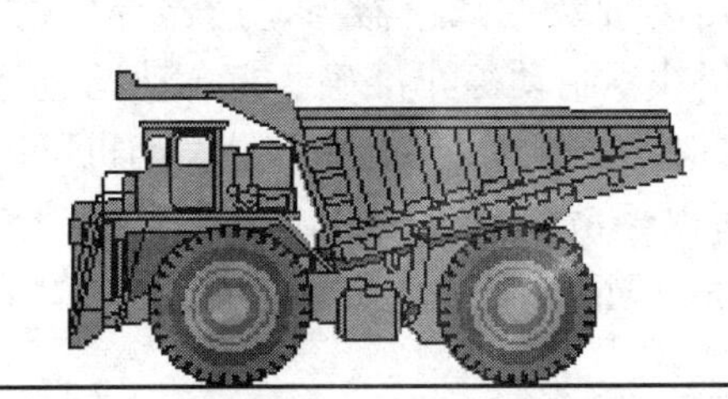

100 t车，1500～4500 万t/a　　360 t车，>5000 万t/a

图 8－2　自卸汽车吨级与运输量匹配

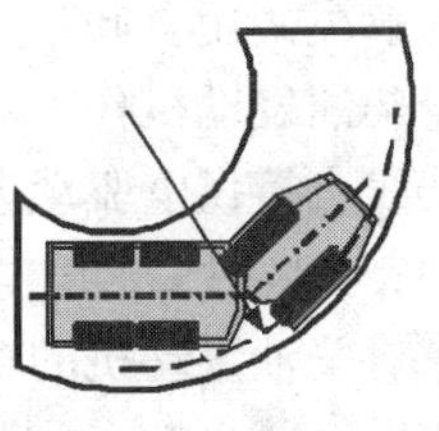

图 8－3　铰接式汽车

和通过性，能通过小半径曲线，所以各吨级的自卸汽车都采用短轴距设计以适应这些要求。目前露天矿使用最多的是整体式车架的二轴六轮后卸式汽车。

在整体车架的后卸式汽车中，按传动形式又有纯机械传动、液力机械传动、电力传动等不同类型的矿用自卸汽车。

（1）机械传动汽车

机械传动系统具有结构简单、制造容易、使用可靠和传动效率高等优点，被 30 t 以下装载质量的汽车广泛采用。随着汽车装载质量的增加，大型离合器和变速器的旋转质量也增大，给换挡造成了困难。故对大吨位矿用自卸汽车，机械传动已难以满足要求。

（2）液力机械传动汽车

装载质量较大的矿用自卸汽车，广泛采用液力机械传动系统。液力机械传动的主要特征是在传动系统中增设了液力变矩器。它能根据道路阻力的变化，在一定范围内自动、无级地改变传动比和扭矩比，使驾驶操作简便。液力变矩器能衰减传动系的扭转振动，防止传动系过载，可大幅延长发动机和传动系的使用寿命。

液力机械传动系统的效率较低(一般为80% ~90%)、结构较复杂、制造成本高，但对大吨位的矿用自卸汽车来说，由于液力机械传动本身具有的优点，已可补偿有余。装载质量大于30 t的汽车，一般都采用液力机械传动系统。目前，由于采用了锁紧离合器和液力变扭器等技术和先进的加工制造工艺，液力机械传动汽车已具备了电动轮汽车的全部吨位级别，在大型矿用汽车中占据半壁江山。

(3) 电力传动汽车

电力传动在结构上取消了传统的离合器、变速器、传动轴及主减速器与差速器等机构，从而使汽车的结构大大简化。具有结构简单可靠、维修量少、制动停车准确、能自动调速等优点。此外，电力传动牵引性能好，爬坡能力强，可以实现无级调速，运行平稳，发动机可以稳定在经济工况下运转，操作简便，停车安全可靠等，所以经济效果比较好。但电力传动汽车自重较大，造价较高，再由于电机尺寸和重量的限制，一般情况下装载质量大于100 t以上的自卸汽车才适合采用电力传动。

电力传动汽车按其电动机的布置位置分为电动桥汽车和电动轮汽车两种类型。其中，电动轮汽车是将电动机直接置于车轮轮毂内，与轮边减速器结合为一总成。目前露天矿使用的电传动汽车，绝大多数是电动轮汽车。

(4) 双能源自卸汽车

除上述按传动方式的汽车分类外，双能源汽车也是一种值得关注的汽车类型。

为解决矿用自卸车重载上坡时柴油发动机动力不足、车速慢等问题，采用辅助架线供电和本身柴油发动机作为双能源运行的电动轮汽车应运而生。这种汽车是在重载上坡时，利用辅助架线直接供电驱动电动轮汽车，柴油发动机只作怠速运行；在平道行驶时则由柴油发动机驱动；下坡时，矿用电动轮自卸车电制动所产生的电力经辅助架线直接返回给电网。双能源汽车对柴油发动机的功率要求可以适当降低。例如，美国维康马里翁公司的T008型双能源矿用电动轮自卸车(载重量为235 t)，其柴油发动机功率只有746 kW，而牵引电机的总功率则为3358 kW，即牵引电机的功率为柴油发动机功率的4.5倍。

双能源矿用电动轮自卸车提高了能源利用率，降低了柴油机的废气排放，有利于环境保护，但须对运输道路增设架空线，对道路要求更加严格。随着世界石油资源消耗加速，石油价格不断上涨，双能源矿用电动轮自卸车将会在大型露天矿山受到更广泛的应用。

3) 矿用汽车的发展和未来

除了在汽车传动系统方面的进步外，为解决矿用汽车大型化的其他关键问题，各专业生产厂商采用最新科技成果，在大型柴油发动机、大型轮胎、计算机监控等方面形成了新一代的制造技术。

(1) 大型柴油发动机

随着矿用汽车向大型化发展，必然导致发动机进一步大型化的需要。按照发动机额定功率和汽车总质量之比为7.5 kW/0.9 t进行近似计算，载重量为290 t的大型电动轮汽车，在装满系数为40% ~50%的情况下，爬10%的坡道，所需功率为2386 kW，这个数字已非常接近世界上最大的车用发动机的级别。实际上，目前最大的矿用汽车载重量已达到了360 ~400 t级。不难发现，在大型矿用汽车的发展中，大型发动机的研发速度可能成为增大车用发动机功率，已成功实施的技术措施主要有增大排量、多汽缸配置、将两台柴油机串联使用、增大空气处理系统能力及改进燃油喷油系统等。

大型发动机的发展还面临两方面的挑战：一是满足适应高海拔(3000 m以上)矿山的大型矿用汽车的需要；另一方面是满足不断提高标准的排放法规的要求。

(2) 大型轮胎

矿用汽车大型化的另一个主要制约因素是轮胎。为适应重达数百吨的汽车载重和自重总质量，轮胎制造中采用了最新轮胎结构设计和最新的制作材料，提高了轮胎的抗磨性、抗热力和抗刺伤等方面的能力。另外，在轮胎内嵌入芯片来监测轮胎的温度、压力及轮胎磨损信息，满足了超大轮胎在采矿运输中提高强度、延长寿命的需求，如图8－4所示。

图8－4 辅助设备正在运送大型轮胎

(3) 计算机监控技术

随着计算机技术、通信技术、传感器技术的进一步发展及有关元器件功能的完善、可靠性的进一步提高，计算机监控技术得到广泛应用。例如，对油气悬架的主动控制，发电机和牵引电机电流、电压、磁场的调节及温度监控等。监控系统能实时对车辆工况自动检测，提供重要的机器状况和有效负载数据，在异常情况造成重大损坏之前进行识别，简化了故障诊断与排除，减少了停机时间。对车辆运行的遥控管理和运输量的自动记录等，可优化设备管理，改进定期保养程序的有效性，使部件寿命最长，使大型自卸车的自动化程度、性能和工作可靠性得到进一步的提高。

(4) 超轻自重矿用汽车制造技术

开发更大载重吨级自卸汽车的另一种思路是降低汽车的自重。汽车业界认为若能达到有效载重与自重之比为1.75∶1以上，即成为“超轻型”汽车。而一般200 t级矿用汽车的有效载重与自重之比大约为1.3∶1左右，很少有能达到1.4∶1的。

制造超轻汽车的基本思路是，现有矿用汽车结构强度余量较大，车架出现裂纹多数是因工艺(特别是焊接)质量差，疲劳损坏造成。若对车架重新布置，使承重部位尽量移到前后悬挂装置上，采用高强度合金钢，多用铸钢件以减少焊缝，且用机械手焊接、用先进方法消除焊后应力等，即可大幅度降低矿用汽车自重。

澳美两国合作设计制造试验了一种“新概念汽车”。该车采用了多种降低自重的新技术。汽车外形尺寸与普通汽车基本相同，最大有效载重220 t，自重只有128 t，其有效载重与自重之比为1.72∶1，接近1.75∶1，比现有汽车高得多。经实用证明，该车设计是成功的。

(5) 无人驾驶矿用汽车

在边远、高海拔地区的矿山，气候异常、空气稀薄，司机需配氧气系统，增大了作业成本；在工业发达国家，矿用汽车作业成本中司机的费用约占20%，无人驾驶矿用汽车的需求已日渐明显。而随着计算机监控和GPS技术的发展和应用，这种需求已成为了现实。

无人驾驶矿用汽车的主要技术有：利用实时动态GPS系统或扫描雷达进行停车点定位，可使停车定位达到50 cm精度；利用对发动机自动化控制喷油、变速器自动控制换挡等。国外无人驾驶矿用汽车的成功案例是，利用 GPS 和设备管理系统，前进速度为 36 km/h，后退速度为 10 km/h。能在程序预定的路途中停下来，偏离目标不超过 2 m；在停车点停车偏离不超过 0.5 m。无人驾驶矿用汽车的使用情况表明，无人驾驶 85 t 和 55 t 矿用汽车可降低每吨矿石成本 15% ~18%，汽车作业率可达 90% 以上。

8.2.1.2　**矿用汽车的性能评价**

评价矿用汽车性能的主要指标包括：

（1）重量利用系数

即汽车的载重与自重的比值。矿用汽车的重量利用系数越高表明汽车设计得越成功，运行的经济性越好。

（2）比功率

比功率是发动机所能发出的最大功率与汽车的总重之比。矿用汽车的比功率大约为 4.63 ~6.03 kW/t，该值越大，车辆的动力性能越好，但燃油的经济性越低。

矿用汽车一般均采用高速柴油机，以便节约燃料费用和减少整备质量。要求柴油机能较长时间在满负荷下工作，扭矩储备系数大，较好的低温起动性能。由于对车速和加速性能的要求较低，比功率低于一般公路汽车。

（3）最大动力因数

矿用汽车的最大车速不大，当不计空气阻力时，动力因数的含义为主动轮轮缘所产生的牵引力与汽车重量之比，该值是以发动机在最低挡，以最大扭矩工作的状态下计算的，因此称其为最大功力因数。矿用汽车的最大动力因数约在 0.3 ~0.46 之间。发动机确定之后，该值取决于传动系统的设计和车轮参数。该值越大，车辆爬坡能力越强，加速性能越好。

（4）车辆的动力特性曲线

亦称车辆的牵引特性曲线，即汽车的牵引力随速度的变化曲线，反映了汽车的整车运动及制动和道路之间相互作用的技术特性。利用牵引特性曲线，可以确定车辆的极限性能参数，如最大牵引力、不同道路条件下的最大车速等。将车辆不同载重时的爬坡阻力与特性曲线对照，可求得汽车爬某一坡度时应选取的挡位与车速。

（5）性能限制因数

性能限制因数即道路纵断面、路面条件和车辆重量对车辆性能的影响。在不同路面条件运行时，车辆所受到的滚动阻力不同，坡道阻力是车辆在斜坡上运行时必须克服的由于重力所产生的阻力。在计算克服滚动阻力和坡道阻力所需的力中，车辆的重量是一个决定性因素。车辆的牵引力在扣除了总阻力后，即为用于汽车加速的剩余牵引力。车辆轮缘牵引力等于粘着系数乘以驱动轮轴的承重。

8.2.2　露天矿山道路分类与技术等级

露天矿山道路不同于普通民用公路，其特点是运距短、行车密度大、路面承受的荷载大、有自己独立的技术等级和要求。露天矿山道路一般分为以下几类：

① 生产干线：采场各工作台阶通往卸矿点或排土场的共用道路。

② 生产支线：由工作台阶或排土场与生产干线相连接的路段，以及由工作台阶不经干线直接到卸矿点或排土场的道路。

③ 联络线：经常行驶露天矿生产所用自卸汽车的其他道路。

④ 辅助线：通往露天矿各辅助设施（炸药库、机修厂、尾矿库等），且行驶各类汽车的道路。

按服务年限又可分为固定道路、半固定道路、临时道路。

道路最重要的技术指标是设计行车速度。设计行车速度是指正常操作水平的司机在天气良好，路面干燥，交通量小的情况下，在受限制的路段上所能保持行驶的最大安全行车速度。

按行车速度、年运输量和行车密度等条件，露天矿山道路分为三个技术等级。相应指标见表 8－1。

表 8－1　露天矿山道路技术等级

道路等级	设计行车速度/($km \cdot h^{-1}$)	单向行车密度/(辆 · h^{-1})	年运输量/(10^4t)
一	40	>85	>1300
二	30	85～25	1300～240
三	20	<25	<240

不同道路等级的技术指标设置是为了保证汽车在相应行车速度下能安全行驶。此外，道路行车条件还包括路基、路面、线路布置等方面。例如，路面可根据道路性质、使用要求、交通量等选择高、中、低级路面。

矿山道路的线路布置包括了道路定线、确定道路各区段的平面要素和纵断面要素等工作。

（1）道路平面要素

道路平面由道路的直线段和平曲线构成。露天矿道路的平曲线经常以回头曲线形式存在。道路平面要素主要包括平曲线半径、超高、行车视距等。其中，行车视距是驾驶员在行车中避免碰撞前方道路上障碍物所需的最短距离。行车视距又分为停车视距和会车视距两种。部分平面要素的意义如图 8－5 所示。

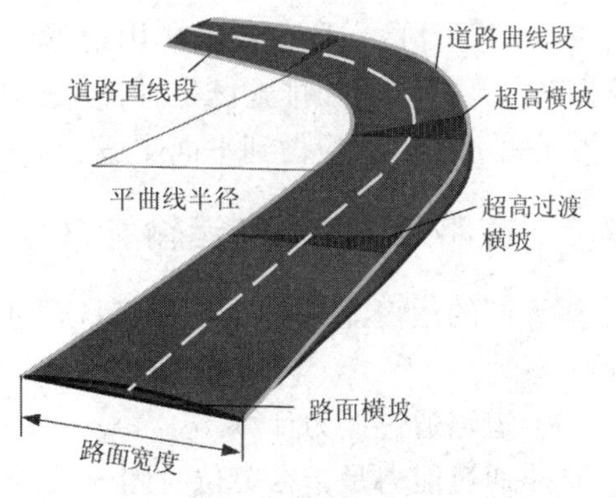

图 8－5　部分平面要素示意图

（2）道路纵断面要素

道路纵断面是通过线路中线的竖向剖面。每条运输道路经过地段的地形都有高低起伏，所以纵断面是由道路的上坡段、下坡段和平道所组成。两相邻不同坡段一般用竖曲线连接。竖曲线又可分为凸形竖曲线和凹形竖曲线，如图 8－6 所示。

纵断面设计需要解决的问题是确定最大允许纵坡、纵坡折减、坡段长及竖曲线。设计中应根据不同等级道路的安全行车要求，使道路构成要素的各项技术指标符合相关规定。

《厂矿道路设计规范》（GBJ22—87）规定了各技术等级的露天矿山道路相应技术指标。表 8－2 列出了其中一部分指标。

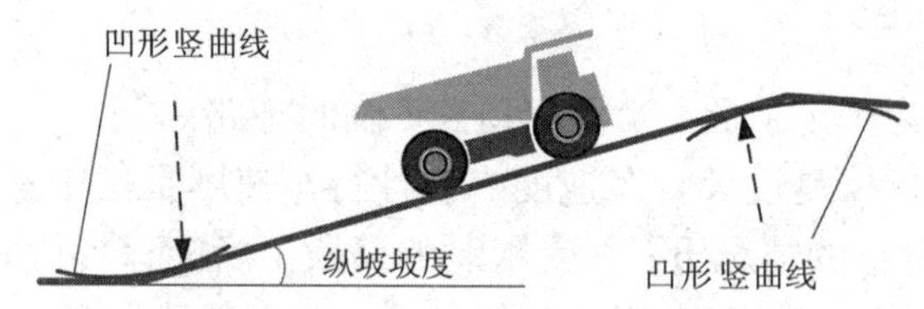

图 8-6　纵断面要素示意图

表 8-2　露天矿山道路部分技术指标

项目		单位	道路等级		
			一	二	三
平面要素	最小平曲线半径	m	45	25	15
	不设超高的最小平曲线半径	m	250	150	100
	最小视距：停车	m	40	30	20
	会车	m	80	60	40
纵断面要素	最大纵坡	%	7	8	9
	最大纵坡时限制坡长	m	≤300	≤250	≤200
	竖曲线最小半径	m	700	400	200
	竖曲线最小长度	m	35	25	20

露天矿道路的布置应根据矿山地形、地质、开采境界、开采推进方向，各开采台阶（阶段）标高以及卸矿点和排土场位置，并密切配合采矿工艺，全面考虑山坡开采或深部开采要求，合理布设路线，应做到平面顺适、纵坡均衡、道路横面合理。

8.2.3　道路通过能力与运输能力

露天矿的运输计算主要包括道路通过能力、自卸汽车的运输能力和汽车需要量的确定过程。

（1）道路通过能力计算

道路通过能力是指在单位时间内通过某一区段的车辆数，其值大小主要取决于行车道的数目、路面状态、平均行车速度和安全行车间距（由行车视距决定）。一般应选择车流量集中的区段进行计算，如总出入沟口、车流密度大的道路交叉点等。计算公式为：

$$N_d = \frac{1000}{s} vnk \tag{8-1}$$

式中：N_d——道路通过能力，辆/h；

v——自卸汽车在计算区段的平均行车速度，km/h；

n——线路数目系数，单车道时 $n=0.5$，双车道时 $n=1$；

k——道路行车不均衡系数，一般 $k=0.5\sim0.7$；

s——同方向行驶汽车不追尾的最小安全距离，即停车视距，m。

自卸汽车的平均行车速度与道路纵坡、路面质量、装载程度和气象条件等有关。一般情况下，上坡运行时，行车速度受汽车动力特性的限制；下坡运行时，受安全运行条件的限制；临时道路上运行时，受道路技术条件和路面质量的限制。

(2) 汽车运输能力计算

汽车运输能力是指单位时间内汽车所完成的运输量，它与汽车载重量、运输周期及工作时间等有关，一般用汽车台班运输能力表示。

影响自卸汽车台班运输能力的主要因素是自卸汽车的载重量、运输周期和台班工作时间等。

自卸汽车的台班生产能力的计算公式为：

$$Q_{tb}=\frac{60}{t}qk_1T_b\eta_b \tag{8-2}$$

式中：Q_{tb}——自卸汽车的台班生产能力，t/台班；

q——自卸汽车的载重量，t；

T_b——自卸汽车的班工作时间，h；

t——自卸汽车周转时间，min；

k_1——自卸汽车载重利用系数，$k_1=0.82\sim1.00$；

η_b——自卸汽车的班工作时间利用系数。

上式中的自卸汽车运输周转时间 t 包括汽车在工作面的装车时间、汽车在道路上的往返行走时间、卸车时间、调头时间和停留时间等。

(3) 自卸汽车需要量的计算

矿用自卸汽车需要量取决于矿山的设计生产能力、自卸汽车运输能力，并考虑汽车利用率及汽车运输的不均衡系数之后确定，可依据下式进行计算：

$$N=\frac{kQ_q}{Q_{tb}k_3} \tag{8-3}$$

式中：N——按运输需求计算的自卸汽车数量，台；

k——车辆运输不均衡系数，$k=1.1\sim1.15$；

Q_q——每班矿岩运输量，t/班；

k_3——自卸汽车的出车率，$k_3=0.65\sim0.75$。

自卸汽车的出车率即车队出车的台班数与总台班数之比。该指标反映了矿山在籍车辆的利用程度，与汽车检修能力、备品备件供应、生产管理水平等因素有关。

8.2.4 辅助作业

露天矿道路技术标准低，一般采用碎石修筑，具有道路坡度大、弯道多、路线变化快、垂直高差大、连续重车上坡运行等特点。为保障露天矿汽车运输能力，道路维护和汽车修理等辅助作业是必不可少的。

1) 矿山道路的修筑和养护

矿山道路是公路运输系统的组成部分，道路工程质量的优劣，对运输效率和运输成本有决定性的影响。矿山运输的实践表明，道路质量不良，会严重影响道路性能，导致汽车运行状况不佳，行驶阻力增大，燃油消耗增加，车辆颠簸不堪，车速只能达到 10 km/h 左右。还会造成扬尘过大、轮胎磨损加剧等危害。矿山道路状态的恶化，将使露天矿不惜投入大量资金购买的新式、大型运输设备难以发挥并保持其效能，从而导致设备生产能力下降和运营费用升高。国内外先进矿山的生产经验证明，养路和修车同等重要。

(1)道路养护

道路养护是露天矿生产的一项日常业务，特点是工作量大，劳动强度高，采掘工作面和排土场内的道路易受爆破后抛石和重车上散落矿岩的影响。道路能否提供经济、安全而良好的车辆运行能力，很大程度上取决于磨损道路路面材料的选择、应用和养护。

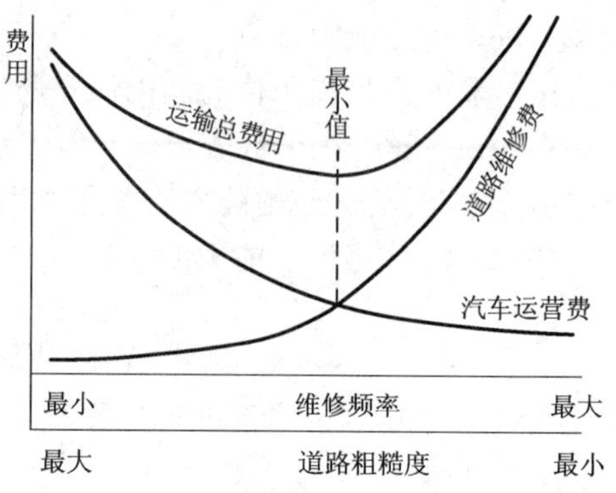

图8－7　道路养护费与汽车运营费的关系

适当提高道路养护成本来改善道路质量，可降低运输费用，提高运输效率。道路养护成本和汽车运营费用的关系如图8－7所示。该图说明，可以按汽车总运营费最低的要求来确定矿山道路系统的最佳养护频率。

矿山道路日常养护的主要内容是：修补路面坑槽、清扫路面的碎石等杂物、保持路面的平整。道路养护与维修按其工作性质，工作量大小及养护频率分为三类。

①小修、保养：经常保持道路平整、坚实，并及时修补道路，使之处于完好状态。

②大、中修：对损坏较大的道路进行修理，局部翻新或全部重建。

③改建：在采场(或排土场)内进行道路的移设或改道。

道路养护作业包括路基修筑和路面养护两方面。开采境界内的路基常采用爆后原岩修筑，路面结构类型简单。修筑路基和路面养护的材料应选择普氏硬度系数大于6，抗压强度大于66.9 MPa的石料。

(2)运输道路的平整

道路平整工作是道路维护中的一项重要内容。露天矿道路的地基条件、气候影响和所承载的车流荷载冲击等都会使路面的平整度逐渐恶化。在不平整的路面行驶时，作用于自卸汽车的交变荷载对汽车的使用期限、维修和停工数量等因素有很大影响。不平整路面的车辙沟坑妨碍转向操纵，泥泞、坑洼的路面降低了车辆的通过能力和制动效果。车轮陷入路面越深，滚动阻力越大。此外，汽车的牵引力和轮胎的弹性也影响滚动阻力。

美国卡特彼勒公司的研究认为，露天矿道路的滚动阻力每增加3%，载重量85 t自卸汽车的生产能力下降约30%。如果在露天矿道路使用平路机保持路面平整，道路的滚动阻力将为3%。而不用平路机，则滚动阻力值将增加到11%，那么一台85 t的自卸汽车在滚动阻力为3%的道路上的运输量，会比滚动阻力为11%时多一倍。在保持道路平整的条件下，年运输量为450万t的露天矿，可用3台汽车取代没有道路平整措施时的6台汽车。

同时，提高道路平整度还能使汽车燃油消耗下降。用计算机模拟出的在不同滚动阻力条件下的汽车燃油需要量如图8－8所示。

上述分析说明了采用平路机获得的效益将远远超过使用平路机时的费用，证明道路平整工作可明显提高露天矿运输的经济效益。

我国德兴铜矿引进道路质量成本理念，道路质量提高后汽车轮胎刺破率下降，在轮胎使用效率方面每年可节约成本百万元以上；汽车台班运输效率提高了62%；实际柴油单耗指标降低了25.5%；汽车平均运行速度提升了35%。这4项指标数据的变化反映了道路质量改善所带来的效益。

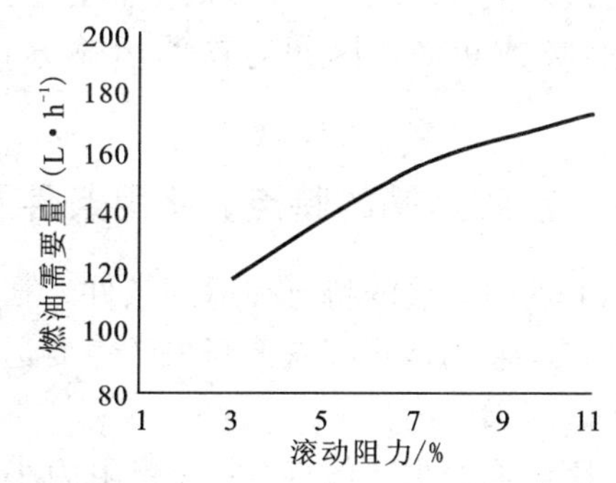

图8-8 汽车燃油量与滚动阻力的关系曲线

2）车辆维护和管理

据统计，汽车的折旧、备件和维修的费用占汽车运输费用的30%～55%。

矿用汽车由于载荷大，道路条件差，轮胎的消耗成为一个突出的问题。据国外资料，车轮和轮胎的价格占整车售价的30%，轮胎的消耗占整个使用费用(驾驶员工资、油料、轮胎和维修保养费用)的20%～35%，国内人工费用相对较少，因此轮胎消耗费用占运输费用比重更高。且一般矿山道路养护较差，有时一条新胎仅使用几百小时就被散落的石块刺破。

汽车技术保养，是汽车在使用过程中，为保持其技术状况良好所实施的一种维护性技术作业。其任务是：降低汽车零件的磨损速度，预防故障发生，延长汽车使用寿命。

我国矿用汽车保养分级大多沿用公路运输部门的三级保养制度，其主要原则是预防性维护，其作业内容是：

① 一级保养。其目的是使车辆保持良好的技术状况，减少磨损，保证机件的正常运转。它以紧固和润滑为中心。

② 二级保养。其目的是维护车辆各个总成、机构的零件，使其具有良好的工作性能，确保汽车在两次保养间隔期间的正常运行。它以检查与调整为中心，其主要内容除执行一级保养的作业外，还有检查并调整发动机及电气设备的工作状况、进行轮胎翻面换位等。

③ 三级保养。其目的是为巩固和保持各个总成组合件的正常使用性能，确保汽车在两次二级保养间隔里程中正常运行。它以总成解体清洗、检查、调整和消除隐患为中心。

美国亚利桑那州南部的Sierrita露天铜矿于1991年投入使用的5辆227 t自卸汽车，历经18年，在矿山服务寿命超过10万小时。第一辆投入使用的卡车经历了200次预防性维护服务，消耗了1700多万升燃油，更换了132次轮胎。尽管车龄和服务寿命都很长，但卡车仍然保持了90.4%的可用性，而且还可以继续工作若干年。这些卡车超长的寿命归结于使用者的基本维护理念，即执行了全面而出色的预防性维护计划，适时的总成件更换翻新计划、状态监测流程等，让设备始终保持其可能的最佳状态。

8.3 铁路机车运输

铁路运输曾经是大型露天矿山普遍采用的主要运输方式。随着工业技术的发展，其他各种运输类型在露天矿得到了推广应用，使采用铁路运输方式的新建矿山逐渐减少。但是，铁路运输以其运输能力大、运费低及适于长距离的特点，仍然在国内外的一些大型露天矿山承担着主要运输任务。

由于矿山铁路的特殊性，其工作方式和技术条件与公用铁路有很大区别，例如线路坡度在公用铁路上一般为2%或3%，而在工矿铁路使用中可高达4%或4.5%，采用特殊措施后可高达8%或9%。因此对铁路运输方式的认识和深入研究仍然是露天采矿不可忽视的任务。

8.3.1 铁路运输的特点、适用条件及发展趋势

(1) 铁路运输的特点和适用条件

铁路运输仍是我国露天开采的主要运输方式之一，适用于储量大、采场走向长、运距长、运量大的露天矿山。

铁路运输的主要优点有：线路阻力小、运输成本低，适于较长的运输距离，能承担较大的运量；设备供应充足，能使用多种类型的能源和机车类型；设备和线路坚固可靠；运行作业易于自动控制，能适应各种气候条件等。铁路运输的每吨运费可能较其他运输方式都低。

其缺点是：爬坡能力小、曲线半径大，要求采场平面尺寸大，因而线路工程量大、基建投资大；线路维修、移设工程量大，运输管理复杂，运输量受线路通过能力限制；受矿体埋藏条件和地形条件影响大，开采强度低，选择配矿开采困难，矿山开采规模受限。

铁路运输最理想的适用条件是矿岩外运距离大于4 km的不太深的大型露天矿，矿区的地形条件比较平缓，能满足线路平面、纵断面要求。铁路坡度通常为上坡3%，下坡4%。高差越大，坡道线路所占空间就要求越大。例如，一个深度只有100 m的露天矿如果采用3%的坡度，坡道展线长度将超过3 km。

目前国内采用铁路运输方式的露天矿，主要是利用早期建矿时已形成的铁路运输系统。由于矿用自卸汽车的发展，铁路运输方式在新建大型露天矿中已很少出现。国内一些原先采用单一铁路运输的矿山，随着采场开采深度的增加，已将运输方式改造为采场下部采用汽车运输、上部采场仍延续铁路运输的联合运输方式。

(2) 铁路运输发展趋势

随着矿山开采深度的加深和产量的提高，铁路运输设备向牵引力大、效率高、耗能小的机车和装载容量大的车辆方面发展。大量技术成果的成功运用使铁路运输保持了强大的生命力，例如：

① 国外已有单相10000～15000 V交流电机车。这种电机车电压损失小，牵引性能好，有更大的爬坡能力，可减少牵引变电所数量及有色金属消耗。

② 采用由一台主控机车及1～2台牵引自翻车（或称联动自翻车）组成的牵引机组。降低投资和运营成本，具有更大的爬坡能力，纵坡可达6%。

③ 增加自翻车的装载质量。装载质量100 t的自翻车在我国已广泛使用，国外自翻车的最大装载质量已达180～210 t。为减少车辆自身质量，采用单侧翻车、液压翻车及轻合金钢车体、车架等措施。

④ 为适应机车、车辆轴重的加大及减少养护工作量，固定铁路线采用重型钢轨、轨枕板、整体道床；移动线采用钢枕。

8.3.2 列车和线路的技术特征

露天矿铁路运输系统由列车设备和铁路设施两部分构成。铁路按轨距又分为准轨（轨距为1435 mm）和窄轨铁路两种。

露天矿铁路运输的特征是受矿山开采工艺的支配，装、运、排各生产环节的相互制约导致运输线路和运输组织的特殊性。该运输方式的另一个重要特征是专机专列、固定车体的直达运输。

(1) 列车的技术特征

露天矿铁路运输的列车由牵引机车和载重车辆的车列组成。

矿用机车动力类型主要有电动机车和内燃机车，按轨距又分为准轨机车和窄轨机车。其技术特性参数有：功率、轮周牵引力、粘着牵引力、轴重、最小曲线半径、线性尺寸等。

矿用车辆多采用侧卸式自翻车，这是露天矿运输范围小、卸载频繁的特点所决定的。车辆的主要技术特性参数有：载重量、车体容积、自重系数、轴数、曲线半径和线性尺寸等。我国露天矿应用最多的是国产 60 t 及 100 t 侧板下开式自翻车。

目前国内露天矿使用的准轨列车主要采用 1500 V 直流供电，粘着牵引力为 80 ~ 150 t 的电力机车牵引 8 ~ 10 辆 60 ~ 100 t 的自翻车。此类规格的列车可适用于年运输量 1000 ~ 2000 万 t 的大型露天矿，而年运量为 3000 ~ 5000 万 t 时，则宜采用 3000 V 直流电机车或 10000V 交流电机车牵引 100 ~ 200 t 自翻车。

窄轨机车用于中小型露天矿。

(2) 线路的技术特征

铁路线路的技术特征与公路相似，例如：铁路也有线路等级，也分为固定线、半固定线和移动线；也有平面要素和纵断面要素等。露天矿山铁路系统的形成与开拓坑线布置类型、矿山工程发展程序、矿体赋存条件、采场和排土场的尺寸等相关，与民用交通铁路相比有较大的区别，主要特点有：

① 线路区长度短。露天矿铁路区间长度最短为 400 ~ 500 m，一般不超过数公里。

② 移动线路多，约占线路总长的 40% ~45%。折返多、长大坡道多，列车运行速度低。

③ 露天矿因生产需要，杂业车(非矿岩运输列车)较多。杂业车次可达总车次的 10% 以上，但杂业车难以恰当地换算成运量。

④ 露天矿铁路因车流密度高，大中型露天矿多采用复线，车站作业比较简单。

铁路等级是铁路最重要的技术指标。根据上述特点，露天矿铁路等级的划分，以设计最大通过运量和列车次数作为主要依据。其分级标准见表 8 - 3。

表 8 - 3　铁路等级

线路类别	线路等级	准轨/mm		窄轨/mm	
		1435	900	762	600
		单线重车方向年运量/万 t			
固定线[①]或半固定线[②]	Ⅰ	≥600	>250	150 ~ 200	-
	Ⅱ	300 ~ 600	150 ~ 250	50 ~ 150	30 ~ 50
	Ⅲ	<300	<150	<50	<30
移动线[③]、联络线及其他线	不分等级				

表中的线路类别为：

①固定线路——使用年限大于3年的线路。如露天矿运输干线、站线、采场非工作帮上线路及外部联络线等。

②半固定线路——移设周期或使用年限大于1年、小于3年的线路。如采场移动干线(包括站线)、平盘联络线等。

③移动线路——移设周期等于、小于1年的线路。如工作面采掘线及排土场翻车线。

铁路轨道由上部建筑和下部建筑所组成。上部建筑包括钢轨、轨枕、道床、钢轨扣件、防爬器等。轨道上部建筑的选型由铁路等级决定。表8－4列出了准轨铁路的轨道类型。

表8－4　轨道类型

项　目		单　位	固定、半固定线等级			移动线
			Ⅰ	Ⅱ	Ⅲ	
钢轨类型		kg/m	50或60	50或60	50	50
轨枕根数	钢筋混凝土枕	根/km	1680	1600或1520	1520	-
	木　枕	根/km	1760或1680	1680或1600	1600或1520	1760
道床厚度	非渗水路基	cm	35	30	25	20
	岩石、渗水路基	cm	30	25	25	15

轨道下部建筑包括路基、桥涵、隧道、挡土墙等工程。

8.3.3　铁路站场

为保证铁路所需的通过能力及行车安全，办理列车到发、会让、折返、解编、列检及其他有关业务，铁路每隔一定距离须设置车站。车站是处理列车各项技术业务的场所，是配线的分界点。

露天矿车站按其用途可分为：矿山站、废石站、矿石站、破碎站、工业广场站等，在露天采场内还会设折返站和会让站。按列车通过是否改变方向分为通过式和尽头式(折返式)两种。各类车站根据其用途和需要配置所需要的线路数。

车站的另一个作用是配线的分界点。为保证铁路行车安全及必要的通过能力，线路系统必须适当地划分为若干区间，每一区间按规定只容纳一个列车。区间和区间的分界地点称为分界点。分界点分为无配线的和有配线的两种。例如通过色灯信号机及信号所就是无配线的分界点，而线路系统中的各个车站即为有配线的分界点。

车站的配线一般由本车站车流的特点和技术作业性质确定。一般车站除直接连接相邻两车站间、并贯穿车站线路(又称正线)外，还要根据需要，配置其他站线及特别用途的股线，如发线、调车线、牵出线、装卸线、日检线、杂业车停留线以及工业广场和车库联络线等。

8.3.4　通过能力与运输能力

8.3.4.1　线路通过能力

露天矿线路通过能力是线路(区间和车站)在单位时间内所能通过的最大列车数，一般以列/昼夜表示。露天矿线路通过能力一般单线为 70～100 对/昼夜，双线为 200～250 对/昼夜。铁路线路通过能力包括两个方面，即区间通过能力和车站通过能力。

（1）区间通过能力

区间通过能力取决于限制区间通过能力。限制区间是指各区间中长度最大、坡度最陡、线路数目最少，且要求通过的列车数最多的区间。它由连接分界点的线路数目和每一列车占用区间的时间、区间的长度、平面、纵断面及机车车辆和列车载重量等因素决定。并分单线区间和双线区间进行通过能力计算。

单线区间通过能力 N_d，指每天通过该区间的列车对数，即：

$$N_d = \frac{nT_b}{t_1 + t_2 + 2\tau} \tag{8-4}$$

式中：N_d——每天通过该区间的列车对数，对/d；

n——每天工作班数；

T_b——每班工作时间，min；

t_1——空车运行时间，min；

t_2——重车运行时间，min；

τ——列车间隔时间，min。

双线区间通过能力 N_s，当采用电话或半自动闭塞系统时为：

$$N_s = nT_b/(t_y + \tau) \tag{8-5}$$

式中：t_y——列车在区间运行的时间，min；

τ——准备进路和开路信号时间，电控 0.3 min，人工 2.0 min。

当采用自动闭塞系统时：

$$N_s = nT_b/t_0 \tag{8-6}$$

式中：t_0——自动闭塞区段列车间隔时间，min。

单线和双线铁路的通过能力悬殊，双线的通过能力远远超过两条单线的通过能力，而双线的投资比两条平行单线少约 30%，运行速度比单线高约 30%，运输费用低约 20%。由此可见，运量大的线路修建双线是经济的。

（2）车站通过能力

线路通过能力还要按车站通过能力检验。车站通过能力是指单位时间通过车站的列车数（或列车对数）。因为咽喉道岔是车站的总出入口，所以车站的通过能力往往是指咽喉道岔的通过能力。

咽喉道岔通过能力，是指车站或车场两端的咽喉中最繁忙的那付（组）道岔的通过能力。一般车站（或车场）的每一咽喉有一副（组）咽喉道岔。

如图 8-9 中，根据道岔可能被占用的次数，可看出 1、3 号道岔为咽喉道岔。

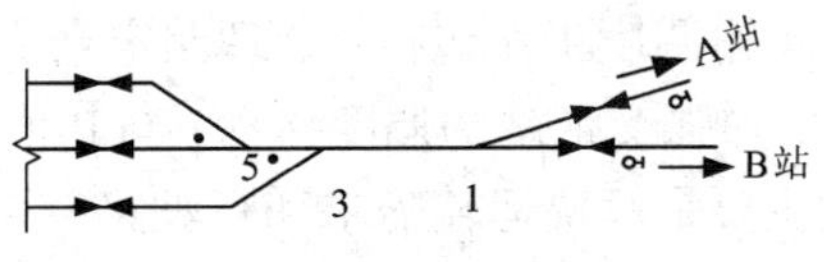

图 8-9　车站咽喉

咽喉道岔的通过能力 N_z（对/d），即

$$N_z = \frac{1440\eta_\gamma - \sum t_j}{\sum N_i t_i} \tag{8-7}$$

式中：η_γ——咽喉道岔的时间利用系数；

$\sum t_j$——站内影响咽喉道岔接发车作业所占用的时间，如站内调车，min；

N_i——通过咽喉道岔的到、发列车数，列；

t_i——通过咽喉道岔的到、发列车，调车和单机占用咽喉道岔的时间，min/次。

8.3.4.2 **列车运输能力**

列车运输能力是指列车在单位时间内所运送的矿岩量 Q_l。

$$Q_l = \frac{1440knq}{T_z} \tag{8-8}$$

式中：Q_l——列车每昼夜的矿岩运输量，t/d；

k——工作时间利用系数，$k = 0.85$；

n——机车牵引的矿车数；

q——矿车的实际载重量，t；

T_z——列车运行周期时间(min)，为列车在一个运行周期内的装车时间、列车往返运行时间、卸载时间、列检时间和在车站的入换、停车时间之和。

完成矿山生产能力所需要的同时工作列车数为：

$$N_l = \frac{Q_d}{Q_l} \tag{8-9}$$

$$Q_d = \frac{kA_n}{m_d} \tag{8-10}$$

式中：N_l——同时工作的列车数，列；

Q_d——矿山每昼夜的矿岩运输量，t/d；

A_n——年矿岩运输总量，t/a；

m_d——列车每年工作日数，一般为 300 ~ 330 d/a；

k——运输生产不均衡系数，$k = 1.1 \sim 1.25$。

如果运输矿、岩不是使用同一线路，则运矿、运岩的列车数应分别计算，两者之和即为需要的工作列车数。

8.3.5 铁路运输调度管理

与公路运输不同，露天矿铁路运输受到区间、车站通过能力等方面的限制，对组织管理有更高的要求。据我国一些大型露天矿的铁路运输统计，在列车运行周期内，用于等待线路等非作业时间可占到列车运行周期时间的 16% ~ 36%。因此，通过调度管理来改善运输组织，提高运输效率和保障行车安全有重要意义。

运输调度工作包括：合理制定当班调车作业计划，优化解体调车作业，编组列车车流的优化，加强交汇站的调度指挥，与其他单位衔接作业的优化等。归纳起来，露天矿铁路运输调度主要是解决运输需求和行驶路径两方面的决策问题。

运输需求的决策侧重于考虑生产任务的完成情况、装载点（如采矿、剥离工作面）和卸载点（如卸矿站和排土线）的位置和数目、矿石品位的控制情况等，以保证原矿产品的数量和质量均达到预期要求。其中，在装载和卸载点之间列车分配的要求是，完成开采和剥离作业的工班计划量；供给选矿厂的原矿实际品位与计划值的偏差应在允许范围内；保证全部挖掘机都能均匀地完成工班计划。

行驶路径的决策则侧重于从提高运输效率的角度来选择合理的行驶路径。考察对象主要是铁路运输系统的各主要实体，包括列车、线路分布、站场位置、各站股道数目、各站场与站场的联系等等。这些实体的状态随生产的进行处于不断变化中，决策时需获悉可用的股道中哪些已被占用，哪些尚未被占用，被占用股道的占用时间等信息。

运输调度决策的实现，主要依靠铁路运输系统中的信号设备。包括：

①信号——主要通过色灯信号机对有关行车和调车人员发出指示。

②联锁——通过集中控制装置使车站范围内道岔和信号的作用一致。保证行车安全和运输效率。

③闭塞——防止向已被占用区间或闭塞分区发入列车，保证区间内行车的安全。

实现以上三种功能的设备又被统称为“信、集、闭”设备。

国内外一些大、中型露天矿的主要铁路站所，初期都是采用简易的联锁设备，各车站、区间的行车作业，均由各自的车站值班员办理。

随着露天矿铁路系统自动化的进展，基于计算机网络技术的调度监督系统得到了广泛应用。典型的铁路调度监督系统是以信息处理为核心，采用计算机、网络及多媒体技术构成的分布式实时监督和管理信息处理系统。它与各车站的微机联锁相结合，将各车站的股道占用、信号显示、进路排列、列车运行等重要信息及时准确地提供给调度指挥人员，为合理安排列车会让、及时调整运行方案、科学指挥行车提供了可靠依据，进一步发挥了行车设备的整体性能。

8.4 带式输送机运输

8.4.1 带式输送机运输的特点及应用现状

带式输送机运输是一种连续运输方式，其主要特点是将物料不间断地沿固定的线路移运。由于绝大多数带式输送机的承载带都是由橡胶材料组成，通常又被称为“胶带机”。作为运输设备，胶带机可以作为露天矿的单一运输方式，将矿岩直接从工作面运至选厂或排土场，组成连续运输工艺；也可以与其他采运、破碎筛分设备联合，组成半连续运输工艺。胶带机可直接布置在露天采场边帮上，也可以布置在斜井中，具体由开拓方式决定。

胶带机作为运输设备，其特点主要有：

① 结构简单。带式输送机由传动滚筒、改向滚筒、托辊或无辊式部件和驱动装置等几大件组成，仅有10余种部件，能进行标准化生产，并可按需要进行组合装配。

② 输送量大。运量可从每小时几百kg到上万t，不间断连续运送物料。

③ 运距长。单机长度可达十几km，中间无需转载点。通过使用多点驱动方式，使长度不受胶带强度的影响。

④ 营运费低廉。胶带机的磨损件仅为托辊，只要胶带不被割破，寿命可达10年之久。自动化程度高，使用人员少。

⑤ 能耗低、效率高，由于运动部件自重轻，无效运量少，能实现低耗高效输送。

近年来，带式输送机制造技术发展很快，在改进结构性质、提高设备可靠性、自动化控制程度、胶带强度以及防磨损、耐冲击、防撕裂等方面都有很大发展。胶带宽度加大，运行速度提高。

胶带机运输的主要优点：生产能力大、爬坡能力强、劳动条件好、能耗低、占用人员少、运输费用低、易于实现自动控制。

胶带机运输的主要缺点：不宜运输大块坚硬岩石和黏性大的岩石，在运输坚硬大块矿岩前一般均需预先破碎，因而增加了露天矿剥离废石破碎环节和成本。另外，该运输方式对其系统的可靠性要求比其他运输方式更高，生产中的某个局部故障可能导致全系统停车，这是国内露天矿在用胶带机运输系统的系统作业率普遍低于50%的主要原因。

胶带机经过设计和材质工艺的不断改进，其系统的作业已十分可靠，运输能力日益增长。例如，钢绳芯胶带的额定拉力比早期强度最大的织物层输送机胶带增加了数十倍，导致单机运距增加，能量消耗降低。为进一步降低能耗，增加输送长度，现代胶带机采用了多点驱动的方式减小胶带受力。

多点驱动的方式主要是直线摩擦式，其工作原理是利用驱动机输送带和主机输送带间的摩擦将中间驱动装置的动力传递给主机输送带，从而减小了主机输送带的张力。驱动点数越多，主机输送带张力越小。另一方面，通过采用软启动技术，以减小启动时由较大加速度产生的冲击荷载，从而可降低胶带的强度要求。

矿用大倾角胶带机的出现，大大减少了运输线路的长度和开挖工程量，显示了巨大的优越性。这些技术改进，使胶带机不仅被公认为松散物料的内部最佳运输方法，而且在松散物料的长距离运输中，尤其在地形不利的地区，也得到了应用。

随着大型露天矿山开采深度的不断延深，采场空间作业尺寸逐渐缩小，开拓运输和新水平准备的困难程度加大，开采深度增加对运输环节的影响大大超过其他采掘工艺环节。国内外露天矿生产发展的事实证明，利用胶带机完成深凹露天矿的矿岩提升运输作业，是改善深凹露天矿运输的理想途径。据统计，深凹露天矿采用半连续运输工艺，运输费用较单一汽车运输方式减少15%～28%，采矿成本降低20%～30%，汽车数量减少20%～30%，劳动生产率提高30%～50%。当前，胶带机正在向大功率、高速度、大倾角方向发展，以满足大型露天矿，特别是深凹露天矿的需要。

8.4.2 带式输送机运输类型与技术特征

(1) 带式输送机运输的类型

胶带机分为普通型和特殊型两大类，露天矿应用的是特殊型胶带机。按其构造或驱动形式不同可分为：钢丝绳芯胶带机、钢丝绳牵引胶带机、直线摩擦驱动胶带机等多种。近年来受到普遍关注的新型胶带机有压带式和波纹挡边式等类型。

露天矿胶带机运输系统通常由若干条胶带机串联组成。在该系统中，胶带机按其工作地点和任务分为固定式、移动式(又称移置式)、半固定式三种。

固定式胶带机通常是设置在固定运输干线上，承担较长距离和主要提升运输的胶带机。

移动式胶带机代表了露天矿胶带机系统的特殊性。移动式胶带机在连续或半连续生产工艺中作为采场、排土场工作面的输送设备，其结构特征是不能装备永久性的基础，整机由若干标准的独立单元，如机头、机尾和中间机架等部分组成，并需要有与之配套的移设设备。移动式胶带机按工艺特点又分为采场工作面、排土场工作面和端帮移动胶带机。其随着采掘或排岩工作面的推进，需要在垂直于输送机纵轴线方向上不断地移设，而且在长度上也有所变化。

半固定式胶带机通常用于移动式胶带机和固定式胶带机之间的联系，完成矿岩的转载与集载任务。

(2) 带式输送机的技术特征

一般的矿用胶带机主要由胶带、托辊和支架、驱动和拉紧装置等部分组成，其组成与工作原理如图 8－10 所示。

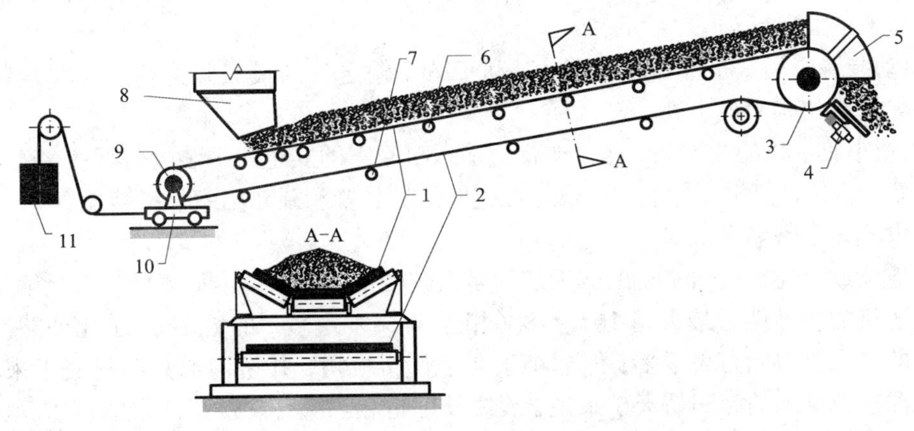

图 8－10　带式输送机工作原理图

1—胶带承重段；2—胶带回空段；3—驱动滚筒；4—清扫器；5—卸载装置；6—上托辊组；7—下托辊组；8—装载装置；9—改向滚筒；10—张紧车；11—重锤

带式输送机输送物料的部分称为承载段或承重段；不装物料的回转部分称为非承重段或回空段。输送带的承载段一般采用槽形托辊支承，使其成为槽形断面(图中的 A－A 剖面)，以增加承载断面的面积，而且货载不易撒落。回空段不装运货载，故用平型托辊支承。

输送带是胶带机中最重要的部件之一，它既是承载元件，又是牵引元件，其受力复杂，工作繁重，不仅要有足够的强度，还应有适当的挠性。输送带的价格昂贵，约占输送机总成本的 15% ~50%，甚至更多。

目前，矿用输送带中应用最广泛的是钢丝绳芯输送带。这种输送带的带芯由高强度钢丝绳及芯胶构成，它与普通带相比强度有很大提高，国产 GX 系列输送带强度达 40000 N/cm，国外最大带强已达 60000 N/cm；抗冲击性能及抗弯曲疲劳性能好；输送带的延伸率低(约为 0.1% ~0.15%)，成槽性好，不易跑偏，使张紧行程减小，有利于拉紧装置的布置，能较好适应露天矿长距离、大运量的运输需要。钢绳芯输送带的缺点是，钢丝绳间没有联系，因此输送带横向强度低，易发生纵向撕裂事故。

胶带是由托辊支承的，加大带宽时，需要缩短托辊布置间距，增加托辊数量。一台500 m 长的普通胶带输送机托辊数量 2000 ~4000 个。其中任何一个托辊失灵，就可能造成跑偏、磨带、撕带等事故。胶带输送机消耗在托辊摩擦上的功率占有相当比例，降低了整个设备的机械效率。托辊的重量占输送机的 22% ~35%，成本占总成本的 17% ~25%。对于 3.15 m/s 以上的高带速，托辊必须具有较高精度和较好的动平衡性能。托辊维修很费工时，尤其对于宽带的输送机，安装和拆卸需专门的提升设备。为改善因托辊结构导致的不足，国外开发了胶带与支承件之间不直接接触的胶带输送机，如气垫胶带机、水垫胶带机和磁垫胶带输送机等。

用胶带机输送大块岩石的特点是：胶带在托辊间具有较大垂度，胶带承受强烈的冲击载荷，磨损严重。为减小磨损提高胶带寿命，运送矿岩中的细料应不少于 30%，以形成较大块料的"垫层"。运输经过机械破碎的细碎岩石效果最好。

带式输送机可作水平输送、倾斜向上输送和倾斜向下输送，其布置原则如下：

① 带式输送机在纵断面上应尽可能布置成直线型，避免有过大的凸弧或深凹弧的布置形式，以利于正常运行。

② 驱动装置应尽量布置在卸载端，以利于减小输送带的最大张力值。而拉紧装置一般应布置在输送带的张力最小处。

③ 为减小胶带机的故障率，露天矿带式输送机必需的安全保护装置包括：输送带纵向撕裂保护装置、输送带打滑保护装置、输送带跑偏保护装置和漏斗堵塞保护装置等。

（3）大倾角胶带输送机

采用连续或半连续运输工艺的露天矿均是由胶带机完成采场内矿岩的提升运输作业。普通胶带输送机的爬坡能力最大达 16°～18°（相当于 28%～33% 的坡度），虽比公路汽车和铁路电机车的最大爬坡能力大很多，但远小于非工作帮坡角，开拓沟道只能斜交于采场边帮。而且对采深达数百米的深凹露天矿来说，展线长度也相当大，设备系统布置困难，且受单机长度限制，矿岩要多次转载，导致投资和运营成本增加。

为解决上述问题，国内外纷纷开展了大倾角输送机的研制工作。目前已有许多大型深凹露天矿应用了大倾角输送机输送矿岩，其中影响较大的是压带式 HAC（High Angle Conveyor，简称 HAC）。

压带式 HAC 是采用夹心式胶带原理，即将破碎物料置于两股带之间，下胶带为承载带，用排列较密的槽形托辊支承，并起牵引作用。上胶带为压紧带，用其上部全自动平衡的压辊产生压力将物料柔和地压住，使物料与胶带表面形成足够的摩擦力，因此物料不会发生下滑。通常上胶带自带驱动机牵引装置，并与下胶带以相同速度运行。上下胶带边缘有一定的密合宽度，使物料密封于胶带之间，保证在运输全程不致溢出。从已投产的压带式 HAC 机可知，其最大提升角度已达 90°，运量达 4000 t/h，胶带宽度达 2000 mm，最大运行速度 5.33 m/s，提升高度达 93.5 m。根据生产使用要求，上述胶带宽度、带速和运量仍还可提高，其工作原理如图 8－11 所示。

除压带式输送机外，不同结构形式的大倾角胶带机也被应用到露天矿运输中。如使用带花纹、棱槽的胶带，安装横挡料板的胶带或者带夹持机构的胶带等方式，可使输送机的倾角达 35°～40°或更大。图 8－12 为管状带式输送机的原理示意图。

管状带式输送机在构造上与普通胶带机类似。其特点是，在物料装载站和卸载站之间的主要运输段上，将槽形托辊改为六边形托辊，利用托辊组的强制作用使胶带卷成圆管状（图 8－12，A－A 剖面）。为使胶带边缘紧密搭接和提高输送带挠性，胶带边缘部分采用较薄的特殊结构。输送机头尾两端可展开成平面形，再由槽形变为管状，其过渡段长度一般为管径的 25 倍。其主要技术特征是：水平和垂直方向均可弯曲，可根据地形条件和需要布置成曲线，织物胶带和钢芯胶带最小曲率半径分别为管径的 300 倍和 1000 倍，增加物料对胶带的摩擦系数，最大输送倾角可达 35°。其缺点是，托辊组对胶带的强制卷管容易使输送带磨损。

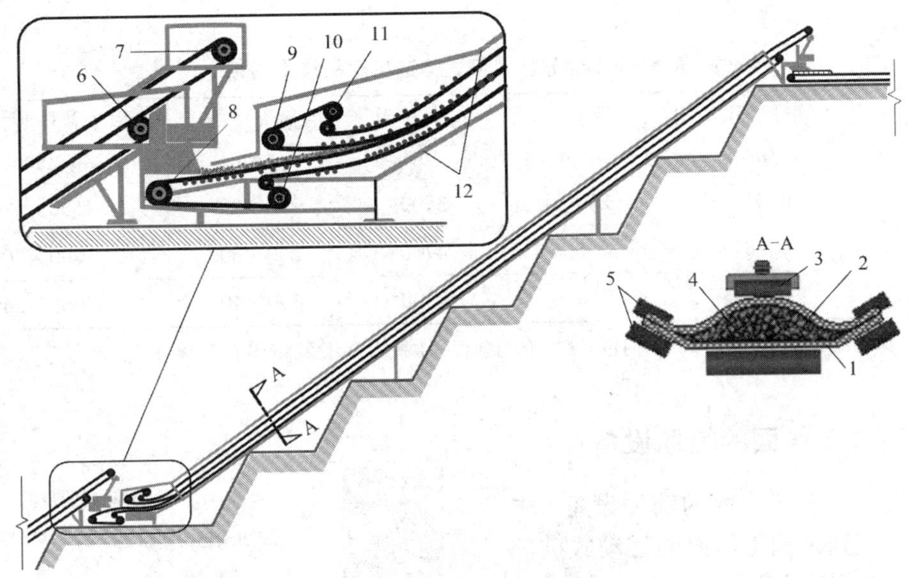

图 8-11 大倾角压带式输送机

1—承载带；2—覆盖带；3—弹性压辊；4—物料；5—边辊；6—前段承载带驱动滚筒；7—前段压紧带驱动滚筒；8—接力段承载带驱动滚筒；9—接力段压紧带驱动滚筒；10—接力段承载带张紧滚筒；11—接力段压紧带张紧滚筒；12—沿胶带设置的机罩

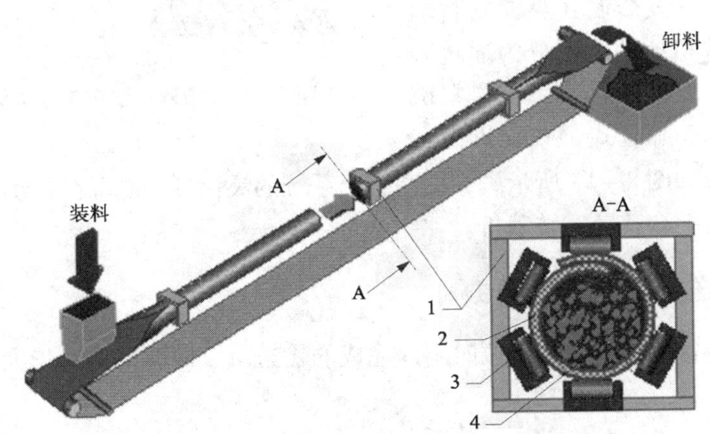

图 8-12 管状带式输送机原理示意图

1—结构架；2—胶带；3—托辊；4—物料

我国秦皇岛港矿石码头已建成的铁矿石管状带式输送机，管径为 400 mm，带速为 417 m/min，输送角度 0～11°，水平机长为 2117 m，额定输送量可达 3500 t/h；上海梅山钢铁厂使用的圆管带式输送机的输送距离达 2230 m；贵州瓮福磷肥厂使用的圆管带式输送机是目前国内线路布置最复杂的输送机，沿线共跨过 4 座山和 1 条河，绕过 2 座山，穿过 2 个建筑群，水平面转弯 3 个，转弯半径为 300 m。

表8-5列出了部分管状带式输送机产品的技术指标。

表8-5　部分管状带式输送机产品技术指标

管径 /mm	管径面积* /m^2	带速 /($m \cdot min^{-1}$)	运输能力 /($m^3 \cdot h^{-1}$)	最大块度 /mm	相当于普通胶带机宽度 /mm
600	0.218	250	3300	200~250	1500~1800
700	0.284	275	4700	250~300	1800~2000
800	0.408	300	7300	300~400	2000~2400

注：*管径面积是指管状胶带横截面内包容物料的有效面积，按相同直径圆面积的75%取值。

8.4.3　装载工作面的辅助设备

胶带机在装载工作面的辅助设备，主要是指能行走到采掘工作面的移动式破碎机，由挖掘机直接向其装载供料。移动破碎机能够跟随电铲自由行进，可适应电铲铲斗和斗臂的移动，其受料仓还需与电铲的生产能力相匹配。

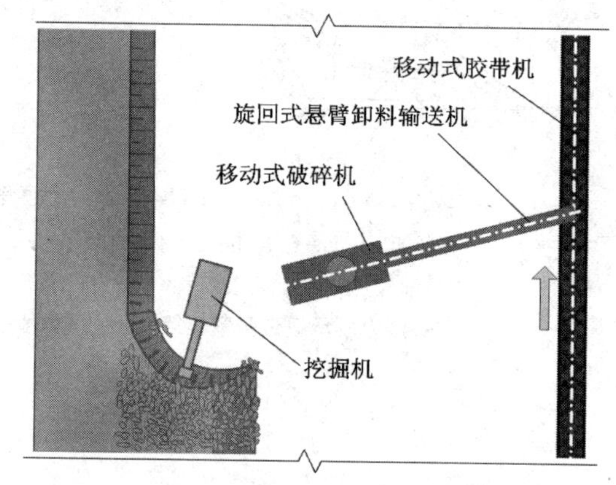

图8-13　破碎机组在工作面的布置方式

移动破碎机通常由行走机构、破碎机、板式给料机、受料仓及旋回式悬臂卸料输送机等组成。破碎机按功能可分为通过式(所有矿岩都通过破碎机)、筛分式(只破碎筛上大块)和破碎筛选式。破碎机组在装载工作面的布置如图8-13所示。为提高整个系统的灵活性，也可在移动式破碎机与移动式胶带机之间设置一台移动式转载机。

8.4.4　带式输送机主要技术参数

胶带机系统最重要的指标是单位时间内完成的输送量。而影响输送量大小的主要因素是胶带宽度与带速。

(1) 胶带宽度

胶带宽度是胶带机的重要参数。它决定着胶带机的输送能力和胶带的费用。露天矿所采用的输送机胶带宽度通常为600~3400 mm，一般不宜小于矿岩块度的3倍。固定式胶带机的胶带宽度可用下式计算：

$$B_d = \sqrt{\frac{Q_x}{k_j k_d v \gamma}} \tag{8-11}$$

式中：B_d——胶带宽度，m；

Q_x——生产所需物料输送量，t/h；

v——胶带运行速度，m/s，一般取1~2，最大为5~6；

γ——松散矿岩体重，t/m^3；

k_j——倾斜系数，胶带机倾斜安装而减少运量的系数，取值参考表 8－6；

k_d——断面系数，与胶带断面形状和物料自然安息角有关，取值参考表 8－7。

表 8－6　倾斜系数 k_j 取值表

胶带机倾角	0～10°	12°	18°	20°	24°
k_j	1.0	0.98	0.93	0.90	0.85

表 8－7　断面系数 k_d 取值表

断面形状	平胶带	槽形胶带	弓形胶带
k_d	$576\ \tan\varphi'$	$1443(\mathrm{ton}\theta-\mathrm{ton}\varphi')$	$595\ \tan\varphi'$

注：θ 为槽形胶带侧托辊倾角（参见图 8－14），一般为 20°～30°

φ' 为物料的动安息角。对普通胶带机，φ' = 静止安息角的 1/2；对钢绳式胶带机，φ' = 静止安息角的 1/3。

由式（8－11）计算所得的胶带宽度，可按相近的标准带宽选型。但还需考虑所输送矿岩的最大块度，即应满足式（8－12）的要求。

$$B_d \geqslant 2a+0.2 \tag{8-12}$$

式中：a——运送岩块的最大尺寸，m。

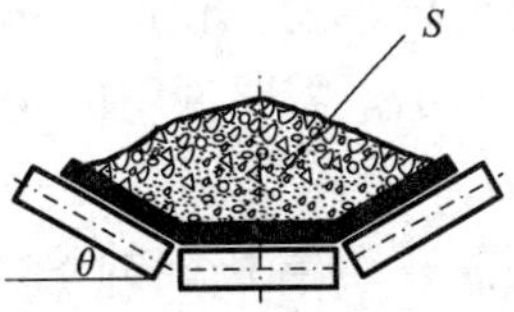

图 8－14　物料横截面形状

（2）胶带速度

胶带速度是胶带机的又一重要技术参数，它和胶带宽度一起决定着胶带机的运输能力，是现代矿用胶带运输机提高生产能力最活跃的因素。胶带运行速度的选择取决于岩石的物理力学特性、胶带宽度、装载点及转载点设备。一般从 0.7 m/s 到 5～6 m/s 内变化。提升胶带机的胶带运行速度一般不超过 3.5～4 m/s（带宽在 2500 mm 以内）。

（3）胶带机倾角

胶带机倾角取决于所运物料的性质。移动式胶带机的最大上行倾角可达 20°；在运送经爆破或破碎的矿岩时，倾角宜为 16°～18°；对于近圆形物料，如砂砾岩，倾角仅为 13°～15°；物料下向运送的胶带机倾角一般较上向运送的小 2°～3°。

8.4.5　带式输送机生产能力

胶带机的技术生产能力取决于胶带的宽度及物料断面形状、胶带运行速度、物料运输难度、装载均匀程度等。可按下式计算：

$$Q_j = B_d^2 v k_d k_j k_s \tag{8-13}$$

式中：Q_j——胶带机技术生产能力，m^3/h；

B_d——胶带宽度，m；

k_s——速度系数，见表 8－8；

其余符号意义同前。

表 8－8 速度系数 k_s 值

$v/(m \cdot s^{-1})$	≤1.6	≤2.5	≤3.15	≤4.0
k_s	1.0	0.98～0.95	0.94～0.90	0.84～0.80

工作面胶带机的生产能力应比采装设备生产能力高10%～15%，以保证后者正常作业并防止胶带过载。

8.5 溜槽、溜井运输

溜槽、溜井运输是山坡露天矿利用地形高差进行矿岩下放运输的理想方式。溜槽、溜井作为运输设施，通常会单独或与汽车或铁路机车联合组成运输系统。在有利的山坡地形条件下，为减少溜井的掘进工程量，可采用上部明溜槽与下部溜井相接。溜井有竖井（又称垂直溜井）和斜井两种，我国最常用的是竖溜井，斜溜井采用较少。通常在溜井井底设置平硐，组成“平硐溜井”运输系统，如图8－15所示。需要说明的是，图中的分支溜井只是特定条件下的可选方案之一。

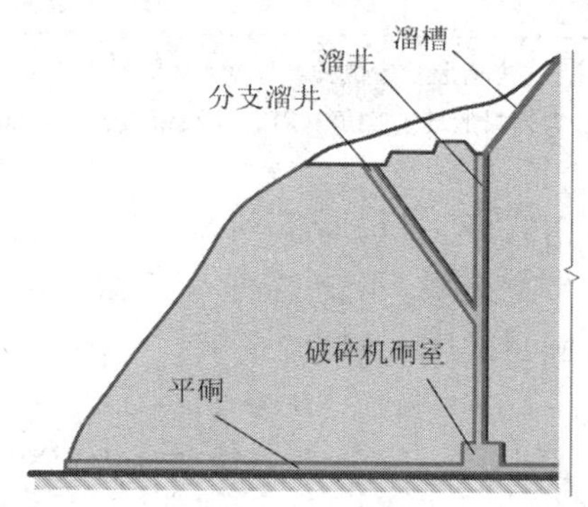

图8－15 平硐溜井（溜槽）系统示意图

平硐溜井运输系统的最大特点是利用重力原理，显著缩短运输设备的运行距离，降低运输成本，实现高效节能的技术经济效果。

8.5.1 溜井位置和数量

8.5.1.1 溜井位置的选择

确定溜井位置时，应保证溜井穿过的岩层稳固，避免穿过软岩层、大断层、破碎带以及裂隙极发育区。在工程水文地质复杂的地段，要预先进行工程勘探，防止投产后因过分磨损导致塌落造成溜井报废。溜井内含有一定的泥水量并具有一定的粘结性时，容易发生堵塞现象，含泥水过多时，又易造成跑矿事故。故溜井不应穿过大的含水层，避免将溜槽设在自然山沟内，以免增大汇水面积。

根据溜井与露天境界的相对位置，分为内部溜井和外部溜井运输。内部溜井是指将溜井设在采矿场内的布置形式，具有采场运输距离小，可减少汽车数量、基建投资、运输经营费用及生产人员少等优点，我国大多数高山露天矿都将溜井设在采矿场内。内部溜井的井口随开采水平的下降而逐台阶下移的过程称为“降段”。

内部溜井位置选择应考虑以下原则：

（1）应根据矿床埋藏特点，以采场运输功最小，平硐口距选厂距离最短为原则，溜井应布置在稳固的岩层中；平硐顶板至采场的最终底部标高应保持最小安全距离，一般不小于20 m；

（2）当采场采用汽车运输时，溜井应尽量设在接近矿（岩）量的重心位置，使运距最短，并实现采场内平坡运行；

(3) 当设在采矿场内时，矿石溜井应布置在矿体中，以利降段和避免矿石贫化。岩石溜井则可布置在岩石中。

8.5.1.2 **溜井数量的确定**

在决定溜井数量时，应综合考虑下列因素：

(1) 生产期间的经济合理性。如运输距离的远近、经营费的高低等，并应进行综合技术经济比较。

(2) 单条溜井的生产能力，应考虑适当富余能力。

(3) 溜井检修、降段、堵塞和跑矿事故对生产的影响。

(4) 生产管理水平。

露天采场内溜井的数量取决于溜井系统的生产能力及其布置。单条溜井的生产能力由其上部井口卸矿能力、井筒通过能力、底部放矿能力及平硐(斜井)运输的通过能力中的最小能力决定。一般主要考虑上部井口卸矿及平硐装载列车的运输条件。

① 按井口卸矿能力计算。当采用汽车卸矿时，井口一个卸矿平台的卸矿能力由下式确定：

$$Q_1 = \frac{3600T_b}{t}nqk_1 \tag{8-14}$$

式中：Q_1——卸矿能力，t/班；

T_b——卸矿平台每班工作时间，h，一般取 $T_b = 6 \sim 7$ h；

t——汽车卸矿时间(包括调车时间)，s，一般 $t = 90 \sim 150$ s；

n——同时卸车台数，台；

q——汽车有效载重量，t；

k_1——卸矿平台利用系数，一般取0.4～0.6。

② 按平硐列车装矿能力计算：

$$Q_2 = \frac{3600T_b}{n(t_1 + t_2) + t_3}nqk_2 \tag{8-15}$$

式中：Q_2——平硐运输的通过能力，t/班；

n——平硐内列车牵引矿车数；

q——矿车有效载重，t；

t_1——闸门放矿装一个矿车的时间，s；

t_2——装满一个矿车后的移动时间，s；

t_3——列车入换时间，s；

k_2——溜井放矿口装车工作系数，一般取0.7～0.9。

由于溜井生产能力很大，所以中小型露天矿，特别是建材矿山多使用一条溜井生产，一些大型露天矿山，如南芬铁矿，也采用一条溜井生产，效果都很好。经验证明：矿石在溜井中常处于流动状态，只要加强管理，是可以避免堵塞的。由于溜井开凿费用较高，因此应慎重考虑是否增设备用溜井。

8.5.2 溜井降段

当溜井位于采场内时，溜井应随开采台阶下降而降段，每次降段一个台阶高度。溜井降段有两种方法：一种是直接降段法；另一种是贮矿降段法。图 8－16 为溜井降段炮孔布置示意图。

直接降段法用于溜井断面较大、不易堵井、溜矿井不会因为井颈周围矿层崩入井内而导致矿石严重贫化的情况。其降段程序是，在溜井正常放矿条件下，沿井颈周边穿孔、爆破，被爆矿（岩）直接进入溜井。此法的关键技术是控制直接入井的矿岩块度，以避免大块堵塞溜井。因此应适当加密炮孔和增加装药量。为避免降段爆破对溜井下部设施的冲击破坏，溜井内应保留一定的贮矿高度。

贮矿降段法是先将溜井装满矿石，爆破溜井周边矿石，将爆破下来的矿石用挖掘机倒堆或装车运走。该降段方法安全可靠，但降段期间须停止放矿而影响生产。

为避免在溜井整体降段后切断原上部台阶的卸矿通道，一般采用半壁降段法。即仅对溜井的半壁先降段，以便及时服务于新下降的台阶水平。未降段的另半壁，仍可服务于上一台阶的矿岩溜放。这种半壁降段的施工过程，又称为“劈井”。如图 8－17 所示。

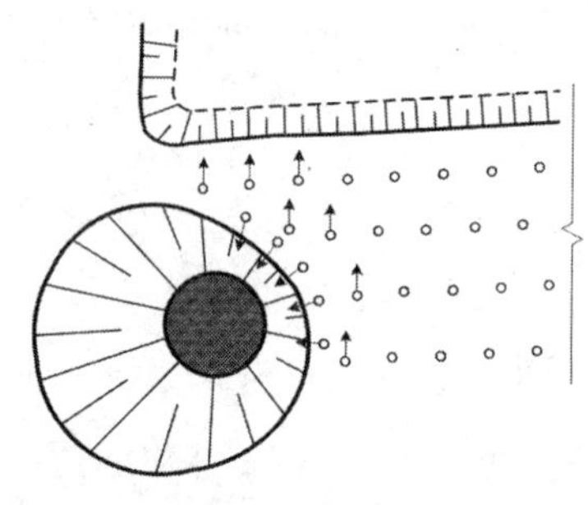

图 8－16　溜井降段炮孔布置图

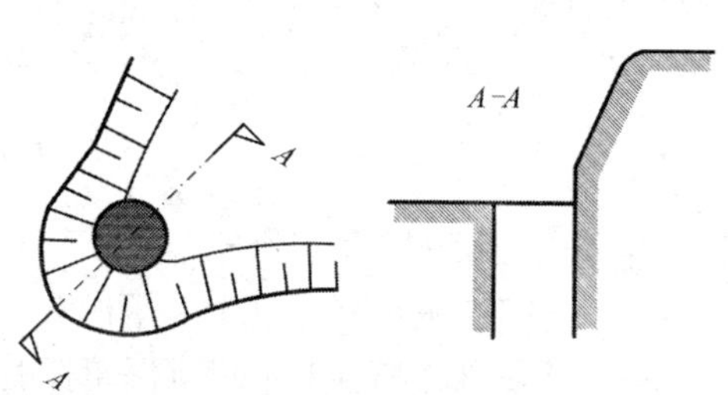

图 8－17　溜井降段劈井示意图

8.5.3　溜井堵塞及其预防

溜井堵塞是溜井运输中多发而又突出的事故。溜井堵塞不仅会中断正常运输作业，而且容易引发跑矿事故。跑矿是指溜井内大量矿石突然下落，形成具有巨大冲击力的矿石流，使井底放矿设施遭到破坏。跑矿是溜井放矿中的突出事故。

根据事故的统计和分析，重大的跑矿事故一般都是先堵塞后跑矿，最终导致严重后果。

溜井堵塞的原因主要有：溜井设计不合理或基建施工未达到设计要求，导致溜井尺寸过小而造成堵塞；井筒穿过不稳定岩层，导致使用中井壁片帮，大块掉落而堵塞；溜放含水或粘性、粉状物料较多时，在溜放过程中压实结块，导致在溜井中形成悬拱；因停产、检修等原因使溜井内矿岩长时间积压固结，形成拱形堵塞。

针对上述原因，预防溜井堵塞的措施主要包括：

① 保证溜井尺寸的合理性。我国露天矿山生产的实践总结出了“大断面，贮满矿”的溜井设计和生产管理原则，设计的溜井直径一般为 5 ~ 6 m，个别溜井贮矿段的直径达 8 m。在设计上还应尽量减少与溜井井筒相通的巷道（如检查巷道、施工巷道），以防止破坏负压放矿，即减少矿石在溜井井筒中的移动阻力和增加溜井的垂直压力。

② 生产中尽量做到溜井贮满矿。溜井管理应按“贮满矿、常松动”的原则。贮满矿可降低矿石自由下落高度，减少或避免卸矿时矿石直接冲击井壁，减轻井壁的磨损，也减少对井

内矿石的夯实作用。贮存的矿石还有支撑井壁作用，有利于防止溜井片帮和塌方。另一方面，溜井应保持持续放矿。即使暂停生产，也必须每班都从溜井放出适量矿石(1～2车)，避免矿石被压实而堵塞。

③ 严禁不合格的大块矿石入井。大块卸入溜井中，很可能在溜井出口处堵塞，堵后用爆破方法处理，还会破坏井底结构及给、放矿设备。当大块从溜口放出时，会影响矿车装满系数，甚至将矿车砸坏。

④ 粉矿和水的管理工作。溜井堵塞和跑矿事故多发生在雨季，主要是由于大量粉矿和充足的水分相结合造成的。因此，粉矿最好安排在旱季溜放，雨季要按1∶3或1∶4的比例将粉、块搭配，做到快卸、快放、缩短矿石在溜井井筒中贮存时间。

溜井的堵塞与跑矿都与井内矿石的含水量密切相关，为减少水的危害，应在井口和溜槽两帮设截水沟，将雨水截住排走；应采用堵水、排水或堵排相结合的措施，严防地下水流入溜井。尤其应严禁从溜井井口注水来处理溜井堵塞。

防止溜井堵塞和跑矿可通过严格的溜井生产管理来避免，其主要内容包括控制不合格的大块矿石入井、贮矿量及松动放矿、粉矿和水的控制及做好溜井降段工作等。

8.6 联合运输与转运、转载设施

8.6.1 联合运输的特点、分类和适用条件

联合运输是指两种或两种以上的运输方式相联合，把矿、岩从工作面运到地表的受矿点或排土场。实施联合运输，是为了利用不同运输方式的优点，扬长避短，以获得更好的技术经济效果。联合运输有以下主要特点：

① 从采场工作面到地表受料点由数种(一般2～3种)运输方式分段运送矿岩；

② 根据联合运输的组成形式，可能有多次物料转载。为了转载，在地表或采场内需设置受矿及转载设备。

联合运输的组织一般考虑三个主要线路区段的运输方式选择，如图8－18所示。

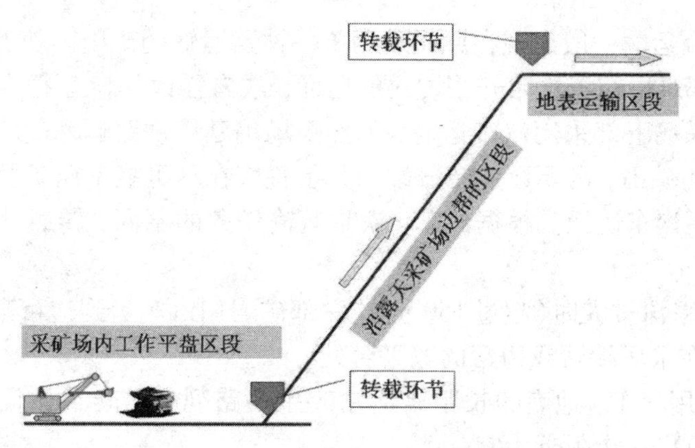

图8－18 采场线路区段示意图

(1) 采矿场内工作平盘区段

工作平盘运输的特征是：以水平移运为主；运输线路具临时性，需不定期移设。选择此区段的运输方式时应考虑：

①因作业条件狭窄，要求用回转半径小、机动灵活的运输设备；

②运输设备要保证挖掘设备的最大利用率；

③修筑临时道路要简单、经济；

④在转载站卸载要简单、迅速。

(2) 沿露天采矿场边帮的区段

该区段以提升移运为主，一般用固定线路。因为是坡度运输，当露天采矿场深度很大时，该区段矿岩运输量在全线中所占的比重最大。选择该区段适合的运输方式时应考虑：

①运输设备应保证露天矿所要求的生产能力；

②以尽可能短的距离运输矿岩，即有以较大坡度上行运输的能力；

③有安装和移设转载站的可能性；

④建设投资和生产费用较低。

(3) 地表运输的区段

该区段用采场外的固定线路，线路断面简单，但运距往往很长。如果是在排土场内的线路段，通常会铺设在松散的岩石上，且要经常移设。

根据汽车运输的特点，一般最适宜承担采场内工作平盘区段的运输任务，因此常用的联合运输形式主要有：

①汽车与铁路运输的联合；

②汽车与带式输送机联合；

③汽车与溜井、溜槽运输的联合；

④汽车与箕斗提升运输联合。

实施联合运输，各不同运输方式之间必须设置矿岩转载设施，将矿岩从一种运输方式转到另一种运输方式。联合运输问题主要是转载方式解决方案的问题。

8.6.2 汽车—铁路联合运输

汽车—铁路联合运输一般出现在原先采用单一铁路运输的矿山。随着采场开采深度的增加，出现了采场深部难以布置铁路开拓坑线的局面，或者需改用汽车掘沟以提高新水平准备效率，因而改造为采场下部采用汽车运输、上部采场仍延续铁路运输的联合运输方式。采用这种联合运输方式的矿山，需要设置转载站。其位置应在尽可能不压矿及不过多增加扩帮量的条件下，尽量缩短汽车运距。根据汽车、铁路运输任务的不同，转载站位置主要分为三种情况：

① 深凹露天矿采深过大时(超过 150 m)，深部矿岩用汽车运到边帮某一高度向铁路列车转运。转载站宜设在采场端帮或边帮的宽平台处。

② 采场内运输用汽车，地表的长距离运输改用铁路列车。转载站设在紧靠露天采场边缘的地表，以设在总出入沟附近为宜。

③ 在采用铁路运输的矿山，为加速深凹露天采场的掘沟、扩帮工程，采用汽车作新水平准备的运输方式。转载站位于正在掘沟的上一个水平，一般设在开采推进方向另一侧的铁路

站场附近。

转载站的种类可分为直接转载、挖掘机转载及矿仓转载三种方式。

(1) 直接转载

直接转载是汽车在转载平台上直接往列车中卸载。其优点是无需机械设备，施工简单，转载简便可靠，适用于局部采区或小型露天矿。缺点是汽车、列车互相影响，降低运输效率及设备周转率。转载过程中容易损坏车辆和出现偏载、跑矿等情况。当汽车载重大于 20 t 时，一般不宜采用直接转载。

(2) 挖掘机转载

挖掘机转载简单易行，曾被多数矿山采用。挖掘机转载具有工作可靠、转载能力大、堆场结构简单，有利于不同品级矿石的配矿等特点。这种转载方式的缺点是投资大、耗电多，转载费用高，占用场地多，向下搬迁困难，集载汽车运距不能保持在合理范围内(0.7 ~1.5 km)，生产运营费用高及污染环境等。

(3) 矿仓转载

矿仓转载是铁—汽联合开拓运输系统较为常用的一种转载形式，其优点是不需要转载机械设备，转载速度快，可以提高运输车辆的周转率。在选用矿仓转载时应注意矿仓的位置、形式、卸矿平台的宽度以及有效容积等问题。传统的矿仓转载站多采用钢筋混凝土矿仓的固定转载站，转载站址多设在采场外。

20 世纪 90 年代后，我国部分大型露天矿由山坡露天开采转入深凹或凹陷开采，这些矿山年采剥总量均在 1000 万 t 以上，转载站要有相应大的转载能力；根据汽 - 铁联合运输的工艺特点，应使承担深部运输任务的自卸汽车在经济运距(≤2.5 ~3 km)内运行，这就要求转载站能随开采降深而易于向深部搬迁。为此，有关部门和单位开展了大型深凹露天矿汽车 - 铁路联合运输转载方式研究，并取得了一系列成果，包括：

明确了可移动放矿机仓式转载方案的优越性；设计了可拆卸金属结构矿仓，可组装振动放矿机，便于机车自放矿口通过并减少列车入换时间的活动溜嘴，可整体搬迁的操作室、信号室、卸车板和挡碴板等占地面积小的仓式转载站。经工业实验获得的转载方案效果指标对比如表 8 -9。

表 8 -9　转载方案比较表

比较内容	单位	可移动转载方案的主要设备			
		4 m^3 电铲	10 m^3 电铲	重板给矿机	振动放矿机
设备台数	台	3	2	1	6
设备总重	t	202 ×3 =606	459 ×2 =918	420	250
设备功率	kW	250 ×3 =750	750 ×2 =1500	75 ×2 =150	15 ×6 =90
年转载能力	万 t/a	150 ×3 =450	300 ×2 =600	400	750
装一列车 (60 t×8 台) 时间	min	35	25	20	10
转载仓(堆场)贮矿量	t	15000	15000	800	1000
基建、设备投资:	万元	1150	2110	805	470
运营成本	元/t	2.0	2.0	1.0	0.5
单位转载量耗电	kW · h/t	0.5	0.7	0.1	0.015

国外也对深凹露天矿的移动式转载站开展了广泛研究，如图 8 – 19 即为某移动转载站的模块结构示意图。

应用实例：哈萨克斯坦萨尔拜露天矿设计在 – 200 m 标高以上采用铁路 – 汽车运输，此方法不受采场境界的限制，该方法对我国铁路运输露天矿铁路延深有一定参考价值。

该矿铁路运输延深的主要措施是，在端部由采场向境界外开凿铁路隧硐，一次折返多水平，腾出铁路折返线所占的空间以利继续延深，并可缩短列车周转时间，使铁路运输在不需分期过渡、不增加扩帮量的条件下，继续延深。

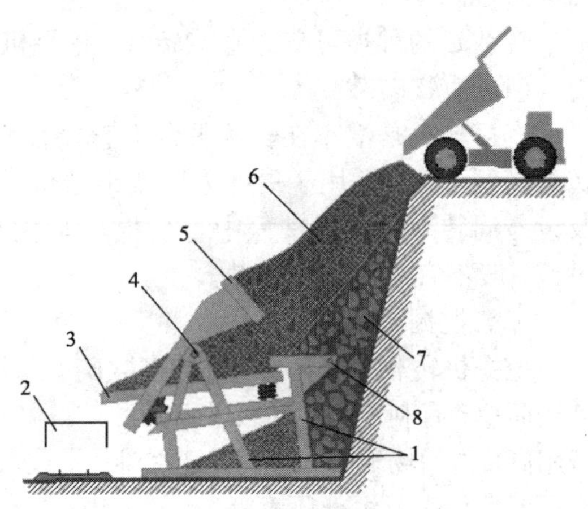

图 8 – 19　移动转载站模块结构示意图

1—支撑框架；2—列车；3—振动给矿机；4—活动关节；5—前挡；6—矿仓；7—碎石垫层；8—后挡

该矿目前铁路机车为直流 3 kV 的 э – 2M 牵引机组，列车组成为主控机车带 2 辆载重 90 t 电动翻斗车牵引 8 辆载重 105 t 矿车。在 40‰纵坡上，重列车上坡有效载重 1000 t，1992 年上部倒装场标高有 +20 m，0 m，– 20 m，– 40 m，– 60 m 及北部 – 100 m 矿石倒装场、南部 – 120 m 倒装场。汽车、铁路倒装方式为 8 m^3电铲转载。汽车卸载站台高度，一般取采场段高。

为了开采深部 2 亿 t 矿量，在采场南端开凿由 0 m 至 – 80 m 及 – 36 m 至 – 120 m 两条折返铁路隧硐。隧硐内铁路纵坡为 35.5‰，采场内为 40‰铁路纵坡除上部干线为三线外，其他均为双线。隧硐宽 5.4 m、高 8 m，双硐口，一进一出；两隧硐中心线间距为 15 m，隧硐长约 1400 m，一个折返隧硐长约 2800 m，施工期约 3 年(施工与采矿可平行作业)。隧硐进出口位置、标高与采场掘进、下降速度均协调。

萨尔拜露天矿开拓运输系统见图 8 – 20。

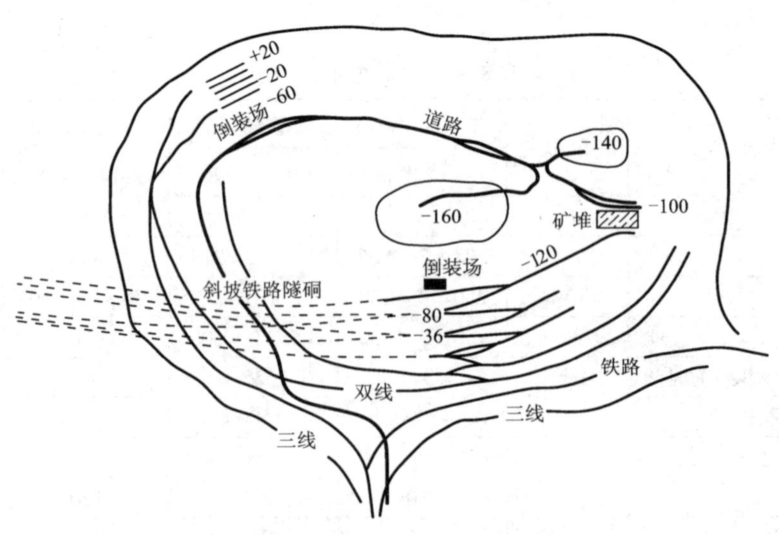

图 8 – 20　萨尔拜露天矿开拓运输系统图

8.6.3 汽车—带式输送机联合运输

汽车—胶带机联合运输方式，是把汽车运输的灵活性和胶带运输机的优点结合起来，由汽车承担采矿场内工作平盘区段运输，利用胶带机完成提升输送和地表运输的方式。也是原采用单一汽车运输的露天矿，在开采深度不断增加的情况下，为解决运费上升、油耗增加问题，而引进胶带机系统改善运输状态的措施。这种联合运输方式，又被称为间断连续运输工艺，是当前深凹露天矿运输中的主要发展方向。

虽然增加胶带机系统初期投资高，但完成相同运输量的总投资比单一汽车运输低，且经营费用低。该系统由三个主要部分组成：采场内的汽车集运部分；从露天采场到卸载点的胶带机运输系统；联系两个运输系统之间的破碎转载系统。

汽车和胶带机联合运输系统的组合方案，有下列几种形式：

① 破碎转载站设在地表露天采场的边缘，自卸汽车由采场往破碎转载站运送物料，破碎后用胶带机往卸矿点或排土场运送矿岩。其破碎转载站一般为固定式，转载条件好，且不影响采场作业，适合于开采深度小于 100 m 的露天矿。

② 破碎转载站设在露天采场的集运水平上，汽车仅服务于工作面到破碎站之间的运输。集运水平设置的破碎转载站为半固定式，一般服务 3 ~ 4 个工作水平。半固定破碎站通常设在采场非工作帮或端帮上，一般 8 ~ 10 年移设一次。

③ 在采场内设置每半年至两年移设一次的半移动式破碎机。该破碎机通过多轮拖车或履带运输车移设，随采掘工作推进的需要逐步推进，缩短汽车运距，简化集运水平设置半固定破碎站的复杂环节，可提高矿山生产能力并降低运输成本。

④ 破碎机设在采场底的坑内硐室中，由工作面到破碎硐室顶部的溜井用汽车运输，破碎后沿平硐或斜井用胶带运输。

汽车运输和胶带机运输系统之间的物流联系枢纽是破碎转载站。随着胶带机系统被越来越多地应用于矿岩运输，露天矿的移动破碎系统发展迅速，主要表现在破碎机的破碎能力上，最大的半固定破碎站生产能力已达到 20000 t/h，移动式破碎机能力已达到 10000 t/h。

矿用破碎机的机型主要有颚式破碎机、圆锥式破碎机、旋回式破碎机、双齿辊式破碎机、MMD 型轮齿破碎机等。可移动破碎机中以旋回式破碎机在露天矿应用较广泛，其优点是：生产能力大，目前已超过 6400 t/h；维修量小；破碎比小。

颚式破碎机、旋回式破碎机等传统机型是通过对物料施加巨大的挤压力将物料破碎。而岩石抗剪强度仅是抗压强度的 1/6 ~ 1/10，由英国 MMD 公司开发的，基于剪切力使物料破碎工作原理的 MMD 双齿辊破碎机显示了较优越的性能。该机型的工作原理是在两个相对转动的轴上安装有破碎齿，两个轴上的扭矩传递到破碎齿上，破碎齿对物料施加作用力使其破碎。其机构示意图如图 8 – 21。

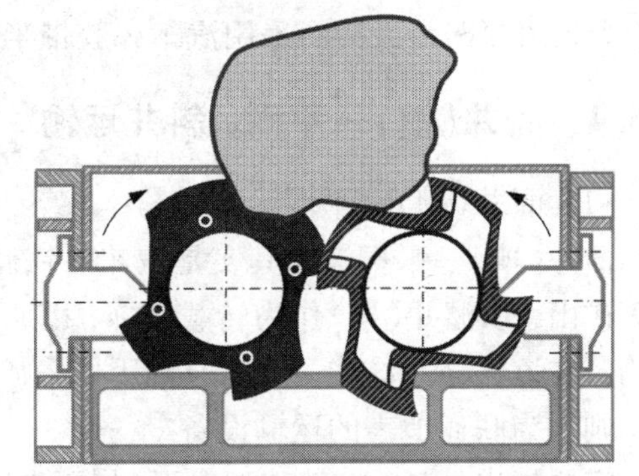

图 8 – 21　MMD 型双齿辊破碎机结构示意图

MMD 双齿辊破碎机的传动系统采用齿轮

转动及液力耦合器消除过载负荷，因此其机架、传动零件结构简单，高度低，重量小，安装、搬运、维修方便。表8－10是几种破碎机的比较表。

表8－10　破碎机外型尺寸及性能对比表

种　类		MMD破碎机	颚式破碎机	旋回破碎机	反击式破碎机
处理能力/($t \cdot h^{-1}$)		1000	1000	1000	1000
入料块度/mm		750	750	750	750
出料块度/mm		250	250	250	250
外形尺寸/mm	长	6675	5885	2960	4200
	宽	2330	3218	2930	2645
	高	1083	5376	5600	4170
重量/t		32	170	120	84

根据我国一些大型冶金露天矿采用汽车－胶带机联合运输方式的经验，破碎前各工艺环节的能力匹配应注意与胶带机连续运输的要求相适应。

能力匹配可分为两部分来考虑：

① 破碎前的铲－车环节与其后胶带机系统环节之间的能力匹配。铲－车部分的能力应略大于连续部分的能力，这样可使投资较大的连续部分的设备不待料，充分发挥其生产能力在整个系统过程中的作用。同时应保证破碎机的生产能力略大于连续工艺部分的生产能力，大于量应根据矿山的管理水平、系统的生产能力和汽车的载重量等因素综合考虑；

② 破碎后的胶带机系统的各环节中，要保持前一环节的能力略小于或等于后一环节的能力，以防止前一环节的超量将后一环节挤死，不能连续运转。一个完整的胶带系统由破碎站、延伸胶带机、固定胶带机、移动胶带机、卸料车、排岩机（排岩系统）组成，应以系统最高小时运量为原则，合理确定各环节的生产能力。

近年来，汽车—胶带半连续运输工艺系统中各种设备的研究与应用有了较大的发展。国产大型电铲、大型自卸汽车、可移式破碎机组、高强度钢芯绳胶带输送机、排岩机等大型设备，为我国深凹露天矿山采用汽车—胶带半连续运输工艺提供了设备保证。

8.6.4　溜井(槽)—平硐、斜井运输

（1）溜井(槽)—平硐运输

溜井(槽)—平硐运输其实是汽车—铁路联合运输的特例。即是在地形高差条件适合的露天矿山，以溜井(槽)作为转载设施，以矿岩自重下放实现露天采矿场边帮区段移运的联合运输。在该运输系统中，汽车通常用作采矿场内工作平盘区段的运输设备，而平硐内的铁路列车则作为联通地表的运输设备。

需要指出的是，在特殊情况下(如历史原因)，也有在采矿场内工作平盘区段使用铁路运输通过溜井转载的案例，平硐内的运输设备也可以选择带式输送机。

溜井作为转载设施，应根据后续运输方式的需要(如胶带机运输)决定是否设置破碎系

统。如果是矿石溜井，则可将矿石粗破碎工艺从选矿厂移至地下破碎机硐室，可提高装载、运输效率。溜井平硐内破碎的缺点是井巷工程量大、投资高、建设期较长。

适合安装在井下破碎硐室的破碎机常用高度小的倾斜破碎腔的颚式破碎机。如振动颚式破碎机，其最大规格机型的最大给料粒度达 1300 mm，破碎产品粒度 150 ~ 300 mm，生产能力 800 ~1800 t/ h、电机功率 250 kW、机重 120 t。我国开发的新型外动颚低矮颚式破碎机，性能良好、运行稳定可靠、设备开动率达 97%。其低矮外形较同规格复摆式颚式破碎机高度降低 25.6%，可以减少硐室的开挖量。

溜井破碎系统设计时应注意，放矿闸门硐室处应有单独的通风防尘设施，并有贯穿风流；放矿、卸矿地点应有喷雾洒水装置；操作室要密闭，室内应有新鲜风流。放矿闸门硐室内操作人员所在部位应与安全道相通。为防止跑矿时堵死平硐，安全道应有单独的出口；当安全道的出口必须设在同一个运输平硐内时，安全道出口应设在进车侧，并距放矿闸门硐室边缘不小于 20 m。

平硐位置应根据工业场地和溜井位置确定。确定原则为：

① 平硐长度最短。

② 采场内运输距离短。

③ 平硐穿过的岩层应基本稳固，避免布置在滑坡、泥石流区内或较大断层破碎地带内，硐口底板标高应高于最高洪水位标高。

④ 平硐如果布置在露天采场底部之下时，应保留一定高度的保护层。

当平硐服务于多条溜井时，各条溜井应分别布置于分支平硐内，以免一条溜井发生跑矿事故而影响其他溜井正常放矿。

（2）溜井（槽）—斜井运输

溜井（槽）—斜井运输是汽车—胶带机联合运输转载形式的派生方案，且不限于用在山坡露天矿。当在深凹露天采矿场边帮布置胶带机干线困难时，也可考虑利用斜井布置胶带机。如图 8 – 22 所示。

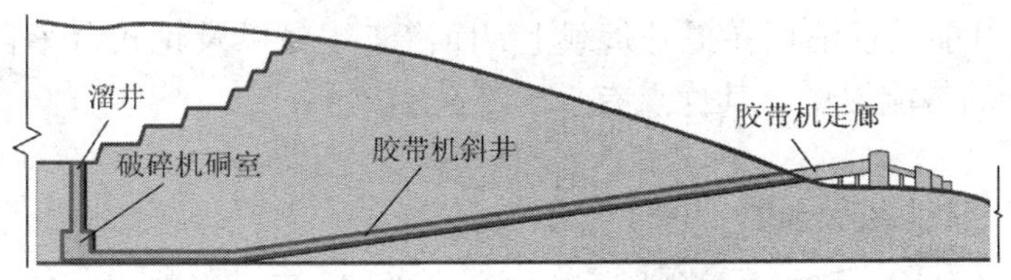

图 8 – 22　溜井 – 胶带机斜井示意图

溜井坑内破碎转载形式可简化新水平准备工作，胶带布置在地下斜井内可简化采场边帮结构，不影响正常生产，破碎站使用期限较长。

8.6.5　汽车—斜坡提升联合运输

1）汽车—斜坡箕斗提升联合运输

汽车—箕斗联合运输，也是较为常用的联合运输形式。它可结合汽车运输灵活和箕斗运输克服高差大的特点。在采用汽车运输的深凹露天，高差超过 150 ~200 m 时，可采用与箕斗联合运输，箕斗一般设置在采矿场的非工作帮或端帮上。箕斗提升后，可采用汽车、铁路等完成地表区段的运输。其主要缺点是：矿岩需经采场边坡下、上部两次转载；转载站需随开采下降移设。

箕斗提升的转载设施多为带矿仓的转载栈桥，需随工作水平的延深而经常移设。为了便于安装和移设，常采用装配式的钢结构或钢筋混凝土结构，同时应考虑多水平共用。设于地面的转载矿仓，则为永久性结构。

采用箕斗提升的联合运输时，必须架设跨越箕斗道斜沟的栈桥。栈桥结构形式的选择，应考虑下列诸因素：线路坡度、栈桥两侧车场布置形式、供车方式、装矿闸门的结构、装载矿仓形式和容积、汽车装载量、矿石块度等。其中装载矿仓形式对栈桥结构起决定性作用。装载矿仓大多布置在山坡地形上，要求结构紧凑合理，满足装矿要求，尽量避免在地形复杂的山坡上修建结构复杂的矿仓。

2）汽车整车提升系统

以上各种联合运输方式均需设置转载设施。为发挥汽车运输的优越性，避免增加转载环节，国内外已开展了露天矿自卸汽车整车提升系统的研究。该系统借鉴了斜井提升的原理，利用大功率电动机卷动钢绳，将载有汽车的斜坡轮式台车从露天矿底部水平拉动到地表水平。而后，汽车从台车开出，驶往目的地。同时，台车也可以用于空车的下放。整车提升机的特点是，在露天采场内装载及地表运输都采用一种运输设备，取消了转载过程，利用专用提升装置解决汽车运输在露天采场边帮区段长距离上坡及其造成的费时、耗能、排放污染等问题。

已公开过的斜坡提升系统方案按驱动方式分为两类：其一是借助于外部驱动力的“整车卷扬提升系统”；其二是利用自卸汽车自身驱动力为主、外部驱动力为辅的“汽车自驱动＋卷扬提升系统”。

（1）整车卷扬提升系统

该提升系统由2台电动机驱动的多绳摩擦卷扬机、钢绳、轮式台车、轨道等组成，如图8－23所示。提升系统工作方式为：钢绳在提升重载汽车上行时，钢绳另一端的空载汽车可起平衡作用，提升能量仅消耗在提升货载上，而汽车本身以及轮式台车自重所需的能量则由另一侧下降汽车的势能提供。其优点有：

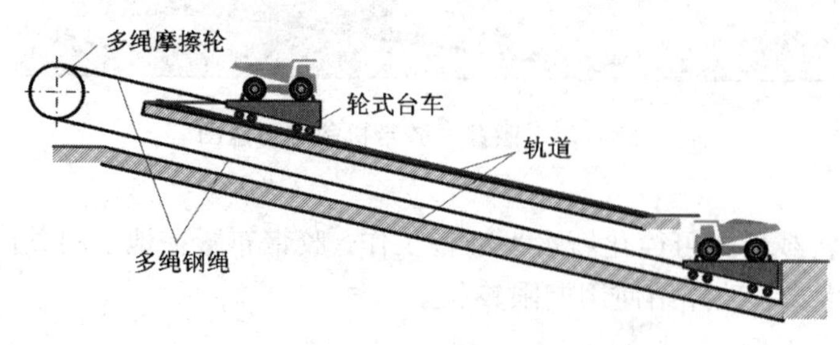

图8－23　整车卷扬提升系统示意图

①大幅度降低燃油消耗。在石油资源紧缺、价格上涨的背景下尤为重要。

②汽车使用寿命延长。因为车辆无需进行长距离重载爬坡，汽车轮胎、传动装置、制动

器及其他零部件的磨损减少。

③提升机安全有保障。因为使用多绳摩擦卷扬机作传动装置，如果一根钢绳发生断裂，不致造成轮式台车失控。

④露天矿深度增加后，提升机仍可继续使用。为此只需延长轮式台车行驶轨道，并更换较长的钢绳即可。

该提升系统的提升角度可达40°~45°。但当露天矿采深很深时，这种提升机就显得很笨重，需要大型的提升设备和大直径的钢绳，导致基建投资增加。

(2) 汽车自驱动+卷扬提升系统

该提升系统主要依靠汽车本身的动力进行整车提升，该系统给自卸汽车装备挂钩装置(连接装置)，而在专用斜坡道设置牵引钢绳，在下部固定接车平台将重载车挂在牵引钢绳上，同时在上部固定接车平台将空载车挂在牵引钢绳上，重载汽车行驶至上部出车平台摘钩，空载自卸汽车行驶至下部出车平台摘钩。如图8-24所示。

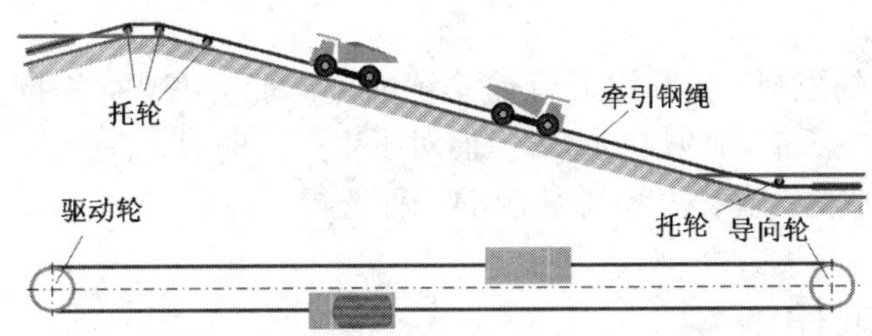

图8-24 汽车自驱动+卷扬提升系统示意图

该提升系统的工作原理是：下行空载汽车重量平衡了上行重载汽车的自重。同时，下行空载自卸汽车利用它的发动机动力，通过牵引钢绳向上行的重载自卸汽车提供牵引力，重载自卸汽车利用它的发动机动力克服载重。提升机仅是辅助设备，它的作用仅在于对重载自卸汽车补充牵引力，使自卸汽车的有效载重量增加或爬坡能力增强。提升系统的运送能力取决于同时挂在钢绳上的重载自卸汽车数量、自卸汽车的载重量、行驶速度和斜坡路段长度。

虽然结构比较简单，但由于卷扬提升坡道倾角的增加，将引起被牵引汽车车厢内矿岩的撒落及重载汽车的重心后移。同时，挂在钢绳上的上行汽车和下行汽车的行驶速度与牵引钢绳的运行速度不易协调一致。从提升机的技术性能可以看出，它的生产能力和提升高度都不大。因此，仅在开采深度较浅的露天矿中，用外部沟开拓或堑沟布置在采区很长、坡面角很缓的工作帮时，采用此类提升机才是合理的。

汽车整车提升系统的优点在于它能快速克服高差、缩短运输时间。德国西马格公司对不同项目的研究证实了这一优点。这些研究以传统斜坡道路方式和提升方式进行比较，其结果如表8-11所列。

露天矿对矿用汽车整车提升运输工艺的主要要求包括：保证整车提升运输系统具有额定的生产能力；提升设备的基建投资小；提升设备能快速装配和安装；提升过程自动化等。

与单一汽车运输系统相比，整车提升运输所节省的费用能很好地弥补用于建设安装斜坡提升机所需的基建投资。研究认为，在矿山的整个服务年限内，与行驶在斜坡道路上的自卸汽车运输相比，运输费用将减少40%。

表8－11 自卸汽车爬坡与提升效果比较表

露天矿数据			
开采深度	600 m	采场最终边坡角	53°
开采下降速度	25 m/a	运输斜坡道坡度	5.1°(9%)
矿山服务年限	25 a		
自卸汽车数据		提升设备数据	
有效载重	177 t	自卸汽车总重	320 t
总重	320 t	提升机上升速度	8.0 m/s
沿斜坡道上行速度	2.8 m/s	提升机下降速度	8.0 m/s
沿斜坡道下行速度	9.7 m/s	提升机服务年限	20 a
自卸汽车服务年限	5 a	自卸汽车服务年限	7 a

受提升设备能力的限制，整车提升运输系统的生产能力有限，一般为300～600万t/a，还不能满足现代大型露天矿山的规模需求。但对于生产周期短、自卸汽车载重量较小的大多数中小露天矿，有望成为改善汽车运输状况的一种选择。

8.7 运输方式选择

8.7.1 矿岩运输难易性影响因素

除运输方式外，矿岩本身的物理力学性质也会对露天矿运输设备的经济指标和生产能力产生影响。然而，对于不同的运输方式，其影响程度也不相同。

按照矿岩与运载设备的适应性、运输容器的容积利用率、运行速度及运距等方面的要求，影响矿岩运输难易性的主要因素包括：

（1）矿岩的体重、块度

矿岩的体重对运输容器的几何尺寸选择有决定作用。例如运煤的运输容器通常需要加大车箱高度。而块度大小将对运输容器的抗冲击性及耐磨性具有决定性的影响。

（2）矿岩中粘土微粒的含量和湿度

粘土微粒的含量和湿度决定了矿岩对运输设备粘结程度，对矿岩卸载难度具有决定性的影响。卸载难度与矿岩在运输设备上的冻粘等有关。

（3）矿岩的运输时间及大气温度

运输时间越长，矿岩在运输设备中停留时间越长，造成粘结的情况就越严重；此外，冷冻低温是造成矿岩与其容器冻结的因素。粘结、冻结的程度及其预防，对运输系统在清扫设备的选择或防止运输容器有效容积减小方面，提出了专门要求。

选择露天矿运输设备时，矿岩运输难易性的影响是不可忽略的因素。例如，粘结性严重的矿岩最终将极大地降低带式输送机的效率，甚至导致设备的故障。

8.7.2 各种运输方式的适用条件

运输系统的完善程度是露天矿生产效率的决定性影响因素。而建立完善的运输系统，首先是根据露天矿不同工作区的深度正确选择运输方式和运输流程，保证所选定的运输方式在适合的条件下运营，即符合运量、运距、矿岩提升高度及保持运输畅通稳定等方面的要求。

选择运输方式时应综合考虑地形、地质、气候条件、露天矿生产能力、开采深度、矿石和围岩的物理力学性质等，经过全面技术经济比较后，确定适合于具体矿山的运输方式。方案初选可参考表 8 – 12。

表 8 – 12 各运输方式的应用条件

运输方式	露天矿参数					适用条件
	面积	深度或比高/m	运距/km	坡度	曲线半径/m	
普通自卸汽车	受限	<150	<2～3	≤8%	≥15	任意地形，开采周期短，需配矿的露天矿
大型自卸汽车	受限	<250	4～5		≥30	
准轨铁路运输	面积大	100～150	>4	2～4%	≥120	地形不复杂，规模大，运距长的露天矿
胶带机运输	不限	>80	>3	28～33%		深度大、运距长、运量大的露天矿。需预先破碎
汽车 – 箕斗提升	受限	300～400	汽车 1.5	35%		深凹露天、高差大的山坡露天
平硐溜井		>120		55～90°		山坡露天矿。不适于粉碎矿多、黏性大的矿石

在运输方式选择中，相关技术经济指标是重要的影响因素，露天矿三种主要运输方式的技术经济参考指标如表 8 – 13。

表 8 – 13 三种主要运输方式技术经济指标比较表

项目	平均坡度/(°)	经营费		能耗	
		元/(t·m)	倍数	kW·h/(t·m)	倍数
铁路运输	1.15	0.00526	6	0.01300	7
公路运输	3.5	0.01145	12	0.00540	3
胶带机运输	18	0.00093	1	0.00187	1

为满足矿山生产能力的需要，可按表 8 – 14 考虑不同运输方式的装备水平。

表 8-14　三种主要运输方式对生产规模的装备水平

运输方式	设备	矿山规模			
		特大型	大型	中型	小型
公路运输	汽车(吨级)	≥100 t	50～100 t	≤50 t	≤20 t
铁路运输	电机车	150 t	100～150 t	14～20 t	≤14 t
	矿车	100 t	60～100 t	4～6 m^3	≤4 m^3
带式输送机	胶带机(带宽)	1.4～1.8 m	≤1.4 m		

合理选择运输方式是露天矿运输工作的关键环节。此外，在矿山运输工作中，还应重视以下几方面工作：

① 适合于生产规模的设备选型；

② 因地制宜布置运输线路；

③ 合理配置整个运输系统的装、运、卸、储及转载各个环节的设施；

④ 加强对设备和线路的保养维修；

⑤ 提高运输效率，降低运输成本及能耗；

⑥ 实现矿山运输管理、调度、设备维修管理的计算机化，推进矿山运输管理现代化。

应用实例：

俄罗斯列别金露天矿依据矿区长、开采深的特点，认为汽车、带式运输机配合机械破碎矿岩的设备联合系统不是有效的，原因是破碎机站和内部转载站建设费用高、矿山基本建设工程量大、开掘斜井和陡堑沟工程复杂、运输成本高以及生态环境严重恶化等。因此需要建造新的、能力更大的牵引机，实现坡度 50‰～60‰，将铁路延深到 700 m 深度。

列别金露天矿从 200～250 m 深度运出矿岩的运输费用占回采矿石总费用的 50%～60%，如果露天矿深度超过 400 m，运输费用的比重将增加至 70%～80%。因此，该矿的开采问题，主要是可靠、有效地将大量矿岩从露天矿工作面运到地表的问题，是制定开拓系统和运输系统的问题。

列别金露天矿采用铁路－汽车联合运输，电铲转载。全矿 9～10 个转载站，随着采场延深和扩展，每年拆除 2～3 个，同时新建 2～3 个转载站。其特点是铁路路基高出平台 2.0 m，可避免人工清扫装载铲斗散落的矿岩。

经过充分研究，确定了多出口多方向开拓运输系统，其最大出入沟坡度达 60‰。该开拓系统的优点是保证强化回采矿石，提高生产能力，将最经济的铁路运输直接引到工作面，大大增加了铁路直运量，相应地将汽车转运量减至最小，减少汽车台数和转载站(使采场内转载站由 9～10 个减至 6～8 个)，改善露天矿深水平的生态环境，缩短矿岩总的运输距离，缩短机车运行周期，降低运输成本，机车效率提高 25%～30%，工作台阶高度由 15 m 提高到 20～30 m，大幅提高矿石生产能力。

8.8 露天矿生产运输调度管理

8.8.1 概 述

露天矿是一个以采掘为中心，以运输为纽带的大型生产系统。其生产计划指标和任务的完成、生产过程的组织和实施是通过对采运设备尤其是对运输设备的调配来进行的。国内外露天矿生产实践表明，露天矿运输设备的投资约占机械设备总投资的35%，单斗—汽车工艺的运输成本占生产成本的40%～60%，而且随着开采深度的不断增大，这部分费用将不断增加。因此车辆调度是否合理，将直接影响着露天矿整个生产系统的生产效率和经济效益。

露天矿传统的运输调度方法一般采用固定配车、人工跑现场的方式进行，铲—车搭配时常出现不合理现象。如出现某一作业点汽车等电铲，而另一地点的电铲又在等汽车。据统计，露天矿运输设备台班生产作业时间只占70%，非生产时间占30%，设备作业率较低，存在较大的优化空间。特别是大型露天矿采用的大型采运设备，设备投资和运行维修成本大幅增加，实际生产中的铲待车或车待铲现象，极大地限制了设备效率的发挥，同时也增加了对运输优化调度技术的需求。

合理调度露天矿山的装、运、卸、储及转载等各个环节是提高企业经济效益最重要的方面，从事露天采矿的生产者和研究人员一直在深入研究影响运输费用的因素，认为露天矿生产的高效率很大程度上取决于采、运设备的高效率，对采矿生产的控制可转变为对采、运设备的控制。车辆优化调度是降低采、运设备非生产时间、提高生产效率，从而降低整个采矿成本的最为行之有效的办法。

我国在20世纪80年代初开始这方面的研究工作，尤其在车流规划、实时调度和优化调度方法方面，针对具体矿山条件做了大量的研究工作。对汽车调度系统进行优化的目标一般包括：选择最佳汽车运输路径，减少空车行程，减少铲－车的等待和空闲时间，减少交接班和其他耽误时间，控制汽车加油和轮胎更换，及时对采场作业失调做出迅速反应，实现矿石混匀、配矿控制等。应用汽车调度系统提高生产效率主要体现在以下几方面：

① 改变原有电铲固定配车方式，采用优化调车法则，以多拉少跑为目标，优化行车路线，机动配车提高汽车利用率；

② 电铲发生故障时或故障解除后及时调车；

③ 汽车发生故障时及时调整铲－车配比及运输方案；

④ 通过汽车调度系统与管理信息系统集成，既避免了大量数据的二次录入工作，又满足了管理需要。

需要指出的是，计算机汽车调度系统的实施效果在采运设备总数较多的矿山会更明显。根据经验，当矿山采运系统中有4台以上挖掘机及多个卸载点时，可明显提高效率且更易回收投资。

近十年来GPS、GPRS和GIS等技术日趋成熟，车辆调度系统的研究在很多国家受到重视，因此研究如何利用现代信息技术对矿山运输系统进行调度管理，如何利用GPS技术在短时间得到动态信息并对信息进行处理，如何实时动态对运输车辆进行调度，对我国矿业发展具有重要意义。

8.8.2 计算机在运输调度中的应用原理

露天矿的汽车运输调度工作，需要解决两方面的问题：其一是最优调度计划的编制；其二是对实施计划中的意外情况进行实时调整。前者实质上是一个多变量、多目标的决策过程，其数学意义上的最优解通常须借助计算机来完成；而后者则是对前者在求算最优解时所做的各种简化的补充。由于任何调度计划的编制都是在对客观系统进行简化后完成的，因此在实施中总会有计划之外，或与计划不相符的情况发生。例如，在产量(运输量)不变的情况下，某个生产班与上一个班出动的汽车数、装卸点的数量和位置都可能发生变化，就需要实时编制一个工作班、半个工作班、甚至更少时间段的最优运输计划，须落实到对某车辆的运输线路及趟次的指派。当系统中车辆数和装卸点数较多时也必须借助计算机完成。

露天矿计算机汽车调度系统是现代计算机技术与电子通信技术相结合的产物，从其产生到今天，经历了计算机辅助卡车调度系统、有线计算机卡车调度系统、数字通信自动化卡车调度系统、带路边自动测位器的数字通信自动化卡车调度系统、直到今天的 GPS 全球卫星定位的自动化卡车调度系统等多个发展阶段。在这些发展阶段中，技术进步的变化主要是在对运输系统中的信息实时采集和传输方面。例如，GPS 运输调度系统实时地跟踪设备的运行位置，车载计算机实时收集相关信息，通过无线数据传输到中央计算机，计算机经过监测、优化程序处理，及时动态地向有关设备人员发送信息和各种调度指令。该系统利用了日益先进的硬件技术，但是利用计算机编制调度计划的计算机程序仍然运用了求取最优解的原理。

（1）运输调度程序的主要原理

露天矿卡车调度理论是实现露天矿计算机控制卡车调度系统的依据，主要由最优路线的确定、车流规划和实时调度 3 个模型组成。最佳路线模型提供运输系统的基本信息，车流规划进行宏观的车流调配，而实时调度则根据前两步的结果及系统实时情况给出卡车的具体调度。3 个模型各具特点又有机地结合为一个整体，其主要算法及作用如下。

① 最佳路线确定。最佳线路计算模型是为适应矿山配置形态变化而进行的。根据矿山地形，运用图论、运筹学中最短路径的算法，如 Dijkstra、Floyd 算法等方法，计算出矿山道路网中的任意两点间的最短路径。其结果为调度系统提供两类信息，即：①任意两点间的最短距离；②任意两点间卡车应通过的位置点，即最优路径。

② 车流规划。车流规划就是通过数学规划，在满足运输量、剥采比、车流连续性、产品质量搭配等约束条件下，对发往各装卸点的车流进行优化分配，其结果是对运输系统中卡车进行实时调度的基础。随着市场经济的深入发展，现代化露天矿常追求多种目标的实现，具体可分为：重车总运费最少、空车总运行时间最少、班盈利最大、完成一定产量的情况下出动的卡车最少、卡车电铲等待时间最少、班产量最大、矿石品位满足质量控制的需要、满足电铲生产的均衡性要求等。一个完善的智能运输系统，应能实现多种目标，因此采用目标规划更为确切。

③ 实时调度。实时调度即是在车流规划的基础上，应用适当的实时调度准则，根据当前系统的运行情况，对卡车进行实时调度。即从卸载点到电铲的任务分派，根据卡车及其目前的运行时间和距离，生成一个优化的卡车任务分派表。此阶段的核心问题是确定调度准则，调度准则是卡车调度理论的核心和调度算法的依据，根据不同的具体情况，目前提出了多种实时调度准则。例如：

最早装车法(Earliest Loading)：将汽车派往预计能最早得以装车的那台电铲；

最大汽车法(Max Truck)：将汽车派往预计其等装时间最少的那台电铲；

最大电铲法(Max Shovel)：将汽车派往预计电铲等车时间最长的那台电铲；

最小饱和度法(MSD)：将汽车派往具有最小“饱和”程度的电铲。

(2) 运输调度程序的软件功能

上述原理一般以计算机调度程序软件的形式被运用。此外，计算机调度程序软件还须完成运输调度的事务处理工作。包括信息处理、确定最优派车方案，直至自动发出指令、派车等。通常情况下，调度系统软件系统具有以下功能：

① 管理整个运输系统的信息，可以将采矿运输系统数据化地反映出来，并可以方便地进行数据输入、修改、查询、存储、输出等。

② 能够根据已有的运输系统、设备状态、采掘进度、排卸计划等，进行车流规划。给出卡车运行的最优路线、最短运行时间和各条路线上的最优车流量。

③ 能够实时地接收车载机传来的信息，并对它们进行分析、判断、选择处理，给予不同的优化调度，并保证运算速度快，满足随机检测的要求。

④ 各个功能块之间具有较强的数据通讯功能。

⑤ 调度员可以作出超越调度系统的调配，各个功能块具有方便的人机交互功能。

调度系统软件主要由数据库管理系统软件、车流规划软件、系统模拟软件、实时调度软件及生产报表统计打印软件等部分组成。

计算机卡车调度系统还包括其他硬件系统，包括中央处理计算机、信号采集、传输设备等。

8.8.3 GPS 在运输调度中的应用

GPS(Global Positioning System)即卫星全球定位系统，具有定位精度高，不受天气、气候、昼夜等影响的特点，在露天矿需要精确定位和实时监控的卡车调度、测量验收、边坡监测等方面显示了广泛的应用前景。目前国外已有超过 100 个露天矿成功地应用了 GPS 卡车调度系统，经使用证明可提高生产效率 7% ~15%。

在采用电铲—卡车工艺的露天开采过程中，卡车、电铲等设备的位置、状态等信息是卡车调度的主要依据。由于卡车调度是一个动态优化过程，在人工调度的情况下，调度人员难以动态地掌握露天矿坑内所有车铲的位置和状态信息，不可能给出优化的调度命令。

为了实现对运行车辆的实时控制，早期的卡车自动调度系统是通过在道路上沿途设置信标来检测卡车的位置。例如，在露天矿场内的各主要停靠点(如电铲、破碎站、排土场、贮矿仓和运输道路的岔路口)均设有位置信号发射机。当汽车进入某一监测区段时，汽车上的车载终端将收到位置发射机发出的特殊信号，并予识别。在接受到中央站的询问信号后，将其当前位置参数等信息自动转发给中央控制站。中央控制站按最优调度算法进行分析处理后，向汽车发出调度指令，指示其最佳行车路线以及装载点与卸载点。根据露天矿汽车调度系统实时数据采集和通讯方式的不同，露天矿汽车自动调度系统可分为四类：

① 无线电话通讯调度系统。其特点是系统简单、投资低，但自动化程度低；

② 有线通讯调度系统。优点是系统可靠性强、投资低，缺点是灵活性差；

③ 无线数字通讯调度系统。优点是自动化程度高、速度快，但投资高、系统维护困难；

④ GPS调度系统。其特点是自动化程度高、系统可靠性强，缺点是投资高。

利用GPS进行定位的卡车自动调度系统可借助安装在卡车、电铲等设备上的终端设备收集时间和位置等信息数据，通过无线通信系统将这些数据实时地传送到调度中心，由计算机进行快速决策运算，并将调度指令发送给各装运设备，通过对采运设备的实时监测和动态的优化调度，可降低成本，提高生产效率。GPS卡车自动调度系统所需的投资，可由其产生的效益在较短期内回收。

8.8.3.1 **GPS技术在卡车调度系统中的主要作用**

① 提供全面的移动设备跟踪；

② 运行GPS轨迹或流动设备工作班记录可有效保证卡车在正确的位置卸料，尤其在夜晚更是如此；

③ 在任何时候都可以查询移动设备所处位置；

④ 历史数据的GPS轨迹和记录可以为一个指定的工作班或排班再现其采矿活动的实况；

⑤ 在每个工作班的基础上，提供有关各个设备活动的详细数据；

⑥ 管理部门可根据逐个工作班积累的统计基数，近似地估量整个运输工作，由此做出判断，并为今后工作做出改进和规划，为矿山的不断发展做出决策。

8.8.3.2 **GPS卡车调度系统的硬件组成**

露天矿GPS卡车调度系统的硬件由调度中心、车载终端、通讯系统组成，如图8－25所示。

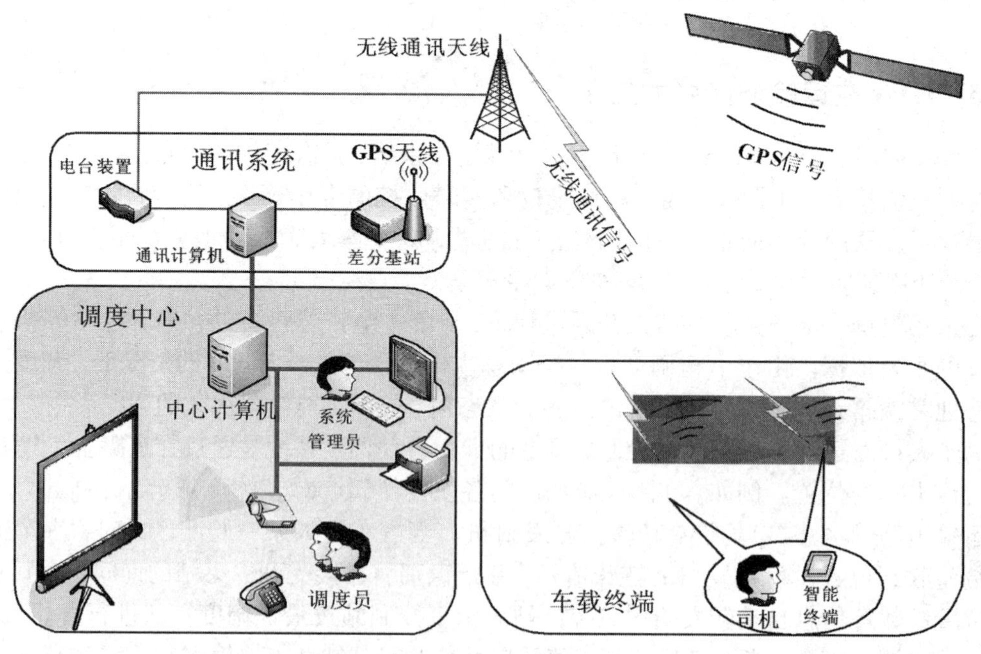

图8－25 GPS卡车调度系统硬件组成示意图

(1) 调度中心

调度中心可实现设备信息的收集、设备运行实时跟踪显示、优化调度指令的产生和发送、采矿信息的录入与计划制作、查询统计和报表制作、设备运行回放功能。

调度中心是整个系统的核心，存有道路网、生产计划、设备配置、状态分析、图形显示、优化调度等数据库。调度中心可在中心计算机显示屏上动态显示出设备的调度状态，如某一汽车的工作状态(装车、停车、加油、待装等)、车位、指定地点、作业电铲分配、电铲工况(停铲、待车、装载等)、车辆分配和汽车运行线路正确与否的判断等。中心计算机还具有生产数据的自动收集功能，可统计并打印生产累积数据、设备运转状态统计表等。

调度中心的硬件设备主要是服务器和工作站，为各类软件的运行提供硬件环境。为采用差分纠正方法提高 GPS 定位精度，还需建立由 GPS 天线和工控机组成的差分基站。为实现与通讯系统的配合，调度中心的硬件设备设置有相应的通讯接口。

(2) 车载终端

车载终端设备安装在电铲、卡车等设备上。车载终端由 GPS 接受单元、通信控制单元、数据采集单元、键盘及显示单元、电源和中心处理单元组成。车载终端软件由 GPS 定位解算模块、数据处理模块、接口控制模块组成。

车载终端的主要功能：一是采集设备的位置、状态等信息并发送给调度中心；二是接受调度中心发送的指令。车载终端接收 GPS 信息并解算自己的坐标位置，当车载终端收到调度中心对其轮询指令后，将自己的车(铲)号、位置、状态等信息发送调度中心，当设备需要向调度中心报告情况时(如设备故障等)，终端向调度中心发送这些信息，并报告自己的位置、状态等。操作司机根据司机室内终端显示屏显示的指令进行操作。

(3) 通讯系统

通讯系统由通讯基站、中继站和车(铲)携带的移动无线接收机组成。通讯基站、中继站的设计应考虑信号的覆盖范围、容量及成本等因素。该系统的主要作用是负责将分布于现场各设备上的车载终端与调度中心联接起来，实现数据的采集与传输。

8.8.3.3 GPS 卡车调度系统的软件组成

调度中心的软件系统由信息采集与指令发送、车铲状态分析、动态图显示、优化调度等子系统组成。

(1) 信息采集与指令发送子系统

调度中心信息采集方式可分为 2 类：一类是由调度中心主动发送轮询指令来采集，另一类是由车铲终端主动向调度中心发送。调度中心轮询指令是定时发送的，而调度、辅助调度、人工调度和应答指令是随机发送的。

(2) 车铲状态分析子系统

车铲的位置和状态是优化调度的前提和基础，为尽量减少司机的操作，提高系统的友好性，应尽量依靠系统自动进行卡车电铲运行状态的识别和转换。如根据卡车位置与道路网的关系，结合停、开车信息，进行卡车状态的识别和转换。

(3) 动态图显示子系统

为准确实时地显示车铲的分布，应在露天矿电子地图上清晰地标绘台阶、道路网、装载点、卸载点、加油站等需要参考的地物标志。要求系统能够同时显示所有车铲设备的位置和状态，同时能快速调用已存储的车辆运行轨迹数据。图 8 - 26 为某露天矿采用国产三维矿业软件 3DMine 提供的 3DGPS 实时监测系统对采运设备运行状态进行监测的情况。

利用 3DGPS 实时监测系统可以实时采集、记录和回放所有设备的运行情况，并根据设备

图 8－26　露天矿铲、车分布 GPS 动态显示图

的 ID 号检测任意设备的位置，如图 8－27 所示。

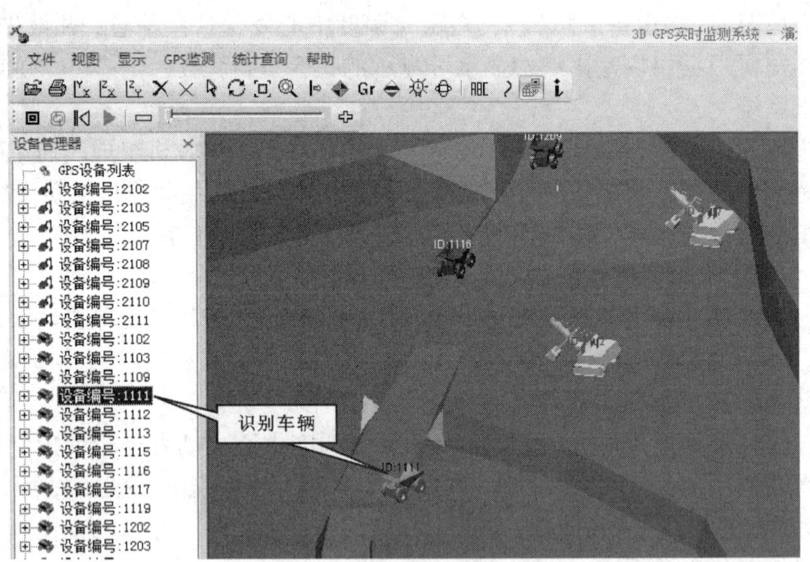

图 8－27　3DGPS 实时监测系统运用情况截图

（4）优化调度子系统

优化调度子系统是露天矿卡车调度系统的核心，该系统根据一定的调度准则而建立。优化调度子系统的优劣关系到设备效率的发挥及整个系统的经济效益。

8.8.3.4　GPS 在汽车调度中的应用前景

国外露天矿山和我国江西德兴铜矿、鞍钢齐大山铁矿、首钢水厂铁矿等矿山的应用实践证明，计算机生产调度系统是提高矿山生产能力、节省投资和运输成本、强化生产管理的先进技术，一般情况下，生产能力可提高 7%～13%。随着计算机、通讯、GPS 等技术的快速发展及硬件产品价格的大幅度下降，将有越来越多的大型露天矿山研制适合于我国矿山自身特点的卡车自动调度系统，基于 GPS 的卡车自动调度技术在我国大型露天矿山将具有广阔的应用前景。

本章习题

1. 确定露天矿运输方案时主要考虑哪些因素？

2. 露天矿主要的运输方式有哪些？运用现状及发展方向是什么？

3. 评价矿用汽车性能的主要指标包括哪些？

4. 简述露天矿山道路的分类。

5. 简述公路运输和铁路运输的主要技术参数。

6. 简述公路运输、铁路运输的优缺点。

7. 合理运距的含义是什么？

8. 简述带式运输的特点及优缺点。

9. 简述带式运输的主要技术参数。

10. 简述联合运输的主要特点。

11. 简述平硐位置的确定原则。

12. 简述影响矿岩运输难易性的主要因素。

13. 一个年产 30 万 t 的露天铜矿，台阶高度 10 m，需修建公路连通上下台阶，试问该公路最短不得少于多少米？

14. 某露天矿，年产矿石 50 万 t，生产剥采比 4 t/t，拟采用 20 t 自卸汽车运输矿岩。汽车平均运距为 2.8 km，道路平均坡度为 5%，重车运行速度为 15 km/h，空车运行速度为 19 km/h。汽车在工作面的装车时间为 2.8 min，卸车时间为 0.5 min，调头时间为 1 min。据统计，平均每个运输循环中等待装车时间 2.8 min，等待卸车时间 1.3 min。试计算自卸汽车的台班生产能力。

15. 上题中，如果按每年 330 d，每天 3 班工作，且每班因交接班、加油及用餐等非运输时间为 120 min，试计算该露天矿需要多少辆 20 t 自卸汽车？

16. 在第 14、15 题的条件中，因矿山采用了运输优化调度系统，使得汽车在每个运输循环中平均等待装、卸车的时间压缩到了 1 min 以内，每班非运输作业时间减为 100 min，试求该矿需要多少辆 20 t 自卸汽车就能满足生产要求？

17. 在矿山运输工作中，除选择运输方式这一关键环节以外，还应重视哪些问题？

9 排岩工艺

9.1 概 述

露天开采的一个重要特点就是必须首先剥离覆盖在矿床上部及其周围的表土和岩石，暴露出矿石，再实施矿石的开采。所以，矿体上覆盖岩石和表土（通称废石或岩石）的剥离与排弃工作，是矿床露天开采过程中不可缺少的生产环节，通常情况下岩石（废石）的剥离量是矿石采掘量的几倍。为保证露天矿山能够安全、持续地进行矿石的采掘，必须将剥离下的岩石采集、运输到指定的场地进行堆放，这一作业过程即为露天生产工艺中的排岩工作，而这种接受排弃岩土的场地称作排土场（或废石场）。

9.1.1 排土场规划和分类

排岩工作在露天生产工艺中所占比重是比较大的，据统计，我国金属露天矿山排土场的平均占地面积为矿山总占地面积的39%～55%，排岩工作作业人员占全矿总人数的10%～15%，排岩成本占整个剥离成本的60%。所以，提高排岩工作的劳动生产率，降低排岩作业成本，是提高露天开采经济效益的重要手段。排土场的经济效益主要取决于排土场位置、排岩方法和排岩工艺的选择。

排岩工作涉及废石的排弃工艺、排土场的修建和发展规划、排土场的安全稳定性、排土场环境污染防治、排土场复垦等多个方面。因地制宜地合理选择、规划排土场，并对排岩作业进行科学管理，不仅关系到矿山生产能力和经济效益，而且对环境和生态平衡也有十分重要的意义。

按排土场和露天采场的相对位置关系，可将其分为内部排土场和外部排土场。

内部排土场是指将剥离的废石直接排弃到露天采场内的采空区。由于不需要另外征用排土场地，而且采场内部运距较短，剥离费用低，故内部排岩是最为经济的排岩方案；同时，内部排岩减少了排岩占地面积，有利于回填和复垦采空区。但内部排土场的应用是有条件限制的，一般适用于开采水平矿体或者倾角小于12°、厚度不大的缓倾斜矿体，此时可一次采掘矿体的全厚，随着采剥工作线的推进，将废石排弃到卸载地点。

金属矿山多为倾斜、急倾斜矿床，开采深度一般也较大，很难按上述采剥顺序及时形成采空区排岩，不具备设置内部排土场的条件，需要设置外部排土场排弃废石。只有当露天境界内平面范围较大，或沿走向采场较长，且可以分期或分区开采时，可以将开采结束早的区段作为内排土场。否则应根据采场和剥离废石的分布情况，需要在采场周围设置一个或多个外排土场，集中或者分散排弃废石。

目前，露天矿山排岩工艺及排土场管理的主要发展趋势包括以下几个方面：

① 采用高效率的排岩工艺和排岩设备，进行高强度排岩，采用集约经营方式降低排岩工作费用。

② 适当提高排土场堆置参数，增加排土场单位土地面积的利用系数，提高排土场容积率。比如，提高排土场堆置高度，提高排岩段高等。

③ 加强排弃废石的综合利用技术，降低废弃岩石总量。

④ 加强排土场稳定性检测，降低地质灾害和环境灾害发生的几率。

⑤ 适时进行排土场的复垦，降低排土场的环境、生态危害。

9.1.2 排土场位置选择

排土场位置的选择是一个复杂的系统工作，需要综合考虑排土场的地形地质条件、环境条件、排土场容积、矿床分布、废石排弃运距，以及废石的回收利用、生态环境保护、排土场复垦治理等因素。

排土场规划、排土场位置选择的首要经济准则是在安全、环保基础上，使得露天开采的整个时期内，折算到单位矿石成本中的废石运输、排弃、排土场的复垦与污染防治等费用的贴现值最小。

排土场地选择可遵循下列原则：

① 有条件情况下，尽量利用内排，例如在论证转排可行性的条件下，可积极采用内部临时排土场。

② 不占用良田，少占用耕地，尽量利用山坡、山谷的荒地，尽量避免村庄的搬迁。

③ 在不影响矿山建设的情况下，尽量靠近采场布置，以缩短排岩运距。

④ 为防止压矿，排土场宜选在矿体的下盘方向，如果矿体赋存情况可靠，也可以放在矿体的上盘或者端部的开采界限以外。深凹露天矿的排土场如果距离采场太近，应考虑排土场对采场露天边帮稳定的影响以及废石滚落距采场边缘的安全距离。

⑤ 根据地形、开采水平标高、堆弃量等因素进行全面分析，选取集中或者分散布置排土场。在有条件的地区，靠近采场的排土场可以分散布置，以利于多出口运输，疏散排岩道路的通过能力，缓和岩石排弃高峰。大型露天矿的排土场如果强调分散布置，会过多占用场地。但也不宜集中在一个排土场，尤其是当这个排土场只有一个出口时，当某一平台发生下滑、坍滑，将引起排土场运输中断进而影响全矿正常生产。中小型露天矿山的废石剥离量一般不大，可就近分散堆弃。

⑥ 必须掌握排土场场址的工程地质及水文地质资料。当排土场位于山坡上，其基底岩层应避免存在活动性软弱滑动面，第四纪堆积层应处于稳定状态。当废石堆置在沟底时，沟底覆盖层要有足够的承载力，不应在软基层（比如淤泥层）上设置排土场。排土场的地形坡度一般宜小于堆置废石的内摩擦角(自然安息角)。排土场应避免在工程地质条件、水文地质条件复杂的地段设置，不能截断河流和山洪的泄洪渠道，以保证排土场的稳定，避免排土场发生滑坡和泥石流事故。遇到泉水等地下水时，要查清源头，用明渠或暗沟将水流引出，以便于疏干地下水。

⑦ 排土场应设置在居民区和工业场地的下风侧或者最小风侧，远离生活水源，并处于生活水源的下游，以避免对居民区或工厂的粉尘、有害气体危害和水污染，比如含有黄铁矿成分的废石经过雨水冲刷后会产生酸性水，污染水源，破坏生态环境。在排土场周围应设置防护工程，防止环境污染，避免发生泥石流、滑坡等危害。

⑧ 废石中含有用矿物成分的，要尽量根据矿物成分和品位分别堆存，以利日后的二次回

收利用。

⑨ 排土场地的选择要考虑复垦的可能性，制定复垦计划。

9.1.3 排土场的堆置要素

9.1.3.1 排土场堆置高度

一般排土场是分层、分台阶堆置的，排岩台阶坡顶线至坡底线之间的垂直距离，称为排土场的台阶高度，而排土场的堆置高度，是指排土场各个排岩台阶的高度总和。

排岩台阶高度和排土场堆置高度主要取决于排土场的地形、水文地质条件、工程地质条件、气候条件、排弃岩土的物理力学性质（如粒度分布、矿物成分、密度等）、排岩工艺设备、排岩管理方式、废石运输方式等，但排土场极限堆置高度主要受散体岩石强度及地基软弱层强度的控制，排土场设计优化过程中还要通过排土场稳定性分析加以验证。

从排岩效率和成本看，排岩台阶高度越高越好，但从排土场的稳定性出发，则排岩台阶不应过高，否则会造成排土场稳定性差，甚至造成大幅下沉和滑坡等事故。高台阶排岩工艺适合于排弃坚硬岩石和地形高差较大的陡峭山岭地形，其优点是单位排岩作业线长度的排弃容积大，排岩线路稳定，但往往其排土场下沉量大、稳定性较差，排岩线路维护量大。低台阶排岩工艺则与高台阶排岩相反，具有下沉量少、稳定性较好等优点，但其单位排岩作业线长度的排弃容积较小，排岩线路不稳定。一般硬岩排弃台阶高度可达 30 m，而软岩和土质层应在 10 ~ 15 m，甚至小于 10 m。

排土场地基岩性较好，地基稳定时一般采用覆盖式排岩方式，其上部台阶直接坐落在下部台阶之上，此时排土场极限高度主要与松散岩体的岩性有关，可直接利用极限平衡法求取。而软弱地基排土场极限堆置高度主要受地基软岩强度、厚度、产状等地质条件的影响。

多台阶分层排岩时，第一层排岩台阶的高度与排土场土地基的固结条件和承载能力有密切关系，如遇到软弱地基需进行加固处理，同时应降低第一层排岩台阶的高度，避免因为沉降不均匀或局部土地基破坏导致排土场滑坡事故。

大容量排土场可采取分区排弃和多台阶同时作业的管理工艺措施，以提高排岩工作能力，降低排岩成本。

9.1.3.2 排岩台阶平盘宽度

排土场堆置台阶的工作平台最小宽度，主要取决于上一阶段的高度、运输排弃设备和运输线路的布置、移道步距等条件，其最低要求是使上下相邻排岩台阶的排岩工作不相互影响。

9.1.3.3 排土场容积

选择设计排土场时，要求排土场总容积应与露天矿总剥岩量相适应，排土场的接受能力应保证露天矿剥采计划的顺利实施。排土场有效容积和设计总容积可按下式进行计算：

（1）有效容积

$$V_y = \frac{V_s k_s}{k_c} \tag{9-1}$$

式中：V_y——排土场设计有效容积，m^3；

V_s——采场剥离岩石实方容积，m^3；

k_s——废石（土）松散系数，一般取 1.3 ~ 1.6，具体取值可参考表 9－1；

k_c——废石(土)沉降系数，取值范围1.05～1.28，具体取值可参考表9－2。

表9－1 岩土松散系数参考值

种类	砂	砂质粘土	粘土	带夹石粘土	块度不大岩石	大块岩石
岩土类别	Ⅰ	Ⅱ	Ⅲ	Ⅳ	Ⅴ	Ⅵ
初始松散系数	1.1～1.2	1.2～1.3	1.24～1.3	1.35～1.45	1.4～1.6	1.45～1.8
终止松散系数	1.01～1.03	1.03～1.04	1.04～1.07	1.1～1.2	1.2～1.3	1.25～1.35

表9－2 岩土沉降系数参考值

岩土种类	沉降系数	岩土种类	沉降系数
砂土	1.07～1.09	硬粘土	1.24～1.28
砂质粘土	1.11～1.15	泥夹石	1.21～1.25
粘质土	1.13～1.15	亚粘土	1.18～1.21
粘土夹石	1.16～1.19	砂和砾石	1.09～1.13
小块岩石	1.17～1.18	软岩	1.10～1.12
大块岩石	1.10～1.20	硬岩	1.05～1.07

沉降系数 k_c 也可按下式验证：

$$k_c = 1 + \frac{h_{p1} - h_{p2}}{h_{p2}} \tag{9-2}$$

式中：h_{p1}——下沉前的排岩台阶高度，m；

h_{p2}——下沉后的排岩台阶高度，m。

(2) 排土场的设计总容积

$$V = k_f V_y \tag{9-3}$$

式中：V——排土场设计总容积，m^3；

V_y——排土场设计有效容积，m^3；

k_f——排土场容积富余系数，1.02～1.05。

9.2 排岩工艺

9.2.1 排岩工艺分类

露天矿排岩工艺因矿床的开采工艺、排土场的地形、水文地质与工程地质特征、排弃废石的物理力学特征而有所差异。

内部排土场的排岩工艺方式可分为两大类：一类是倒堆排岩，即当矿床厚度和所剥离的岩层厚度不大时，剥离废石可以使用大型机械铲和索斗铲直接倒入采空区内完成排岩过程；另一类排岩和外部排土场相同，当矿体厚度较大，无法实现倒堆剥离时，必须使用一定的运输方式把废石运输到采空区中进行内部排岩，此时排岩工艺和外部排土场是完全相同的，差异在于内部排岩可避免或者大量降低上向运输量。

外部排土场排岩工艺可根据废石运输方式和排弃方式，以及使用设备的不同分为如下三类：

① 公路运输排岩。利用汽车将废石直接运输到排土场进行排弃，并由推土机推排残留废石及整理排卸平台，也称为汽车运输—推土机排岩工艺。

② 铁路运输排岩。利用铁路运输将废石运输到排土场，并利用排岩设备进行排弃。根据排土场排岩设备不同，又可分为铁路运输—挖掘机排岩，铁路运输—排岩犁排岩等。

③ 胶带运输排岩。利用胶带机将剥离下的岩石直接从采场运到排土场进行排弃。

9.2.2 汽车运输—推土机排岩工艺

9.2.2.1 汽车运输—推土机排岩工序

汽车运输—推土机排岩工艺是采用汽车运输的露天矿常用的排岩工艺，其排岩工序包括：汽车翻卸岩土、推土机推排、推土机平整场地和整修排土场公路。汽车运输—推土机排土场地布置如图 9－1 所示，图中 A 为公路宽度，即行车带宽度，B 为调车入换部分的宽度，即调车带宽度，C 为汽车翻卸后留在平台上的土堆宽度，即卸土带宽度。

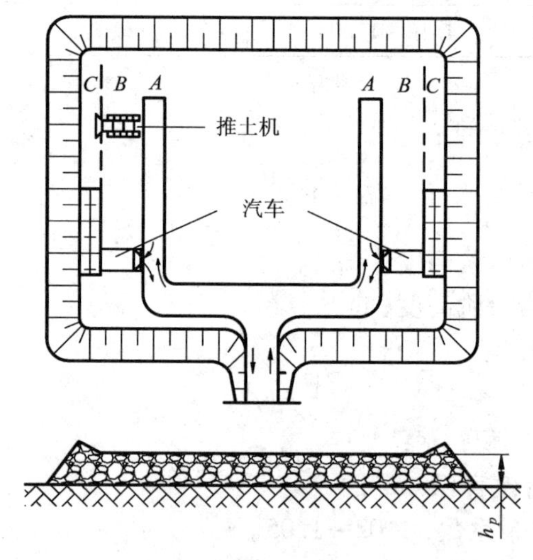

图 9－1 汽车运输—推土机排土场地布置示意图

（1）汽车翻卸岩土

汽车沿排土场运输公路进入排岩平台，经排岩平台内公路到达卸土带，进行调车，使汽车后退停于卸车带边缘，背向排岩台阶坡面翻卸岩土，如图 9－2 所示。为保证运输安全，调车带 B 占地宽度要大于汽车最小转弯半径，一般可取 5～6 m；卸土带宽度取决于岩土性质和翻卸条件，一般取 3～5 m。由于新堆弃的岩土密实性小，孔隙大，经压实后排岩台阶顶面下沉，为保证安全卸载和充分利用排土场容积，堆弃岩土时应考虑下沉系数。为保证卸车安全和防止雨水冲刷坡面，要使排岩台阶顶面保持 3%～5% 的反向坡；在汽车后退翻卸时，为保证安全，排土卸载平台边缘要设置安全车档，其高度不小于轮胎直径的 2/5，车档顶部和底部宽度应分别不小于轮胎直径的1/3和1.3倍。汽车排土作业时，应有专人指挥，夜间排土作业区照明必须完好，灯塔与排土安全车档距离15～25 m。因雾、粉尘、照明等因素使驾驶员视距小于30 m或遇暴雨、大雪、大风等恶劣天气时，应停止排土作业。

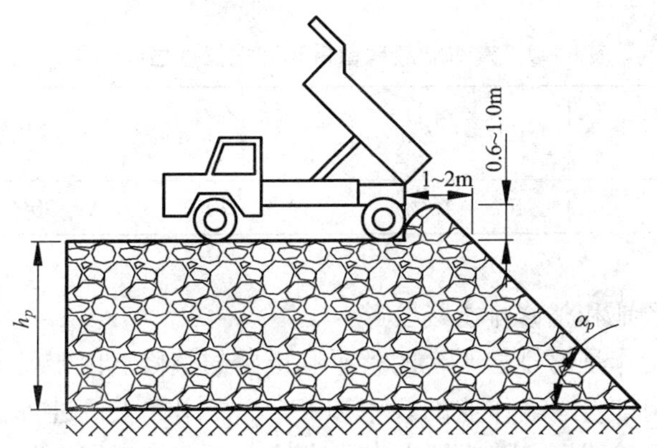

图9－2 汽车在排土场卸载及车挡示意图

(2) 推土机推排

当汽车在卸土带翻卸岩土后，由推土机进行推排。推土机的推土工作量包括两部分：一是推排汽车翻卸残留在平台上的岩土；二是排土场下沉塌落需整平的岩土量。推土工作量一般占总排岩量的20%～40%，其比例和卸载汽车的结构、卸载时汽车后轮距离坡顶线距离、排弃季节、司机作业素质等因素有关，应根据推土量选用能力适宜的推土机，常见推土机型号及其性能见表9－3。

表9－3 国内外常见推土机性能参数

主要技术性能	单位	中国					美国		日本	
型号		140T	TY165	TY－180c	SD22	SD42	D6G	824H	D85A	D475A
品牌		东方红	东方红	山推	山推	山推	卡特比勒	卡特比勒	小松	小松
发动机功率	kW	104	122	132.4	162	310	119	299	180	641
工作质量	kg	9500	18700	18512	23400	5200	16880	28724	21300	102500
行走速度	km/h	0～12.8	0～12.5	0～3.9	0～11.2	0～12.2	0～10.8	0～32.1	0～10.4	0～11.9
外形尺寸:长	mm	5385	5097	5360	5750	9630	3937	8224	5890	11565
宽	mm	2982	3447	3970	3725	4320	2440	4507	4260	3610
高	mm	2850	3190	3041	3395	4230	3057	3700	3060	4590
推土板刀：宽	mm	2982	3447	3970	3725	4320	–	4507	4260	5265
高	mm	885	1167	1050	1315	1875	–	1229	1060	2690
板刀最大提高	mm	–	1200	1250	1210	–	–	1070	1260	–
最大切入深度	mm	360	545	545	540	700	–	430	530	–
行走机构		履带式	履带式	履带式	履带式	履带式	履带式	轮胎式	履带式	履带式

以 32 ~ 45 t 矿用自卸卡车为例，汽车卸载残留量和卸载位置之间的关系如表 9 - 4 所示，为降低推土机的推排工作量，汽车翻卸时其后轮要最大限度地靠近坡顶线，以减少岩土残留量。为保证汽车翻卸安全，排土安全车档和平台反坡必须符合安全规程的规定。

表 9 - 4　汽车卸载残留量和卸载位置之间的关系

卸载时汽车后轮距离坡顶线距离	1.0 ~ 1.5 m	1.5 ~ 2.0 m	2.0 ~ 3.0 m	5.0 m 以上
卸载残留量	5% ~ 10%	15% ~ 20%	30%	100%

(3) 推土机平整场地和整修排土场公路

推土机的第二项工作是对排岩平台的整平和道路的整修。由于排土场的沉陷塌落，使排岩平台凹凸不平，影响排岩运输作业的效率和安全，需用推土机进行整平。排岩台阶内的运输线路和排土场内的运输线路，随着排岩作业线的推进和排岩平台的提高，需要不断地改变和拓展，也需要使用推土机整修推平。

9.2.2.2　**汽车运输—推土机排土场堆置参数**

采用汽车运输—推土机排岩工艺排土场的堆置参数包括：排岩台阶高度、排岩工作平盘宽度、排岩工作线长度等。

汽车—推土机排土场排岩台阶高度主要取决于土岩性质和地形条件，一般要比铁路运输时的排土场高度大。如弓长岭露天矿的排土场台阶高度都在 100 m 以上，德兴铜矿最高排岩台阶高度达 170 m，尚能够安全作业。如设备和安全条件许可，一般汽车—推土机排土场只设一个排岩台阶。

在特殊情况下，需要多层排岩时，排岩平台宽度应该能够保证汽车顺利掉头卸车，并留有足够的安全距离，其最小宽度可据式(9 - 4)确定，但一般不宜小于 25 ~ 30 m。

汽车运输—推土机排岩的最小台阶平盘宽度计算方法如下：

$$b_{min} = b_2 + 2(R + l_c) + c \tag{9-4}$$

式中：b_{min}——工作平台最小宽度，m；

b_2——超前上阶段的宽度（当上、下阶段汽车卸车点互不干扰时，$b_2 = 0$），m；

R——汽车回转半径，m；

l_c——汽车长度，m；

c——外侧线路中心至平台眉线的最小距离，m。

排岩作业线长度与需要的排岩作业强度有直接关系，取决于需要同时翻卸的汽车数量和型号，即：

$$L_{min} = n_x \cdot b_q \tag{9-5}$$

式中：L_{min}——排土线最小长度，m；

n_x——同时翻卸的汽车数；

b_q——相邻汽车正常作业的间距，一般取 25 ~ 30 m。

$$n_x = N\frac{t_{dx}}{T_z} \tag{9-6}$$

$$t_{dx} = t_d + t_x + \frac{(3 \sim 6)R}{v_r} \tag{9-7}$$

式中：N——出勤汽车总数；

T_z——汽车运行周期，min；

t_{dx}——每辆汽车调车和翻卸时间，min；

t_d——调车对位时间，min；

t_x——汽车卸载时间，min；

R——汽车转弯半径，m；

v_r——调车时的汽车运行速度，m/min。

考虑到备用和维护，排土线的实际总长应为：

$$L = (2.5 \sim 3)L_{\min} \tag{9-8}$$

9.2.2.3 **汽车运输—推土机排岩设备**

（1）推土机设备选型

推土机的生产能力与推土距离、土岩性质以及推土机的型号有关，推土机的选型应和汽车载重、作业量等参数结合，具体型号选择可参考表9－5。

表9－5 推土机推排能力与功率关系

汽车载重/t	推土机功率/马力	小时能力/m^3
≤20	100～200	100～120
30～40	140～160	140～160
60	≥220	260～320
100	≥320	450～550

（2）推土机设备数量确定

推土机设备数量可按下式确定：

$$N_t = \frac{V_{ts} k_s k_j}{Q_t} \tag{9-9}$$

式中：N_t——推土机数量，台；

V_{ts}——需要推土机推送的岩土实方体积，m^3/班；

k_s——岩土松散系数，$k_s = 1.3 \sim 1.5$；

k_j——设备检修系数，$k_j = 1.2 \sim 1.25$；

Q_t——推土机生产能力（松方），m^3/班。

根据矿山实际生产需要，一般应保证每个排土场最少配备一台推土机，当排土场较为分散且相距较远时，由于推土机难以相互调用，各排土场用量应根据各自情况分别计算。考虑汽车载重、卸载残留量和推土机功率来进行设备能力的匹配，一般当推土机推排距离为12～15 m时，一台推土机可配4～6辆运岩汽车。例如，南芬铁矿在汽车运距1.5 km左右时，一台推土机可配4～5辆运岩汽车。

9.2.2.4　**汽车运输－推土机排岩工艺评价**

汽车运输—推土机排岩工艺具有一系列优点：

① 汽车运输机动灵活，爬坡能力强，可适应情况复杂的排土场地作业；

② 汽车运输—推土机的排岩台阶高度远比铁路运输时大，即使在岩性较差的情况下台阶高度也比铁路运输较容易实现高台阶排岩；

③ 汽车运输—推土机排岩工艺符合露天矿运输设备发展方向，国内外金属露天矿广泛采用汽车运输，并且向大型发展，与之相配合的推土机也随之向大马力发展；

④ 当排土场内运输距离较短时，排岩运输线路建设快、投资少，易于维护。

我国的多数露天矿山采用汽车运输—推土机排岩工艺。

汽车运输—推土机排岩工艺的主要缺点是排岩运输费用相对较高，特别是当排岩运距较远时，排岩费效比显著增加。

9.2.3　铁路运输排岩工艺

铁路运输排岩工艺是早期建设露天矿中常见的排岩工艺，主要由铁路机车牵引车辆将剥离的废石运至排土场，翻卸到指定地点再应用其他移动设备完成废石的转排工作。可选用的转排设备有排岩犁、挖掘机、推土机、前装机、索斗铲等，目前国内常用的转排设备以挖掘机为主，排岩犁次之，其他设备很少使用。辅助设备包括移道机、吊车等。

按照排岩设备的不同，可把铁路运输排岩工艺分为单斗挖掘机排岩、排岩犁排岩、前装机排岩等三类。

按照轨距的不同，铁路运输排岩工艺也可分为准轨铁路运输排岩和窄轨铁路运输排岩，由于窄轨和准轨铁路排岩工艺类似，且已经很少使用，故本节只介绍准轨铁路排岩。

9.2.3.1　**铁路运输—挖掘机排岩工艺**

挖掘机排岩能力大，可以加大线路的移设步距，提高排土线的利用率，加之设备通用性好，在我国铁路运输的大型金属露天矿中广泛使用。一般排岩设备采用 3～4 m^3 电铲，其主要工序包括翻土、堆垒和线路移设。挖掘机排岩工艺工作面布置如图 9－3 所示，排岩台阶分成上下两个分台阶，挖掘机站在下部台阶的平盘上，车辆位于上部台阶的线路上，将岩土翻入受岩坑，由挖掘机挖掘并堆垒。堆垒过程中，挖掘机沿排岩工作线移动。

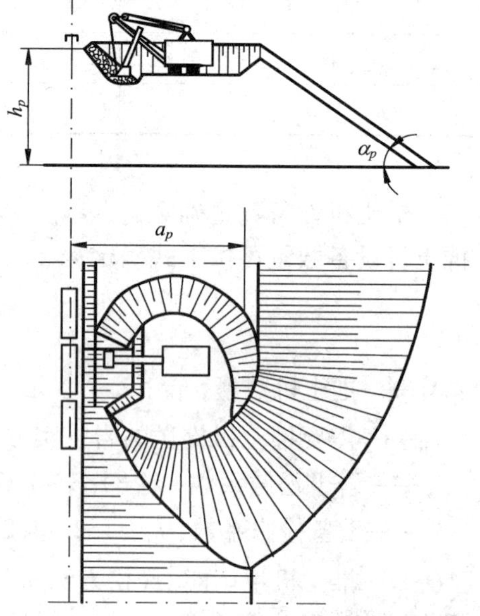

图 9－3　单斗挖掘机排岩工作面布置

1）挖掘机排岩工序

挖掘机排岩工序为：列车翻卸岩土、挖掘机堆垒、线路移设。

（1）列车翻卸岩土

列车进入排岩线路后，逐辆对位将岩土翻卸到受岩坑内。受岩坑的长度应不小于一辆自翻车的长度，为防止大块岩石滚落直接冲撞挖掘机，坑底标高比挖掘机行走平台应低 1 ~ 1.5 m。为保证排土线路基的稳固，受岩坑靠路基一侧的坡面角应小于 60°，其台阶坡顶线距线路枕木端部不小于 0.3 m。

列车翻卸岩土有两种翻卸方式：一种是前进式翻卸，即自排土线入口处向终端进行翻卸。该翻卸方式由于从排土线入口开始，挖掘机也相应是采用前进式堆垒方式，故列车经过的排土线较短，线路维护工作量较小，列车是在已经堆垒很宽的线路上运行，路基踏实，质量较好，可以相对提高行车速度。对松软岩土的排土场在雨季适用此方法。其最大缺点是线路移设不能与挖掘机同时作业。另一种是后退式翻卸，即从排土线的终端开始向入口处方向翻卸，挖掘机也是后退式堆垒。

(2) 挖掘机堆垒

随着列车翻卸岩土，挖掘机从受岩坑内取岩土，分上、下两个台阶堆垒。向前及侧面堆垒下部分台阶的目的，是为给挖掘机本身修筑可靠的行走道路，向后方堆垒上部分台阶的目的，则为新设排岩线路修筑路基。上部分台阶的高度受挖掘机最大卸载高度 $H_{x\max}$ 的控制，一般为 0.9 ~ 0.95$H_{x\max}$。下部分台阶的高度则根据岩土的软硬及稳定性确定，一般为 10 ~ 30 m。上、下分台阶高度之和为排岩台阶的总高度。挖掘机站在上部分台阶的底部平台将岩土向前方、旁侧及后方排弃和堆垒，直到排满规定的排岩台阶总高度。

为提高排岩效果，应使排岩带宽度达到最大，而排岩带宽度取决于挖掘机的工作规格，包括最大挖掘半径 $R_{w\max}$ 和最大卸载半径 $R_{x\max}$。为保证挖掘机的挖掘效率，挖掘机回转中心线距受岩坑边坡的最大距离一般为 0.8$R_{w\max}$。而在卸载时，挖掘机可以采用最大卸载半径，并借助回转时的离心力将岩土抛出。故排岩带宽度可按下式确定。

$$a_p = 0.8R_{w\max} + R_{x\max} \tag{9-10}$$

式中：$R_{w\max}$——最大挖掘半径，m；

$R_{x\max}$——最大卸载半径，m；

a_p——排岩带宽度，m。

在生产实践中挖掘机有三种堆垒方法：

①分层堆垒

挖掘机先从排土线的起点开始，以前进式先堆完下部分台阶，然后从排土线的终端以后退式堆完上部分台阶，挖掘机一往一返完成一个移动步距的排岩量。这种堆垒方法对于挖掘机而言，可以始终让电缆在挖掘机的后侧，没有被压埋的危险。同时，在以后退方式堆垒上部分台阶时，线路可以从终端开始逐段向排土线位置移设，使移道和排岩工作平行作业；当挖掘机在排土线全长上完成堆垒排土线全高后，新排土线也随之移设完毕，其后挖掘机再从起点开始按上述顺序堆垒新的排岩带。该法的缺点是挖掘机堆垒一条排岩带需要多走一倍的路程，增加能耗量，且挖掘机工作效率不均衡，一般在堆垒下部分台阶时效率较高，而堆垒上部分台阶时效率较低。

②一次堆垒

挖掘机在一个排岩行程中，对上、下两部分台阶同时堆垒，挖掘机相对于一条排岩带始终沿着一个方向移动(前进式或后退式)。如果第一条排岩带采取前进式，则第二条排岩带采取后退式，如此交替进行，使挖掘机的移动量最小。当挖掘机采取前进式堆垒时，线路的移设工作只有在挖掘机移动到终端堆垒完成一条排岩带后才能进行，因此挖掘机需要停歇一段时间。当采取后退式堆垒时，排岩和移道则可以同时进行。该堆垒方法对于挖掘机而言行程最短，但需经常前后移动电缆。

③分区堆垒

把排土线分成几个区段，每个区段长度通常采用电缆长度的2倍，即50~150 m。每个分区的堆垒按分层堆垒方式进行，一个分区堆垒完毕，再进行下一个分区的堆垒。分区堆垒是上述两种堆垒方式的结合，具有前两者的优点，特别是当排土线很长时，效果最为明显。

单斗挖掘机堆垒具有排岩效率高(比排岩犁排岩高1倍左右)、移道工作量小(移道周期为1.5月左右)、岩土堆置高度大等优点，但它的设备投资较大；在低台阶排土场，由于移道周期较短，挖掘机的排岩效率不能充分发挥，造成设备使用效率低。因此，可根据实际情况因地制宜地选择采用挖掘机和排岩犁两种排岩方法。

（3）线路移设

当挖掘机按设计的排岩台阶高度和排岩带宽度堆垒完毕后，便进行线路移设。线路的移道步距 a_b 等于排岩带宽度 a_p。对于4 m^3 电铲，移道步距可以达到23~25 m。由于电铲排岩移道步距较大，一般均采用吊车移道。其移设方法与采场内采掘线路的设置相同。

挖掘机排岩的移道工作量为：

$$L_y = \frac{Q_x \cdot k_s}{h_p \cdot k_c \cdot a_b} \cdot k_y \cdot N_p \tag{9-11}$$

式中：L_y——移道工作量，m/班；

Q_x——每条排土线平均收容能力(实方)，m^3/条班；

h_p——排岩台阶高度，m；

a_b——移道步距；

k_s——废石(土)松散系数，一般取1.3~1.6，具体取值可参考表9-1；

k_c——废石(土)沉降系数，取值范围1.05~1.28，具体取值可参考表9-2；

k_y——移道系数，取1.2；

N_p——生产的排土线数，条。

2）排岩作业堆置参数

铁路运输—挖掘机排岩工艺的堆置参数包括受岩坑尺寸、排岩台阶高度、排土线长度及移动步距等。

(1)受岩坑尺寸

受岩坑尺寸应考虑受岩容积和作业安全要求。为缩短列车的待卸载时间，受岩坑一般以能容纳1.0~1.5个列车的土量为宜，长度约为车辆长度的1.05~1.25倍，坑底标高比挖掘机的行走平盘低1.0~1.5 m，铁路以下的深度以8 m为宜。为保持路基稳定，受岩坑在路基一侧的坡角不大于60°，坡顶线距离线路中心线不小于1.6 m。

(2)排岩台阶高度

$$h_p = h_1 + h_2 - \Delta h \tag{9-12}$$

式中：h_p——排岩台阶高度，m；

h_1——上分台阶高度，主要取决于受岩坑容积所要求的高度和涨道高度 Δh，其最大值受挖掘机最大挖掘高度 $H_{w\max}$ 的限制，m；

h_2——下分台阶高度，主要取决于台阶的稳定性条件，增加 h_2 会相应增加下沉和涨道量，并且降低受岩坑高度和受岩坑容积，延长列车的翻卸时间；

Δh——涨道量，取决于排岩台阶高度和沉降率。

由于新堆弃的岩土未经压实沉降，密实性小，孔隙大，考虑到其沉降因素，需要使上部分台阶的顶面标高高于规定的排土场顶面标高，其高出部分取值取决于岩土的性质。一般排土场计算中采用沉降系数 k_c，具体取值可参见式(9－2)和表9－2。

(3)移道步距

移道步距 a_b 主要取决于挖掘机的工作规格。

$$a_b \leqslant \sqrt{R_{w\max}^2-(0.5L_f)^2}+R_{x\max} \tag{9-13}$$

式中：a_b——移道步距，m，采用 WK－4 型挖掘机时约为 23～25 m；

$R_{w\max}$——挖掘机最大挖掘半径，m；

$R_{x\max}$——挖掘机最大卸载半径，m；

L_f——受岩坑上部长度，m。

(4)排土线长度

排土线长度取决于排岩作业费用和挖掘机能否得到充分利用。挖掘机排岩的排土线长度一般不小于 600 m，但也不宜大于 1800 m。

(5)排岩工作平盘最小宽度

对于多阶段排土场，上、下台阶应保持一定的距离，使下部台阶能安全正常地进行排岩作业。其最小限值即为排岩工作平盘最小宽度。即：

$$b_{\min}=b_1+b_2+b_3+b_4 \tag{9-14}$$

式中：$b_{\min}$——排岩工作平盘最小宽度，一般大于排岩台阶高度，m；

b_1——安全宽度，m；

b_2——对上一平盘的超前宽度，m；

b_3——双线时，线路中心间距，m；

b_4——外侧线路中心线至台阶坡顶线的最小距离，准轨一般为 1.6～1.7 m。

3）排土场生产能力

排土场生产能力取决于排土线的接受能力和同时工作的排土线数。

可根据挖掘机的生产能力计算排土线的接受能力：

$$Q_{x1}=\frac{E\cdot k_m\cdot T_b\cdot \eta_b}{t\cdot k_s} \tag{9-15}$$

式中：Q_{x1}——按挖掘机生产能力计算排土线的接受能力(实方)，m^3/班；

E——铲斗容积，m^3；

k_m——满斗系数；

T_b——班工作时间，min；

η_b——班工作时间利用系数；

t——挖掘机工作循环时间，min；

k_s——岩石松散系数。

根据运输条件计算排土线的接受能力：

$$Q_{x2}=\frac{m\cdot n\cdot q_z}{k_s} \tag{9-16}$$

式中：Q_{x2}——按运输条件计算排土线的接受能力（实方），m^3/班；

m——每班发往排土线的列车数；

n——列车中的自翻车数量；

q_z——自翻车平均装载容积（松方），m^3。

对于挖掘机排岩，只有当 Q_{x1} 和 Q_{x2} 相等时排土线的接受能力才能达到理想值。但在生产实际中难以实现使 Q_{x1} 与 Q_{x2} 相等，故只能取其小值。

排土线条数，即：

$$N_x = \frac{1.2Q_c}{Q_x}k_p \tag{9-17}$$

式中：N_x——排土线总条数；

Q_c——排土场要求的平均排岩能力（实方），m^3/班；

k_p——排土线备用系数；

Q_x——每条排土线平均接受能力（实方），m^3/条班。

9.2.3.2 铁路运输—排岩犁排岩工艺

排岩犁排岩是露天开采早期广泛应用的一种排岩方式，这种方式设备投资少、作业简单，但由于排岩效率较低，目前这种方式已逐步被其他方式所取代。

排岩犁是一种行走在轨道上的特殊车辆，车身一侧或两侧装有大犁板和小犁板，不工作时，犁板紧贴车身。排岩工作时，靠气缸或液压设备将犁板顶开，并伸展成一定角度，随着排岩犁在轨道上行走，大犁板将堆置在旁侧的岩土向下推排，而小犁板主要起挡土作用，如图9-4所示。排岩犁只适用于铁路运输的露天矿，其自身没有动力，需要靠机车牵引工作。

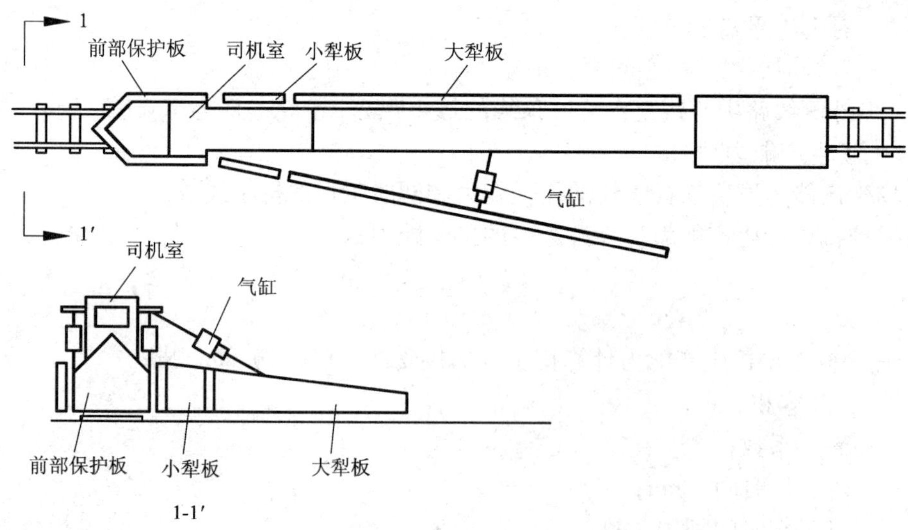

图9-4 排岩犁结构示意图

排岩犁的排岩工序包括：列车翻卸岩土、排岩犁排岩、修整平台及边坡、线路移设。而其中第一和第二工序在二次线路移设之间交替重复进行。

(1)列车翻卸岩土

在新移设线路上，如图 9 - 5(a)所示，因路基未被压实，为保证行车及排岩作业的安全，机车应以低速(小于 5 km/h)推顶列车进入排土线。

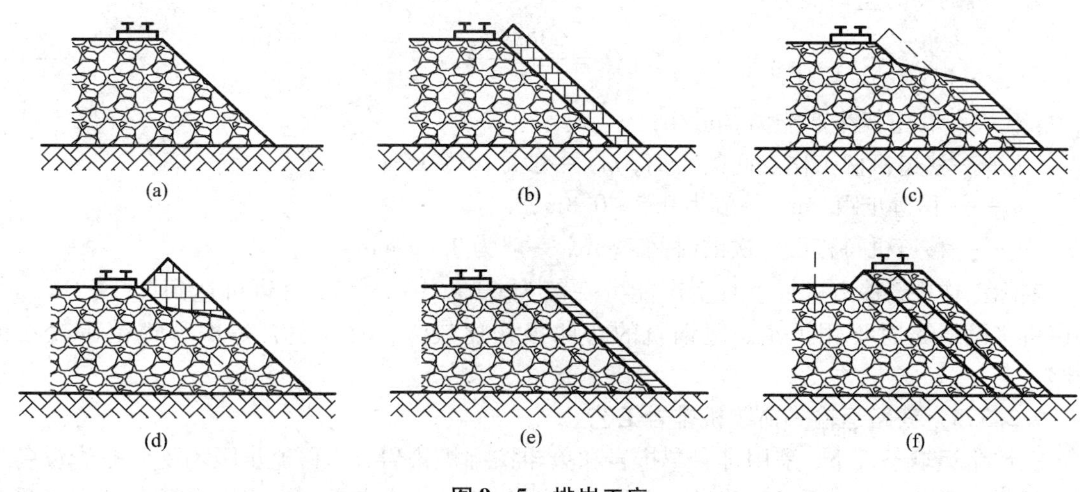

图 9 - 5 排岩工序

机车推顶列车自排土线的入口处向终端方向前进翻卸，其目的是使排岩台阶坡面上形成支撑体，增强线路路基稳定性，保证重车安全作业。当排土线全长均翻卸一次岩土后，列车即可改由排土线终端向入口处后退式翻卸岩土，直至填满全线，如图 9 - 5(b)所示。

(2)排岩犁推排岩土

当排土场沿排土线全长初期容积已经排满且形成石垄时，如图 9 - 5(b)所示，即开始使用排岩犁将高的石垄推掉，使排岩台阶上部形成一个缓坡断面而产生新的受岩空间，如图 9 - 5(c)所示。然后列车继续沿排土线全长翻卸岩土，直到排土线新受岩容积再填满为止，如图 9 - 5(d)所示。

按上述过程卸土与排岩交替进行，直到线路外侧形成的平台宽度超过或等于排岩犁板伸张的最大允许宽度，排岩犁已不能进行排岩作业时为止，如图 9 - 5(e)所示，随后进行平整和线路移设工作。为保证新路基的平整和稳定，最后一列车翻卸时应保证全线翻卸均匀，土堆连续，同时应翻卸稳定性高、透水性好的岩石作为新线路的路基。

排土线每移设一次，通常需要推排 8 次以上，而每推一次岩土的排岩犁行走次数为 2 ~ 6 次。

(3)修整平台及边坡

排土线移道前必须进行平整工作，考虑到线路下沉和保证线路平直，需要将排岩犁的犁板提起 30 ~ 50 cm，使排岩台阶的新坡顶线比旧坡顶线有一个超高，其超高值一般为 100 ~ 200 mm，如图 9 - 5(f)所示。

(4)排岩线路的移设

排岩犁排岩时，线路移设通常用移道机来完成。移道机工作时，先将卡子抓紧钢轨，开动发动机使小齿轮沿齿条向上移道，此时铁鞋支撑地面，移道机连同轨道被小齿轮带动而向上提起，待提至一定高度时，由于移道机和轨道的重心向一侧偏移而失去平衡，靠其重力向外侧下落，结果使轨道横向移动一个距离。当上述过程结束后，移道机沿线路移行 10 ~ 15 m，在新的位置重复上述步骤直到全线都移动一次。一次移道距离一般为 0.7 ~0.8 m，所以移道机要沿排土线全长往返多次进行移道才能将线路横移到规定的位置。

移道机的小时生产能力：

$$Q_y = \frac{60l_y \cdot a_b}{t_y} \tag{9-18}$$

式中：Q_y——移道机生产能力，m^2/h；

l_y——移道机两工作点间的距离，m，一般取 10 ~ 15m；

a_b——移道步距，m，一般为 0.5 ~0.8m；

t_y——移道机每移设一次的时间，min，一般为 2 ~5 min。

实际工作中，移道机每小时生产能力一般为 60 ~ 210 m^2/h，每班可达到 200 ~ 600 m^2。移道机移设线路时不用拆道，但钢轨的弯曲损伤比较大，故只适合每次移道范围较小的线路。

9.2.3.3　**铁路运输—前装机排岩工艺**

在铁路运输条件下，采用排岩犁排岩和单斗挖掘机排岩，其移道步距均受到排岩设备规格的限制，排岩线路必须经常移设，这既影响排岩线路的稳定性，也使排土场台阶高度受到限制。特别是在我国南方高温多雨的地方矿山，用前述设备排岩时，铁路路基常常下沉严重，甚至产生垮塌或滑坡事故，所以有的矿山采用前装机实现高台阶作业，减少铁路移设次数，提高排岩效率。

铁路运输 - 前装机排岩就是使用前装机作为转排设备，在排岩台阶上设立转排平台，车辆在台阶上部向平台翻卸岩土，前装机在平台上向外进行转排。由于前装机机动灵活，其转排距离和排岩高度可达很大值。

轮胎式前装机在排岩工作面的作业情况如图 9 -6(a)所示。图中的(1)是当工作平台较窄时，前装机慢行作 180°转向运行，作业安全可靠，但这种作业方法运距大、效率低；(2)是当工作平台较宽时前装机可就地进行 l80°转向运行，这种作业方法运距短，效率较高；(3)是当工作平台较宽时前装机作 90°转向运行，进行加长工作平台的作业。

采用铁路运输时，轮胎式前装机的排岩要素包括：作业线长度、转排段高和工作平台宽度。

(1) 作业线长度

每台前装机控制的作业线长度与勺斗容积有关。为充分发挥前装机的使用效率和减少线路横向移设的频率，作业线长度至少能贮备一昼夜的转排量，并不短于一列车的有效长度。一条较长的作业线可由几台前装机同时排岩。

(2) 转排段高

转排高度(上部)主要取决于：

①为保证路基稳定和铲装作业安全，转排段高一般不宜超过铲斗挖取的最大举升高度，当岩土块度较小，无特大块时，可稍高于铲斗升举高度；

②段高取较低值有利于铲斗切进并减轻其提升阻力，可提高设备效率。但段高过低，又不利于保有一定的排岩贮量，也会影响前装机的作业效率。从生产使用情况看，斗容 5 m^3 的前装机，转排段高约为 4 ~8 m。

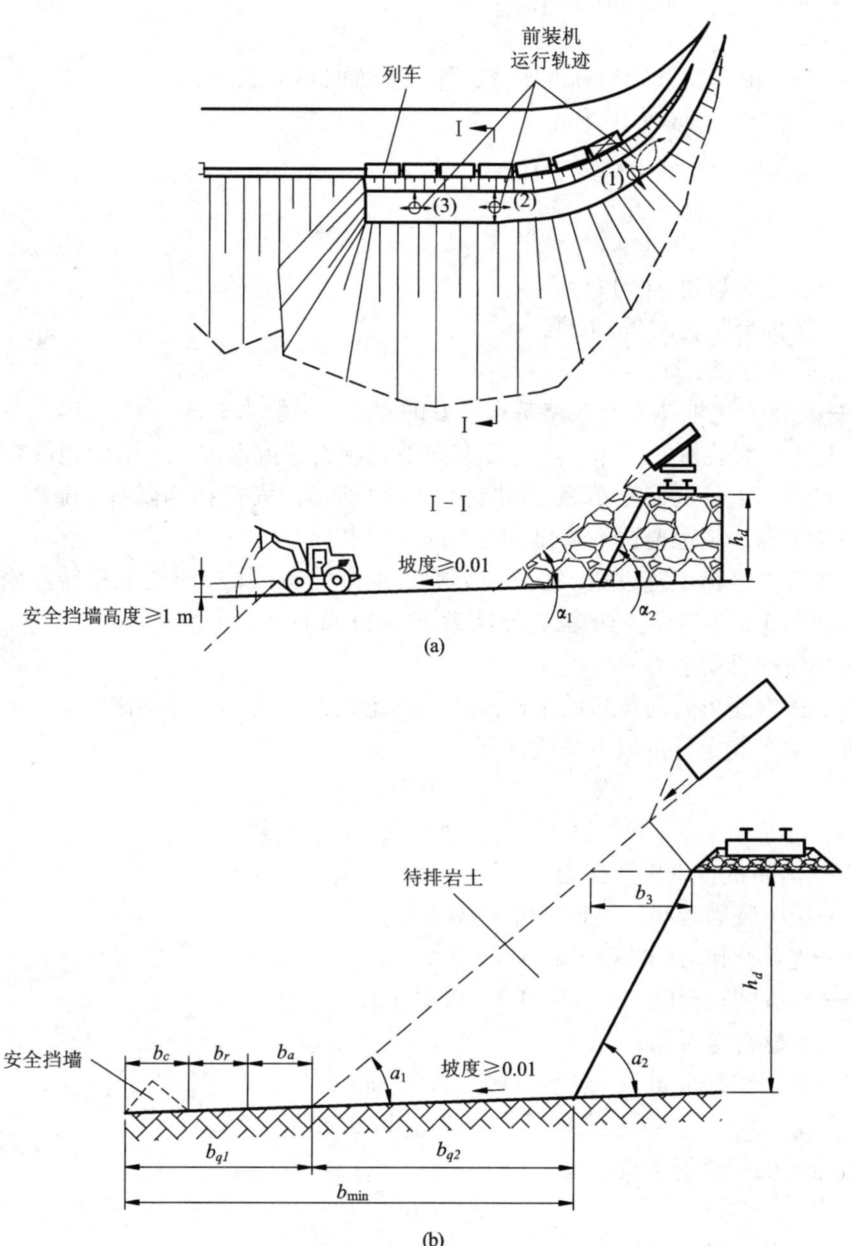

图 9－6　轮胎式前装机作业示意图

（3）排岩工作平盘最小宽度

为保证前装机正常进行排岩工作，其工作平盘最小宽度如图 9－6(b) 所示，可按下式进行计算：

$$b_{\min} = b_{q1} + b_{q2} \tag{9-19}$$

式中：$b_{\min}$——前装机排岩的最小工作平盘宽度，m；

b_{q1}——前装机作业的最小宽度，m；

b_{q2}——待排岩土堆体的底部宽度，m。

$$b_{q1} = b_a + b_c + b_r \tag{9-20}$$

式中：b_a——前装机齿尖至后轮轴的距离，条件困难时可取其半，m；

b_c——挡墙宽度，不小于 2 m；

b_r——前装机外轮最小转弯半径，m。

$$b_{q2} = \frac{h_d}{\text{tg}\alpha_1} - \frac{h_d}{\text{tg}\alpha_2} + b_3 \tag{9-21}$$

式中：α_1——岩土安息角，(°)；

α_2——转排台阶坡面角，(°)；

h_d——转排段高，m；

b_3——待排岩土堆体上部在路基水平处的宽度，一般为 2 m。

为便于排水，前装机的工作平盘应具有向外侧倾斜的流水坡度。平盘边缘在前装机卸土时用岩土填筑高于 1 m 的安全挡墙，如图 9 - 6(b)所示。安全挡墙随排、随填、随拆。雨天时在安全挡墙每隔一定距离留一缺口，便于排泄雨水。

前装机的工作平盘不宜过宽，否则会影响其工作效率，太窄时前装机转向困难。目前我国有些矿山使用 5 m^3 前装机的平盘宽度约为 30 ~ 60 m 左右。

(4) 前装机的排岩能力

前装机的排岩能力受前装机的生产能力和排土线的接受能力共同制约。

前装机的生产能力可按以下公式计算：

$$Q_{qx} = \frac{60 T_b E \eta_b k_m}{(t_{q1} + t_{q2} + t_{q3} + t_{q4} + t_{q5}) k_s} \tag{9-22}$$

式中：Q_{qx}——前装机台班生产能力(石方)，m^3/台班；

t_{q1}——铲斗装满时间，一般取 0.4 ~ 0.5 min；

t_{q2}——重载调转时间，一般取 0.1 ~ 0.2 min；

t_{q3}——空载调转时间，一般取 0.1 ~ 0.2 min；

t_{q4}——往返行走时间，min；

t_{q5}——铲斗卸载时间，一般取 0.05 ~ 0.09 min；

T_b，E，η_b，k_m，k_s——意义同前，一般 η_b 取 0.75 ~ 0.85。

前装机排岩的接受能力为：

$$Q_q = N_q Q_{qx} \tag{9-23}$$

式中：Q_q——前装机排岩接受能力(石方)，m^3/台班；

N_q——可布置的前装机台数，台。

排土线的接受能力可参考挖掘机排岩的计算方法。

9.2.3.4 铁路运输的排岩工艺评价

挖掘机排岩、排岩犁排岩和前装机排岩都是在铁路运输条件下进行排岩工作。前两种排岩工艺要求排土场有更高的稳定性，故排岩台阶高度不能过高，否则易引起线路变形，影响排土场的安全生产。尤其排岩犁排岩的台阶高度，在排弃坚硬块石时一般不超过 20 ~ 30 m。采用前装机转排时，排岩台阶与汽车运输—推土机排岩一样，可达很大的高度。海南铁矿用 5 m^3 前装机转排时，排岩台阶高度达到 150 m。

排岩犁排岩，用移道机移设线路，钢轨易弯曲，排土线质量差，影响车辆运行速度和安全，排、卸作业效率低；移道步距小（不大于3 m），移道效率低；卸土和排岩不能在一条排土线上同时作业，并且排岩台阶高度低，排土线接受能力小，故占用的排土线较多。由于排岩犁排岩存在的上述问题，使排土线的生产能力大大降低。

挖掘机排岩移道步距大，线路移设工作量少，排岩台阶高度比排岩犁排岩时高，线路质量好，作业安全，故排土线生产能力高。但排岩设备投资大。

前装机排岩机动灵活，排岩带宽度大，使排岩台阶有较长的稳定时期，可增加台阶的稳定性。

由于铁路运输自身所固有的缺点，并且又难于实现排岩连续化，故在国外这一类工艺应用很少。

9.2.4 胶带运输机排岩工艺

当露天矿采用胶带运输机运输时，为充分发挥运输机的效率，需配合以连续作业的高效率的胶带排岩机排岩。

由采场运输机运来的剥离物，经转载机进入排土场内的接收运输机，输送到卸载运输机后进行排弃。胶带排岩机主要技术参数见表9－6。图9－7为 A_2Rs 型排岩机主要组成部分。胶带排岩机的最重要部件是卸载臂。它的长度决定着排岩分区的宽度、高度以及胶带运输机的移动周期。

表9－6　胶带排岩机主要技术参数表

参　　数	PS－100	ARS－B2200·50	A2RS－B3500·60	ARS－$\frac{1200}{19+20}$·11	ARS－$\frac{1600}{30+56}$·12
理论生产效率/($t \cdot h^{-1}$)	1000～1500	2200	3500	2600	5100
卸料半径/m	35	50	58	30	56
受料半径/m	12－16	14.5－19.5	14－35	17－19	28.5－31.5
最大堆料高度/m	13	17	17	11	12
卸料胶带宽度/m	1.0	1.2	1.4	1.2	1.6
卸料胶带速度/($m \cdot s^{-1}$)	3.15			5.2	5.2
受料胶带块度/m	1.0	1.2	.1.4	1.2	1.6
受料胶带速度/($m \cdot s^{-1}$)	2.7				
行走速度/($m \cdot h^{-1}$)	300	360	360	312	360
行走坡度(°)	5			5.7	2.8
对地平均压力/MPa	0.0785	0.0686	0.0745	0.0892	0.0735
输入电压/V	6000	6000	6000	6000	6000
整机总功率/kW	266			260	810
整机总重/t	150	335	415＋185	139	497
外形尺寸　长/m	52.7	74	155		
宽/m	7.35	16	19		
高/m	14.4	11	16		
生产国家	中国	德国	德国	德国	德国

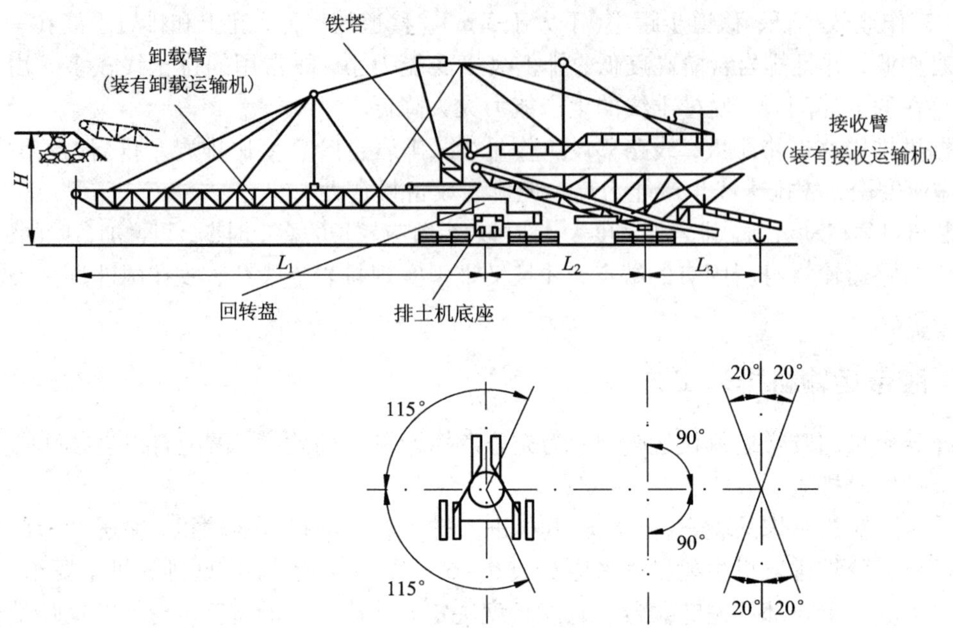

图 9-7 胶带排岩机结构示意图

9.2.4.1 **胶带排岩机应用条件**

选用排岩机时应考虑下列条件:

(1) 气候条件

排岩机最佳工作气候条件为气温 -25° ~ +35°之间和风速 20 m/s 以下。气温过低岩粉易在排岩机的胶带上冻结积存，造成过负荷而停止运输；气温过高机器易产生过热而引起事故；风速过大排岩机的机架容易摆动，运转时威胁工作人员和设备的安全。

(2) 排岩机要求的行走坡度和工作坡度

一般排岩机行走时坡度不超过 1∶20(5%)，少数达 1∶10 ~ 1∶14。排岩机工作坡度为1∶20 ~ 1∶33。

(3) 排岩机工作时对地面纵、横坡的要求

纵、横坡状况是排岩机稳定计算的一个基本条件。排岩机工作时对纵、横坡的要求一般不大于下列数值：纵向倾斜 1∶20、横向倾斜 1∶33；或纵向倾斜 1∶33、横向倾斜 1∶20。

此外，排岩机对地面压力应小于排土场的地基承载力。

9.2.4.2 **排岩机主要参数**

排岩机主要参数包括：排岩机接收臂和卸载臂长度、排岩机最大排岩高度和排岩机履带对地面的压力。

① 排岩机的接收臂和卸载臂长度：排岩机接收臂和卸载臂的长度决定着排岩工作面的排弃宽度和上部排岩分台阶高度，并对排岩机生产效率有直接影响。若卸载臂短，则排弃宽度小和上部分台阶低，排岩机移动次数增加，造成排岩效率降低。因此，合理地选择排岩机参数具有重要意义。

② 排岩机最大排岩高度：排岩机最大排岩高度是上排的最大卸载高度(即站立水平以上

的排岩高度）与下排高度（即站立水平以下的排岩高度）之和。

因为一定型号的排岩机卸载胶带运输机端部旋转轴的高度是固定的，当卸载臂的倾角一定时（一般上排时角度为7°~18°），排岩机上排高度和下排高度由卸载臂长度决定。

排岩机下排高度与排弃岩土的性质有关，主要应保证排岩台阶的稳定和排岩机的作业安全。

③ 排岩机履带对地面的压力：排岩机履带对地面压力应小于排土场的地基承载力，才能保证排岩机在松散岩土上正常作业与行走。在多雨地区和可塑性岩土的排土场该参数尤为重要。

气候条件对地基载力有很大影响。雨季或多雨地区岩土含水量大，强度降低，地面耐压力减小；寒冷地区因气温低岩土的自然下沉量小。因此，在一个位置上停留作业的时间太长易下沉。若行走电动机工作能力不能克服地面下沉后的行走阻力，将不能保证其正常作业，因此要求电动机容量能保证排岩机停留30~40 d而不影响其移动。

9.2.4.3　排岩机的工作面布置

排岩机的排岩台阶一般由上排和下排两个分台阶组成。排岩机和与之相配合的胶带运输机都设立在两个分台阶之间的平盘上。胶带运输机至上部分台阶坡底线距离参考值见表9-7。

表9-7　胶带运输机至上部分台阶坡底线距离参考值

距离/m	29.6	28.8	27.9	27	26.1	25	24.2	22.9	21.6	20.2	18.8
上部分台阶坡面角/°	35	34	33	32	31	30	29	28	27	26	25

排岩机的工作面规格，根据排岩机的类型、参数以及排弃岩土的性质确定。图9-8、图9-9分别为排岩机单纯上排、单纯下排时的排岩工作面。

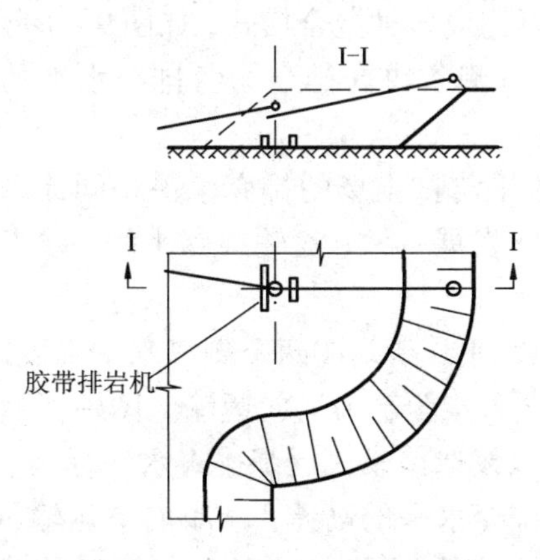

图9-8　排岩机单纯上排时的排岩工作面

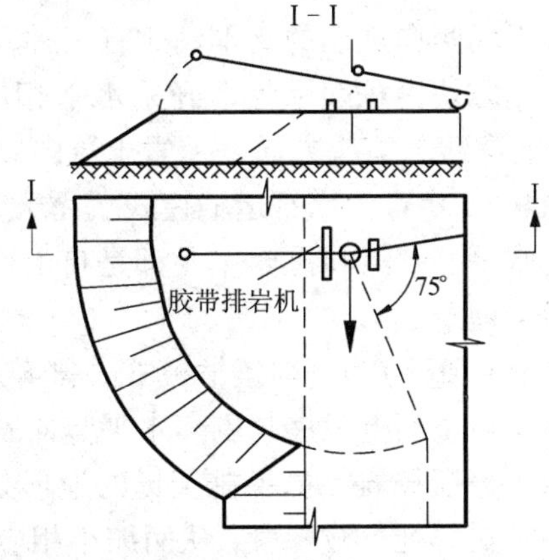

图9-9　排岩机单纯下排时的排岩工作面

胶带排岩机和胶带运输机移设至排土场的指定位置后，即可使排岩机向上部或下部分台阶堆垒岩土。

胶带排岩机小时生产能力的计算一般采用胶带运输和输送能力的计算方法。

9.2.4.4 **胶带排岩机排岩工作评价**

胶带排岩机排岩工作的优点包括：兼有运输与排岩两种功能，排土场接受能力大，生产效率高，成本低，电能消耗少，自动化程度高，工人的劳动强度小。其缺点是胶带抗磨性差。目前国内外均加大力度研制抗磨性强的胶带。

胶带排岩机排岩工作容易实现连续化与自动化开采，适应矿山现代化的要求。国内外坚硬矿岩的露天矿山正在向连续开采工艺方向发展，以降低开采成本、提高露天矿生产能力和劳动生产率。综上所述，胶带排岩机排岩，在金属露天矿排岩工作中是一种十分有发展前途的排岩方法。

9.3 排岩规划与进度计划

9.3.1 排岩规划

为保证露天矿排弃岩土的经济合理性，应根据排土场的位置、数量与容量以及开拓运输系统、剥采程序等实施排岩规划，使岩石从采场空间搬运至排土场空间堆放最优化，以达到岩土运输功和运输排弃费最小，使排土场各时期的收容量及其堆弃部位从总体上使用效果最好。

露天矿山大多地处山区，可供集中排岩的场地条件有限，故多为分散排岩，设有几个排土场。为保证岩土从露天采场到排土场的平面流向合理，首先要进行平面排岩规划，使露天采场开采水平的岩土从水平关系上向各排土场的流量与流向最佳。

由于排土场和露天采场有一定的高差关系，且岩土剥离水平的延深和排弃水平的增高都呈竖向发展，故需要在平面排岩规划的基础上对每个排土场的竖向排弃做出各自的竖向排岩规划。

排土场竖向规划的基本模式有三种，在此基础上可构成多种混合模式，如图9-10所示。图中左侧方块面积表示各个开采水平相应的岩土量，右侧条块为排土场各排弃水平的堆弃量，中间虚线与箭头方向表示岩土流向。

图9-10(a)为水平运输模式。露天采场的剥离水平与排土场的排弃水平相同或高出一个剥离水平，剥离和排弃作业都是自上而下进行，竖向发展一致；运输线路平缓、技术经济效果最为理想。

图9-10(b)为下向运输模式。排弃水平低于剥离水平，高差在两个剥离水平高度以上，排弃水平自下而上发展与剥离水平竖向发展方向相反，岩土全部为下向运输。图中所示为低台阶水平分层排岩。如果排土场的地形条件允许，可以改造该模式提高排弃水平标高，使排弃条块竖向排列形成梯段，从而缩小相应剥离水平与排弃水平的高差，减小向下运输量，但采用高台阶竖向分条排岩需有安全保证。一般在汽车运输条件下，下坡比水平运输的费用要高10%，这是汽车经常在制动条件下运行所造成的。对于剥离量和下向运输高差很大的矿山，可以采用溜井下放岩石降低排岩费用。

图9-10(c)为上向运输模式。排弃水平高于剥离水平，其两者各自在竖向发展方向上与图9-10(b)模式相反，岩土一律为上向运输，是最不利的。这种情况大多出现在深凹露天矿，此时汽车重载爬坡上行比水平运输费用高30%左右，比重载下坡运行也要高出10%，甚

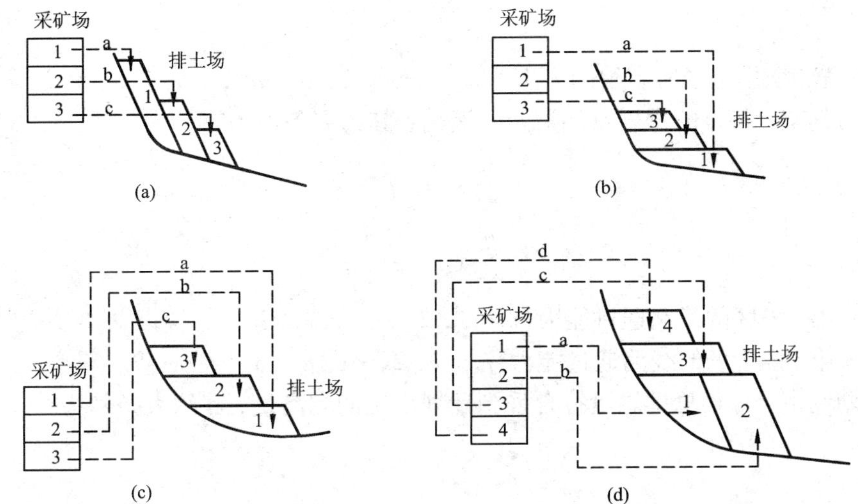

图 9-10 排土场竖向排弃模式(字母 a, b, c, d 表示排岩顺序)

至在运输能力和经济上均处于不合理状况。因此，在铁路运输线受限和经济上不理想的情况下，采用运输能力大、爬坡能力强的胶带运输机排岩更为经济。

图 9-10(d)是上述三种模式的混合型。当排土场位于高差较大的山谷，且露天采场既有山坡开采(重车水平或下向运输岩土的条件)又有深凹开采，其竖向排岩规划比较复杂，需进行多方案比较才能取得最佳排岩方案。

排岩规划所要解决的问题实质上就是岩土运输问题，通过对岩土流向及流量的合理规划使运距和排岩费用最小。用线性规划解决运输中的最优化问题是常用的数学方法，可以用它建立排岩数学模型寻优。

在进行实际优化时，下述计算过程必须按年考虑时间因素，且总费用以净现值计算。

按线性规划建立排岩的目标函数是：

$$S = \sum_{i=1}^{m} \sum_{j=1}^{n} x_{ij} C_{ij} \to \min \tag{9-24}$$

式中：S——排岩总费用，元；

x_{ij}——从采场第 i 个水平将岩土运输到第 j 个排土场的运输量，t；

C_{ij}——从采场第 i 个水平将岩土运输到第 j 个排土场的排岩费用，元/t；

m——采场内剥离水平总数，个；

n——排土场总数，个。

采区岩量约束：从采场任一剥离水平运到各个排土场的岩土量，应等于该剥离水平岩土量的总和，其约束条件为：

$$\sum_{j=1}^{n} x_{ij} = a_i \tag{9-25}$$

式中：a_i—— 采场内第 i 个剥离水平的岩土量($i = 1, 2, \cdots, m$)，t。

排土场能力约束：任一排土场所容纳的总岩土量等于各剥离水平运到该排土场岩土量的总和，其约束条件为：

$$\sum_{i=1}^{m} x_{ij} = b_j \tag{9-26}$$

式中：b_j—— 第 j 个排土场所容纳的岩土总量（$j = 1, 2, \cdots, n$），t。

运输能力约束：每年的排岩量能被及时运出，其约束条件为：

$$\sum_{j=1}^{n} x_{ij} \leqslant T_i \tag{9-27}$$

$$\sum_{i=1}^{m} x_{ij} \leqslant P_j \tag{9-28}$$

式中：T_i—— 第 i 采区的线路通过能力（$i = 1, 2, \cdots, m$），t；

P_j—— 第 j 排土场的线路通过能力（$j = 1, 2, \cdots, n$），t。

排岩计划约束：每年总排岩量符合采剥计划规定的剥离量，其约束条件为：

$$\sum_{i=1}^{m} \sum_{j=1}^{n} x_{ij} \geqslant R \tag{9-29}$$

式中：R——采剥计划规定的剥离量。

非负约束：以上四个约束方程都需满足非负条件，即

$$x_{ij} \geqslant 0 \ (i=1, 2, \cdots, m; j=1, 2, \cdots, n) \tag{9-30}$$

上述约束条件是最基本的，必要时还可添加其他的约束项目。

值得注意的是，单位排岩费用是随岩土运距、道路坡度、排岩工艺条件的不同而变化，其中运距是主要影响因素。为此应将上、下坡道与弯道折算成平直线等效运距，在道路条件等同的情况下，每吨公里的运输费用才可视为常量，并使每吨运输费只随等效运距的不同而变。

采用现场标定统计的方法，可以建立每吨公里运费与实际运距的相关函数式，经拟合检验确定某种运输方式下的运费与运距间的回归函数式，这时每吨公里的运费为变量，并只随实际运距而变，故无须进行等效运距折算。

9.3.2 排岩作业进度计划

排岩作业进度计划是在排岩规划的基础上编制的，并结合露天矿剥采进度计划和排土场复垦计划，将剥离物按综合利用和复垦等要求，逐年编排出剥离物运往各排土场的数量和具体排弃（或堆存）部位。使逐年剥离与排弃在数量上平衡，分流与流向合理，排土场的发展与建设相协调，并为综合利用与复垦创造必要条件。

排岩规划是对剥离物的流量、流向和各排土场的堆弃顺序与使用效果，从总体上在全过程中进行宏观指导。而排岩作业进度计划则是在生产过程中按年度分时呈阶段地执行，并根据矿山生产变化进行调整。因此，它和露天矿剥采进度计划一样都是矿山生产的指令性计划文件。

编制排岩作业进度计划所需的技术资料如下：

① 各开采水平的岩土剥离总量及其逐年剥离量和所在水平部位，目的是在时间和空间上掌握岩土的来源、数量与品种；

② 各排土场的有效容量及其各排岩台阶的有效容量和排弃水平标高，目的是掌握排土场的剩余容量、扩展与建设的衔接关系和安全状况；

表 12－2　某露天矿排土作业进度计划表(部分)

采场开采水平/m	剥离总量						第一年						第二年						第三年					
	覆盖土		岩土		总量		覆盖土堆场		东排土场(1#)				覆盖土堆场		东排土场(1#)				覆盖土堆场		东排土场(1#)			
									435 台阶		395 台阶				435 台阶		395 台阶				435 台阶		395 台阶	
	10^4m^3	104t	10^4m^3	10^4t	10^4m^3	10^4t	10^4m^3	10^4t	10^4m^3	104t	10^4m^3	10^4t	10^4m^3	104t	10^4m^3	10I4t	10^4m^3	10^4t	10^4m^3	10^4t	10^4m^3	10^4t	10^4m^3	10^4t
地表 ~446	204.8	450.6			204.8	450.6	54.5	119.9					53.1	116.8					55.0	121.0				
446 ~434	53.2	117.0	187.4	487.2	240.6	604.2	23.7	52.1	32.3	84.0			17.5	38.5	44.5	115.7			12.0	26.4	48.6	126.4		
434 ~422	28.7	63.1	304.3	791.1	333.0	854.2							15.8	34.8	47.6	123.8			12.9	28.4	44.0	114.4		
422 ~410	13.6	29.9	398.3	1035.6	411.9	1065.5													13.6	29.9	42.3	110.0		
410 ~398			476.6	1239.2	476.6	1239.2																		
398 ~386			521.0	1354.5	521.0	1354.5																		
386 ~374			535.5	1391.3	535.5	1391.3																		
小计	300.3	660.6	2423.1	6298.9	2723.4	6959.5	78.2	172.0	32.3	84.0	0.0	0.0	86.4	190.1	92.1	239.5	0.0	0.0	93.5	205.7	134.9	350.8	0.0	0.0
备注： 1. 本表剥离物体积均为实体体积，容重：岩石平均为 2.6 t/m^3，覆盖土平均为 2.2 t/m^3； 2. 本表未包括备用排弃线数量。		排土线数量(条)					1		1				1		1				1		1			
		排土线数量合计(条)					2						2						2					
		转排设备数量合计(台)					2						2						2					
		全年剥离(排弃)总量			$\times 10^4m^3$		110.5						178.5						228.4					
					$\times 10^4t$		256.0						429.6						556.5					

③ 排土场运输线路的通过能力及新线路的建设与使用要求，目的是掌握新、旧运输线路的畅通状况；

④ 排岩作业方式、设备能力与完好状况；

⑤ 排土场内铁路排土线的数量及排岩能力，目的是掌握排土线的延展、生产使用及备用情况。

对已生产的矿山，在编制每一时期的排岩进度计划时，都应掌握上述已发生的和可能发生的生产动态变化，提高计划的编制精度和执行率。对新设计的矿山，编制排岩进度计划时，则要求设计基本合理，在生产执行中根据生产动态和技术改造再作适当调整。

9.3.3 排岩作业进度的编制方法

排岩进展计划的表格形式如表 9－8。其编制方法是：

① 根据设计选用（或生产中已使用）的排岩方法、排岩与运输设备类型，以及每条铁路排土线、排岩设备的综合排岩能力、计算（或检验）露天矿所需的在籍排土线和设备数量。

② 根据拟定的剥离物流向，制定各排土场及各排岩台阶排土线数目的逐年年度计划。对铁路运输，以排土线为基本计算单元。其他运输方式则直接按排岩设备的综合能力计算配置数量。

③ 根据排土场平面图和运输线路条件，调整并确定各排土场及其各排岩台阶可能布置的排土线数（或排岩设备数）和形成时间。对综合利用的剥离物，在排岩计划中另行安排。

④ 根据排土场的复垦计划，将可供复垦利用的剥离物及其堆排要求纳入排岩计划，尽量做到排岩与复垦相结合，为复垦创造条件。

⑤ 根据排土场的发展及其安全防护要求，确定防护工程使用和修筑的时间。

对地形复杂、多排土场多台阶排岩的矿山，由于剥离与排岩作业的时空关系复杂，除排岩作业进度计划表之外，还应配以图表。

9.4 排土场建设与扩展

9.4.1 排土场的建设

排土场初始排土线的修筑，根据地形条件的不同，分为山坡和平地两种修筑方法。

9.4.1.1 山坡排土场初始排土线修筑

先在山坡挖一单壁路堑，整理后铺上线路，形成铁路运输的初始排土线，如图 9－11 所示。若采用汽车运输排岩时，应根据调车方式来确定排土线的路堑宽度。

由于地形条件所限，有时排土线需要横跨深谷，此时可先开辟临时排土线，通过堆排加宽该地段的排岩带宽度，以便最终使初始排土线全部贯通。深谷和冲沟地段通常是汇水的通道，为保证排土场的稳定，应采用透水性较好的岩块填平深沟。

9.4.1.2 平地排土场初始排土线修筑

平地初始排土线的修筑需要分层堆垒和逐渐涨道。

采用排岩犁修筑时采取交错堆垒的方式，每次涨道的高度约 0.4～0.5 m，如图 9－12 所示。

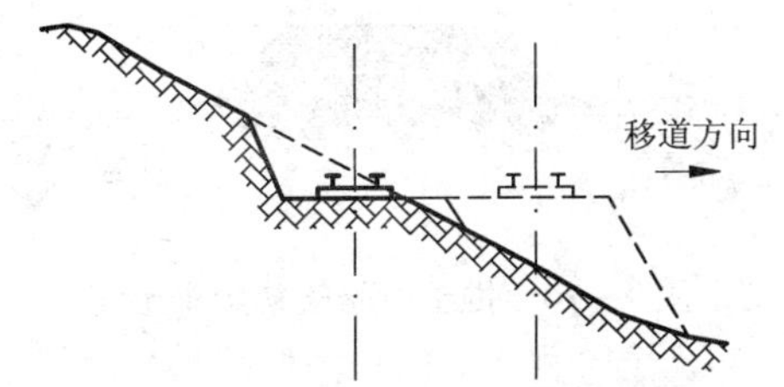

图 9－11　铁路运输山坡排土场初始排土线

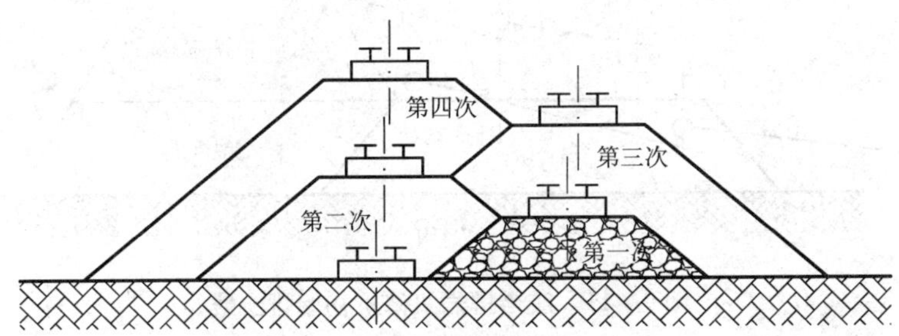

图 9－12　排岩犁修筑初始排土线

采用挖掘机修筑时，如图 9－13 所示。首先从原地取土，在旁侧堆筑第一分层，为了加大第一分层堆垒高度，也可以在两侧取土，取土地段形成取土坑。第一分层经过平整后铺上线路，即可由列车运送岩土并翻卸在路堤旁，再由挖掘机堆垒第二分层、第三分层，直至达到所要求的台阶高度，便形成初始排土线。

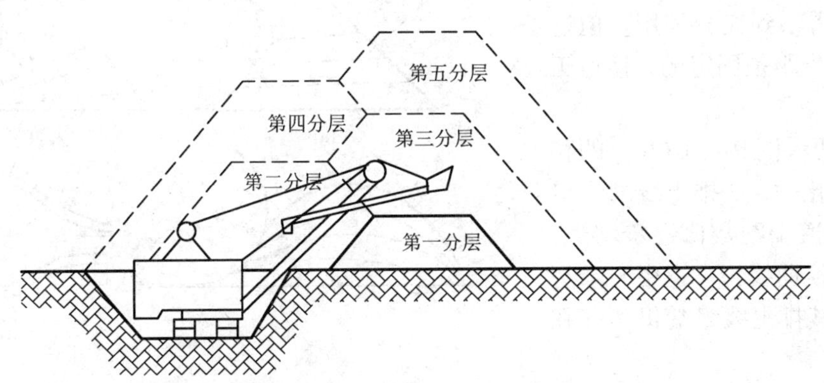

图 9－13　挖掘机修筑初始排土线

采用推土机修筑时，一般用两台推土机对推。此法可修筑高度在 5 m 以内的排土线初始路堤。如图 9－14 所示。

在平地或较缓的山坡上设置外部排土场，其初始排岩台阶也可用胶带排岩机堆筑，如图 9－15所示。首先形成第 1 台阶，后形成第 2 台阶，然后把排岩机移到第 1 台阶和第 2 台阶的上部进行排弃，直至排岩台阶达到要求的高度时，初始排岩台阶便形成。

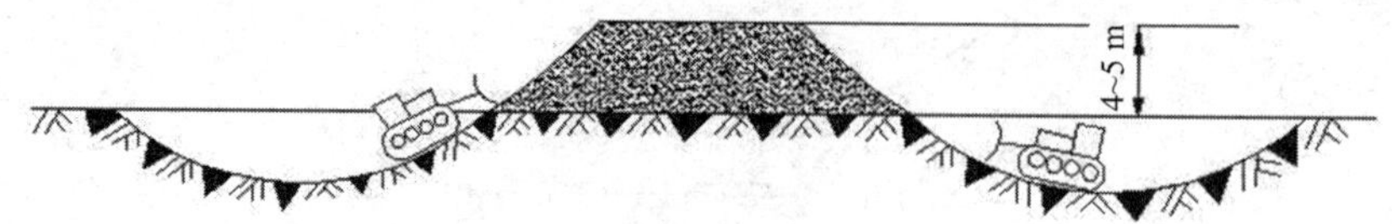

图 9－14　推土机修筑初始排土线

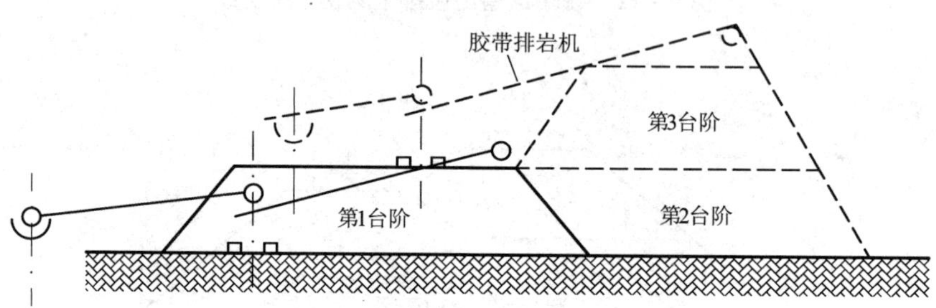

图 9－15　胶带排岩机修筑初始排土线

9.4.2　排土线扩展

9.4.2.1　铁路运输单线排土场扩展方式

单线排土线的扩展方式有平行、扇形、曲线和环形四种，如图 9－16 所示。

平行扩展时[图 9－16(a)]，随着排土线的扩展，线路不断缩短，排土场得不到充分利用。但这种方式移道步距是固定的，移道工作简单。

扇形扩展[图 9－16(b)]的移道步距是变化的，从排土线的入口处到终端移道步距数值逐步增大，它以道岔转换曲线为移道中心点呈扇形扩展，其排土线终端仍然存在缩短问题。

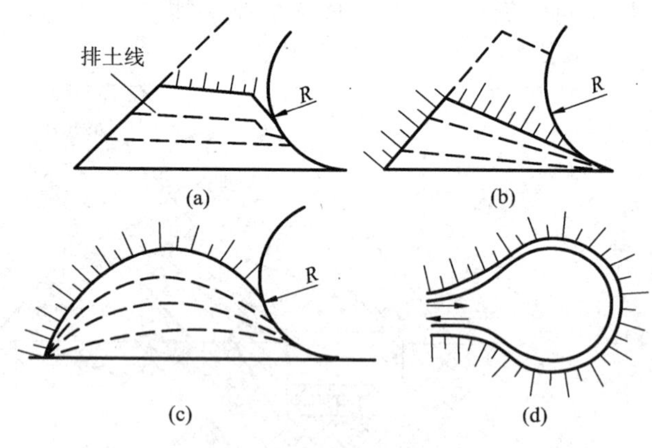

图 9－16　铁路运输单线排土场扩展示意图

曲线扩展[图 9－16(c)]可以避免上述排土线缩短的缺点，排土线每移道一次都要接轨加长。该法广泛应用于排岩犁排土场和挖掘机排土场内。

环形扩展时[图 9－16(d)]，排土线向四周移动。排土线长度增加较快，在保证列车间安全距离的条件下，可实现多列车同时翻卸。但是，当一段线路或某一列车发生故障时，会影响其他列车的翻卸工作。它多用于平地建设的排土场。

9.4.2.2 **铁路运输多线排土场扩展方式**

多线排岩是指在一个排岩台阶上，布置若干条排土线同时排岩，如图 9 – 17 所示。多条排土线在空间上和时间上保持一定的发展关系，其突出的优点是收容能力大。

建设在山坡上的多线排土场，通常都采用单侧扩展［图 9 – 17(a)］；建设在缓坡或平地上的多线排土场，多采用环形扩展［图 9 – 17(b)］。

当采用挖掘机排岩时，各排土线可采用并列配线方式，如图 9 – 18 所示。其特点是：各排土线保持一定距离，可避免相互干扰，提高排岩效率。

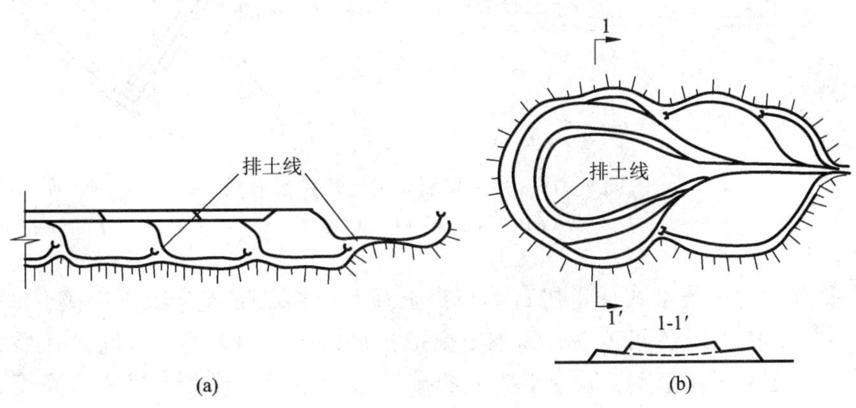

图 9 – 17 铁路运输多线排土场扩展示意图

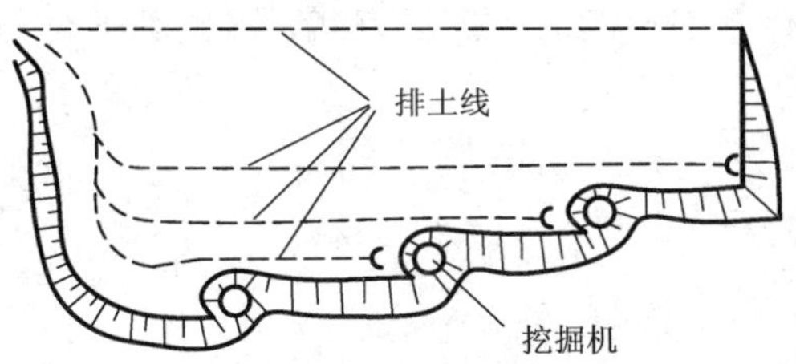

图 9 – 18 多线排土场挖掘机并列排岩

9.4.2.3 **多层排岩**

为在有限的面积内增加排土场的受岩容积，可采用多层排岩。多层排岩就是在几个不同水平上同时进行排岩，并向同一方向发展。为此可采用直进式或折返式线路，建立各分层之间的运输联系。各层排土线的发展在空间与时间关系上要合理配合。为保证安全和正常作业，上、下两台阶之间应保持一定的超前距离，并使之均衡发展。

9.4.2.4 **胶带排岩机排土场扩展方式**

胶带排岩机排土场扩展方式主要有平行扩展、扇形扩展及混合扩展三种方式，如图 9 – 19 所示。

平行扩展方式［图 9 – 19(a)］的特点是随排土场工作面的推进，移动式带式输送机向前平移，其移设步距等于一个排岩带宽度，并相应接长端部的连结带式输送机，排土场以矩形向外发展。平行扩展方式的运距随排岩工作面的推进而增加，对多层排岩，可减少上下两个排岩平台的相互影响。

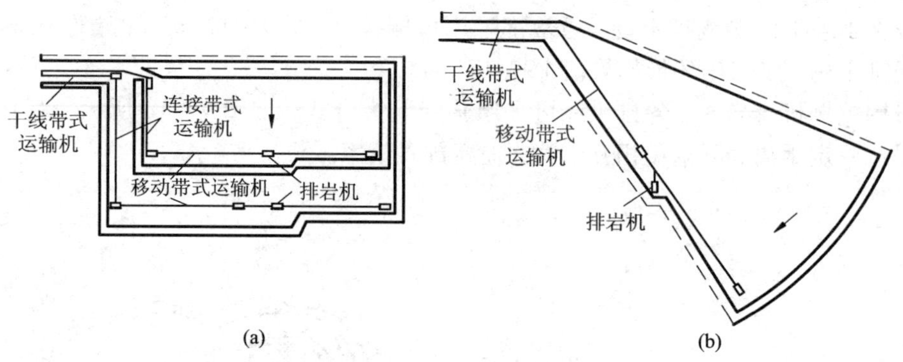

图 9－19　带式排岩机排土场扩展方式

(a) 平行扩展；(b) 扇形扩展

扇形扩展方式的干线带式输送机直接与排土线上的移动带式输送机连接，每一条排土线有一个回转中心，排土线以回转中心为轴呈扇形扩展[图 9－19(b)]。它的布置和移设工作都比较简单，且运距相对稳定，但排土线上的排岩宽度不等，其平均排岩带宽度只相当于平行扩展时的一半。在多层排岩时其上下排岩平台间的时空发展关系复杂，相互制约十分严格。

由于受排土场范围、地形条件和形状的影响，单一的扩展方式有时难以适应或效果不佳，故应因地制宜采用平行与扇形的混合扩展方式，以发展平行和扇形扩展的各自优点与适应性，提高排岩效率。

9.5　排土场安全防护

9.5.1　排土场稳定性与防护

排土场的稳定性影响因素较多，主要取决于：排土场的地形坡度、排弃高度、基底岩层构造及其承压能力、岩土性质和堆排顺序。常见的失稳现象包括滑坡（图 9－20）和泥石流。

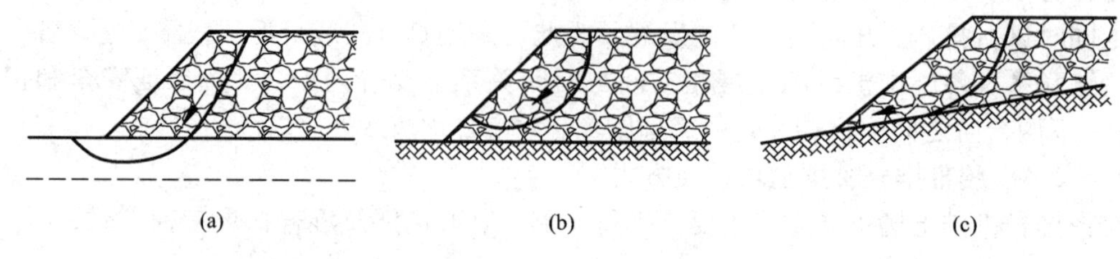

图 9－20　排土场滑坡类型

(a) 基底软弱层的滑动；(b) 排土场内部的滑坡；(c) 沿基底面的滑坡

9.5.1.1 排土场滑坡与防护措施

排土场的自然沉降压实属于正常现象，其沉降率较小。但如果基岩为较弱岩层，承压能力较低时，则排土场将发生大幅度沉降并随地形坡度而滑动。此种滑动的先兆是比自然压实沉降速率快，是自然沉降与基底沉降速度的叠加。

提高排土场基底的稳定性是预防滑坡的先决条件。因此首先应根据基底的岩层构造、水文地质和工程地质条件等进行稳定性分析，控制排弃高度不超过基底的极限承压能力。为提高基底的抗滑能力，一般可采取的防护措施包括：

① 对倾斜基底，应先清除表土及软岩层，然后开挖成阶梯，以增强基底表面的抗滑力；

② 对含水的潮湿基底，应将不易风化的剥离物堆排在基底之上，并设置排水工程将地下水引出排土场；

③ 对倾斜度较大且光滑的岩石基底，可采用交叉式布点爆破，以增加其表面粗糙度；

④ 筑堤或其他疏导工程，拦截或疏引外部地表水避免其进入排土场，防止在基底表面形成大量潜流产生较大的动水压力冲刷基底。

在生产矿山中，因基底失稳而产生排土场滑坡的实例[图 9 - 20(a)]，据统计约占排土场滑坡总数的三分之一，且滑坡范围和危害都大于纯剥离物滑坡，应引起足够重视。

排土场剥离物内部滑坡[图 9 - 20(b)]，与主要剥离物性质、排弃高度、大气降水及地表水的浸润作用等因素有关。随着排岩高度的增加，剥离物被压实，在排土场内部出现承压不均的压力不平衡和应力集中区，从而形成潜在滑动面。一旦潜在滑动面上的抗滑阻力由于水的浸润作用而降低，或潜在滑体的下滑分力增大，则滑体失去平衡，以弧形滑面形式从坡面滑出。

在滑动过程中，首先是边坡下部的应力集中区产生位移变形或鼓出，然后牵动滑体上部使排土场表面形成张裂缝，最后沿弧形滑面产生整体滑动。

排土场沿基底表面滑坡[图 9 - 20(c)]，主要是由于排土场的基底倾角较陡，剥离物与基底接触面之间的抗剪强度小于剥离物本身的抗剪强度而滑动。这种滑坡的出现多因基底上部先堆排的是表土和风化层岩石，或基底上有一薄层腐殖土使排土场的底层形成弱面所致。

对上述两种滑坡类型[图 9 - 20(b)，图 9 - 20(c)]，可采用的主要防护措施包括：

① 调整排弃顺序，对于地形上陡下缓的排土场，宜先从底部堆排或采取水平分段排弃，以保护排土场坡脚的稳定性；

② 将不易风化的岩石堆放在底部，清除基底的腐殖土(可暂时存放将来用于复垦)，避免在基底表面形成弱面；

③ 易风化的岩土在旱季排弃，并及时将不风化的大块硬岩排弃在边坡外侧，覆盖坡脚，或按一定比例混合排弃，以提高剥离物内部的整体稳定性；

④ 设置可靠的排水设施，避免排土场被地表水浸泡冲刷，掏挖坡脚。

9.5.1.2 排土场泥石流的防护措施

泥石流的发生需具备三个基本条件，即：

① 泥石流区含有丰富的松散岩土来源；

② 山坡地形陡峻并有较大的沟谷纵坡；

③ 泥石流区中上游有较大的汇水面积和充沛的水源。

排土场泥石流多与滑坡相伴而生。有降雨和地面沟谷水流时，排土场坡面受到冲刷，使滑坡迅速转化为泥石流而蔓延。所以从排土场的选址开始，就应避免泥石流产生的隐患。

排土场泥石流发生的地点、规模、滑延方向和危害区域是可以事先预见的，因此可以预先采取防护措施，减小甚至消除泥石流发生后所造成的危害。可采取的预防措施主要包括：

① 在排土场坡脚修筑拦挡构筑物，以稳住坡脚，防止剥离物滑坡与山沟洪水汇合；

② 在排岩下游的山沟内或沟口设拦淤坝，拦截并蓄存泥石流；

③ 当排土场下游地势不具备修筑拦淤设施条件时，可在其下游较开阔的场地修建停淤场，通过导流设施使泥石流流向预定地点淤积。

9.5.2 排土场的污染和防治

因排土场堆置岩土和进行的排岩工作而引起的大气污染、水质污染流等，对环境都是有害的，因此必须采取防治措施，保护环境，造福人民。

(1) 大气污染及其防治

大气污染是指由于排土场排弃对象是松散岩土，无论哪种排岩工艺，在卸土和转排时，都有大量的粉尘在空气中扩散，不仅影响排岩作业人员的身体健康，而且也严重污染周围环境。粉尘随风飘荡，排土场附近的居民和农作物深受其害。因此，应采取措施，防止粉尘扩散，如卸土时进行喷雾洒水，在排土线上设置人工降雨装置等。

(2) 水质污染及其处理

水的污染可分为物理污染和化学污染。

物理污染是指化学性质不活泼的固体颗粒状矿物或有机物进入河流和蓄水池中，这些颗粒若具有放射性，将使污染危害更为严重。

化学污染是指排弃物化学性质较活泼，与大气或水等发生化学反应并产生不良影响。"酸性矿水"是最明显的化学污染物质，硫化铁矿物经常与某些金属矿物天然伴生，在开采过程中暴露的硫化矿物与大气、水发生化学反应而产生硫酸，这种酸性水和岩石中的矿物进一步作用会产生某些有污染的化合物；溶入水中的化合物如磷酸盐可导致藻类或其他物质变态生长，在河水中由于植物大量生长使溪涧受到堵塞，或是水中含有有毒成分造成河流中的生物死亡。

为使采矿对水质的影响减轻到最低限度，可采用下列措施：

① 污水控制。对矿山污水的控制，视该污染物的总量和浓度而定。控制技术包括减少供氧量、减少产生污染的矿物与氧、水的接触时间。

② 水质处理。对水质的处理可采用下列方法：

中和法：用石灰来中和酸性水；

蒸馏法：将酸性水加热到沸点，使生成饮用水和浓缩盐水；

逆渗透法：酸性水通过一个半薄膜渗滤，过滤和浓缩成离子盐类；

离子交换法：采用特殊的树脂，选择性地交换矿水中的盐类和酸类离子产生无污染水；

冻结法：当酸性矿水冻结后，形成纯结晶，然后由水中离析有害成分；

电渗析法：用电极从溶液中将其一种物质除去(电置换)。

中和法处理费用较其他方法低，是目前国内外的主要使用方法。如我国南方某露天矿，由于剥离的岩石中有黄铁矿化的粗面岩、凝灰岩以及含硫平均品位在5% ~6%的黄铁矿，这些岩石在排土场经雨水侵蚀和长期风化，便产生酸度较大的酸性水。它所流经区域，会使土地龟裂，农作物严重减产，而且还污染水源，对水生生物的生长危害极大。该矿处理酸性水的方法是把酸性水引入专用的水库中，然后加入一定量的石灰乳中和后在澄清池澄清，澄清后的水再排出或供农业使用。

③ 污水注入深孔。该法是指在孔隙率和渗透性较高的岩层中钻孔，把污水通过深孔注入这种岩层。有些国家采用了该法处置废水并已取得一定的效果。

9.6 排土场关闭与复垦

9.6.1 排土场关闭

矿山企业在排土场使用结束时，必须整理排土场资料，编制排土场关闭报告。

排土场资料包括:排土场设计资料、排土场最终平面图、排土场工程水文地质资料、排土场安全稳定性评价资料、排土场复垦规划资料等。

排土场关闭报告应包括:结束时排土场平面图、结束时排土场安全稳定性评价报告、结束时排土场周围状况、排土场复垦规划等。

关闭后的排土场安全管理工作由原企业负责，破产企业关闭后的排土场由当地政府落实负责管理的单位或企业。关闭后的排土场重新启用或改作其他用途时，必须经过可行性设计论证，并报安全生产监督管理部门审查批准。

9.6.2 排土场复垦

露天矿排土场占地面积几乎是全矿区占地量的二分之一，导致大量土地资源、植被、以至生态环境的破坏，产生不良后果。恢复和再利用已被关闭排土场所破坏的土地，是露天开采必须同步或滞后进行的工作，应统一规划进行。从环境保护的观点来看，土地复垦是矿山开采工作的组成部分，是开采工作的继续。

矿山排土场复垦要因地制宜，根据地区气候、植物生长环境、经济地理条件和岩土的化学成份含酸程度，规划复垦土地的使用方式，以便制定复垦执行计划。土地复垦后的使用方式可归纳为如下几种，即

农业复垦:将土地恢复供农业使用；

林业复垦:改良复垦土地，种植牧草和植被绿化，恢复生态；

其他用途:将关闭后的露天采场改造成水库、人工湖、养鱼池或尾矿池，开辟风景旅游区，以及恢复土地供建筑厂房使用等。

矿山复垦所涉及的专业面较广并相对自成体系，从制定复垦规划到编制复垦计划，都应与矿山开采设计和采剥计划统筹考虑，使排岩为复垦创造条件。从复垦的观点看，排岩一经进行也就是复垦工作的开始，并应按复垦规划逐步进行，实现复垦目标，因此排岩与复垦的联系十分密切。最好的复垦方法应与露天开采工艺紧密结合协调进行，既能够满足矿山生产要求，又符合复垦需要，使企业效益和社会效益最佳。

矿山土地复垦指标主要是以土地复垦率来表示，即

$$K_f = \frac{S}{S_P} \tag{9-31}$$

式中：K_f——土地复垦率，%；

S_P——被矿山占用和破坏的土地数量，m^2；

S——复垦后可被利用的土地数量，m^2。

复垦率是表示被占用和破坏土地的恢复状况的指标。实践证明，复垦率与矿体的赋存条件有关。一般来说缓倾斜矿体（如粘土、铝土和煤矿）的复垦条件和复垦率比急倾斜矿体（如金属矿）要好一些。复垦后的主要农作物有花生、小麦、玉米、大豆、高粱，以及蔬菜等；主要林业复垦树种包括耐旱、耐贫瘠的刺槐、沙棘、旱柳、侧柏、石榴等。

排土场的复垦地点分为内部排土场（即露天采空区）和外部排土场（山坡或平地）。复垦的基本过程包括复垦点的准备、回填与平整和再植被等三个阶段。

9.6.3 复垦地点的准备

（1）采空区复垦的准备工作

采空区的复垦工作是矿山开采阶段全部或部分完成后才开始进行的，某些情况下可在开采结束后多年才进行。根据场地最终使用意图，作复垦准备时应考虑好道路的布置和最终使用的一切设施，同时还要计划好来自采选过程中的废石、尾矿等的回填方式和回填顺序。

（2）外部排土场复垦的准备工作

外部排土场的复垦工作从开始接受岩土起就是覆土工作的开始，所以开始就应重视对场地的清理工作。场地上的树木砍掉运走，以免将树木掩埋后分解腐烂而引起地面塌落或陡坡地段滑动。通常情况下露天矿复垦场地的准备，可用推土机把表层堆积土推走，保证复垦场地有足够稳定的地基。

9.6.4 回填与平整台阶

在排土场复垦工作中，地面的平整程度或必要的回填程度，主要决于四个因素：开采方法、有效范围内的耕作方式及其地形标高、气候条件、地面最终使用意图。

翻卸岩土时应有总体规划。整个复垦区的坡度，从水源至复垦地点，根据自然地形，尽量达5‰左右的坡度，平整后田地能实现自流灌溉且复垦后能便于实现机械化耕作。

我国的南方大部分砂矿是将松软剥离物和粗选厂的尾砂用水力输送回填采空区，回填时四周应适当高些，使泥浆沉淀于中部，且充填后需开沟疏干。

平整工作是削高就低，填平补充，然后覆盖一层黄土作隔水层（厚度0.5 m左右）。黄土可以用运输设备和排岩设备输送，也可以用泥浆泵把泥浆输送到已整平的岩土上，使泥浆先在修好的田埂里沉淀，水渗透到岩土层下或修沟排出，达到一定厚度的泥浆经过一定的干燥期（1.5～6月）后再整平。选矿厂的尾矿经处理后对农作物无害时也可用来覆土。

最后若有保存的腐殖土，可将其铺在上部，铺盖厚度0.15～0.3 m左右，若没有腐殖土，可用其他土壤加以覆盖，厚达0.15 m以上。

9.6.5 再植被

再植被成功与否，主要取决于地形坡度、土地含石情况、废碴毒性、湿度、植被地点的微变气候等。

（1）地形坡度

地形坡度过陡易引起水土流失，对栽种植物常有致死的危害。在降雨较多的地区把坡地平整到3%以下的坡度，并要避免斜坡过长。在平整过的地面上铺上一层麦杆可以减少流失。

（2）土地含石情况

从维持植物生长所需土质的渗透性及含水性来看，石块与土粒（小于2 mm）的比例很重要。在潮湿地区要保证成功复植，至少有20%的废石是土粒大小的，在干燥地区应超过30%。含石情况还影响种植方法，块度大的石堆，限制甚至排除了机械种植的可能性。

（3）废碴毒性

通常矿山废碴的毒性以其含酸量来衡量，即以pH表示，一般把pH等于4作为植物正常生长的分界值，小于4时植物几乎不能生长，同样pH太高也会阻碍植物生长。根据植物的种类不同，pH最优范围在5～8之间。自然风化作用可溶解部分酸性物质，降低废碴的酸性，也可用加石灰的方法中和废碴，但两者都不能取得满意的效果。其他毒性物质还包括对植物有毒的盐类和金属物质。先埋掉有毒物质然后在地表铺一层适当的材料是消除地表有毒物的最好途径。

（4）湿度

多数矿山排土场富有植物生长的养分，但有些地方由于缺水而不能保证植被生长。当含粘土量太大不利于水的渗透，会使植物生长不良。干燥地区可选择的办法包括喷洒方式供水、选择耐旱植物。

（5）微变气候

有些平整过的矿区，会受到阳光辐射和风的极大影响。暗黑色的废石，其表面温度可达55℃以上，而较浅色的废石一般不超过41℃。高温会使土壤失去水分，增加植物的蒸发作用，进而导致植物死亡。

9.6.6 硬岩排土场土地复垦实例

9.6.6.1 海钢石碌铁矿第八排土场复垦

海南海钢集团有限公司石碌铁矿位于海南省西部昌江县境内，铁矿石生产规模400万t/a，采用铁路运输，电铲、排土犁排土。至2003年，第八排土场东一、东三排土线完成设计受土量，关闭后形成复垦规划区，规划面积0.278 km^2。

(1)排土场生态恢复与开发规划

矿区地处热带海洋季节性气候，日照充足，年平均气温24.3℃，年平均降雨量1500 mm，水补给充沛。第八排土场复垦区域的东侧是自然山林，和霸王岭原始森林保护区相距10 km；南侧是农林区，并修筑有小型储水库。根据第八排土场周边环境、自然资源条件、土壤特性和气候特点分析，适合进行林业复垦，故其生态恢复和开发规划采用热带生态农业种养殖模式。

复垦区种植经济树木以火龙果、珍珠石榴两种热带水果为主，其具有经济价值较高，抗风、抗旱，防风、保水性能优异等特点，对土质要求不严，特别适合第八排土场复垦种植。

(2)排土场回填与平整

排土场完成受土后，首先按复垦要求选择细粒岩土对复垦区进行回填、平整。第八排土场利用北一采场215 m，240 m水平扩帮和南矿扩帮剥离的表层土与风化岩石，掺杂细粒剥离岩石爆堆作为排土场复垦回填材料，利用电铲进行排土覆盖作业，并利用推土机平整。

(3)排土场土壤改良与果树种植

排土场土质主要是露天采场剥离的废岩和部分表土，块度不均，且含有砷、钾等有毒有害元素，需要在种植果树前对其土壤进行改良。土壤改良有多种方法，如绿肥法、化学法、客土法和施肥、微生物法等。根据矿山历年的复垦经验并考虑树种的适应性，采用施肥法和客土法相结合实现土质改良。具体作法是挖宽0.8~1.0 m、深0.5 m的种植坑，坑内施放有机肥和表层土混合物，然后坑内种植果树。火龙果按每亩250株种植，珍珠石榴每亩160株种植。规划在第八排土场复垦区共种植15 hm^2 的火龙果和13.5 hm^2 的珍珠石榴。同时在种植区修建一座30万 m^3 的蓄水库，并进行水产养殖，在果林区内进行家禽养殖，形成一体化立体生态的农业复垦模式。

(4)综合效益评价

社会效益:矿山排土场复垦工程的实施，实现了矿区资源的优化配置，产业向农、林部分转化，安置了部分就业人员，也为矿区和周边提供了一个良好的生活和生产的空间环境。

生态效益:排土场的复垦和开发利用，减少了对排土场周边环境的污染和原有生态的破坏，增加了复垦区域的森林覆盖率，对排土场的防风固砂、水土保持和空气净化、美化环境起到了重要作用;同时排土场的复垦对霸王岭自然保护区的生态保持具有促进作用。

经济效益:排土场的复垦提高了土地利用价值和利用效率，增加了经济收入。复垦区规划的热带农业种植28.5 hm^2，种植果树250多万株，复垦绿化率达到86.3%，年收入近30万元。

9.6.6.2 武钢大冶铁矿排土场复垦

武汉钢铁(集团)公司大冶铁矿位于湖北省黄石市铁山区，铁矿石生产规模440万t/a，自1958年重建以来，排放废石达3.5亿t，排土场占地面积达300万 m^2，造成了严重的生态破坏。为了修复矿山生态环境，大冶铁矿从1988年开始联合相关科研院所，经过科学的复垦种植试验和不懈的努力，创造了“石头上能种树”的奇迹，成为亚洲最大的硬岩绿化复垦基地。

(1)排土场复垦方式

大冶铁矿属中纬度地带亚热带气候。冬季多阴雨，最低气温-11℃，夏季多暴雨和伏旱，最高气温40.3℃，复垦区域内阳光充足，年降雨量在1000~1700 mm间，雨量充沛。大冶铁矿铁排土场多为闪长岩和大理岩等坚硬岩石，块径多在0.2~1.2 m，石质硬度大、难风化、不保水、难固氮，普通植物难以生长。由于矿区周围取土困难，无法在排土场表面覆盖0.3~1.0 m土层，所以在种植方式上，采用了原貌种植方式，就近利用尾矿、生活垃圾采用坑穴覆填等种植方式。

(2)苗木选择与种植

根据排土场土质贫瘠，绝大部分岩石难以风化的特点，以及岩土农化指标分析结果，选择以豆科植物为主的耐旱、耐贫瘠、繁殖容易，适应本地区自然条件的树种，如刺槐、旱柳、侧柏、火棘、紫荆、葛藤等。特别是刺槐，它不仅具有抗旱耐瘠、在酸性、中性及轻盐碱地均能适应的特点，而且其根部有根瘤菌，能固定大气中的氮素，有利于改良土壤。

大冶铁矿排土场复垦技术主要为原貌种植，其工艺流程是原地挖坑、坑内覆填耕植土、树种种植等。在排土场上原地挖坑，其树坑的规格既要考虑给树苗根系发育创造良好的根际环境，又要考虑苗木一经展叶即可尽快遮盖地面，以保持土壤湿度，从而有利于土壤微生物的活动，加速岩石风化。大冶铁矿树坑(长×宽×深)0.5 m×0.5 m×0.5 m，株行距在2.5 m内，提前2~3个月挖好树坑，将可降解的生活垃圾与人工矿土填入坑内，有利于蓄水保墒。尽量选择自己培育或当地的树苗，且带土栽植，以提高苗木的成活率。

(3)复垦效果

经过20余年的复垦实践，大冶铁矿修复矿山生态环境的努力已初见成效。全矿工业、民用区复垦面积已达397万m^2，绿地率36.2%，绿化覆盖率40.5%，树苗成活率达90%以上。不仅美化了环境，增加了含氧量，降低了温度，而且吸收了空气中的有害成分，进一步改善了矿区空气的质量。林业复垦已经使得部分岩石逐渐风化，自然生长的草木越来越茂盛，最终形成野鸡、野鸟等野生动物成群栖息的硬岩复垦林。

本章习题

1. 何谓排岩工艺？何谓排土场？排岩工艺的任务是什么？

2. 按排土场和露天采场的相对位置关系，可将排土场分为几类？简述内部排土场和外部排土场的选择条件。

3. 简述露天矿山排岩工艺及排土场管理的主要发展趋势。

4. 简述排土场选择的原则及其堆置要素。

5. 简述外部排土场排岩工艺的分类。

6. 简述汽车运输－推土机排岩的作业工序及其优缺点；简述铁路运输－挖掘机排岩的作业工序。

7. 按排岩设备的不同，铁路运输排岩工艺可以分为哪几类？

8. 简述铁路运输—挖掘机排岩时，挖掘机有哪些堆垒方法？

9. 什么是排土线？排土线长度受什么条件制约？排土线长度对排土场受岩能力有什么影响？

10. 山坡排土场与平地排土场的初始排土线修筑有什么不同？

11. 排土场的稳定性影响因素有哪些？

12. 为提高基底的抗滑能力，一般可采取的防护措施有哪些？

13. 针对排土场各种滑坡类型，可采取的主要防护措施有哪些？

14. 简述排土场泥石流发生的条件及其防护措施。

15. 简述排土场土地的复垦程序。

16. 简述排岩规划与排岩作业进度计划的区别与联系。

17. 简述排土场竖向规划的基本模式。

18. 简述铁路运输排土场排土线的扩展方式。

10　露天矿防排水

10.1　概　述

10.1.1　露天矿防水与排水的重要性

防水与排水是露天矿山的辅助生产工作，但它却是保证矿山安全和正常生产的先决条件。特别是当开发大水矿床时，矿山生产能否安全正常进行将取决于防水与排水技术的先进性和措施的完善程度。

凹陷露天矿本身就相当于一口大井，客观上具备了汇集大气降水、地表径流和地下涌水的条件。因此多数露天矿在整个生产期间，甚至基建期间都要采取有效的防排水措施。

露天矿山发生涌水将给开采工作带来困难，甚至造成危害，其主要影响包括：

（1）降低设备效率和使用寿命

如挖掘机在有水的工作面上作业时，其工作时间利用系数一般仅达到挖掘机正常作业条件的1/2 ~1/3。对于汽车和机车不仅降低效率而且威胁行车安全。在水的氧化腐蚀作用下增加了设备故障频率并降低使用寿命。

（2）降低矿山工程下降速度

采场底部汇水受淹时掘沟，会降低掘沟速度，给新水平的准备工作造成较大困难。如果不能按时排除汇水，必然降低矿山工程下降速度。

（3）降低边坡稳定性

水是促使边坡失稳的一个主要因素，使岩体内摩擦角和粘聚力等物理力学参数降低，尤其对大型结构面力学参数影响较大，从而降低边坡稳定性。大面积的滑坡会切断采场内的运输线路并掩埋作业区，导致生产中断。

由此可知，露天矿防、排水工作的主要目的是防止涌水淹没采场并维护边坡稳定。这正是露天矿正常和安全生产的基本条件。

我国众多的大型露天矿山已从山坡过渡到凹陷状态，开采深度日益加大。显然，随着露天开采深度的加大，矿山涌水和边坡稳定问题将更加突出。因此，研究矿山防水与排水的技术和方法，对于保证矿山安全和正常生产，提高设备效率和劳动生产率以及合理开发利用矿产资源，具有十分重要的意义。

10.1.2　露天矿产生涌水的因素

如图 10 - 1 所示，露天矿山生产过程中产生涌水的因素主要包括两个方面：

（1）露天矿涌水的主要自然因素

① 气候条件的影响。降水渗透是地下水获得补给的主要来源，而蒸发又是潜水的主要排泄方式之一。大气降水的渗入量与地区的气候、地形、岩石性质、地质构造有关。所以气

候对地下水的水量大小、水位高低有着直接的影响。在气候条件又以降水量和蒸发量对地下水的影响最大。

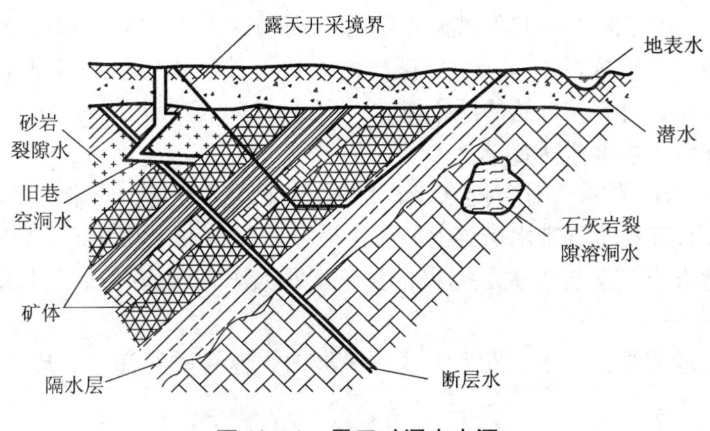

图 10－1　露天矿涌水水源

我国南方和西南地区，气温高雨量大，岩溶作用十分强烈，石灰岩地层常发育成地下暗河，而西北地区降水量小蒸发量大、地下水的水位水量相应较低。因此，矿床的含水性不仅具有季节性的特征，而且也有着明显的区域性特征。

② 地表水体的影响。地表水体（河流、湖泊等）和地下水在一定条件下可以互相转化和补给，两者之间有着密切联系。河流和湖泊的水位、流量变化会传递给附近矿区的潜水。在近海地区，潜水水位的变化也受海潮的影响，并呈一定的规律性。因此，在地表水水网密度较大的地区建设矿山时，必须查明地表水体与矿体之间的水力联系。

地表水具有明显的季节性特点，雨季降雨即猛增，河、湖水位上涨，山区即有可能形成洪水，威胁矿山生产，因此应及时掌握雨季来临的时间、地区最大降雨量、历史洪水位标高和波及范围等，同时要了解地表水与矿体的相对关系，以及水体下部岩石的透水性等。特别是在裂隙发育透水性较好的岩层里，地表水体很可能成为矿山涌水的水源。

③ 含水层水体的影响。含水层水包括孔隙水、裂隙水和岩溶水，是矿山涌水最直接、最常见的主要水源。特别是岩溶水，其水量大、水压高、来势猛、涌水量稳定、不易疏干，因此其危害大，应予以特别注意。

在矿区范围内有石灰岩层、砾石层及流砂层时，都有可能含有大量的地下水。特别是奥陶纪石灰岩、长心组及茅口组灰岩等可能为强含水层。

在古河道地区，往往分布有较厚的砂砾层，并极易存有丰富的地下水。

④ 地形条件的影响。地形影响到地下水的循环条件和含水岩层埋藏的深度。对位于侵蚀基准面以下和地势较低的矿床，可能含水较多。

在地形切割较为剧烈的地区，地表径流量所占比例较大，地下径流量比例较小，矿床的充水量随地表径流量的变化而变化；在地形比较平缓的地区，地表径流比例小，地下径流比例大，地下水比较充沛，矿床的充水量较大且比较稳定。

⑤ 岩体结构的影响。岩体结构致密、节理裂隙不发育时，则其透水性很弱，不易充水甚至隔水，反之透水性较强，充水量也就较大。岩石中的孔隙不仅是大气降水和地表水补给的

通路，而且也往往是汇集和贮存地下水的场所。

⑥ 地质构造的影响。岩石的产状和褶皱、断层等构造对地下水的静贮藏量、地表水与地下水间的水力联系影响很大。断层破碎带是地下水的导水通路，也经常是矿山涌水的渠道，含水量较小的矿床，由于断层或其他破碎带的影响而与含水丰富的岩层沟通，会增加矿床的含水量。但对于由压力形成的断层，由于破碎的岩块被挤压成粉状并胶结十分致密，以至透水性很低甚至隔水时，则形成自然的隔水帷幕。

（2）露天矿涌水的主要人为因素

① 开采工作失误的影响。对防排水工作的重要性认识不足，或未准备掌握矿山的水文地质资料，没有采取有效的防排水措施时，往往易导致突然涌水，引起不必要的损失。比如，本来矿体的含水量很小甚至与含水层隔离，由于开采工作失误而导通了含水层，使矿山涌水突然增大。

边坡参数不合理或维护不善，发生大面积滑坡时，容易诱发涌水，甚至造成滑坡与涌水之间的互相诱发。

② 未封闭或封闭不严的勘探钻孔影响。地质勘探工作结束后，必须用粘土或水泥将钻孔封死。否则，一经开采钻孔即有可能成为沟通含水层和地表水的通路，将水引入作业区。

综合上述各种影响因素，从涌水的水源来讲，露天矿的涌水来自地表水、大气降水和地下水三个方面。

10.2 露天矿地下水疏干

矿床疏干是借助于巷道、疏水钻孔、明沟等各种疏水构筑物，在矿山基建之前或基建过程中，预先降低开采区的地下水位，以保证采掘工作安全正常进行的一项防水措施。

需对矿床预先疏干的条件是：

① 矿体上、下盘岩石存在有含水丰富或水压很大的含水层以及流砂层时，一经开采有涌水淹没和流砂掩埋作业区的危险。

② 地下水的作用导致被揭露的岩土体物理力学性质削弱、强度降低，有使露天边坡丧失稳定而滑坡的危险。

③ 地下水对矿山生产工艺和设备效率有严重恶劣影响，以致不能保证矿山的正常生产。

矿床疏干应保证地下水位下降所形成的降落曲线低于相应时期的采掘工作标高，至少要控制到允许的剩余水头。疏干工程的进度和时间，应满足矿床开拓、开采计划的要求，在时间、空间上都应有一定的超前。以下简要介绍几种主要疏干方法。

10.2.1 巷道疏干法

巷道疏干法是利用巷道和巷道中的各种疏水孔降低地下水位的疏干方法。

疏干巷道的平面布置应与地下水的补给方向相垂直以利于截流。主要起截流作用的疏干巷道，应设在开采境界以外，并在不破坏露天矿边坡的前提下尽量靠近开采境界，以提高疏干效果。

如图 10 – 2 所示，某露天矿为拦截 200 m 以外河流的地下径流渗入，在境界外 50 m 处布置了嵌入式疏干巷道（巷道的腰线位于含水层与隔水层的分界线上）。疏干巷道用混凝土浇灌并留有滤水孔，渗入的地下水经沉淀池沉淀后进入水仓，再由深井泵排至地表。

疏干巷道设在含水层内或嵌入在含水层与隔水层的分界线处，可直接起疏水作用。如果掘进在隔水层中，则巷道只起引水作用，这时必须在巷道里穿凿直通含水层的各种类型疏水孔，地下水通过疏水孔以自流方式进入巷道。

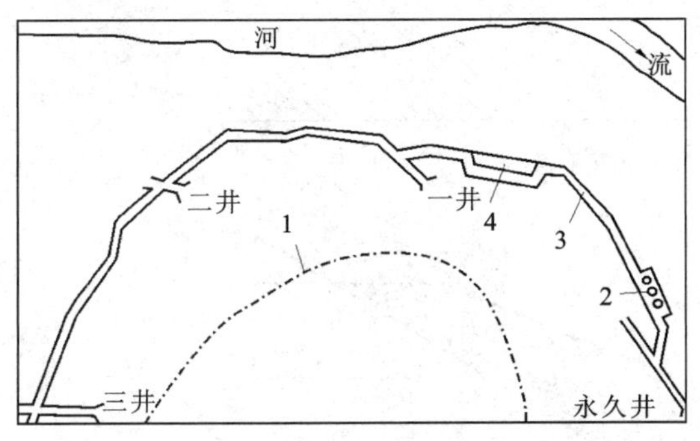

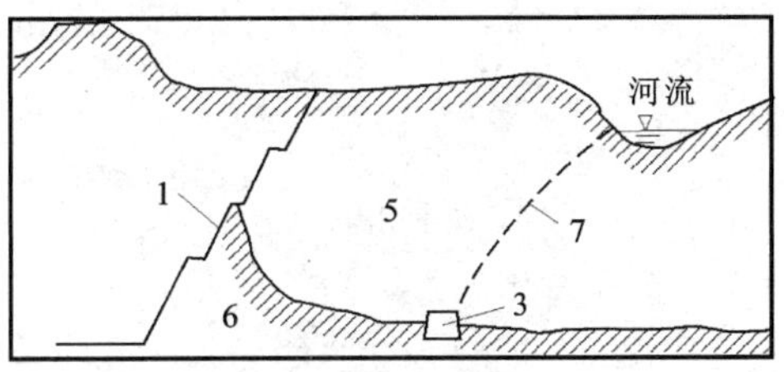

图 10-2　某露天矿巷道疏干工程平面布置图

1—露天矿境界；2—深井泵；3—疏干巷道；4—沉淀池；5—含水层；6—隔水层；7—潜水降落线

10.2.2　深井疏干法

深井疏干法是在地表钻凿若干个大口径钻孔，并在钻孔内安装深井泵或潜水泵降低地下水位。如图 10-3 所示。

深井疏干法的优越性非常突出，施工简单；地面施工易于管理；深井的布置和疏水设备迁移较灵活。其主要缺点是受疏水设备的扬程、流量和使用寿命等条件的限制。

离心式深井泵的扬程都不大，而且易磨损的部件较多，维修工作量大。潜水泵比深井泵的工作性能好，但制造技术比较复杂。近年来已有离心泵、轴流泵、漩涡泵、往复泵以及转子泵等各式水泵，其中往复泵和转子泵等类型水泵可对应一定流量达到不同扬程，目前我国最大规格的矿业水泵流量达 800 m^3/h，最高扬程 1200 m，单机功率达 2240 kW。技术发展使水泵不断向高扬程、大流量、低磨损方向发展，且使用寿命显著提高，使深井疏干法的应用日益广泛。

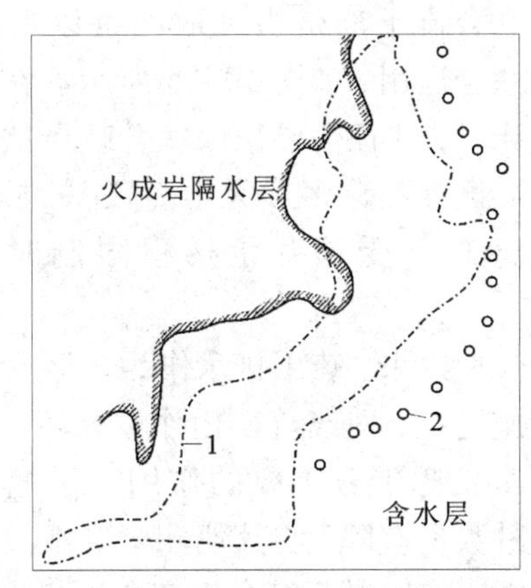

图 10-3　某露天矿深井降水孔的布置

1—开采境界；2—深井降水钻孔

10.2.3　明沟疏干法

明沟疏干法是在地表或露天矿台阶上开挖明沟以拦截地下水的疏干方法，如图 10-4 所示。此法很少单独使用，经常作为辅助疏干手段与其他疏干方法配合使用。

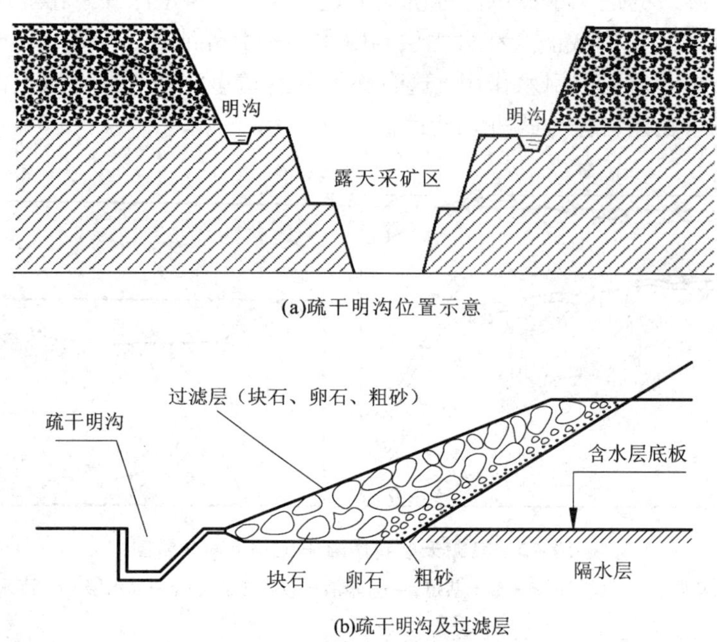

(a)疏干明沟位置示意

(b)疏干明沟及过滤层

图 10－4　某露天矿明沟疏干布置

10.2.4　联合疏干法

联合疏干法是指采取两种以上的疏干方法联合运用，如图 10－5 所示。在开发大水矿床时，往往需要采取联合疏干法。尤其是当矿区存在许多互无水力联系的含水层，或深部疏干受深井泵扬程限制时，更是如此。

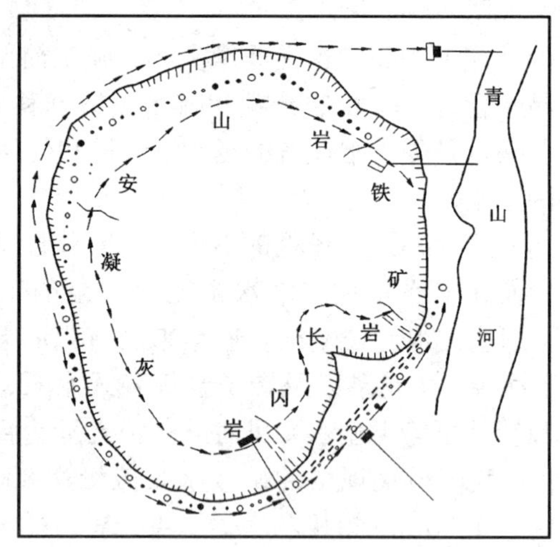

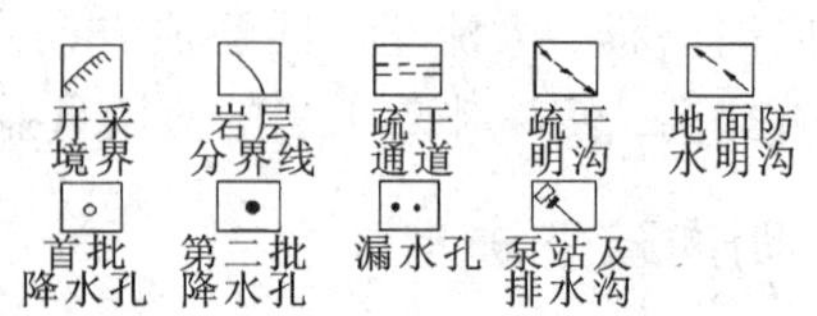

图 10－5　某露天矿联合疏干的平面布置

长期以来，疏干排水作为矿区水害的防治措施之一，对改善矿山作业环境、保证生产安全发挥十分重要的作用。但地下水也是一种数量有限、与其他环境要素关系密切的资源，单从保证安全生产角度出发，对地下水长期无节制地疏干排放，会破坏地下水环境的原始状态，其结果可能导致一系列严重环境问题。如导致水资源枯竭、诱发岩溶地面塌陷、地面沉降、加剧矿区污染、影响经济效益等，对此必须采取科学合理的环境对策，以保证矿区持续健康发展。

地下水并不是“取之不尽，用之不竭”的，而是一种数量有限的资源。由于地下水的长期抽排，往往会造成区域地下水位的持续下降，含水层逐渐被疏干，水资源日趋枯竭，造成矿区排水与供水间的矛盾。如山东淄博矿区由于长期矿井排水，使部分地区(博山、龙泉一带)水位从20世纪60年代可溢出地表降至目前的埋深60～90 m，这种排水与供水之间的矛盾，在矿山疏降对象与供水水源为同一含水层或水力联系密切时，表现得尤为突出。

地下水疏干排水引起水质恶化，污染环境的情形有多种：一种是由于疏干排水，地下水位大幅下降，改变了地下水水动力、水化学环境条件，地下水与环境要素间作用强度加大等，使水质随水位降深值增大而逐渐下降；二是原先水质较好的地下水，在疏干过程中，携带更多的自然环境成分或人工废弃物的污染，而使水质恶化，从而影响地下水的使用价值，造成水资源浪费；三是经过污染后的地下水，未经处理就直接排放，造成对地表水、土壤等的环境污染。如湖北黄石矿区和松宜矿区，酸性地下水未经处理直接排至洛溪河，造成严重污染，沿岸数十公里长的生产、生活用水只得另辟水源。同时，矿井水流经之地，改变了土壤的湿化性质，pH降低，从而抑制了农作物的生长，破坏了农业生态环境。

在岩溶地区，因疏排地下水，造成水动力条件改变而发生岩溶地面塌陷的环境灾害已十分突出，岩溶地面塌陷的发生给地表环境及生态带来极大的破坏，如破坏地表水源，导致水库干涸，河泉断流，破坏房屋建筑及工程设施，影响道路交通安全，引起突水、地表水回灌，恶化矿山安全作业环境，破坏耕地，加大水土流失，改变生态平衡等。此外，岩溶塌陷还可能成为地下水污染途径，使地下水更容易遭受污染。

因此大水矿山的水害是制约矿山稳定发展的首要因素，为解决受水威胁矿量必须采用可靠有效的防治水手段，做到既要保护水资源又要行之有效。

10.3 露天矿防水

露天矿防水工作的目的在于防止地表水和地下水涌入采场。防水工作必须贯彻以防为主，防排结合的原则，并应与排水、疏干统筹安排。

10.3.1 地面防水措施

地面防水的主要任务是防止地面河流、池沼等积水以及暴雨季节的洪水突然灌入采场，防止或减少大气降水和地表水进入采场。地面防水的对象主要是地表水。凡能以地面防水工程拦截或引走的地面水流，一般不应再让其流入采场。工程措施主要包括截水沟、河流改道、调洪水库、拦河护堤等。

(1) 截水沟

截水沟的作用是截断从山坡流向采场的地表径流。当矿区降水量大，四周地形又较陡时，截水沟发挥拦截和疏引暴雨山洪的作用。以防洪为目的的截水沟须设在开采境界以外，对经拦截而剩余的洪水量和正常时期的地表径流可设第二道截水沟拦截。第二道截水沟可根据地形、水量、边坡稳定性等具体条件，设在境界外或境界内。设在境界外的截水沟应根据防渗和保护边坡等要求决定其具体位置。境界内的截水沟一般设在台阶平台上。

截水沟的排泄口与河流交汇时，要与河流的流水方向相适应，并使截水沟沟底标高在河水的正常水位之上，其目的是为减少截水沟的排泄阻力和防止河水冲刷倒灌。

（2）河流改道

当河流穿过露天开采境界时，须将其改道迁移。河流改道工作比较复杂，投资较大。因此在确定露天开采境界时，是否将河流圈入境界要进行全面的分析比较。建设大型露天矿遇到河流必须改道的问题时，也应尽量考虑分期开采，将河流划归到后期开采境界，以便推迟改道工程，不影响矿山的提前建成和投产。但对于只在雨季有水的季节性河流，可根据具体情况确定。河流改道一定要考虑到矿山的发展远景，避免二次改道造成浪费。

新河道的位置应该选在路线短、地势低平和渗水性弱的地段。新河道的起点宜选在河床不易冲刷的地段，并应与原河道的河势相适应，不要强逼水流进入新河。新河道的终点要止于原河道的稳定地段，而且相接的夹角不宜过大，否则易造成下游河道的不稳定。

（3）调洪水库

季节性少量地表水流横穿开采境界时，除采取改道方法外，还可以在上游利用地形修筑小型调洪水库截流。调洪水库的作用是拦截和贮存洪水，并设有泄洪排洪渠。

调洪水库的主体工程是拦洪坝，坝体高度及强度应综合考虑水库蓄水量、水压力、库底泥砂压力、冰压力、地震力以及坝顶载荷等作用力的影响，按照相关的水利设计规范进行专门设计。

（4）拦河护堤

当露天开采境界四周的地面标高与附近河流、湖泊的岸边标高相差很小，甚至低于岸边地形时，应在岸边修筑拦河护堤。护堤的作用是预防河流洪水上涨灌入采场。

拦河护堤的设计计算与调洪水库拦洪坝相同，但其具体参数的确定应按河流洪水与地势的具体情况而定。

10.3.2 地下防水措施

地下防水的对象是地下水。地下防水工作的正确与否首先取决于对地下涌水水源的了解程度，其次取决于防水措施的可靠性。因此，查明地下水源，作好水文观测工作和掌握水文地质资料是做好地下防水工作的前提。

（1）探水钻孔

实践证明，“有疑必探，先探后采”是防止地下涌水的正确原则。尤其是对于有地下采空区和溶洞、卵砾石含水层等分布的露天矿或大水露天矿山，应对可疑地段预先打探水钻孔，如图 10－6 所示，探明地下水源状况，以便采取相应措施，避免突然涌水造成损失。探水深度和超前的时间、距离要根据水文地质资料的可靠程度和积水区可能的水量、压力结合开采要求而定。

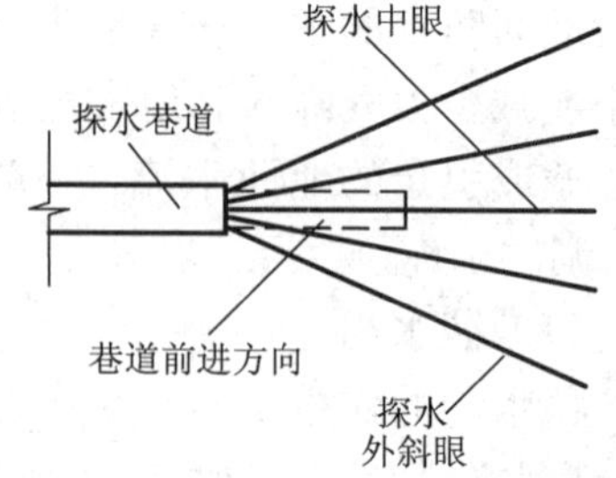

图 10－6　露天矿钻孔超前探水

（2）防水墙和防水门

采用地下井巷排水或疏干的露天矿山，为保证地下水泵房不受突然涌水淹没的威胁，必须在地下水泵房设防水门。防水门采用铁板或钢板制作，并应顺着水流的方向关闭，门的周围应有密封装置。

对于不能为排水、疏干工作所利用的地下旧巷道，应设防水墙使之与地下排水或疏干巷道相隔离。防水墙可用砖砌或混凝土修筑，墙体厚度根据水压和墙体强度确定。墙上可留有放水孔，便于及时掌握和控制积水区内水压和水量的变化。

(3) 防水矿柱

当露天矿采掘工作或地下排水巷道接近积水采空区、溶洞或其他自然水体时，可预留防水矿柱，并划出安全采掘边界，如图 10－7 所示。

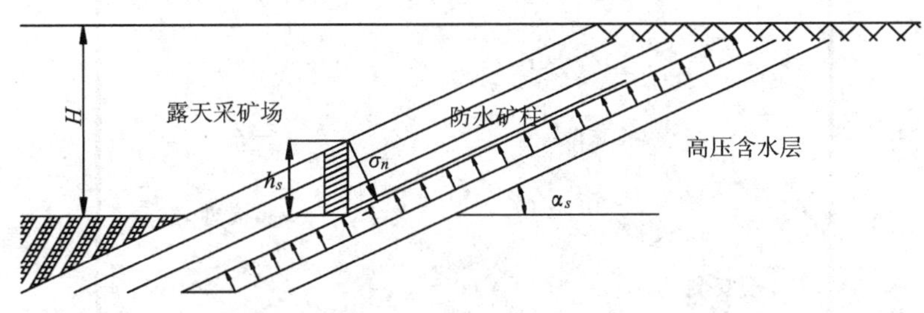

图 10－7　露天采场防水矿柱

保证防水矿柱不被高压水冲溃的基本条件为：

$$\sigma_n = h_s \gamma \cos^2 \alpha_s \geqslant D_s \tag{10-1}$$

式中：σ_n——防水矿柱正压力，kPa；

h_s——防水矿柱的垂直厚度，m；

γ——矿柱岩石的容重，kN/m^3；

α_s——含水层倾角，°；

D_s——含水层静水压力，kPa。

防水矿柱的厚度与强度要足以承受静水压力而不致发生溃水事故，同时又要尽量减少矿石的损失。事实证明，防水矿柱可以防止突然涌水事故，但不能完全制止渗透。

(4) 注浆防渗帷幕

注浆防渗帷幕是国内外广泛用于水利工程的防渗措施之一，20 世纪 60 年代开始应用于露天矿和地下矿的堵水工程，按施工地点分为地面施工和井下施工，地面施工方便但费用高，井下施工难度大但成本较低。

对于露天矿堵水而言，注浆防渗帷幕防水是在开采境界以外，在地下水涌入采场的通道上，设置若干个一定间距的注浆钻孔，并依靠浆液在岩体结构面中的扩散、凝结组成一道挡水隔墙。一般的防渗帷幕就是指由若干注浆钻孔所组成的挡水隔墙。

防渗帷幕可以拦截帷幕以外的大量地下水，但仍可能会有少量的动流量渗入采场。所以对帷幕以内的静水量和渗入的动流量仍需利用水泵排出。

为提高防渗能力，帷幕两端应坐落在隔水岩层上，如图 10－8 所示。

为了能形成连续而完整的帷幕，每个钻孔的注浆浆液扩散后应能相互联结。因此钻孔间距不应大于浆液扩散半径的两倍。注浆孔深度以穿透含水层为原则。帷幕形成以后，地下水通道被切断，帷幕外上游地下水位将大幅度上升，而帷幕内地下水位大幅度下降，形成较大的水位差。为能及时掌握帷幕隔水效果和检查其尚未联结的空隙部位，应在帷幕的内外两侧设观测孔。观测孔的深度以能控制最大水位降深为原则。此外，为便于检查施工质量以及帷幕的可疑渗漏区，还需设若干个注浆质量检查孔，其位置依施工情况而定。

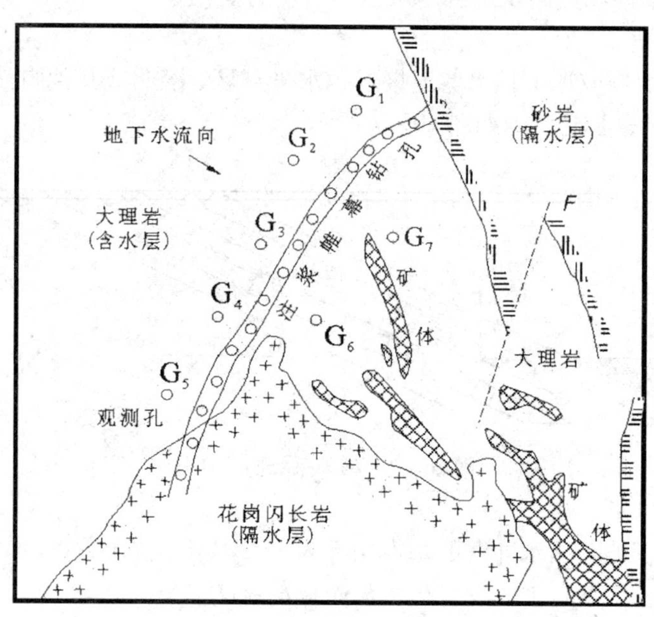

图 10－8　某矿防渗帷幕钻孔平面图

一般情况下，防渗帷幕主要在下述情况下采用：

① 地下水动流量大，服务年限较长的矿山；

② 矿区有良好的水文地质边界条件，地下水流入矿山开采境界的进水口较窄；

③ 采用疏干排水将导致大面积地表沉降，使农田建筑物毁坏的矿区；

④ 矿区附近有大型地表水体，并强烈地向矿区补给地下水。

防渗帷幕可以节省大量的排水费用，并能避免因疏干排水而引起的地表塌陷，保护农田和地表建筑物，但工程投资规模较大。

（5）地下连续墙

虽然注浆防渗帷幕在国内外防渗领域得到了广泛的应用，但由于该技术固有的缺陷、岩体结构的复杂性等原因，防渗效果并非十分理想，一般堵水率小于 50%，因此对于特殊矿山尤其是临河露天矿堵水问题，该技术的应用受到了限制。

地下连续墙由于其堵水效果好、强度大，目前正逐步应用于露天矿山防水工程中。

地下连续墙是指利用各种挖槽机械，借助于泥浆的护壁作用，在地下挖出窄而深的沟槽，并在其内灌注适当的材料而形成一道具有防渗（水）、挡土和承重功能的连续地下墙体，目前最深的地下连续墙墙体可达 80 m 以上。在国外，凡是放有钢筋的、强度很高的称之为地下连续墙，而无钢筋的、强度较低的称之为泥浆墙，无论是否有钢筋，其堵水效果相差不大。

地下连续墙技术起源于欧洲，国外和国内分别于 1914 年、1958 年开始应用，目前，地下连续墙不仅用于防渗或基坑的临时支护，也可以作为承重的基础桩或者集挡土、承重和防水于一身的“三合一”地下连续墙。

1）地下连续墙施工工艺

地下连续墙采用逐段施工方法，且周而复始地进行。每段的施工过程，大致可分为以下五步：

①在始终充满泥浆的沟槽中，利用专用挖槽机械进行挖槽；

②两端放入接头管(又称锁口管)；

③将已制备的钢筋笼下沉到设计高度。当钢筋笼太长，一次吊装有困难，也可在导墙上进行分段连接，逐步下沉；

④插入水下灌筑混凝土导管，进行混凝土灌筑；

⑤混凝土初凝后，拔去接头管。

作为地下连续墙的整个施工工艺过程，还包括施工前的准备，泥浆的制备、处理和废弃等许多细节。图10－9为地下连续墙的施工工艺流程。

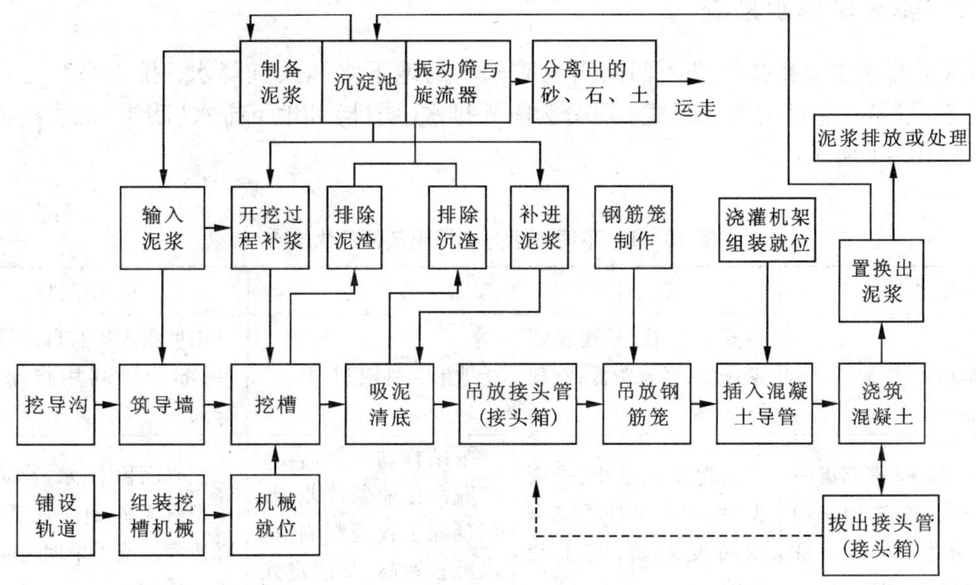

图10－9 地下连续墙的施工工艺流程图

2）地下连续墙的优点

①防渗性能好，由于墙体接头形式和施工方法的改进，地下连续墙几乎不透水，如果墙底伸入到隔水层中，降水费用可大幅降低；

②墙体刚度大，目前国内地下连续墙的厚度可达0.6～1.3 m(国外可达3 m)，可承受很大的土压力和水压力，特别适用于大水临河露天矿的隔水防渗和边坡加固工程；

③适用于多种地基条件，从软弱的冲积地层到中硬的地层、密实的砂砾层，各种软岩和硬岩等所有的地基都可以建造地下连续墙；

④用地下连续墙作为露天矿、土坝、尾矿坝和水闸等工程的垂直防渗结构，是较为安全和经济的；

⑤工效高，工期短，质量可靠，经济效益高。

3）地下连续墙的缺点

①在一些特殊的地质条件下，如很软的淤泥质土、含漂石的冲积层和超硬岩石等，施工难度较大；

②如果施工方法不当或地质条件特殊，可能出现相邻墙段不能对齐和局部漏水的问题；③如果地下连续墙仅单独作为挡土或固坡使用，与其他方法相比其费用偏高。

10.4 露天矿排水

排水是排出矿坑涌水所采取的方法和措施的总称。

经疏干或采取其他各种防水措施之后，已控制住大量的地下水和地表水进入采场，但仍可能会有少量的水渗入作业区。对这部分少量渗入的地下水和大气降雨汇水，必须予以排出。

10.4.1 露天矿排水系统

露天矿排水主要指排出进入凹陷露天矿采场的地下水和大气降水，排水系统是排水工程、管道、设备在空间的布置形式，可分为露天排水(明排)和地下排水(暗排)两大类四种方式，如表 10－1 所示：

表 10－1 不同排水方式使用条件及优缺点

排水方式	优 点	缺 点	适用条件
自流排水方式	安全可靠,基建投资少;排水经营费低;管理简单	受地形条件限制	山坡露天矿有自流排水条件,部分可利用排水平硐导通
露天采矿场底部集中排水方式,如图 10－10 所示,分为半固定式泵站、移动式泵站方式	基建工程量小、投资少;移动式泵站不受淹没高度限制;施工较简单	泵站移动频繁,露天矿底部作业条件差,开拓延深工程受影响;排水经营费高;半固定式泵站受淹没高度限制	汇水面积小,水量小的中、小型露天矿;开采深度浅,下降速度慢或干旱地区的大型露天矿亦可应用
露天采矿场分段截流永久泵站排水方式,如图 10－11 所示	露天矿底部水平积水较少,开采作业条件和开拓延深工程条件较好;排水经营费低	泵站多、分散;最低工作水平仍需临时泵站配合;需开挖大容积贮水池、水沟等工程,基建工程量较大	汇水面积大,水量大的露天矿;开采深度大,下降速度较快的露天矿
井巷排水方式,如图 10－12、图 10－13 所示	采场经常处于无水状态;开采作业条件好;为穿爆采装等工艺的高效率作业创造良好条件;不受淹没高度限制;泵站固定	井巷工程量、基建投资大;基建时间长;前期排水经营费高	地下水量大的露天矿;深部有巷道可以利用;需预先疏干的露天矿;深部用地下开采、排水巷道后期可供开采利用

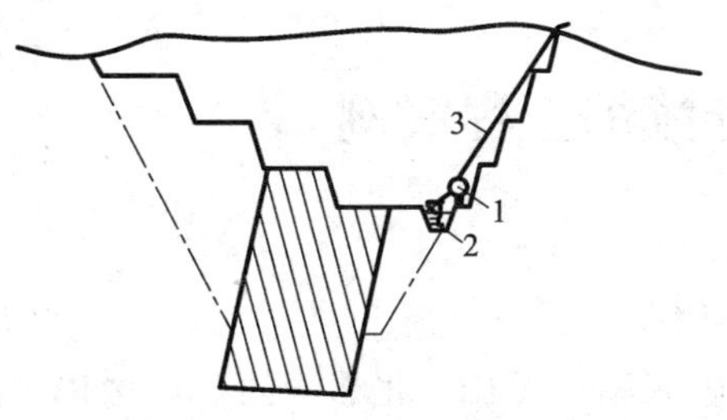

图 10－10 露天矿底部集中排水系统

1—水泵；2—水仓；3—排水管

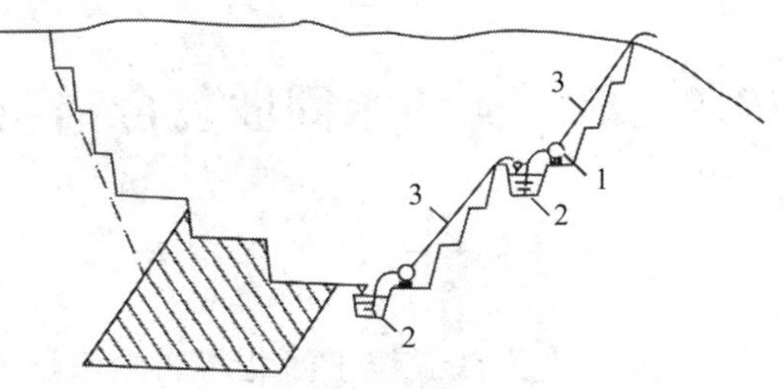

图 10－11 露天矿分段截流排水系统

1—水泵；2—水仓；3—排水管

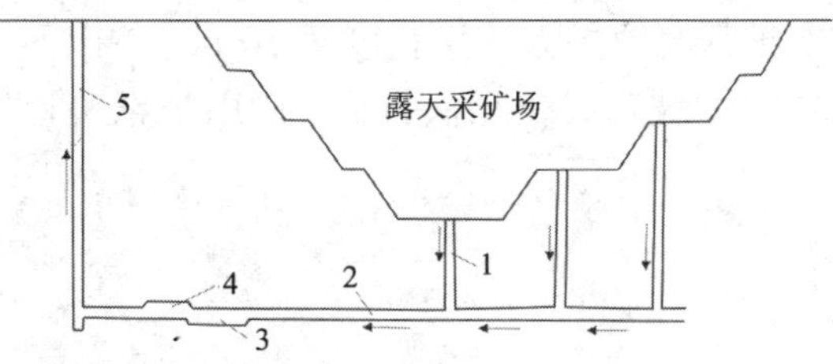

图 10－12 露天矿垂直泄水的地下井巷排水系统

1—泄水井(或钻孔)；2—集水巷道；3—水仓；4—水泵房；5—竖井

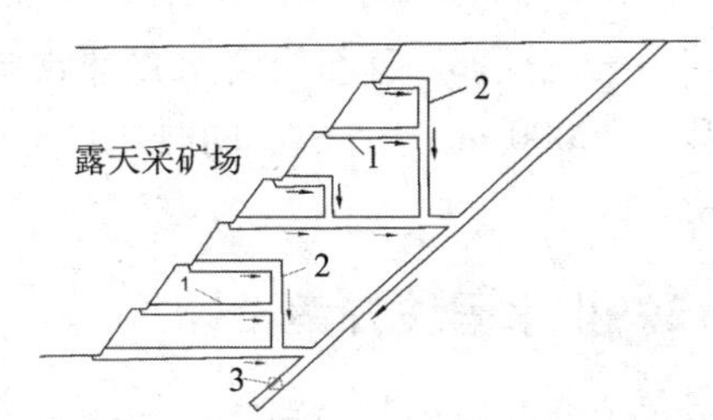

图 10－13 露天矿水平、垂直、倾斜巷道排水系统

1—泄水平巷；2—泄水天井；3—集水平巷

10.4.2 露天矿排水方案选择原则

排水方式的选择，不仅要进行直接投资和排水经营费的对比，而且还需考虑其对采矿工艺和设备效率的影响，以及由此而引起的对矿山总投资和总经营费的影响。选择排水方案应遵照下述原则：

① 有条件的露天矿应尽量采用自流排水方案，必要时可以专门开凿部分疏干平硐以形成自流排水系统。

② 露天和井下排水方式的确定。对水文地质条件复杂和水量大的露天矿，宜优先考虑采用露天排水方式。生产实践证明，采用露天排水方式对矿山生产和各工艺过程设备效率的影响都很大。

一般水文地质条件简单和涌水量小的矿山，以采用露天排水方式为宜，但对雨多含泥多的矿山，也可采用井下排水方式，减少对采、装、运、排(土)的影响。

③ 露天采矿场是采用坑底集中排水还是分段截流永久泵站方式，应经综合技术经济比较后确定。

④ 矿山排水系统与矿床疏干工程应统筹考虑，尽量做到互相兼顾、合理安排。值得注意的是，尽管地下井巷排水与巷道疏干在工程布置上可能有许多相似之处，但其主要作用是有区别的。排水巷道是用于引水、贮水和安置排水设备的井巷。疏干巷道是专门用于疏水、降低地下水位或拦截地下径流的井巷。排水巷道具有一定程度的疏干作用，疏干巷道也会兼有

引水作用。因此，排水与疏干巷道的划分只能根据它们的主要目的和主要作用来分辨。

10.5 露天矿止水固坡复合锚固地下连续墙工程实例

10.5.1 工程概况

神龙峡露天铁矿位于河北省唐山市迁安境内，矿区南依龙山，北邻滦河。矿区内地势较平坦，平均海拔 42 m 左右，全部为第四系覆盖。矿区以北约 150 m 为滦河河道，滦河自西向东流经矿区北部，基本常年流水。

矿体位于第四系覆盖层以下，与第四系直接接触。矿区地层第一层为粉细砂层，层厚约 6 ~ 10 m；第二层为黑泥层，层厚 2 ~ 3 m；第三层为卵、砾石层，层厚 3 ~ 9 m；第四层为基岩。其中第三层卵、砾石层含水量非常丰富，前期扩帮时曾揭露该层长度约 10 m，矿山涌水量陡升至 20000 m^3/d 左右，同时边坡卵、砾石层在 30°坡角时仍无法自稳，矿山扩帮工程被迫中断。

10.5.2 止水固坡方案设计

10.5.2.1 **治理的必要性**

① 靠近滦河处的矿坑边帮涌水量很大，排水费用很高，且严重影响矿山的正常生产。

② 原矿坑边坡开挖过程中，卵石土边坡在坡角 30°、最大挖高 8 m 时即已无法保持边坡的稳定，通过堆载反压粘土的方式可暂时保持边坡稳定，而扩帮过程中最大的挖方卵石土边坡高度最大达 18 m，显然，合理有效的加固是必不可少的。

③ 随扩帮工程的进行，由于丰富地下水的影响，出现大规模边坡失稳的可能性较大。为确保扩帮工程及矿山生产的安全，减少排水费用，保护水资源，有必要采取科学合理的措施对其进行综合治理。

10.5.2.2 **处治方案选择**

综合分析各类矿山止水固坡处治方法的优缺点，常规的处治方法均无法满足该铁矿的下述两项治理要求：

① 有效防水。由于矿坑毗邻滦河，水源十分充沛，矿床疏干方案是不现实的，所采取的方案必须能够有效止水，大幅减少矿坑涌水量。

② 有效“挡土”。只要采取截水方案，势必造成较高的水位差，产生较大的水压力，同时地表 20 m 范围内岩土松散，土压力大，因此处治方案必须能提供足够的抗滑力，进而提高边坡稳定性，防止扩帮后边坡失稳。

为确保神龙峡铁矿扩帮工程的安全稳定，在分析各类止水及边坡加固方法的基础上，最终确定选用北京科技大学提出的复合锚固地下连续墙方案，方案示意如图 10 - 14 所示。

复合锚固地下连续墙方案主要包括：

① 地下连续墙　C25 钢筋混凝土墙体，厚度 70 cm，高度以进入中风化基岩为准，介于 8 ~ 18 m之间（根据地层情况确定）。

② 垂直预应力锚杆　由于墙体进入基岩深度较浅，为提高墙体稳定性，沿连续墙体顶部布设 1 排垂直预应力锚杆，深度大于墙深 5 m 以上，杆体直径 32 mm，锚固段长度不小于 5

m，预应力值不小于 140 kN。

③ 斜拉锚杆　连续墙形成后，墙体两侧存在较大的水位差，为提高墙体在较大水压力作用下的抗倾能力，沿墙体上部布设 1 排倾斜全长粘结型锚杆，锚杆直径 32 mm，长度不小于 16 m，水平间距 2 ~ 3 m，倾斜锚杆与垂直预应力锚杆交叉布设。

④ 压力注浆　由于斜拉锚杆及垂直预应力锚杆均位于粘结强度较低的岩土体中，为提高锚杆的承载能力，在锚杆施工的同时进行中高压力注浆，同时改善周边岩土体性质，注浆压力不小于 1 MPa。

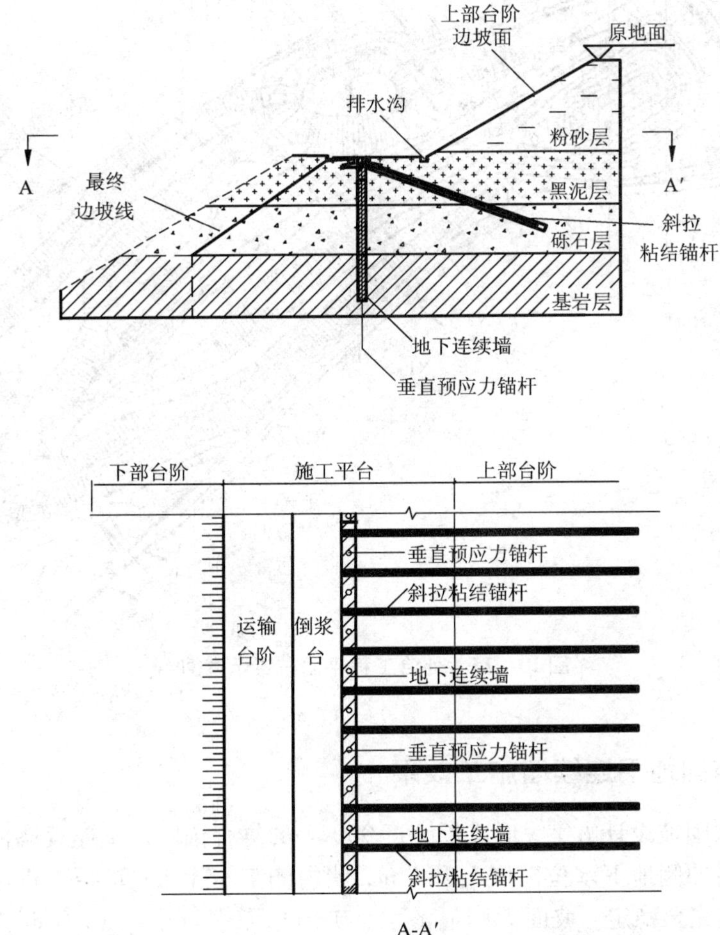

图 10 – 14　止水固坡处治方案示意图

10.5.2.3　处治工程布置

根据矿山地形、工作台阶、采剥进度等具体条件，止水固坡工程分为三期进行，顺序依次为东段、西段、中段，三段复合锚固地下连续墙相互连接，形成隔水封闭圈，如图 10 – 15 所示。

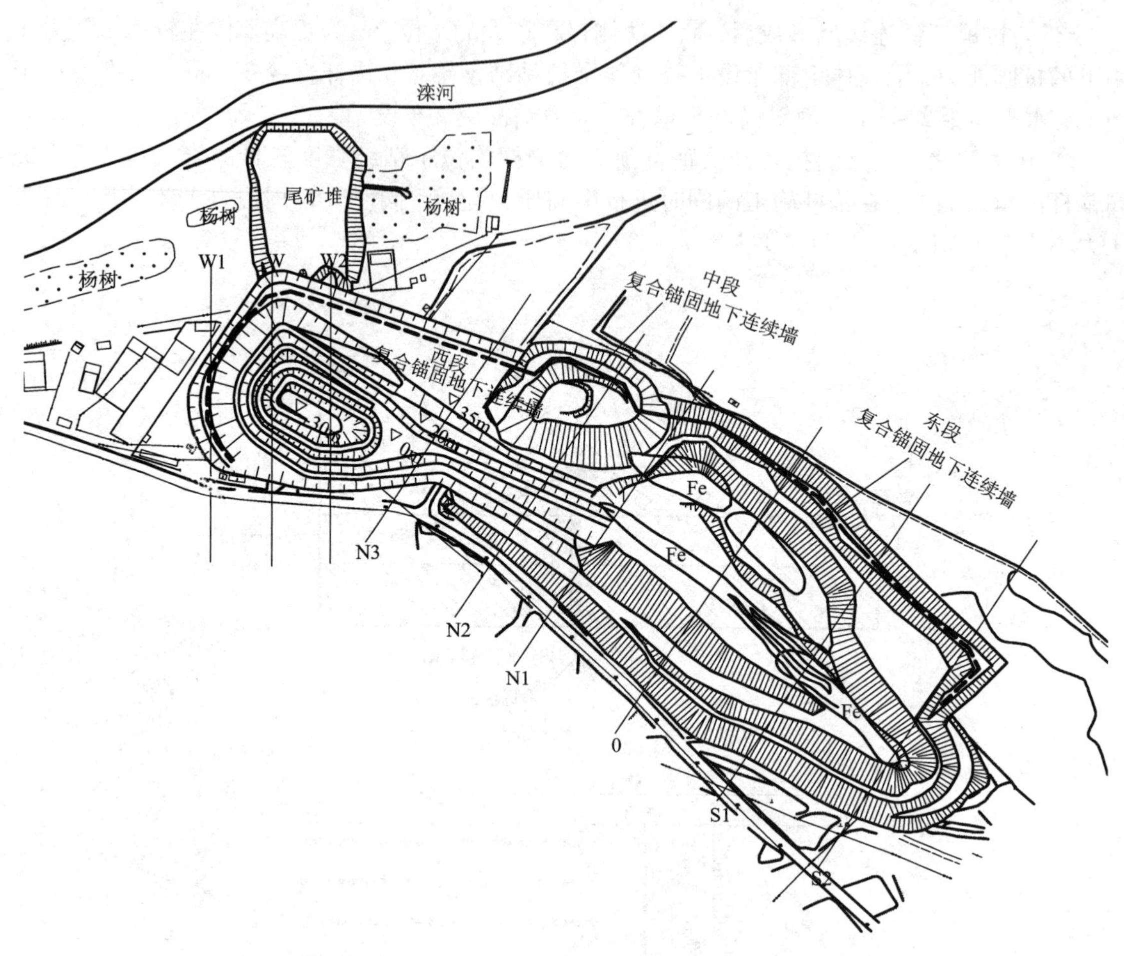

图 10－15　处治工程平面布置示意图

10.5.3　复合锚固地下连续墙施工效果

按照前述止水固坡设计方案，形成长度近 900 m 的复合锚固地下连续墙体。墙体内外侧钻孔检验表明，墙外侧地下水位高度上升 1 m，墙内侧基本无水；扩帮工程边坡开挖结果表明，卵砾石层坡体完全稳定，坡面无明显渗水，矿山总涌水量小于 1000 m^3/d，堵水率大于 95%，达到了止水固坡的目的。

本章习题

1. 简述露天矿涌水对开采工作带来的影响。
2. 简述产生露天矿涌水的主要自然因素及人为因素。
3. 简述对露天矿床进行预先疏干的条件。
4. 露天矿地下水疏干方法有哪些？

5. 露天矿防水的主要原则是什么？简述主要防水措施。
6. 简述注浆防渗帷幕的施工工艺及其优缺点。
7. 简述地下连续墙的施工工艺及其优缺点。
8. 论述露天矿各类排水系统的基本原理及其优缺点。
9. 简述露天矿排水方案选择的原则。

11 露天矿生产剥采比及其均衡

露天开采的主要特点之一是在采出有用矿物的同时须剥离大量土岩，土岩量可多达开采矿量的10～20倍。生产剥采比是一项重要的技术经济指标，是决定露天矿剥岩总量的重要因素。

露天矿采剥工程按不变的开采程序发展时，生产剥采比随着矿山工程的延深而变化，会造成露天矿设备、人员、资金等经常处于不稳定状态，给生产带来很多困难。随着技术经济条件的变化，对已确定的生产剥采比及时修正，正确地指导和组织生产，是十分必要的。

11.1 露天矿生产剥采比

11.1.1 生产剥采比的概念

生产剥采比系指露天矿生产期间，在某一生产时期内开采出来的岩石量与矿石量之比，即：

$$n_s = \frac{V_s}{A_s} \tag{11-1}$$

式中：n_s——生产剥采比，m^3/m^3 或 t/t、m^3/t；

V_s——露天矿在某一生产期内采出的岩石量，m^3 或 t；

A_s——露天矿在某一生产期内采出的矿石量，m^3 或 t。

生产剥采比的另一个含义是：露天矿生产期间所剥离的岩石量与采出的矿石量之比（扣除基建期间采出的岩石量与矿石量），即：

$$n_s = \frac{V - V_0}{P - P_0} \tag{11-2}$$

式中：V——露天开采境界内所采出的岩石量，m^3；

V_0——基建期间采出的岩石量，m^3；

P——露天开采境界内所采出的矿石量，m^3；

P_0——基建期间采出的矿石量，m^3。

11.1.2 生产剥采比的表示方法

生产剥采比可以用不同的方法表示，大致可分为三类。

（1）用生产剥采比 n_s 与开采深度 H 之间的曲线，即 $n_s = f(H)$ 曲线表示。

露天矿的地形平坦，其生产剥采比 n_s 与露天矿的开采深度 H 的关系是：上部较小，中部较大，下部又逐渐减小，可以用 $n_s = f(H)$ 表示，如图11－1所示。

露天矿的开采深度可以用露天矿各个生产时期的底部标高或台阶序号表示。

（2）用生产剥采比 n_s 随时间 T 变化的曲线，即 $n_s = f(T)$ 表示。

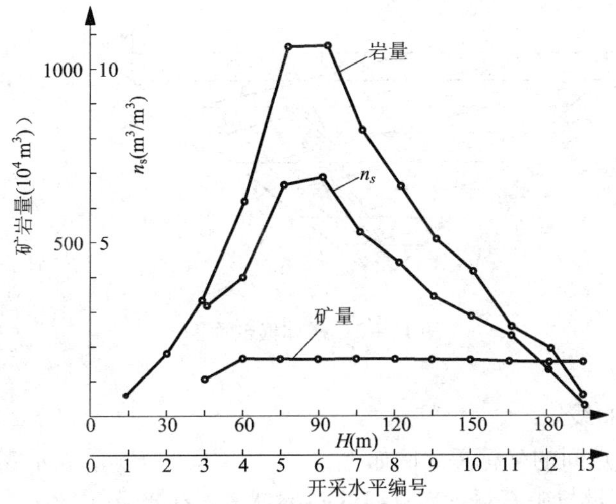

图 11－1　生产剥采比 n_0 与开采深度 H 关系曲线

一般情况下，生产剥采比是随时间变化的，生产初期较小，中期最大，后期又逐渐减小。

(3) 用矿岩量变化曲线，即 $V=f(P)$ 曲线表示。

所谓 $V=f(P)$ 曲线就是采出岩石累计量(V)与采出矿石量累计量(P)的函数关系，如图 11－2 所示。图 11－3 是绘制该曲线的地质剖面图。

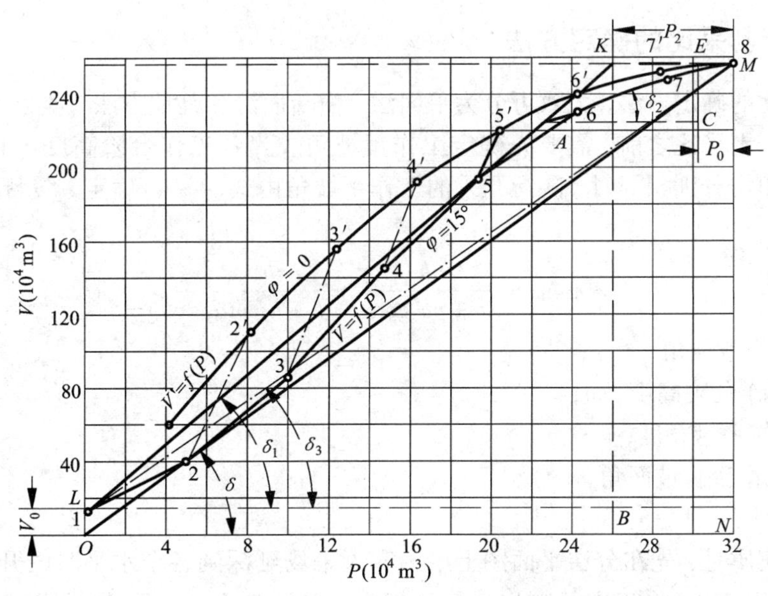

图 11－2　采出岩石累计量 V 与采出矿石累计量 P 的关系曲线(示意)

从图 11－2 可以看出：

① 图中有两条曲线，其中一条是表示工作帮坡角 $\varphi=0$ 时的 $V=f(P)$ 曲线，另一条表示

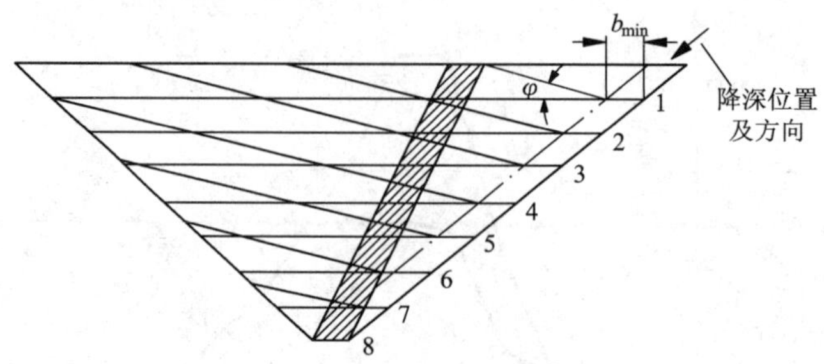

图 11－3　矿体横剖面图

$\varphi=15°$时的 $V=f(P)$ 曲线。

② 曲线中任何两点间的坐标差，例如 $V_{(j)}-V_{(i)}$，$P_{(j)}-P_{(i)}$，表示露天矿从 i 水平延深到 j 水平时采出来的岩石量与矿石量，其直线的斜率就表示生产剥采比。

③ 直线 OM 的斜率则表示为平均剥采比，即：

$$n_p=\tan\delta=\frac{NM}{ON}=\frac{V}{P} \tag{11-3}$$

④ 露天矿可能的生产剥采比 n_s 为：

$$n_s=\tan\delta_1=\frac{BK}{LB}=\frac{V-V_0}{P-P_2} \tag{11-4}$$

综上所述，可以在 $V=f(P)$ 曲线上找出露天矿任何开采深度及位置的生产剥采比。

11.1.3　生产剥采比的确定方法

生产剥采比的确定方法，大致可分为平面法、横断面法和其他方法三类。

在确定生产剥采比之前，需要先确定工作帮坡角。当各工作台阶高度、工作平盘宽度、工作台阶坡面角均分别相等时，陡帮开采的工作帮坡角由式(4－4)确定，缓帮开采的工作帮坡角为：

$$\tan\varphi=\frac{nh_t}{nb+nh_t\cot\alpha_t}=\frac{h_t}{b+h_t\cot\alpha_t} \tag{11-5}$$

式中：φ——工作帮坡角，(°)；

h_t——工作台阶高度，m；

b——工作平盘宽度，m；

α_t——工作台阶坡面角，(°)。

1）平面法

平面法的实质是：先在分层平面图上绘出露天采场延深到各个水平时的开采位置，再求出矿岩量的体积，最后将相应的矿岩量累计起来，并绘制 $V=f(P)$ 曲线或直接计算生产剥采比。

该法的主要优点：能够适应矿石品位和矿体埋藏条件的变化，特别是计算端帮矿岩量比较准确。

该法的主要缺点：绘图与计量工作繁杂。

2）横剖面法

横剖面法的实质是：在横剖面图上首先绘出露天矿开采境界线、开段沟的位置以及各个开采时期露天矿的工作帮坡线，量出矿石和岩石的面积，最后按相应的顺序进行汇总，并绘制 $V=f(P)$ 曲线或直接计算生产剥采比。

该法的主要优点：绘图与计算工作都比较简单，计算结果也比较准确可靠。

该法的主要缺点：仅适用于走向长度大的露天矿，端帮的计量比较困难，在计算走向长度不大的露天矿时，其误差较大。

图 11－2 所示的 $V=f(P)$ 曲线是依据矿体横剖面图 11－3 绘制的，因为地形平坦，矿体构造简单，可以用求积仪测得矿岩面积，也可用几何法求矿岩面积。求出各个深度矿岩量后，即可绘制出 $V=f(P)$ 曲线。

求矿岩面积的方法包括：用求积仪量面积；数方格或求几何面积；倾斜投影法（或称线笔法）；梯形腰线法。

3）其他方法

（1）利用采场上部最大几个分层的矿岩量确定，即

$$n_s=\frac{\sum V_c}{\sum A_c} \tag{11-6}$$

式中：$\sum V_c$——最大几个分层的总岩量，m^3；

$\sum A_c$——最大几个分层的总矿量，m^3。

（2）利用平均剥采比 n_p 确定，即

$$n_s=kn_p \tag{11-7}$$

式中：k——经验系数，陡帮开采时取 $k=1.1\sim1.3$；缓帮开采时取 $k=1.3\sim1.5$；

n_p——平均剥采比，m^3/m^3。

11.2　生产剥采比的影响因素

影响生产剥采比的因素很多，主要分为两大类，即矿体埋藏条件和开采技术条件。

矿体埋藏条件对生产剥采比影响较大，其主要影响因素有矿体形状、倾角、覆盖岩土厚度、地形条件等，它们都不同程度地影响生产剥采比。这些因素是客观存在的，也是不可改变的，只有采取相应的技术措施加以利用。

开采技术条件对露天矿的生产剥采比影响也很大，主要因素有工作帮坡角、露天采场开拓沟道的位置、沟道坡度等，以下就上述因素作简要分析。

11.2.1　工作帮坡角

对于地形平坦的急倾斜层状矿体，露天采场按一定的工作帮坡角生产时，其生产剥采比通常是变化的，下面以一个简单的例子来说明其变化规律。

设露天矿矿体赋存情况和采场境界如图 11－4 所示，采场采用底帮固定坑线开拓，工作线由下盘向上盘推进，矿山工程延深方向与矿体倾向一致。当采场按某一固定的工作帮坡角开采时，可用一组平行的斜线表示其延深到各个水平时的工作帮位置。每延深一个水平所采出的矿石量、岩石量及剥采比见表 11－1，并用图 11－1 表示。

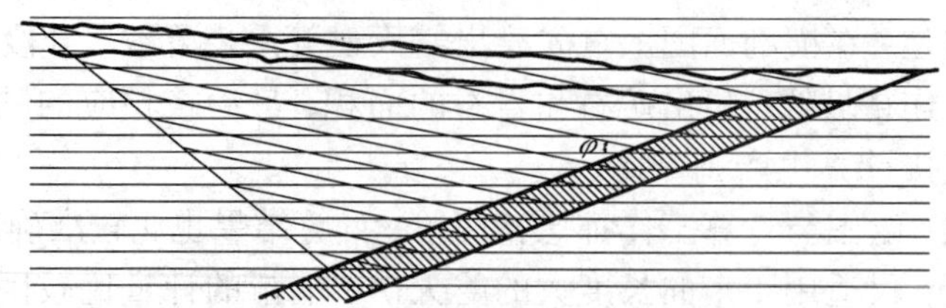

图 11－4　工作帮坡角不变时剥采工程发展程序及剥离量的变化

表 11－1　各水平采出矿岩量表

水平	矿石 (10^4 m³)	表土 (10^4m³)	岩石 (10^4m³)	土岩合计 (10^4m³)	累计 土岩 (10^4m³)	累计 矿石 (10^4m³)	生产剥采比 (m³/m³)
1	0	56.2	0	56.2	56.2	0	∞
2	0	176.8	0	176.8	233.0	0	∞
3	102.5	303.0	14.5	317.5	550.5	102.5	3.10
4	158.0	367.9	248.4	616.3	1166.8	260.5	3.90
5	156.5	415.3	624.9	1040.2	2207.0	417.0	6.65
6	155.0	121.6	941.1	1062.7	3269.7	572.0	6.86
7	154.0	0	812.4	812.4	4082.1	726.0	5.28
8	152.0	0	662.2	662.2	4694.3	878.0	4.36
9	150.5	0	496.0	496.0	5240.3	1028.5	3.30
10	149.5	0	408.0	408.0	5648.3	1178.0	2.73
11	148.0	0	237.9	237.9	5886.2	1326.0	1.61
12	146.5	0	178.4	178.4	6064.6	1472.5	1.22
13	145.0	0	28.0	28.0	6092.6	1617.5	0.19
合计	1617.5	1440.8	4651.8	6092.6			

图中可以看出，当 φ 值不变时，生产剥采比随着矿山工程的延深而变化。首先是大量剥岩而不是采矿，随后开始采矿，这时生产剥采比随着矿山工程的延深而不断增大，达到一个最大值 n_{smax} 后逐渐减小。出现 n_{smax} 的时间称剥离洪峰期或称剥采比高峰期。高峰期一般发生在凹陷露天矿工作帮上部接近地表境界线时。生产剥采比的这种变化规律是一般开采倾斜和急倾斜矿体所具有的普遍规律。

如果采用陡帮开采，则将对生产剥采比产生影响。为便于比较，假定其他条件相同，分别按 $\varphi=15°$ 和 $\varphi=30°$ 进行开采，用图 11－5 所示的简单例子分析两者生产剥采比变化的区别，并把它们的变化分别绘成曲线，如图 11－6 所示。

从图 11－5 和图 11－6 可以看出，工作帮坡角由 15°加陡到 30°时，生产剥采比的变化规

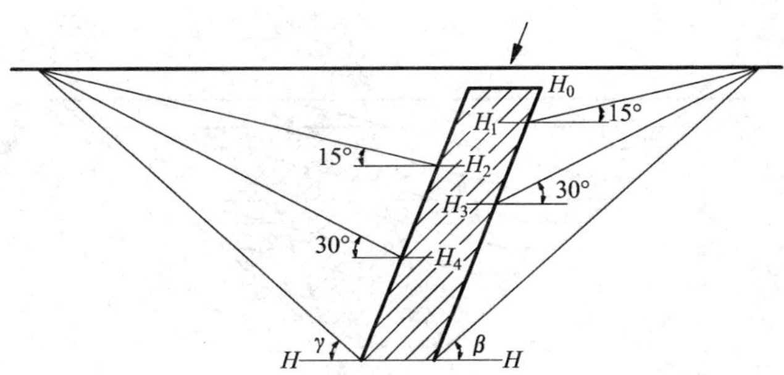

图 11－5　按 $\varphi=15°$ 和 $\varphi=30°$ 生产时 n_{smax} 出现的位置

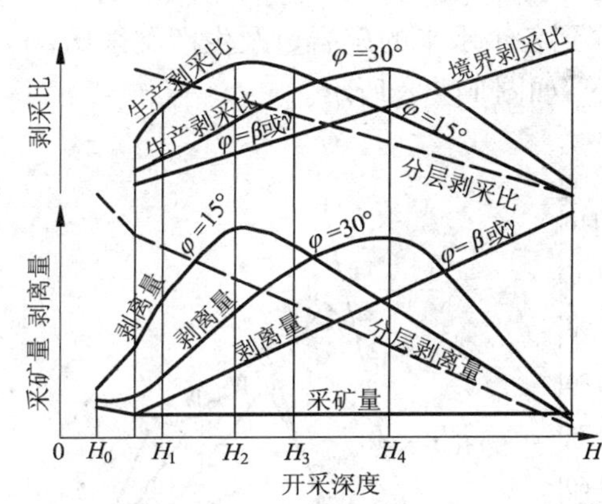

图 11－6　分别按 $\varphi=15°$ 和 $\varphi=30°$ 开采时，生产剥采比与分层剥采比、境界剥采比对比图

律仍然是由小到大，再由大变小，但是：

① 当 $\varphi=15°$ 时，n_{smax} 值出现在开采深度 H_2；而当 $\varphi=30°$ 时，n_{smax} 出现在 H_4，即 φ 值增加，剥离洪峰期出现在较深的位置，亦即出现时间晚。

② 工作帮坡角较小，生产剥采比的变化曲线接近于分层剥采比的曲线，后者的工作帮坡角可视为 0，此时的 n_{smax} 出现最早。

③ 工作帮坡角越大，生产剥采比的变化曲线越接近于境界剥采比的曲线，后者可视为 $\varphi=\gamma(\beta)$（最终边坡角），此时的 n_{smax} 出现最晚。

因此，采用陡帮开采有很大的技术经济意义。

11.2.2　开拓沟道的位置

开拓沟道位置及工作线推进方向，对生产剥采比影响较大。图 11－7 表示一个开采急倾斜矿体的凹陷露天矿，它主要有四种代表性的开拓方案：Ⅰ为顶帮固定坑线开拓，Ⅱ为上盘移动坑线开拓，Ⅲ为下盘移动坑线开拓，Ⅳ为底帮固定坑线开拓。图中用箭头表明了各方案矿山工程的延深方向，用短横线表示各水平开段沟的位置并用数字标明其编号。图中还给出了方案Ⅰ的各水平工作帮坡面发展情况。

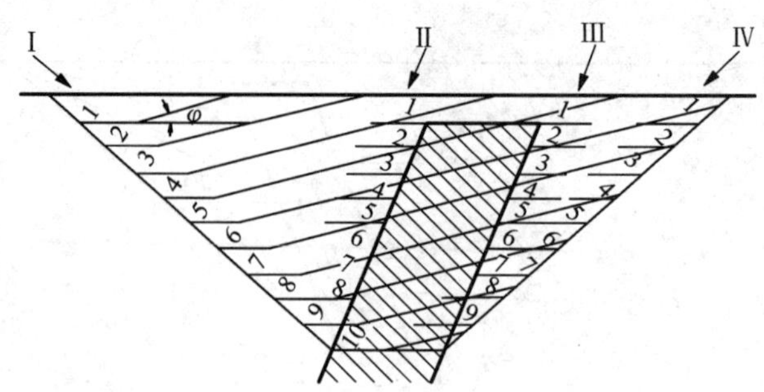

图 11－7 四种开拓方案生产剥采比的比较

为便于比较，令各方案的境界相同，工作帮坡角亦相同（都按 $\varphi=15°$计），分别计算各方案按工作帮坡角不变时延深到各个水平的矿岩量及生产剥采比，以及它们投产前的基建工程累计量，并把结果绘成曲线，如图 11－8 所示。

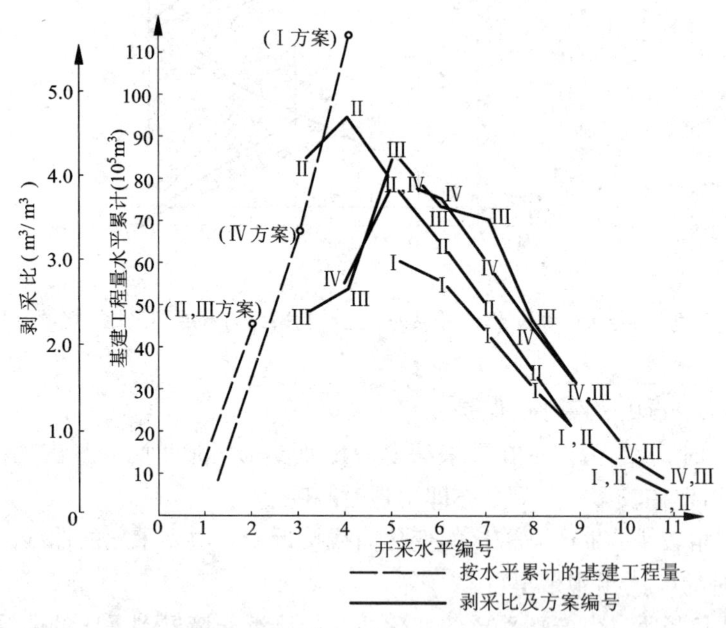

图 11－8 四种方案的生产剥采比和基建工程量

从图 11－8 可以看出：当 φ 值不变时，生产剥采比由小到大，达到最大值 n_{smax} 后又逐渐减小的规律仍然存在，但各个方案的沟道位置不同，生产剥采比也不同。Ⅱ、Ⅲ两个方案接近矿体掘沟，见矿快，基建工程量小，生产剥采比大；Ⅰ、Ⅳ两个方案在顶底帮的位置掘沟，远离矿体，见矿慢，基建工程量大，生产剥采比小。其中又以Ⅰ方案基建工程量最大，生产剥采比最小。

综上所述，开拓方案对露天矿的基建工程量及生产剥采比的影响是很大的。

11.2.3 沟道坡度

不但开拓方案影响生产剥采比，而且开拓沟道的纵坡也影响生产剥采比，例如某矿采用螺旋坑线开拓，沟道的纵坡分别为30‰、60‰和120‰，如图11－9(a)所示。露天矿各种不同开采深度时的采出量见图11－9(b)。

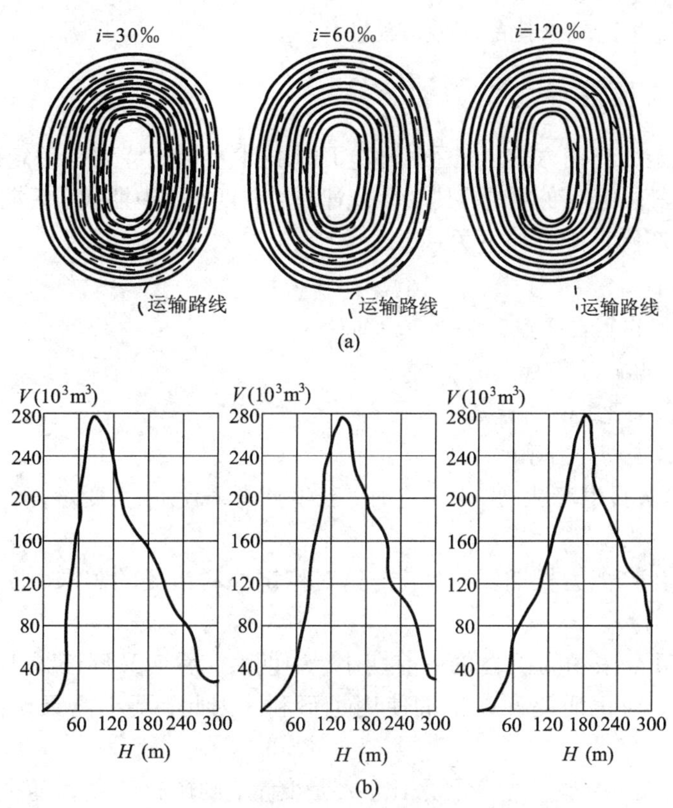

图11－9 不同纵坡 i 值的 $V=f(H)$ 曲线图

图中可以看出：尽管它们的剥离洪峰值相同，但其洪峰值到达的时间在开采深度上却相差很大。从这点出发，纵坡 $i=120‰$ 的方案最优，它可使剥离洪峰期比 $i=30‰$ 晚出现深度达105 m。若露天矿的平均年下降速度为15 m/a，则使剥离洪峰期晚出现7年，因而可获得较好的经济效益。但沟道坡度大，会降低汽车的使用寿命，故在一般情况下不采用大坡度的沟道。

影响生产剥采比的因素还有露天矿的沟道延深方向、开采程序、采剥方法及两级矿量指标等，这里不一一论述。

11.3 生产剥采比均衡

根据矿山大小和服务年限长短，生产剥采比均衡方式有全期均衡和分期均衡两种。全期均衡是指在露天矿正常生产年限内，只按一个生产剥采比均衡生产。分期均衡是指在露天矿正常生产年限内分几期生产剥采比均衡生产。

均衡生产剥采比的原则是：①尽量减少生产初期的生产剥采比，以利于减少基建投资；②生产剥采比可以逐步增加，达到最大值后，逐步减小，不宜发生骤然波动；③生产剥采比达到最大的时间不宜过短。

调整生产剥采比最基本的方法是调整工作平盘宽度。改变工作平盘宽度一般能适应原来的生产工艺，不影响总的开拓运输系统。此外，改变开段沟长度、矿山工程延深方向和采用分期开采，也是调整生产剥采比的有效方法。

11.3.1 均衡的必要性

若露天矿按一定的开拓方式、开采程序、开采技术参数，特别是一定的工作帮坡角生产时，露天矿的生产剥采比是变化的，其变化规律是：前期小、中期大、后期又逐渐减小。露天矿的矿岩产量与生产剥采比有如下关系，即：

$$A_n = (1 + n_s)A \qquad (11-8)$$

式中：A_n——露天矿的矿岩产量，m^3/a 或 t/a；

A——露天矿的矿石产量，m^3/a 或 t/a；

n_s——生产剥采比，m^3/m^3 或 t/t。

下面分析 A_n，A 与 n_s 之间的关系。

① 当露天矿的矿石生产能力。A 一定时，若生产剥采比 n_s 为变量，则矿岩产量 A_n 也是变量。

露天矿的矿石生产能力长期保持稳定，这对稳定原料市场的需求、提高选矿和冶炼的经济效益是十分有利的。

但在上述情况下，采场的矿岩总量前期小，中期大，后期又逐渐减小，这对设备和人员的使用是不合理的，对生活福利设施的使用也不利。因此，要求露天矿的矿岩总量相对稳定，不能波动太大。

② 当矿岩产量 A_n 一定时，生产剥采比。n_s 是变量，则矿石产量 A 随生产剥采比的变化而波动；在这种情况下，矿石产量一般是前期大，中期小，后期又逐惭增加，若在一个矿区有多个露天矿，矿石产量可以互相调节，使设备和人员得到充分利用，因而有利于提高露天开采的经济效益。但上述设想实际上是很难实现的。因此，要求露天矿的矿石产量保持相对稳定。

③ 当矿石产量。A 一定时，若矿岩产量 A_n 在一定时期内相对稳定，这就要求调整生产剥采比，使其在该时期内也相对稳定，称此工作为生产剥采比的均衡。

11.3.2 均衡的可能性

生产实践证明，使露天矿在较长时期内均衡生产剥采比是可能的。

例如，浏阳磷矿二工区采场平均剥采比为 1.7 m^3/t，1971～1985 年生产剥采比平均为 1.95 m^3/t，仅为平均剥采比的 1.15 倍。永平铜矿采用横向采剥方法，第一年的生产剥采比为 5.8 t/t，前 9 年生产剥采比为 4 t/t。

只要采取一定的技术措施，可降低露天矿生产剥采比的洪峰值，使剥岩和矿石生产趋于相对稳定。

11.3.3 均衡范围

前面已经说明，均衡剥采比是可能的，但这种均衡是相对的、有条件的，而不是任意的、绝对的。为此必须探讨均衡生产剥采比的范围。

露天采场有两种极限工作状态，如图 11－10 所示。

① 当工作平盘宽度 b 等于最小工作平盘宽度 b_{min} 值时，工作帮坡角最大，用 φ_{max} 表示［图 11－10(a)］。工作帮坡角大于 φ_{max} 是不可能的，因为此时的工作平盘宽度 b 将小于 b_{min}，无法满足正常工作环境的要求。因此，这是一个极限工作状态。

② 当工作平盘宽度最大(纵向采剥时它等于该水平的采场宽度)时，工作帮坡角为 0［图 11－10(b)］，这是另一种极限工作状态。

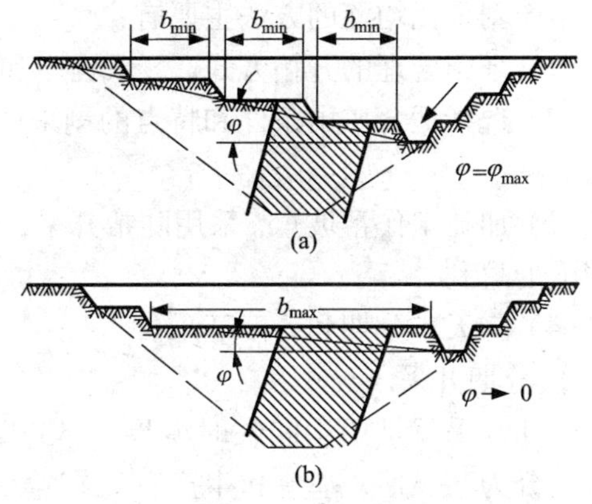

图 11－10　露天矿的两种极限工作状态

为了保证露天矿的正常工作，其工作帮坡角 φ 值应满足 $0<\varphi<\varphi_{max}$，而生产剥采比的均衡方案，就在 $0\sim\varphi_{max}$ 之间选择。

为了寻求合理的均衡方案，可以利用 $V=f(P)$，$n_s=f(H)$ 和 $n_s=f(T)$ 曲线。现以 $V=f(P)$ 曲线为例，简要说明如下：

假设图 11－2 中的 $\varphi=15°=\varphi_{max}$，则可能的均衡方案均在 $\varphi=0$ 和 $\varphi=15°$ 两曲线内，直线 LK 是一种可能的均衡方案，此时，均衡方案的生产剥采比为：

$$n_s=\tan\delta_1=\frac{BK}{LB}=\frac{V-V_0}{P-P_2} \tag{11-9}$$

11.3.4 均衡分期

从图 11－2 可以看出，均衡生产剥采比的方案很多，可在 $V=f(P)$ 曲线中的 $\varphi=0$ 和 $\varphi=\varphi_{max}$ 线之间画很多直线或折线，每条直线或折线表示一个均衡方案，因此需进行方案选择。

均衡生产剥采比有利于降低生产剥采比的洪峰值，使露天矿的剥岩和矿石生产趋于稳定，因而可充分利用设备、人员及生活福利设施，有利于减少基建工程量和基建投资，缩短露天矿的基建、投产和达产时间。

从图 11－2 可以看出，若按直线 LK 均衡时，则只有在 5 点(即直线 LK 与 $\varphi=15°$ 线的切点)，既没有超前剥岩，也没有剥岩滞后，此时 $\varphi=\varphi_{max}$，$b=b_{min}$，在其他时间均为超前剥岩，$\varphi<\varphi_{max}$，$b>b_{min}$。从某种意义上讲，均衡实际上是使部分岩石超前剥离，以实现露天采场的均衡生产。

超前剥岩意味着需在若干年后支付的费用提前支付了。因此，我们在进行生产剥采比均衡时，采用相应的技术措施，使部分岩石推迟剥离，这样可推迟剥岩费用的支付时间，以获得更好的经济效益。

在均衡生产剥采比时，存在均衡期问题，根据装运设备的服务年限，均衡期以10年左右为宜。大型露天矿的开采时间较长，一般为30～40年，可分2～3期均衡。而中小型露天矿存在的时间短，可以一次均衡。

11.3.5 生产剥采比均衡方法

生产剥采比均衡的方法主要有：

（1）采用合理的开拓方式、开采程序和延深方向，确保经济、合理、安全地开发露天矿。

（2）选择适合矿山条件和特点的剥采方法及开采技术参数，特别是工作面参数和两级矿量指标。

（3）加陡工作帮坡角，采用陡帮开采，在可能的情况下尽量将部分岩石推迟剥离，争取时间上的盈利。

（4）露天矿分期和分区开采。

① 分期开采。

分期开采就是用中间临时境界，即分期境界将露天矿分为2～3期，基建和生产首先在第一期内进行。当上部工作台阶达到第一期境界后就停止推进，待第一期的生产剥采比 n_s 下降后再在露天矿的上部开始扩帮，向第二期过渡，如图11－11所示。

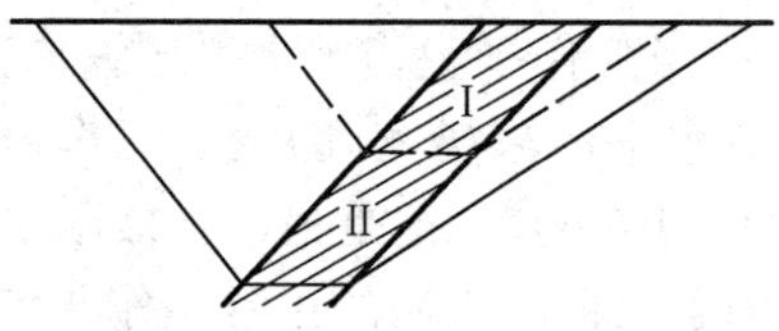

图11－11　分期开采示意图

分期开采时，上部工作台阶到达第一期境界后停止推进，工作台阶逐渐转化为非工作台阶，其帮坡角等于或接近于非工作帮坡角；当上部台阶恢复工作后，非工作帮又向工作帮转化，非工作台阶又逐渐转化为工作台阶，如图11－12所示。由于存在两个过渡，所以分期开采才能达到推迟剥岩和均衡生产的目的。

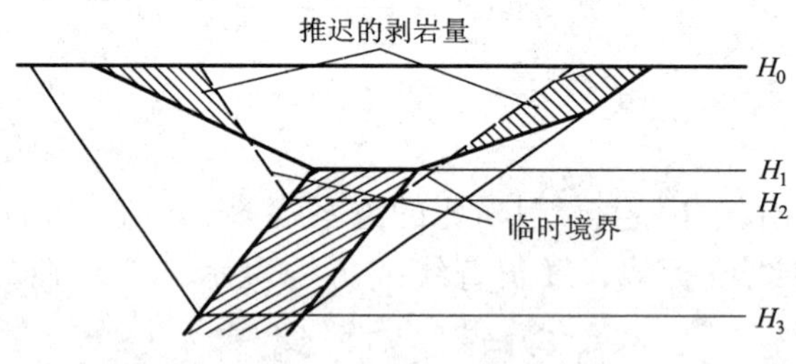

图11－12　分期开采的两个过渡

分期开采主要的参数有：分期时间、开始过渡的时间、过渡扩帮量、过渡期间的生产剥采比等，其中过渡时间是一个关键性的参数，开始过渡的时间越早，过渡扩帮量就越小，过渡期间的生产剥采比就越低，过渡越容易实现，但分期开采的效果就差，甚至不起分期开采的作用；过渡时间晚，过渡扩帮量和过渡期间的生产剥采比就大，二次投资就大，经济效益也差，扩帮过渡也比较困难。开始过渡的时间可以通过绘制大小境界的 $V=f(P)$ 曲线，并在方案比较的基础上确定。

分期开采的主要优点：基建工程量小、初期生产剥采比小，投资少、投产快、达产早。主要缺点：扩帮过渡比较困难，如安排不当，露天矿生产会受到严重影响。分期开采主要适用于开采深度大、储量多、开采期长的露天矿。

② 分区开采。

分区开采的实质是：若露天矿的走向长度比较长或开采范围比较大，但所需要的矿山工程下降速度不大，工作线的推进速度也不大，此时可在剥采比较低、矿石品位较高、矿石质量较好、开采技术条件较优越的地段开始开采，建立首采区，如图 11－13 所示。

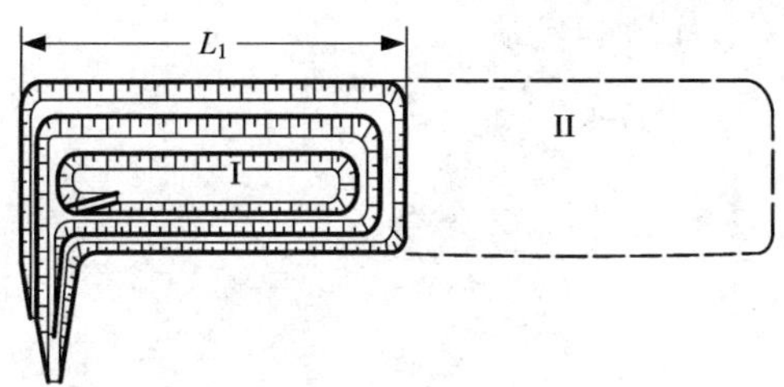

图 11－13　分区开采示意图

分区开采是指在平面上分区，逐步建立或轮流使用露天矿山工程和工作线，从而达到减少基建工程量和前期生产剥采比的目的，以提高露天矿开采的经济效益。分区开采主要适用于开采范围大、储量大、开采期长的水平或缓倾斜矿体。有时倾斜或急倾斜矿体也采用分区开采。

除上述情况外，首采区开采至最终深度后，再开采另一分区，并将剥离的岩石向首采区的废坑装卸，这样既缩短了运距，又减少了排土场的占地。

工程实例：金堆城钼矿的南部被大小梁山覆盖，山高矿深，剥岩量大。因此以东川河为界，沿走向将露天矿境界分为南北两个分区，先采北矿区，后采南矿区。北矿区的可采储量为 4.7 亿 t，平均剥采比为 1.08 m^3/m^3。

小北露天开采方案：在做好全面规划的基础上，初期选择矿量多、品位稍高、覆盖层薄，避开东川河，圈定比北露天更小一点的小北露天境界进行开采。小北露天矿可以采出矿石 3.46 亿 t，平均剥采比为 0.34 m^3/m^3，如图 11－14 所示。

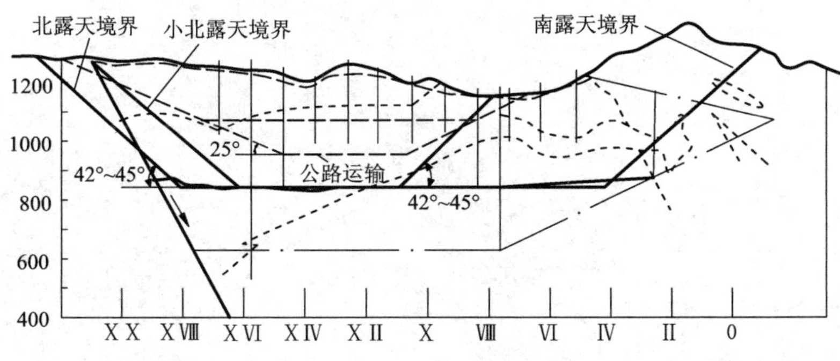

图 11－14　金堆城钼矿的分区开采

本章习题

1. 简述生产剥采比的概念及其影响因素。
2. 生产剥采比均衡的主要方法有哪些?
3. 简述分期开采的主要参数及其优缺点。
4. 简述分区开采的定义、目的和实质。

12 露天矿生产能力与采掘进度计划

12.1 露天矿生产能力

12.1.1 露天矿生产能力的定义

露天矿生产能力是指在具体矿床地质、工艺设备、开拓方法和采剥方法条件下，露天矿在单位时间内的矿石开采量和矿岩采剥总量。露天矿生产能力包括两个指标，即矿石生产能力和矿岩生产能力。矿石生产能力指标有设计、实际和极限(最大)等若干种。

露天矿生产能力是企业的主要技术经济指标，露天矿生产能力直接关系到矿山的设备选型和数量、劳动力及材料需求、基建投资和生产经营成本等。因此，生产能力是露天矿设计中的一个重要参数，合理确定露天矿的生产能力具有十分重要的意义。

露天矿生产能力的主要影响因素有：

① 自然资源条件，即矿物在矿床中的分布、品位和储量；

② 开采技术条件，即开采程序、装备水平、生产组织与管理水平等；

③ 市场，即矿产品的市场需求及产品价格；

④ 经济效益，即矿山企业在市场经济环境中所追求的主要目标。

露天矿的矿岩生产能力 A_n(t/a)与矿石生产能力 A(t/a)可以通过生产剥采比 n_s(t/t)进行换算：

$$A_n = (1 + n_s)A \tag{12-1}$$

生产剥采比的计算和均衡方法在第 11 章已作介绍，本章仅限于讨论矿石生产能力这一指标。

露天矿生产能力应综合考虑矿产品需求量、技术可行性和经济合理性等因素进行确定，并通过编制采掘进度计划进行检验落实。

12.1.2 按资源/储量估算生产能力

矿床自然条件是不可更改的，是确定生产能力和其他开采参数的基础，定性地讲，资源/储量大的矿床为大规模开采提供了用武之地，故生产能力也高；品位低的矿床只有达到足够的规模才能实现可接受的利润，即所谓的规模效益。

在一般的矿产资源条件下，矿床的资源/储量 A_0(或露天矿的开采矿量)是矿石生产能力 A 的主要影响因素。同时，矿山服务年限 T(a)的主要影响因素也是矿床的资源/储量(或露天矿的开采矿量)。假设矿床开采的表观回收率 $\eta' = 1$，上述三者存在如下关系：

$$A_0 = AT \tag{12-2}$$

上式表明：

(1) 当 A_0变化时，A 和 T 均与 A_0正相关

(2) 当 A_0 不变时，A 与 T 彼消此长，存在着所谓的矿山经济寿命或最佳产量

H·K·泰勒根据多年的设计经验，在撰写的《矿山评价与可行性研究》一文中，提出了根据矿床的资源/储量(或露天矿的开采矿量) A_0 (Mt)估算矿山经济寿命 T^* (a)的经验公式(泰勒公式)：

$$T^* = 6.5A_0^{1/4} * (1 \pm 0.2) \tag{12-3}$$

将泰勒公式代入式(12-2)，可得到按矿床资源/储量 A_0 (Mt)估计矿山经济寿命期内平均矿石生产能力 A(Mt) 的计算公式：

$$A = (2/13)A_0^{3/4} * (1 \pm 0.2) \tag{12-4}$$

作为印证，表12-1列举了国内外部分大型矿山的设计生产能力与泰勒公式估算值。

表12-1 典型矿山的资源/储量与生产能力

矿山名称	资源/储量/Mt	设计生产能力/($Mt \cdot a^{-1}$)	泰勒公式计算值/($Mt \cdot a^{-1}$)
中国德兴铜矿	1630.0	33.0	31.6 ~ 47.4
中国南芬铁矿	340.0	12.50	9.74 ~ 14.62
中国大孤山铁矿	180.0	6.00	6.05 ~ 9.07
中国白云鄂博东矿	172.2	6.00	5.85 ~ 8.77
美国双峰铜矿	447.0	13.70	11.97 ~ 17.95
加拿大卡罗尔铁矿	2000.0	49.00	36.80 ~ 55.21
加拿大赖特山铁矿	1800.0	44.50	34.00 ~ 51.01
澳大利亚纽曼山铁矿	1400.0	40.00	28.17 ~ 42.25
前苏联南部采选公司	1445.0	30.50	28.85 ~ 43.27
前苏联米哈依洛夫矿	233.7	10.00	7.36 ~ 11.40

12.1.3 按需求量确定生产能力

矿山企业大多有较为稳定的长期客户、短期客户和潜在客户，其矿产品的市场需求可以实时预测。

按需求量确定生产能力是将成品矿(精矿)的需求量 A_j(t/a)换算成原矿产量，即：

$$A = T_j A_j \tag{12-5}$$

式中：T_j——换算系数，即生产单位成品矿(精矿)所需的原矿数量，t/t。

换算系数 T_j 按下式计算：

$$T_j = \frac{g_p}{\alpha'(1-r)\varepsilon} \tag{12-6}$$

式中：g_p——成品矿(精矿)的品位；

α'——原矿品位；

r——原矿运输损失率，一般为1%~3%；

ε——矿物加工(选矿)回收率。

矿产品需求量要根据历年供求实际情况进行统计、分析和预测，同时还应对技术上的新成就如新材料替代等因素对矿产品需求量的影响进行及时评估。

12.1.4 按开采技术条件确定生产能力

矿床开采技术条件对矿石生产能力的约束作用主要体现在采矿工程的空间范围和发展速度两个方面。

12.1.4.1 按可能布置的采矿工作面数确定生产能力

挖掘机是露天矿的主要采掘设备，每台挖掘机服务一个工作面。挖掘机选型后，露天矿的生产能力取决于可能布置的挖掘机工作面数，即可能布置的采矿工作面数决定了矿山生产能力。

露天矿可能达到的矿石生产能力为：

$$A = \sum_{i=1}^{n_k} Q_{s.k} n_i = Q_{s.k} \sum_{i=1}^{n_k} n_i \tag{12-7}$$

式中：$Q_{s.k}$——采矿挖掘机的平均生产能力，t/a；

n_i——台阶 i 可能布置的采矿工作面数目；

n_k——可能同时采矿的台阶数目。

台阶 i 可能布置的采矿工作面（采区）数目 n_i 为：

$$n_i = \frac{l_{gi}}{l_c} \tag{12-8}$$

式中：l_{gi}——台阶 i 的采矿工作线长度，m；

l_c——采矿工作面（采区）的工作线长度，m。

一般情况下，对于铁路运输要求 $n_i \leqslant 3$。

露天矿可能同时采矿的台阶数目 n_k 与矿床自然条件和开采技术条件有关。

（1）对于单矿体矿床，依图 12－1 所示的几何关系可得到下述两个等价的计算公式

$$n_k = \frac{N_0}{b + h_t \cot\alpha_t} = \frac{m}{1 \pm \tan\varphi \cot\alpha} \cdot \frac{1}{b + h_t \cot\alpha_t} = \frac{m}{1 \pm \tan\varphi \cot\delta} \cdot \frac{1}{b + h_t \cot\alpha_t} \tag{12-9}$$

$$n_k = \frac{N_0}{h_t / \tan\varphi} = \frac{m}{1 \pm \tan\varphi \cot\alpha} \cdot \frac{\tan\varphi}{h_t} = \frac{m_z}{\sin\alpha \pm \tan\varphi \cos\alpha} \cdot \frac{\tan\varphi}{h_t} \tag{12-10}$$

式中：n_k——可能同时采矿的台阶数；

N_0——矿体中工作帮坡线的水平投影，m；

φ——采矿台阶的工作帮坡角，（°）；

b——采矿台阶的工作平盘宽度，m；

h_t——采矿台阶高度，m；

α_t——采矿工作台阶坡面角，（°）；

α——矿体倾角，（°）；

δ——采矿工程延深角，矿体倾斜方向与工作帮水平推进方向夹角，（°）；

m——矿体水平厚度，m；

m_z——矿体真厚度，m，$m_z = m\sin\alpha$；

“＋”——用于下盘向上盘推进（$\delta = \alpha$）；

"－"——用于上盘向下盘推进($\delta=180°-\alpha$)。

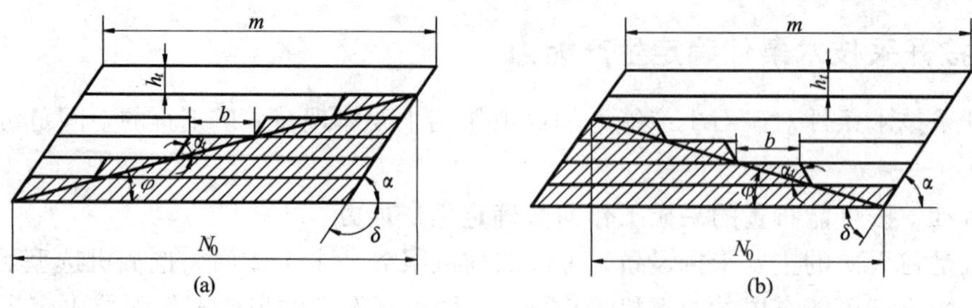

图12－1 同时进行采矿的台阶数

(a) 上盘向下盘推进 ($\delta=180°-\alpha$); (b) 下盘向上盘推进 ($\delta=\alpha$)

下面对计算n_k的式(12－9)和式(12－10)作出简要讨论:

① 对于直立矿体, 即$\alpha=90°$, $\cot\alpha=0$, $m=m_z$, 则式(12－9)简化为:

$$n_k=\frac{m}{b+h_t\cot\alpha_t}=\frac{m_z}{b+h_t\cot\alpha_t} \tag{12－11}$$

② 对于水平矿体, 即$\alpha=0°$, $\sin\alpha=0$, $\cos\alpha=1$, 则式(12－10)简化为:

$$n_k=\frac{m_2}{h_t} \tag{12－12}$$

③ 对于倾斜矿体, 若$\alpha=\varphi$, $\tan\varphi\cot\alpha=\pm1$, 则式(12－9)转化为:

$$n_k\begin{cases}=\dfrac{m}{2(b+h_t\cot\alpha_t)}, & \delta=\alpha\text{(即从下盘向上盘推过)}\\ \to+\infty, & \delta=180°-\alpha\text{(即从上盘向下盘推过)}\end{cases} \tag{12－13}$$

式中, $n_k\to+\infty$在实际中意味着工作帮上全是采矿台阶。比如, 倾斜矿体顶板全部出露的山坡露天矿。

(2) 对于多矿体矿床, 式(12－9)中的N_0为各矿体中工作帮坡线的水平投影宽度之和。设n为矿体数目, N_j为矿体j中工作帮坡线的水平投影宽度, 则有

$$N_0=\sum_{j=1}^{n}N_j \tag{12－14}$$

12.1.4.2 按采矿工程垂直延深速度确定生产能力

露天矿在生产过程中, 工作线不断向前推进, 开采水平不断下降, 直至最终境界。通常用矿山工程(或工作线)水平推进速度和矿山工程垂直延深速度两个指标来表示开采强度。

如图12－2所示, 矿山工程水平推进速度v_t(m/a), 是指工作帮或工作线的水平位移速度。延深速度有两个概念: 一是矿山工程(垂直)延深速度v_y(m/a), 是指矿山工程(或工作帮)在其延深方向(两相邻水平开段沟位置错动方向)的垂直位移速度; 另一是采矿工程(垂直)延深速度v_k(m/a), 指矿山工程(或工作帮)在矿体倾斜方向的垂直位移速度, 即相当于开采矿体水平截面的垂直位移速度。

露天矿按采矿工程(垂直)延深速度可能达到的矿石生产能力可采用下式计算:

$$A=\frac{v_k}{h_t}A_c\eta'=v_kS\gamma\eta' \tag{12－15}$$

式中：A_c——具有代表性的台阶水平分层矿量，t；

η'——露天开采的矿石表观回收率，%；

S——具有代表性的矿体水平截面面积，m^2；

γ——矿石体重，t/m^3。

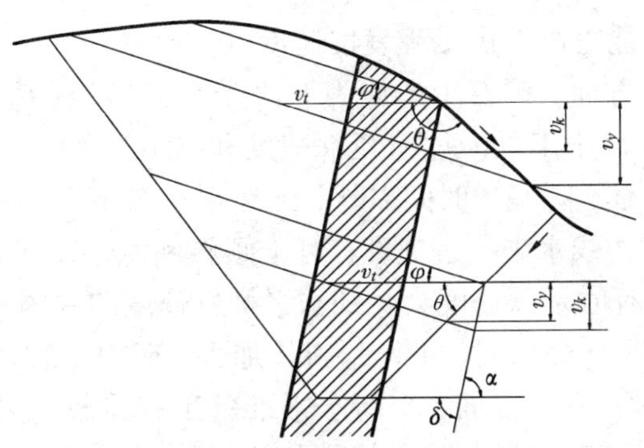

图 12－2　矿山工程垂直延深速度和水平推进速度与采矿工程垂直延深速度的关系

（工作线由下盘向上盘推进，即 $\delta=\alpha$）

采矿工程（垂直）延深速度取决于或受制于矿山工程水平推进速度和矿山工程（垂直）延深速度。如图 12－2 所示，对于倾斜矿体工作线单侧推进的纵向采剥法，上述三者存在下述关系：

$$v_k=\frac{1}{\cot\varphi+\cot\delta}v_t \tag{12-16}$$

$$v_t=(\cot\varphi+\cot\theta)v_y \tag{12-17}$$

$$v_k=\frac{\cot\varphi+\cot\theta}{\cot\varphi+\cot\delta}v_y \tag{12-18}$$

式中：$\theta(0°\sim180°)$为矿山工程延深角，即矿山工程（或工作帮）延深方向与水平推进方向的夹角，（°）；

由上述一组关系式，可得到采矿工程（垂直）延深速度 v_k 的制约关系式：

$$v_k=\min\left\{\frac{\cot\varphi+\cot\theta}{\cot\varphi+\cot\delta'}v_y,\ \frac{1}{\cot\varphi+\cot\delta}v_t\right\} \tag{12-19}$$

在某些采剥方法中，v_k 与 v_y 或 v_t 的关系难以定量描述，因此，可令 $v_k=v_y$。

矿山工程（垂直）延深速度 v_y 与新水平准备时间 t_x（a）和水平分层高度或工作台阶高度 h_t（m）有关。

新水平准备时间是指现工作水平开始掘出入沟至下一水平开始掘出入沟的间隔时间，或者说是指开辟新水平的持续时间。新水平准备的工程量包括掘出入沟、掘开段沟以及为下一水平掘出入沟提供必要空间所需的扩帮。可通过新水平准备时间与相应的水平分层高度计算矿山工程（垂直）延深速度，即：

$$v_y=h_t/t_x \tag{12-20}$$

在矿床开采设计中，矿山工程（垂直）延深速度和新水平准备时间可以采用类比法选取。

新水平准备时间也可以通过编制新水平准备工程进度计划来确定。

矿山工程水平推进速度 v_t 取决于工作帮上可能布置的挖掘机工作面数目 n_g 和工作帮的垂直投影面积 S_z(m²)。设工作面 i 的挖掘机实际生产能力为 $Q_{s.i}$(m³/a)，则有：

$$v_t = \frac{1}{S_z}\left(\sum_{i=1}^{n_g} Q_{s.i}\right) \tag{12-21}$$

12.1.4.3　**矿石生产能力与矿山工程发展速度**

在矿床开采技术条件方面，矿石生产能力取决于采矿工程(垂直)延深速度，采矿工程(垂直)延深速度又受制于矿山工程(垂直)延深速度和矿山工程水平推进速度。

对于水平和近水平矿体，除基建时间以外，工作帮一般不存在延深的问题，此时露天矿的生产能力主要受制于工作线水平推进速度；对于倾斜和急倾斜矿体，在投产之后，延深速度快意味着采矿量大，但有时延深速度会受到水平推进速度的制约。

总体而言：当生产剥采比较大时，工作帮斜长加大，矿山工程水平推进速度会成为矿石生产能力的主导制约因素；另一方面，当新水平准备工程量较大或掘沟工艺方法效率低下时，新水平准备时间延长，矿山工程(垂直)延深速度可能成为制约矿石生产能力的瓶颈。必要时，可以通过改变开采程序或开采参数来调控矿山工程(垂直)延深速度与矿山工程水平推进速度的关系。

12.1.5　按经济合理条件确定生产能力

对于技术上可能的生产能力，尚需按经济合理条件进行优化，以寻求经济上最佳的生产能力。

在市场经济体制下，矿山企业生产经营的主要目标是获得最大经济效益。矿山建设项目动态经济评价的主要指标是净现值(*NPV*)。净现值是指矿山建设项目各时期净收益的现值总额，或指在寿命期内投入的现值总额 PV_{out} 与产出的现值总额 PV_{in} 的差额，即：

$$NPV = -PV_{\text{out}} + PV_{\text{in}} \tag{12-22}$$

假设：矿山建设项目的基建期为 $n(a)$；包括基建期在内的矿山寿命为 $N(a)$；开始有销售收入的年份为 m；第 i 年的基建投资为 C_i；第 j 年的净现金流量，即销售收入减去生产成本和税收的余额为 F_j；折现率为 d。则有：

$$PV_{\text{out}} = \sum_{i=0}^{n-1} \frac{C_i}{(1+d)^i} \tag{12-23}$$

$$PV_{\text{in}} = \sum_{j=m}^{N} \frac{F_j}{(1+d)^j} \tag{12-24}$$

按一般规律分析：随着生产能力的增加，基建投资 C_i 及其现值 PV_{out} 随之增加；另一方面，在一定范围内生产能力的增加会提高年销售收入，同时降低单位生产成本，故各年的现金流量 F_j 及其现值 PV_{in} 也随之增加。PV_{out}、PV_{in} 和 *NPV* 与生产能力的关系如图 12-3 所示。

从图中可以看出，生产能力太低时，由于正现值 PV_{in} 太小，不足以抵消负现值，*NPV* 为负。如果生产能力太高，由于投资太大而导致负现值大于正现值，*NPV* 也为负。因此，对于给定的开采矿量及其品位，可通过寻求使 *NPV* 最大的矿山生产能力建设方案，来确定最优生产能力 A^*。

需要指出的是，由于选矿厂的生产能力是一定的，采场的矿石生产能力在矿山寿命期一

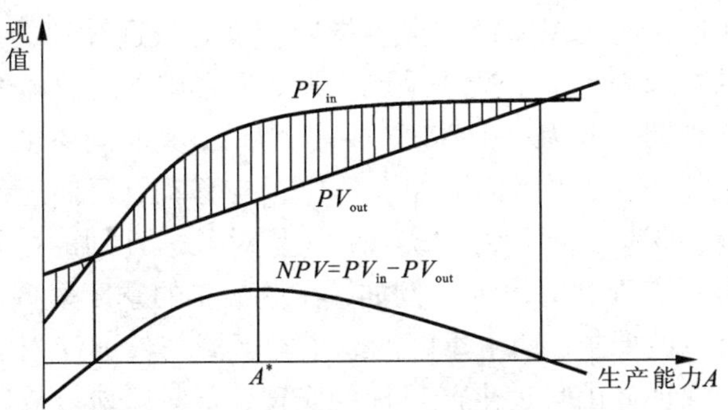

图 12 – 3 NPV 与生产能力关系示意图

般被看做不变的常数。由于受市场变化以及矿床中矿物品位分布特点的影响，恒定不变的矿石生产能力并非总是使矿床开采总效益(*NPV*)最大的最佳选择。从纯经济角度讲，生产能力的确定是要找出使 *NPV* 最大的各个生产时期的生产能力。

12.2 露天矿采掘进度计划编制

露天矿采掘进度计划是矿山建设和生产的安排，是以图表形式定量描述露天矿山工程在开采时间和空间上的发展进程，验证落实露天矿生产能力和生产剥采比等各项技术决策。

采掘进度计划编制是露天矿设计的重要工作内容，是保障露天矿快速有序建设，持续均衡生产、经济高效运营的必要技术措施。在露天矿开采期间，境界内的矿岩量逐渐消失，工作空间位置不断移动，矿床赋存条件、矿石品种、矿岩性质等不断变化，各个工作环节的内容、要求也随着时间的推移不断改变。为了使生产具有预见性和可靠性，必须编制采掘进度计划。

本节对国内外采掘进度计划编制的一般方法与步骤进行简要介绍。

12.2.1 露天矿采掘进度计划的编制目标与分类

编制露天矿采掘进度计划的总目标是确定一个技术上可行且使矿床开采总体经济效益达到最大、贯穿于整个矿山开采寿命期的矿岩采剥顺序。从动态经济的观点出发，所谓矿床开采的总体经济效益最大，就是使矿床开采中实现的总净现值(*NPV*)最大。所谓技术上可行，是指采掘进度计划必须满足一系列技术上的约束条件，主要包括：

① 在每一个计划期内为选矿厂提供较为稳定的矿石量和入选品位。

② 每一计划期的矿岩采剥量应与可利用的采剥设备生产能力相适应。

③ 各台阶水平的推进必须满足正常生产要求的时空发展关系，即最小工作平盘宽度、安全平台宽度、工作台阶的超前关系、采场延深与台阶水平推进速度的关系等。

依据每一计划期的时间长度和计划总时间跨度，露天矿采掘计划可分为长远计划、短期计划和日常作业计划。

长远计划的每一计划期一般为一年，计划总时间跨度为矿山整个开采寿命。长远计划是确定矿山基建规模、不同时期的设备、人力和物资需求、财务收支和设备添置与更新等的基本依据，也是对矿山项目进行可行性评价的重要资料。长远计划基本上确定了矿山的整体生产目标与开采顺序，并且为制定短期计划提供指导。没有长远计划的指导，短期计划就会没有“远见”，出现所谓的“短期行为”，造成采剥失调，损害矿山的总体经济效益。

短期计划的一个计划期一般为一个季度(或几个月)，其时间跨度一般为一年。短期计划除考虑前述的技术约束外，还必须考虑诸如设备位置与移动、短期配矿、运输通道等更为具体的约束条件。短期计划既是长远计划的实现，又是对长远计划的可行性的检验。有时，短期计划会与长远计划有一定程度的出入。例如，在做某年的季度采掘计划时，为满足每一季度选厂对矿石产量与品位的要求，四个季度的总采剥区域与长远计划中确定的同一年的采剥区域不能完全重合。为保证矿山长远生产目标的实现，短期计划与长远计划之间的偏差应尽可能小。若偏差较大，说明长远计划难以实现，应对之进行适当调整。

日常作业计划一般指月、周、日采掘计划，它是短期计划的具体实现，为矿山的日常生产提供具体作业指令。

我国矿山设计院为新矿山做的采掘进度计划属于上述的长远计划。生产矿山编制的计划一般分为五年(或三年)计划、年计划、月计划、旬(周)计划和日(班)计划。

本节主要介绍矿山设计中的长远计划编制。

12.2.2 编制露天矿长远采掘进度计划的传统方法

目前国内编制采掘进度计划仍以手工方法为主，虽然计算机在近几年开始被应用到这一工作中，但在方法上仍无根本改变，计算机只是辅助手工设计，所起的作用被一些工程师称为“计算器加求积仪”。

12.2.2.1 编制露天矿采掘进度计划需要的资料

手工法编制露天矿采掘进度计划所需的基础资料主要有：

① 地形地质图。图上绘有矿区地形等高线和主要地貌、地质特征。对于扩建或改建矿山还需开采现状图。图纸比例一般为1∶1000或1∶2000。

② 地质分层平面图。图上绘有每一台阶水平的矿床地质界线(包括矿岩界线)和最终开采境界线、出入沟和开段沟位置。图纸比例一般为1∶1000或1∶2000。

③ 分层矿岩量表。表中列出露天矿最终开采境界各分层的矿、岩种类和数量。

④ 开采要素。包括台阶高度、采掘带宽度、采区长度和最小工作平盘宽度及运输道路要素(宽度和坡度)等。

⑤ 露天矿开采程序(采剥方法)。台阶推进方式、采场延深方式、沟道几何要素。

⑥ 矿石回收率和矿石贫化率。

⑦ 挖掘机数量及其生产能力。

⑧ 矿山设计生产能力、逐年生产剥采比、储备矿量保有期和规定的投产标准。

12.2.2.2 露天矿采掘进度计划的内容和编制方法

编制采掘进度计划从基建第一年开始逐年进行，主要工作是确定各水平的年末工作线位置、各年的矿岩采剥量和相应的挖掘机配置。

露天矿采掘进度计划的内容及其编制方法分述如下：

(1) 具有年末工作线位置的分层平面图

具有年末工作线位置的分层平面图如图12-4所示。分层平面图上有逐年的矿岩量、作业的挖掘机数量和台号、出入沟和开段沟的位置、矿岩分界面、开采境界以及年末工作线位置等。

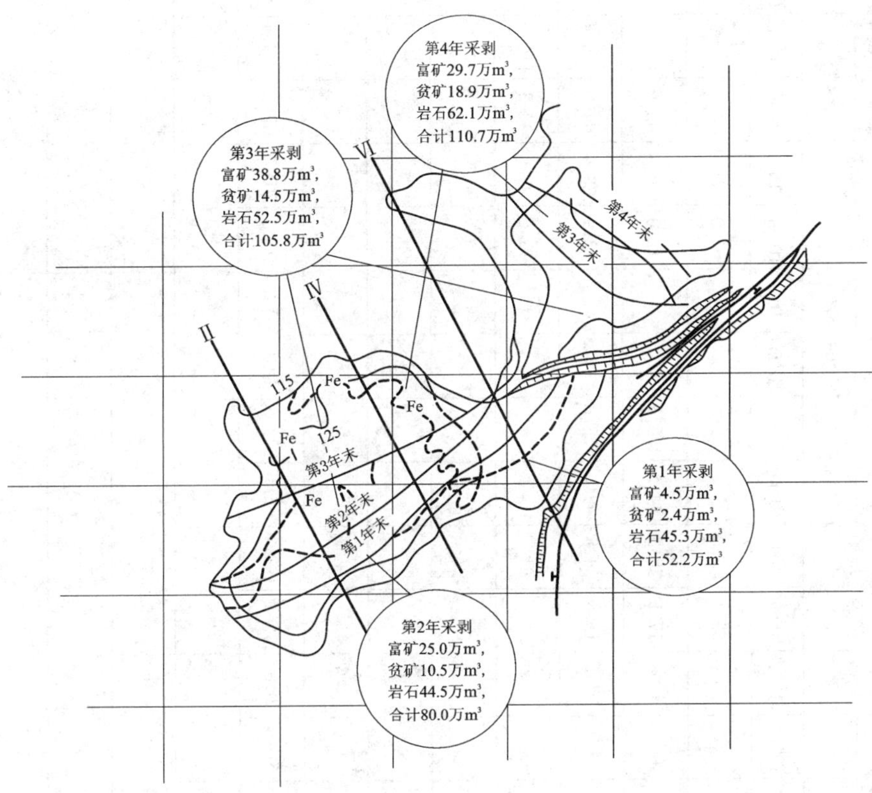

图 12－4　某露天铁矿 +115 m 水平分层平面图

绘制具有年末工作线位置的分层平面图，是为了确定各分层作为新水平投入生产的时间和各年末的工作线位置，可逐年逐水平依次进行。根据拟定的开采程序（采剥方法）、矿石生产能力及均衡生产剥采比、矿山基建开工时间和所配置挖掘机的实际年生产能力，从露天矿上部第一个水平分层平面图开始，对各开采分层的矿岩量进行划分，拟出各年的开采区域，便可画出该开采分层年末工作线的起始和终止位置。

在确定年末工作线位置时，应综合考虑采掘对象和作业方式对挖掘机效率的影响、矿山工程延深与扩帮的关系、矿石回收率、矿石贫化率及矿石产量与质量要求、最小工作平盘宽度及上下相邻水平的时空关系、储备矿量的大小、开拓运输线路通畅等因素。

可以看出，绘制具有年末工作线位置的分层平面图是一个试错过程，年末工作线的合理位置往往需要多次调整才能得以确定。借助于计算机辅助设计软件，则可以加速这一过程。

（2）采掘进度计划表

采掘进度计划表如表 12－2 所示。该表为二维表格，表体的行表示开采分层、表体的列表示开采年度。表中内容主要包括各开采分层的采掘工程量（出入沟、开段沟和扩帮工程量）、各开采年度的矿岩采剥量、挖掘机的配置和调动情况等。

表 12－2　某露天矿排土作业进度计划表(部分)

采场开采水平/m	剥离总量						第一年						第二年						第三年					
	覆盖土		岩土		总量		覆盖土堆场		东排土场(1#)				覆盖土堆场		东排土场(1#)				覆盖土堆场		东排土场(1#)			
									435 台阶		395 台阶				435 台阶		395 台阶				435 台阶		395 台阶	
	10^4m^3	104t	10^4m^3	10^4t	10^4m^3	10^4t	10^4m^3	10^4t	10^4m^3	104t	10^4m^3	10^4t	10^4m^3	104t	10^4m^3	10I4t	10^4m^3	10^4t	10^4m^3	10^4t	10^4m^3	10^4t	10^4m^3	10^4t
地表~446	204.8	450.6			204.8	450.6	54.5	119.9					53.1	116.8					55.0	121.0				
446~434	53.2	117.0	187.4	487.2	240.6	604.2	23.7	52.1	32.3	84.0			17.5	38.5	44.5	115.7			12.0	26.4	48.6	126.4		
434~422	28.7	63.1	304.3	791.1	333.0	854.2							15.8	34.8	47.6	123.8			12.9	28.4	44.0	114.4		
422~410	13.6	29.9	398.3	1035.6	411.9	1065.5													13.6	29.9	42.3	110.0		
410~398			476.6	1239.2	476.6	1239.2																		
398~386			521.0	1354.5	521.0	1354.5																		
386~374			535.5	1391.3	535.5	1391.3																		
小计	300.3	660.6	2423.1	6298.9	2723.4	6959.5	78.2	172.0	32.3	84.0	0.0	0.0	86.4	190.1	92.1	239.5	0.0	0.0	93.5	205.7	134.9	350.8	0.0	0.0
备注： 1. 本表剥离物体积均为实体体积，容重：岩石平均为 2.6 t/m^3，覆盖土平均为 2.2 t/m^3； 2. 本表未包括备用排弃线数量。			排土线数量(条)				1		1				1		1				1		1			
			排土线数量合计(条)				2						2						2					
			转排设备数量合计(台)				2						2						2					
			全年剥离(排弃)总量		$\times10^4m^3$		110.5						178.5						228.4					
					$\times10^4t$		256.0						429.6						556.5					

采掘进度计划表应逐年编制，编到设计计算年以后3～5年，以后的产量以年或五年为单位粗略确定。在特殊情况下，如分期开采的矿山，则应编制整个生产时期。

所谓设计计算年是矿石已达到规定的生产能力和以均衡生产剥采比开始生产的年度，其采剥总量开始达到最大值。计算年的采剥总量是矿山设备、动力、材料消耗、人员编制和建设规模等计算的依据。

编制采掘进度计划表，主要是以横道线的形式描述挖掘机运行及调度的轨迹。在绘制具有年末工作线位置的分层平面图的同时编制本表。按照分层平面图拟定的方案，在该表表体中以横道线的位置、长短和错动分别表示挖掘机的作业水平、作业起止与持续时间和调动情况，以横道线的颜色或样式表示挖掘机的作业方式，并以横道线上方标注的分段数字表明各分层挖掘机的岩、矿及其矿种的采掘量和采剥量。表格中矿、岩采剥量按行累计应与各分层计算矿、岩量吻合，按列累计需与各年度计划采剥量相符。表中还可以统计主要采掘设备数量、剥采比和储备矿量，确定新水平准备、投产、达产和设计计算年的时间等。

(3) 露天矿采场年末综合平面图

露天矿采场年末开采综合平面图如图12－5所示，图上绘有采场各分层的工作台阶、出入沟和开段沟、挖掘机的位置及数量、地形、矿岩分界线、开采境界和铁路运输时的运输站线设置等。

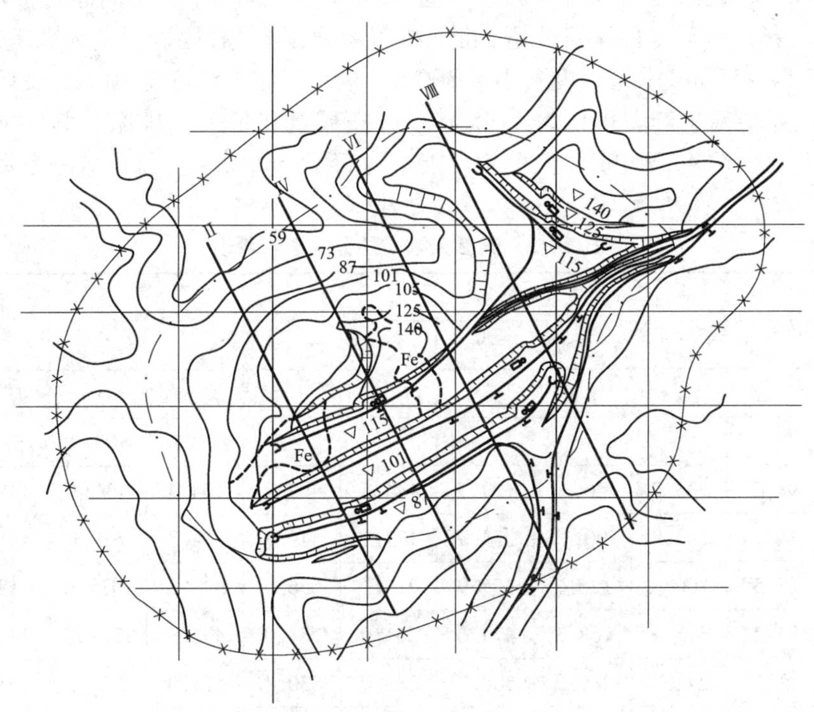

图12－5　某露天铁矿第3年年末采场综合平面图

采场年末综合平面图可以反映该年末的采场现状。该图每年或隔年绘制一张，直到计算年。

采场年末综合平面图是以地质地形图和分层平面图为基础绘制而成的。在该图上先绘出采场以外的地形、开拓运输坑线、相关站场，然后将同年末各分层状态(平台或工作面位置、已揭露的矿岩界线、设备布置、运输线和会让站等)投影到图上。图中可以看出该年各分层的开采状况，各分层之间的相互超前关系。

(4) 逐年产量发展曲线和图表

逐年产量发展曲线如图 12 -6 所示，图中绘有露天矿寿命期内每年矿石开采量、岩石剥离量和矿岩采剥总量三条曲线；逐年产量发展表如表 12 -4 所示，表中填写露天矿寿命期内每年的矿石及其矿种开采量、岩石剥离量和矿岩采剥总量，以及采掘设备类型和数量。

逐年产量发展曲线和逐年产量发展表是将采掘进度计划表中相关的矿岩量整理之后分别绘制和填写的。逐年产量发展曲线是绘在横坐标表示开采年度、纵坐标表示采剥量的坐标系内，逐年产量发展表是以行表示开采矿岩类别、列表示开采年度。

采掘进度计划只编制到设计计算年以后 3 ~5 年，后续历年产量可按各水平矿石量比例及剥采比推算。

(5) 文字说明

露天矿采掘进度计划的编制需对编制原则、编制依据和编制要求等相关事项作必要的文字说明。

12.2.2.3 采掘进度计划编制案例

某露天铁矿以山坡露天矿为主，开采标高 +155 m ~ +30 m，封闭圈标高 +59 m，分层矿岩量表见表 12 -3。该矿采用铁路开拓、准轨机车运输，开采程序以固定沟纵向采剥法为主，工作台阶高度 14 ~15 m、采区长度不小于 300 m、最小工作平盘宽度 80 m，设计矿石年产量为 400 万 t、最大均衡生产剥采比为 1.45 t/t，开拓矿量和备采矿量保有期分别为 2.0 a 和 0.5 a，采装设备为 W -4 型电铲、实际生产能力为 55 万 m^3/台年、掘沟效率系数为 0.75。

表 12 -3 某露天铁矿的分层矿岩量表

工作水平	矿石						岩石		矿岩合计	
	富矿		贫矿		合计					
	万 m^3	万 t	万 m^3	万 t	万 m^3	万 t	万 m^3	万 t	万 m^3	万 t
140 以上							41.5	107.9	41.5	107.9
140 ~115	98.0	333.2	46.3	129.7	144.3	462.9	204.4	531.4	348.7	994.3
115 ~101	86.7	294.8	90.5	254.9	177.2	549.7	304.3	791.1	481.5	1340.8
101 ~87	88.5	300.6	126.6	355.9	215.1	656.5	398.3	1035.6	613.4	1692.1
87 ~73	92.2	313.4	168.8	474.6	261.0	788.0	476.6	1239.2	737.6	2027.2
73 ~59	71.1	241.7	210.9	588.7	282.0	830.4	521.0	1354.5	803.0	2184.9
59 ~45	46.8	159.2	219.1	601.9	265.9	761.1	496.2	1290.1	762.1	2051.2
45 ~30	58.4	198.5	232.8	641.4	291.2	839.9	447.1	1162.5	738.3	2002.4
合计	541.7	1841.4	1095	3047.1	1636.7	4888.5	2889.4	7512.3	4526.1	12400.8

在该露天铁矿的开采设计中，按上述方法编制了采掘进度计划。其中：+115 m 水平分

层平面图见图 12－4，采掘进度计划表见表 12－2，第 3 年年末采场综合平面图见图 12－5，逐年产量发展图表分别见图 12－6 和表 12－4。

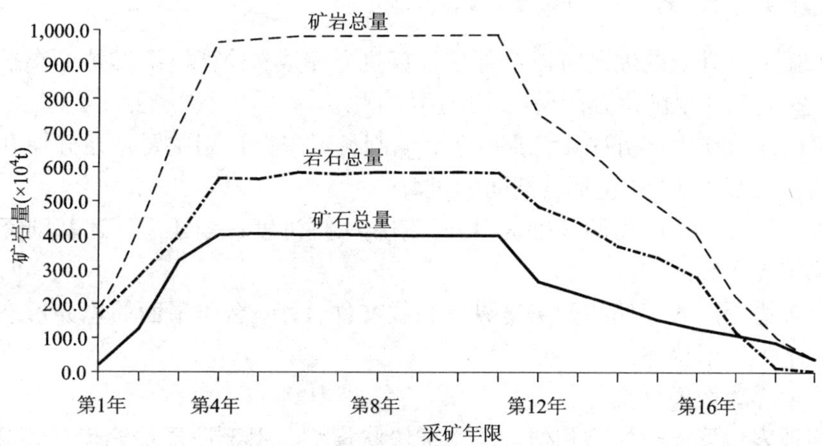

图 12－6 某露天矿逐年产量发展曲线

表 12－4 某露天铁矿年产量发展表

项目		开采年度									
		第 1 年	第 2 年	第 3 年	第 4 年	第 5 年	第 6 年	第 7 年	第 8 年	第 9 年	第 10 年
富矿	万 t	15.3	85.7	214.5	216.6	190.1	189.0	148.7	137.0	130.2	126.8
贫矿	万 t	6.7	40.9	111.2	184.8	215.0	213.1	254.5	263.2	269.8	273.2
矿石合计	万 t	22.0	126.6	325.7	401.4	405.1	402.1	403.2	400.2	400.0	400.0
岩石	万 t	164.6	280.0	399.4	566.8	563.9	583.7	578.8	584.5	583.3	585.3
矿岩合计	万 t	186.6	406.6	725.1	968.2	969.0	985.8	982.0	984.7	983.3	985.3
剥采比	t/t	7.48	2.21	1.23	1.41	1.39	1.45	1.44	1.46	1.46	1.46
W－4 型电铲	台	3	5	6	7	7	7	7	7	7	7

项目		开采年度									合计
		第 11 年	第 12 年	第 13 年	第 14 年	第 15 年	第 16 年	第 17 年	第 18 年	第 19 年	
富矿	万 t	108.8	75.3	65.6	53.9	39.7	25.8	15.3	3.1	0	1841.4
贫矿	万 t	291.0	189.9	164.6	139.5	113.6	102.2	93	82.9	38	3047.1
矿石合计	万 t	399.8	265.2	230.2	193.4	153.3	128	108.3	86	38	4888.5
岩石	万 t	583.0	483.7	438.0	369	336	278	118	13	3.3	7512.3
矿岩合计	万 t	982.8	748.9	668.2	562.4	489.3	406	226.3	99	41.3	12400.8
剥采比	t/t	1.46	1.82	1.90	1.91	2.19	2.17	1.09	0.15	0.09	1.54
W－4 型电铲	台	7	6	5	4	4	3	2	1	1	

由于该露天铁矿服务年限不长，采掘进度计划只编排到第 8 年，第 8 年后历年产量、生产剥采比等，仍逐年在分层平面图上确定。

12.2.3 国外编制采掘进度计划的方法

露天矿采掘进度计划的编制可以全部在计算机上完成，计算机不仅是工作平台和设计手段，而且使一些生产计划优化方法得到了应用。

发达国家的露天矿大部分采用分期开采，编制长远采掘计划主要是在分期开采境界内确定每个分期的台阶开采顺序(包括分期间的过渡)。

除露天开采境界设计所需的基础资料外，编制采掘进度计划还需下述基础资料：

(1) 开采境界等高线文件

即以闭合多边形形式存储的开采境界等高线文件，每一台阶平面的境界形态用位于台阶中线水平的一组多边形描述。

(2) 开采境界离散模型文件

该模型与地表地形离散模型相似，是二维块状模型，用于记录最终境界在 $X-Y$ 平面上每一模块中心处的标高。

(3) 已知数据与约束条件文件

文件中存有编制采掘计划需要考虑的所有约束条件和用到的所有数据，如最大采选能力、入选品位允许变化范围、最小工作平盘宽度、台阶要素、道路要素、价格、成本等。

设有虚拟的矿床块体模型横剖面如图 12－7 所示，按 3.6.3 中确定的露天分期开采境界序列{C_7，C_3，C_2}(闭包定义见露天开采境界相关章节)，矿床拟分 3 期开采。最终境界划分为 16 个开采分层，由块体净值换算的经济合理剥采比为 7 m³/m³，每个块体的矿岩量为 16 Mt，按泰勒公式(12－4)计算结果拟定矿石生产能力为 3.0 Mt/a。下面以此为例介绍编制采掘进度计划的一般步骤。

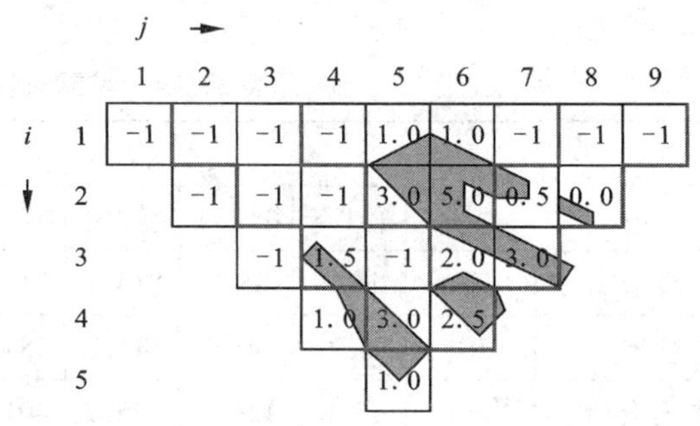

图 12－7　矿床露天分期开采境界横剖面

第 1 步：矿岩量计算。依据块体矿岩量和分期开采境界在各分层的境界线，计算每一分层在各开采分期境界内的矿岩量，开采境界分期分层矿岩量见表 12－5。

第 2 步：绘制已开拓矿量曲线与累积矿岩量曲线。为简单起见，设定下述开采程序：

① 矿山投产后，便按设计矿石生产能力 3.0 Mt/a 持续生产；

② 各分期境界内的矿量需在开拓完毕(即本分期覆盖岩层全部剥离)后，方可开采(开拓完毕的各分期境界内的矿量称为已开拓矿量)；

③ 各分期境界内的矿石依次开采，即一个分期的矿石采完后方可开采下一个分期的矿石。

由上述开采程序可见：

① 每个开采分期可分为剥离和回采两个时段。剥离时段仅剥离覆盖岩层，回采时段既要开采已开拓矿量又要剥离围岩。从表 12－5 可以看出，A、B 和 C 三个开采分期的覆盖岩层

分别为 02、04 和 09 分层及其以上的岩石量，即分别为 32 Mt、32 Mt 和 72 Mt，剩余的是围岩；

表 12 – 5 开采境界分期分层矿岩量表(Mt)

分层	A 分期		B 分期		C 分期		全境界		
	岩石	矿石	岩石	矿石	岩石	矿石	岩石	矿石	矿岩
01	16.0		8.0		8.0		32.0		32.0
02	16.0		8.0		8.0		32.0		32.0
03	14.0	2.0	8.0		8.0		30.0	2.0	32.0
04	10.0	6.0	8.0		8.0		26.0	6.0	32.0
05	0.5	7.5	7.0	1.0	8.0		15.5	8.5	24.0
06	2.5	5.5	6.0	2.0	8.0		16.5	7.5	24.0
07	4.5	3.5	7.0	1.0	8.0		19.5	4.5	24.0
08	4.5	3.5	7.0	1.0	8.0		19.5	4.5	24.0
09			4.0	4.0	8.0		12.0	4.0	16.0
10			4.0	4.0	7.0	1.0	11.0	5.0	16.0
11			5.0	3.0	6.0	2.0	11.0	5.0	16.0
12			5.0	3.0	6.0	2.0	11.0	5.0	16.0
13					4.0	4.0	4.0	4.0	8.0
14					4.0	4.0	4.0	4.0	8.0
15					5.0	3.0	5.0	3.0	8.0
16					4.5	3.5	4.5	3.5	8.0
合计	68.0	28.0	77.0	19.0	108.5	19.5	253.5	66.5	320
剥采比	n_z = 2.43		n_z = 4.05		n_z = 5.56		n_p = 3.81		

② 每个开采分期的剥离时段与上一个开采分期的回采时段并行，A 开采分期的剥离时段为基建期；

③ 每个开采分期的回采时段长度等于本开采分期矿石量与矿石生产能力的商。因此，A、B 和 C 三个开采分期回采时段长度分别为 9.33a、6.33a 和 6.5a，矿山服务年限为三者之和 22.16a。本例基建期取为 3a，矿山寿命期 25.16a。

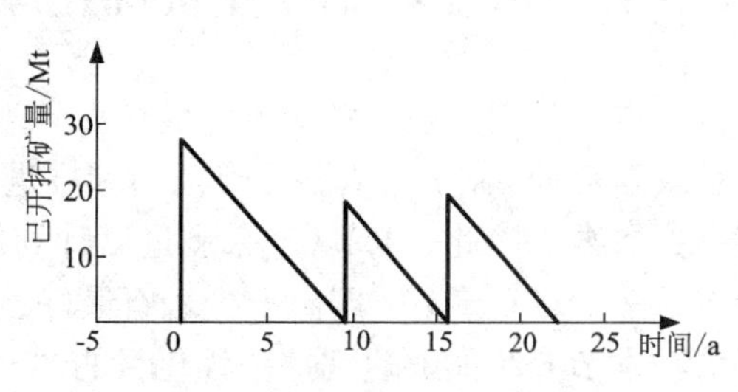

图 12 – 8 已开拓矿量曲线

综上所述，绘制的已开拓矿量曲线和累计矿岩量曲线分别如图 12 – 8 和图 12 – 9 所示(在图 12 – 9 中，每个开采分期剥离覆盖岩层为瞬时完成)。

第 3 步：试拟一个剥岩方案。最简单的剥岩方案是，在满足图 12 – 9 中所示的最小累计剥岩量要求的前提下，每期年剥离岩石量相等。这样一个剥岩方案可用位于最小累计剥岩量曲线上方的一条折线表示，如图12－9中的计划累计剥岩量曲线。

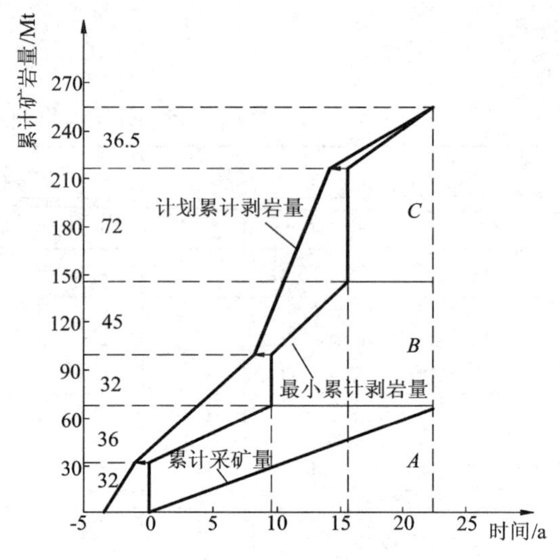

图12－9　累计矿岩量曲线

根据这一剥岩方案，第一分期的32 Mt覆盖岩层在投产前1年（－1年）被剥除，即第1分期的矿石被提前1年开拓出来。此后各分期的矿石均应提前一定时间开拓出来，提前的时间长度如图12－9中水平箭头所示。

在实际生产中，有时会遇到矿量不足（即模型的估计矿量大于实际矿量）、意外事故及生产组织欠佳等不可预见情况，可能造成矿石生产满足不了需求，甚至出现停产。为保证矿石供应，在剥岩方案中适当提前剥离是必要的。但提前剥离意味着资金的提前投入，会降低矿山项目的经济效益，故提前剥离的时间不宜太长。

第4步：绘制采剥进度计划年末工作线位置。依据试拟剥岩方案中每年的剥岩量与采矿量，在分层平面图上确定满足剥岩方案采剥量的开采区域，绘出年末工作线位置。在这一过程中，需要考虑台阶超前关系、运输道路布置等约束条件。有时由于某些条件的制约，某年（或某几年）的矿石产量难以在图纸上实现，需要对试拟剥岩方案进行适当调整。因此，年末工作线位置的绘制过程是对上一步试拟剥岩方案的检验与实现。

第5步：采剥进度计划优化。通过上述步骤得到的仅仅是一个可行的采掘进度计划。为找到较好的采掘进度计划，需要拟定多个剥岩方案（如在不同时期采用不同的剥岩速度、不同的超前时间等），进行经济比较后从中选出最佳者。由于拟定的剥岩方案数有限，很难包容最优方案，因此需要借助数学算法对采掘进度计划进行优化。

12.3　采剥进度计划计算机优化原理及方法

采剥进度计划一般是针对预定的矿石年生产能力和生产剥采比，确定每年年末工作帮的推进位置。然而，矿石、岩石生产能力和推进位置对矿山的生产效益均有重要影响，都是需要优化的参数。因此，本节中“采剥进度计划优化”指对这些参数的同时优化，回答的问题是每年开采多少矿石最好、剥离多少岩石最好、采剥什么区段最好，而“最好”的标准是总净现值最大。本节介绍能够达到这一优化目的的动态排序法优化原理和模型，该方法的基础数据是三维栅格地质品位模型，模型中每一模块的矿物品位是已知的。

12.3.1　优化定理

确定了最终开采境界后，露天开采就是从现状地表地形开始，按工作帮坡角逐年推进和延深，最后到达开采境界的过程。因此，采剥进度计划优化的本质可以归结到在最终开采境界内确定每年年末工作帮应该推进到的位置，使总净现值最大，因为一旦确定了每年年末工作帮的最佳位置，每年剥离的岩石量、开采的矿石量、所采剥的区段也就随之而定。

对于给定的最终开采境界，在境界内每年都有多个位置、形状、大小不同的区段可供开采，使工作帮推进到不同的位置，形成不同的年末采场形态，问题是采哪个区段最好。以第一年为例，假如考察该年可能的采剥总量为200万t、250万t和300万t。对于200万t的采剥量，在该境界内接近地表处有无数个区段具有200万t的采剥量，那么，究竟开采哪个区段呢？既然考虑200万t的采剥量，即使不进行经济核算，也自然会想到：最好是开采所有采剥量为200万t的区段中含有用矿物量最大者。对250万t和300万t也是如此；以后各年也类似。因此，优化的基本思想是首先对于一系列的采剥量，找出对每一采剥量而言含有用矿物量最大的区段作为候选开采区段，然后对这些候选区段进行动态经济评价，确定每年开采的最佳区段。

定义12.1：在最终境界内，如果一个采剥量为P、以工作帮坡角φ开采的区段，所含有的有用矿物量是所有采剥量和工作帮坡角相同的区段中的最大者，该区段称为对应于P和φ的地质最优开采体，用P^*表示。

如图12－10所示，假设在最终境界V内以一定的采剥量增量找出5个地质最优开采体，前4个记为P_1^*到P_4^*，最后一个就是最终境界V。在最终境界内做采剥进度计划时，这些地质最优开采体就是每年考虑推进到的不同候选位置。例如：第一年可能推进到P_1^*或P_2^*；如果选择了P_1^*，第二年推进的候选位置可能是P_2^*或P_3^*；如果第一年选择了P_2^*，第二年推进的候选位置可能是P_3^*或P_4^*；当然，无论几年采完，最后一年只能推进到最终境界V。

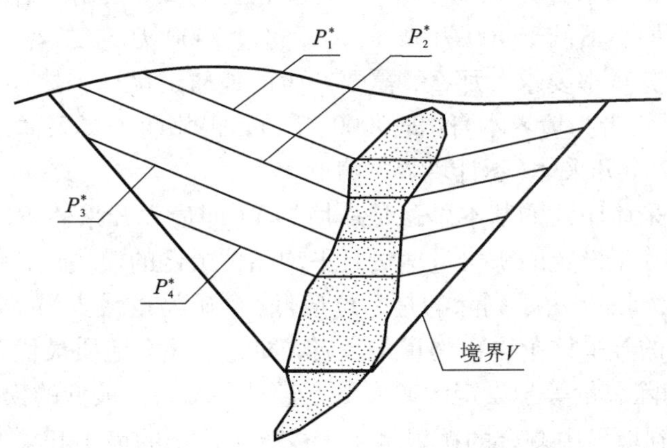

图12－10　最终境界及其内的地质最优开采体序列示意图

这样，在一个最终境界内制定采剥进度计划，就转换为一个“确定每一年推进到哪个地质最优开采体”的问题。由于开采过程是采场逐年扩大/延深的过程，所以，作为采剥进度计划候选推进位置的地质最优开采体必须是“嵌套”关系，即小的被嵌套在大的里面。

那么，以境界中的地质最优开采体序列作为采剥进度计划的候选推进位置，是否就能保证不遗漏总净现值最大的计划方案呢？以下定理给出了肯定的答案。

假设1：对所开采的矿产品来说，市场具有完全竞争性，即一个矿山生产的矿产品数量不会影响该矿产品的市场价格。

假设 2：在矿床范围内，采剥位置对现金流的影响，相对于采、剥量对现金流的影响而言很微小，可忽略不计。

假设 3：所开采的矿产品市场是相对稳定市场，真实价格上升率(除去通货膨胀上升率)不高于可比价格条件下的最小可接受的投资收益率，后者是净现值计算中的折现率。

定理 12.1 令$\{P^*\}_N$为开采境界 V 内的地质最优开采体序列，序列中的开采体数为 N，P_1^* 为最小开采体，P_N^* 为最大开采体(即开采境界 V)。如果相邻开采体之间的矿岩量增量足够小，且$\{P^*\}_N$是完全嵌套序列，那么在满足假设 1、2 和 3 的条件下，在境界 V 内使总净现值最大的最优采剥进度计划必然是$\{P^*\}_N$的一个子序列（证明略）。

定理中的“完全嵌套序列”是指序列中的每个开采体都被比它大的开采体完全包含。

定理中$\{P^*\}_N$的“子序列”是指这样一个序列$\{P^*\}_M$，$\{P^*\}_M$中的每一个境界 P_i^* ($i=1,2,\cdots,M$)都存在于母序列$\{P^*\}_N$中，显然，$M \leqslant N$。

该定理说明，一个境界内每年的最佳推进位置必然是该境界内的地质最优开采体序列中的某一个。

12.3.2 地质最优开采体序列的产生

依据以上优化思路和定理，采剥进度计划的优化首先需要在最终境界内产生一系列嵌套的地质最优开采体。

产生多少个开采体、相邻开采体之间的矿岩量的增量多大，可以根据境界内的矿石储量、废石量和要求的分辨率预先确定。例如，对于某个矿山，所设计的境界内有 3000 万 t 矿石和 6000 万 t 废石，矿岩总量为 9000 万 t、平均剥采比为 2。根据对各种条件的分析，要考虑的年矿岩生产能力最小不低于 400 万 t、最大不超过 1000 万 t，二者之间以 50 万 t 为增量就可满足生产能力的分辨率要求。那么，需要产生的地质最优开采体序列中，最小开采体的矿岩量为 400 万 t、最大者为境界本身(即 9000 万 t)，相邻两个开采体之间的矿岩量增量为 50 万 t，共需产生 172 个开采体(不计境界本身)。

产生地质最优开采体序列的基本思路是从境界 V(即最大开采体 P_N^*)开始，从境界所包含的模块中剔除总量等于设定的矿岩量增量且平均品位最低的模块集，就得到序列中倒数第二个地质最优开采体 P_{N-1}^*。由于剔除的是品位最低(含矿物量最少)的部分，得到的 P_{N-1}^* 肯定是在所有相同大小的开采体中含矿物量最大者，即它是一个地质最优开采体。然后从新得到的开采体 P_{N-1}^* 中剔除总量等于设定的矿岩量增量且平均品位最低的模块集，就得到开采体 P_{N-2}^*。依此类推，直到境界中剩余的矿岩量小于或等于设定的最小开采体 P_1^* 的采剥量。

在剔除过程中必须保持开采体的帮坡角不大于给定的最大工作帮坡角。因此，不能按单个模块来考察剔除对象，必须考查以最大工作帮坡角为倾角的锥面与水平面共同组成的锥体。以二维模型为例，假设开采境界如图 12－11 所示，模块为长方形，其高度等于台阶高度，共有 21 个模块列。设最大允许工作帮坡角为 φ，若要剔除某一模块，就必须把顶点位于该模块中心的锥体(如虚线所示)内的所有模块也剔除，否则就会形成陡于工作帮坡角的工作帮。

参照图 12－11，生成地质最优开采体序列的算法如下：

第 1 步：构造一个锥面与水平面夹角为 φ 的锥体。

第 2 步：确定要考虑的最小和最大年采剥总量及其增量(步长)，年采剥总量的增量即为相邻开采体之间的矿岩增量，简称“开采体增量”。

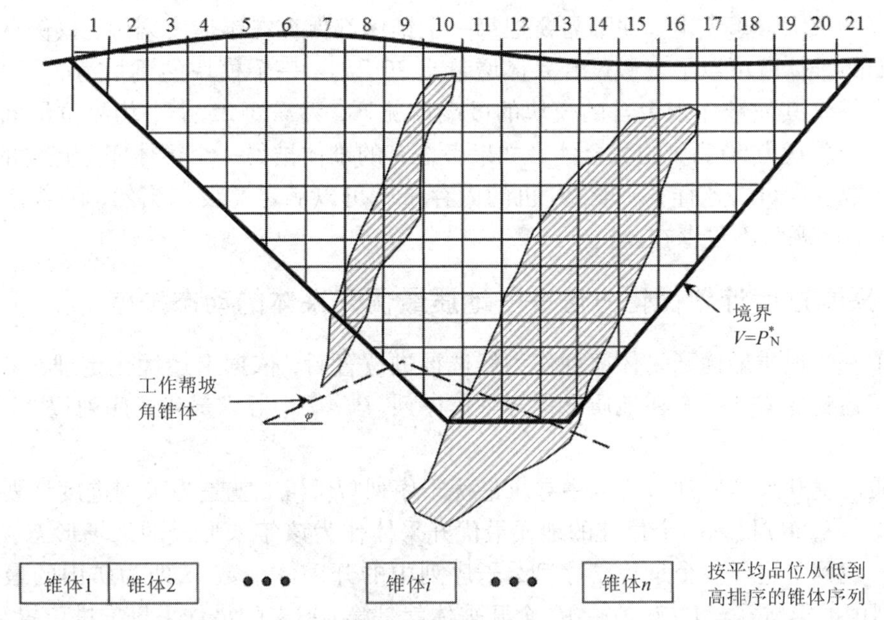

图 12－11　产生地质最优开采体的动锥删除过程示意图

第 3 步：当前开采体为最终境界，即 $P_N^* = V$。

第 4 步：取当前开采体范围内的第 1 模块列，即 $i = 1$。

第 5 步：考虑当前模块列 i 在当前开采体内最底层的模块。

第 6 步：把锥体顶点置于该模块的中心，找出落入锥体内的所有模块，计算锥体的平均品位和矿、岩量。如果锥体的矿岩总量不大于开采体增量，把锥体按平均品位置于锥体序列中，转入下一步；否则，转入第 8 步。

第 7 步：沿着同一模块列上移一个模块，如果该模块仍然在地表以下，重复第 6 步；否则，转入下一步。

第 8 步：如果当前模块列不是当前开采体范围内的最后一列，取下一个模块列，即令：$i = i + 1$，回到第 5 步；否则，转入下一步。

第 9 步：至此，得到了 n 个按平均品位从低到高排序的锥体序列。从序列中找出前 m（$m \leqslant n$）个锥体的“联合体”，联合体中不包括任何重复模块，联合体的矿岩总量约等于开采体增量。

第 10 步：把联合体中的模块从当前开采体中删除，就得到了一个新的开采体。以这一新开采体为当前开采体，如果其矿岩总量大于最小年采剥总量，回到第 4 步，产生下一个更小的开采体；否则，结束。

在算法中，由于从当前开采体中删除的是平均品位最低（含矿物量最少）的联合体，所以剩余部分是具有相同矿岩量的开采体中含矿物量最多的开采体，即地质最优开采体。又由于每一个新的（更小的）开采体是从当前开采体中去除一部分得到，所以上述循环产生的开采体序列一定是完全嵌套序列。

上述算法的核心是找出平均品位最低的、矿岩总量约等于开采体增量的锥体联合体。一个实际矿山的境界范围内可能有上万个模块列，如果把每个锥体都保存在锥体序列中，所需计算机内存会很大。事实上，并不需要把每一个锥体都保存在锥体序列中，只保存足够的平均品位最低的锥体就可以了。假设开采体增量是 50 万 t、一个模块的重量为 2 万 t。在每个锥体只包含一个其他锥体未包含的模块的极端情况下，只需要 25 个平均品位最低的锥体就可以形成一个总量为50 万 t 的联合体。如果考虑有的锥体被另一个锥体完全包含的情形，适当扩大这一数字即可。这样，一般 PC 机的内存量就可以满足需要。当然，随着计算机技术的发展，这一问题将不复存在。

12.3.3 采剥进度计划优化方法——地质最优开采体的动态排序

得到了一个地质最优开采体序列作为候选推进位置后，依据上述优化定理，采剥进度计划的优化问题就变成了一个在地质最优开采体序列$\{P^*\}_N$中寻求最优子序列$\{P^*\}_M(M\leqslant N)$的问题。

在地质最优开采体序列$\{P^*\}_N$中寻求最优子序列$\{P^*\}_M$，就是为采剥进度计划的每一年i $(i=1,2,\cdots,M)$找到一个最佳的地质最优开采体作为该年末形成的采场形态，以使总净现值最大。找到了这样一个最优子序列，子序列中的开采体个数 M 即为矿山的最佳开采寿命，子序列中的第$i(i=1,2,\cdots,M)$个开采体就是第 i 年末的最佳采场推进位置和形态(即开采顺序)，第 i 个和第 $i-1$ 个开采体之间的矿、岩量即为第 i 年的最佳采、剥量(即生产能力)。

为叙述方便，假设对一个二维小境界求得的一个地质最优开采体序列$\{P^*\}_N$，如前面图 12－10 所示，$\{P^*\}_N$包含5 个技术最优开采体(即$N=5$)：P_1^*，P_2^*，P_3^*，P_4^* 和 V，第1 个P_1^*为最小者，第 5 个为最大者(即P_5^* = 境界 V)。

为了在$\{P^*\}_5$中寻求最优子序列$\{P^*\}_M(M\leqslant 5)$，把 5 个地质最优开采体置于图 12－12 所示的动态排序网络中。

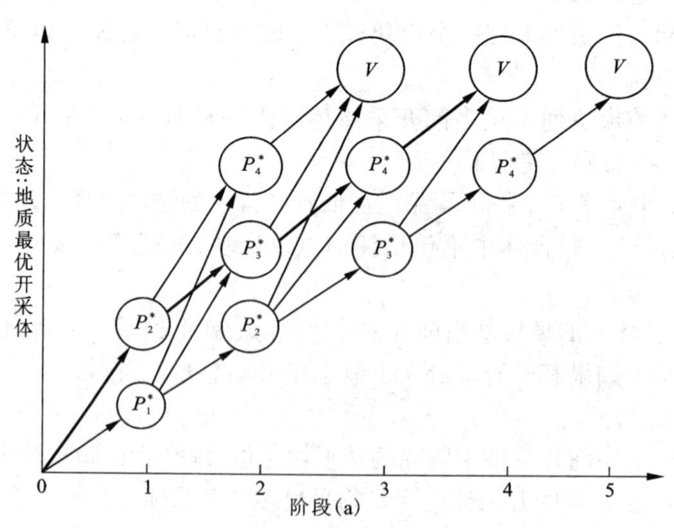

图 12－12　采剥进度计划优化的动态排序网络图

图的横轴表示阶段(a)，竖轴表示每个阶段的可能采场状态，即地质最优开采体；每个开采体为一个圆圈，圆圈的相对大小代表开采体的相对大小。第 1 年的两个开采体表示：第 1 年末可能开采到 P_1^* 也可能开采到 P_2^*。第 2 年的三个开采体表示：到第 2 年末可能开采到 P_2^*，也可能开采到 P_3^* 或 P_4^*。第 2 年末可能到达哪几个开采体，取决于第 1 年末到达的开采体：如果第 1 年末开采到 P_1^*，第 2 年末可能到达 P_2^*、P_3^* 或 P_4^*；如果第 1 年末开采到 P_2^*，第 2 年末可能到达的开采体为 P_3^* 或 P_4^*，不可能到达 P_2^*，因为这样意味着第 2 年什么也没采。其他各年也一样。

图 12 - 12 中每一条箭线表示相邻两年间一个可能的采场状态转移(即上面所说的“到达”)。由于采场是逐年扩大的，所以采场状态只能从某一年的一个开采体转移到下一年更大的一个开采体。这就是为什么每年的最小开采体(最下面的那个)随着时间的推移而增大，状态转移箭线都指向右上方。

图 12 - 12 中的每一条从 0 开始沿着一定的箭线到达最终境界 V 的路径，都是一个可能的采剥进度计划方案，该路径上的开采体组成 $\{P^*\}_5$ 的一个子序列。例如，图中粗箭线所示的路径 $0 \to P_2^* \to P_3^* \to P_4^* \to V$ 上的开采体组成的子序列为 $\{P^*\}_4 = \{P_2^*, P_3^*, P_4^*, V\}$。假设序列 $\{P^*\}_5$ 中每个开采体 P_i^* 含有的矿石量为 Q_i^*、废石量为 W_i^* $(i = 1, 2, \cdots, 5)$，其中 Q_5^* 和 W_5^* 是最终境界 V 含有的矿石量和废石量。那么，路径 $0 \to P_2^* \to P_3^* \to P_4^* \to V$ 或子序列 $\{P_2^*, P_3^*, P_4^*, V\}$ 所代表的采剥进度计划方案是：

① 开采寿命：4 年；

② 每年推进到的位置：第 1，2，3，4 年末采场依次推进到 P_2^*，P_3^*，P_4^*，V 位置(图 12 - 10 所示)，第 4 年末的采场即为最终境界；

③ 各年采、剥量：第 1 年的采矿量为 Q_2^*、剥岩量为 W_2^*，第 2 年的采矿量为 $Q_3^* - Q_2^*$、剥岩量为 $W_3^* - W_2^*$，第 3 年的采矿量为 $Q_4^* - Q_3^*$，剥岩量为 $W_4^* - W_3^*$，最后一年的采矿量为 $Q_5^* - Q_4^*$，剥岩量为 $W_5^* - W_4^*$。

这样的一个采剥进度计划方案同时给出了矿床开采寿命、各年推进位置和每年的采、剥量三大要素，并没有把某个要素作为优化其他要素的前提。总净现值最大的那条路径(即最优开采体子序列)就给出了最佳采剥进度计划方案。因此，这一动态排序优化法实现了采剥进度计划的“整体优化”。

以下介绍求解最优子序列的一般动态排序模型。

令 $\{P^*\}_N$ 为境界 V 中的地质最优开采体序列，其中最大的开采体 $P_N^* = V$。据前所述，把 $\{P^*\}_N$ 置于如图 12 - 13 所示的一般动态排序网络中。图中每一年的开采体都是从最小者一直到最大者(境界 V)。显然，前几年就采到最终境界是不合理的，这些不合理的方案在经济评价中会自动被排除。在图中包括不合理的方案是为了不失一般性。

图 12 - 13 中的任意一条路径，记为 L，是从 0 点到某年 n 的最高位置开采体(即境界 V)的一个开采体子序列。路径 L 的时间跨度为 1 到 n 年$(n \leqslant N)$，令 i_t 表示该路径上第 t 年的开采体在序列 $\{P^*\}_N$ 中的序号$(t \leqslant i_t \leqslant N;\ t = 1, 2, \cdots, n;\ i_n = N)$，也就是说，该路径上第 1 年的开采体为 $P_{i_1}^*$，第 2 年的开采体为 $P_{i_2}^*$，…，最后一年 n 的开采体为 $P_{i_n}^*$ $(P_{i_n}^* =$ 境界 $V)$。

假设所研究矿山为金属矿，最终产品为精矿。为叙述方便，定义以下符号：

$Q_i^* = \{P^*\}_N$ 中第 i 个开采体 P_i^* 含有的矿石量，$i = 1, 2, \cdots, N$；

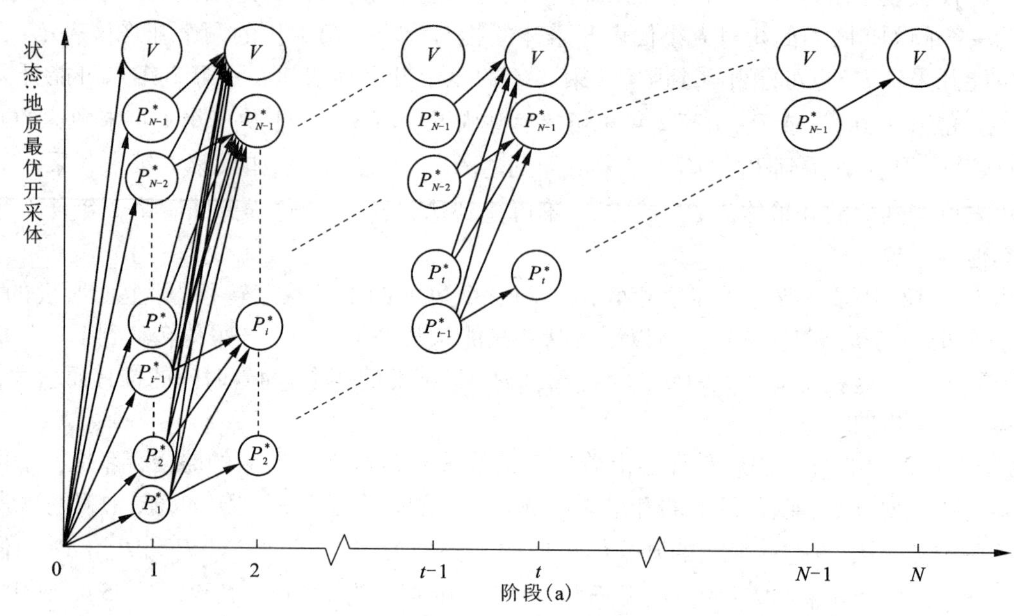

图 12-13 地质最优开采体动态排序一般模型

$G_i^* = \{P^*\}_N$中第 i 个开采体 P_i^* 含有的矿石的平均地质品位，$i = 1, 2, \cdots, N$；

$W_i^* = \{P^*\}_N$中第 i 个开采体 P_i^* 含有的废石量，$i = 1, 2, \cdots, N$；

Q_t = 某一路径 L 上第 t 年开采的矿石量，$t = 1, 2, \cdots, n$；

W_t = 某一路径 L 上第 t 年剥离的废石量，$t = 1, 2, \cdots, n$；

T_t = 某一路径 L 上第 t 年的采剥量，$t = 1, 2, \cdots, n$；

$c_m(t, T)$ = 单位采矿成本，可以是时间 t 和生产能力 T 的函数，也可以是常数；

$c_w(t, T)$ = 单位剥岩成本，可以是时间 t 和生产能力 T 的函数，也可以是常数；

$c_p(t, u)$ = 单位选矿成本，可以是时间 t 和年入选原矿量 u 的函数，也可以是常数；

$I(T)$ = 基建期各年投资折现到 0 点的现值；

P_t = 某一路径 L 上第 t 年实现的净利润（净现金流），$t = 1, 2, \cdots, n$；

NPV_L = 从 0 点沿某一条路径 L 到达路径终点（n 年）实现的总净现值；

d = 折现率；

η = 采矿回收率；

ε = 选矿回收率；

g_p = 精矿品位；

p_t = 第 t 年的精矿售价，可以是时间的函数，也可以是常数。

设基建投资的现值是路径 L 上最大年采剥量的函数，即基建投资的现值 $= I(T_{\max})$，在时间 0 点（$t = 0$）的边界条件为：$Q_0^* = 0$，$W_0^* = 0$，$NPV_0 = -I(T_{\max})$。

在第 t 年，路径 L 上的开采体为 $P_{i_t}^*$，其中的矿石量为 $Q_{i_t}^*$、废石量为 $W_{i_t}^*$；在前一年（$t-1$），路径 L 上的开采体为 $P_{i_{t-1}}^*$，其中的矿石量为 $Q_{i_{t-1}}^*$、废石量为 $W_{i_{t-1}}^*$。那么，路径 L 上第 t 年开采的矿石量为：

$$Q_t = Q^*_{i_t} - Q^*_{i_{t-1}} \tag{12-25}$$

矿石量 Q_t 的平均地质品位为：

$$\bar{g}_t = \frac{Q^*_{i_t} G^*_{i_t} - Q^*_{i_{t-1}} G^*_{i_{t-1}}}{Q^*_{i_t} - Q^*_{i_{t-1}}} \tag{12-26}$$

剥离的废石量为：

$$W_t = W^*_{i_t} - W^*_{i_{t-1}} \tag{12-27}$$

采剥量为：

$$T_t = Q_t + W_t \tag{12-28}$$

路径 L 上最大年采剥量为：

$$T_{\max} = \underset{t \in n}{\mathrm{Max}} \{ Q_t + W_t \} \tag{12-29}$$

选矿厂的入选原矿量为：

$$u_t = Q_t \eta \tag{12-30}$$

路径 L 上第 t 年实现的利润为：

$$P_t = \frac{Q_t \bar{g}_t \eta \varepsilon}{g_p} p_t - [Q_t c_m(t, T_t) + W_t c_w(t, T_t) + u_t c_p(t, u_t)] \tag{12-31}$$

从 0 点沿路径 L 到达路径的终点（n 年）实现的总净现值为：

$$NPV_L = \sum_{t=1}^{n} \left(\frac{P_t}{(1+d)^t} \right) - I(T_{\max}) \tag{12-32}$$

应用上述公式，对全部从 0 点到某年的最高位置开采体（即境界 V）的路径计算其总 NPV，总 NPV 最大的那条路径上的开采体组成了 $\{P^*\}_N$ 中的最佳开采体子序列。这样就得到了最优采剥进度计划：每年最佳的推进位置、最佳的采矿量和剥岩量、最佳矿山开采寿命。

在上述模型中可以加入预设约束条件，如最小和最大年矿石开采量、最大生产剥采比等。在计算过程中，如果一个路径 L 上某一年的矿石开采量或生产剥采比超出了预设范围，该路径被视为不可行方案，不予考虑。

这一算法是“穷尽搜索法”，如果设置的年采矿量和剥岩量的范围比较窄，单位采矿成本、剥岩成本、选矿成本和基建投资在设置的范围内可以认为不随生产能力变化，这样就满足了动态规划的“无后效应”条件，可以用动态规划算法求解。动态规划算法比穷尽搜索法节省大量的计算时间。动态规划模型及其算法在这里不作介绍，可参阅《运筹学》教材。

本章习题

1. 何谓露天矿生产能力？其主要影响因素有哪些？

2. 简述确定露天矿生产能力的方法。

3. 假如露天矿在服务年限内的矿石生产能力保持不变，其矿岩生产能力是否也保持不变？为什么？

4. 已知露天矿的开采矿量（或矿床的资源/储量）$A_0(\mathrm{t})$、平均矿石生产能力 $A(\mathrm{t})$、矿石实际回收率 η 和矿石实际贫化率 ρ：

① 给出矿山服务年限 $T(\mathrm{a})$ 的计算公式；

② 设矿石表观回收率 $\eta' = 1$，计算表 12-1 中各露天矿的服务年限 $T(a)$；

③ 用泰勒公式(12-3)估算表12-1中各露天矿的经济寿命T^*(a)。

5. 某露天石墨矿的产品石墨需求量$A_j=1.0$(万t/a)，产品石墨品位$g_p=90\%$。已知：开采矿量品位$\alpha_0=6\%$，围岩品位为零，矿石实际贫化率$\rho=10\%$，原矿运输损失率$r=2\%$，选矿回收率$\varepsilon=85\%$。试计算：

① 石墨原矿品位α'(%)；

② 石墨原矿产量A(万t/a)。

6. 分别证明式(12-16)、式(12-17)和式(12-18)适用于工作线由上盘向下盘推进(即$\delta=180°-\alpha$)的山坡露天矿和凹陷露天矿。

7. 某露天铜矿采用底帮固定沟开拓、工作线由下盘向上盘单侧推进的纵向采剥法，生产工艺为斗容7.6 m^3单斗挖掘机采装、载重68 t矿用自卸汽车运输。通过编制可知，新水平掘出入沟、掘开段沟和扩帮三项工程的工期分别为0.3、6.7和21.0个月。问该露天铜矿：

① 若掘开段沟持续1.7个月后便可开始扩帮、扩帮持续5.5个月后又可开始在下一水平掘出入沟，则新水平准备时间t_x(a)是多少？

② 若工作台阶高度$h_t=12$ m，则矿山工程(垂直)延深速度v_y(m/a)是多少？

③ 若底帮最终边坡角$\beta=45°$、矿体倾角$\alpha=60°$、工作帮坡角$\varphi=20°$，则采矿工程(垂直)延深速度v_k(m/a)是多少？

④ 若平均分层矿量$A_c=200$万t、矿石表观回收率$\eta'=1$，则平均矿石生产能力A(万t)是多少？

8. 已知某露天矿水平厚度$m=100$ m，最小工作平盘宽度25 m，挖掘机平均生产能力25×10^4t/a，工作线由上盘向下盘推进，工作线长度350 m，汽车—挖掘机要求采区长度≥150 m，试计算该露天矿可能达到的生产能力。

9. 某露天矿延深速度$v_k=13.5$ m/a，台阶高度10 m，有代表性的台阶矿量$P=85\times10^4$t，矿石回收率95%，废石混入率5%。试按延深速度验证该矿可能达到的生产能力。

10. 某露天钼矿在建设项目可行性研究报告中，提出了三个可行的建设方案。三个方案的矿石生产能力、基准投资收益率为$i_0=10\%$的NPV见表12-6。

① 绘制该露天钼矿建设项目的NPV与矿石生产能力的关系曲线图；

② 通过建设项目的NPV与生产能力的关系曲线图，确定最优矿石生产能力建设方案。

表12-6　建设方案的技术经济指标

建设方案	矿石生产能力	净现值(*NPV*)
	万t/a	元
方案A	2000	12399.1
方案B	3200	20559.0
方案C	4400	17798.6

11. 简述露天矿采掘进度计划的主要内容和编制方法。

12. 手工法编制露天矿采掘进度计划需要哪些基础资料？为什么需要这些基础资料？

13. 计算机编制采掘计划的主要方法有哪些？

14. 在 12.2.3 中介绍的采剥进度计划编制方法能否看作是一种地质最优开采体的排序法？为什么？

15. 简述生成地质最优开采体序列的算法步骤。

16. 为什么在采矿设计中常常采用动态规划？

13 现代信息技术在露天矿山的应用示例

13.1 概 述

信息科技作为一种辅助支持手段，在采矿工业中目前主要用于设计、计算和决策分析，已经由一般的数值计算发展到智能计算，由常规的数据处理发展到集成的智能决策，且已深入到采矿工程的各个领域。主要表现在如下几个方面：① 矿床赋存条件的分析与评价，如矿床模型的建立和矿床条件评价等；② 矿山开采设计规划，如矿山开采方法、开采设备的选型、矿井及露天矿开采境界的圈定、矿山生产能力及边界品位的优化、矿井及采区设计和矿区发展规划等；③ 矿山建设及项目评价，如新建或改建矿山投资项目的评价、矿井或露天矿建设过程的优化等；④ 矿山生产工艺系统，如采矿工作面生产状况分析、矿山采运系统分析、矿井通风排水系统、矿山生产系统可靠性和矿山监控系统分析等；⑤ 矿山压力及边坡稳定，如采场矿压及其控制、回采巷道布置与支护、边坡稳定分析等；⑥ 其他方面，如爆破工程、疏干排水工程和矿区环境工程研究等。

20 世纪 90 年代以来，国际上许多著名地质采矿软件公司相继开发了采矿三维可视化、调度、规划等方面的软件，如英国的 DataMine、澳大利亚 MAPTEK 公司的 Vulcan、加拿大 GEMCOM 公司的 Gemcom、澳大利亚 SSI 公司的 Surpac 等地质采矿软件，这些软件从矿床模拟、开采评估、设计规划、空间数据库的建立、三角网生成方法、三角网面模型构建方法、地质体边界的圈定和连接、储量计算方法、生产管理等多方面对矿山信息化建设起到了巨大的推动作用。

针对露天开采而言，在设计、生产计划编制和生产管理过程中，为确保矿山生产安全、持续、稳定、高效运行，信息技术的应用主要体现在如下几个方面：

（1）露天矿设计

建立矿床模型表示各种地质信息，便于计算机处理；确定露天矿生产能力，使投资和生产成本最低；露天开采境界优化设计，圈定露天矿各个时期的经济合理开采界限；露天矿开拓系统规划，建立经济有效的运输网络布局；编制露天矿采剥进度计划，寻求最佳的采剥关系和开采顺序；计算机辅助设计，将计算机的高速运算能力和设计者的智慧有机地结合在一起；露天开采过程模拟，分析开采中各种随机因素，合理确定开采设备的配置，矿山投资效果分析，预测露天矿未来的经济效益等。

（2）露天矿生产和建设

建立矿山管理信息系统，及时采集、加工及反馈生产中的各种信息；编制矿山生产计划，合理安排露天矿年、季、月、周、日的生产；管理露天矿各项生产工艺，充分发挥穿爆、装运和排岩等各项工序的工作效率；从事露天矿生产调度，监控露天矿主要设备，合理地安排设备的维修及更新；统筹安排露天矿基建施工，合理地利用人力、物力和财力，尽快完成基建任务；监测露天矿边坡，保证矿山安全等。

(3) 露天矿技术经济分析

确定矿体边界品位，合理利用矿产资源，科学配矿；控制矿山库存，合理地管理露天矿材料及备件等。

以下主要介绍信息技术在露天矿开采境界优化、采剥进度计划优化、生产调度管理等三个方面的应用示例。

13.2 露天开采境界优化与分析

本节依据某铁矿实际地质数据，采用东北大学开发的露天矿优化设计软件 OpMetalMiner，应用浮锥法进行露天开采境界优化与分析。

13.2.1 矿体及地表地形概况

某铁矿属中小型矿床，由三条矿体组成，分别命名为 Fe6、Fe7 和 Fe8，矿体平均品位 25%。依据探矿钻孔数据，矿体从 180 m 延深到最深约 -260 m。计划浅部用露天开采，深部用地下开采，并决定露天开采部分最深采到 0 m 水平。因此，本例用 0 m ~ 180 m 矿体分层平面图作为基本数据进行优化。各层矿体在 135 m、75 m、0 m 水平的分层平面图分别如图 13 -1、13 -2 和 13 -3 所示，图中阴影部分为矿体，其他界线为不同岩性的岩石。

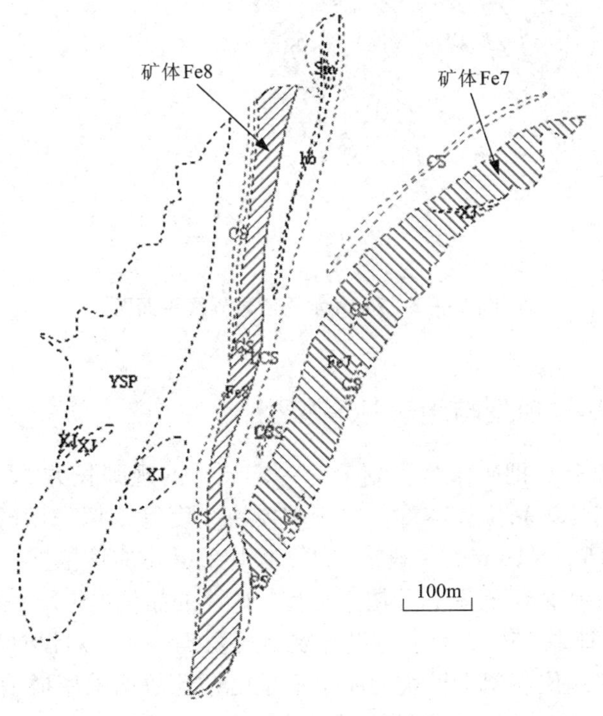

图 13 -1 135 m 水平矿岩界线平面图

境界优化的另一基础数据是地表地形，该矿区的地表地形等高线及其三维实体透视图分别如图 13 -4 和 13 -5 所示。三维实体模型是用 OpMetalMiner 基于等高线建立的。

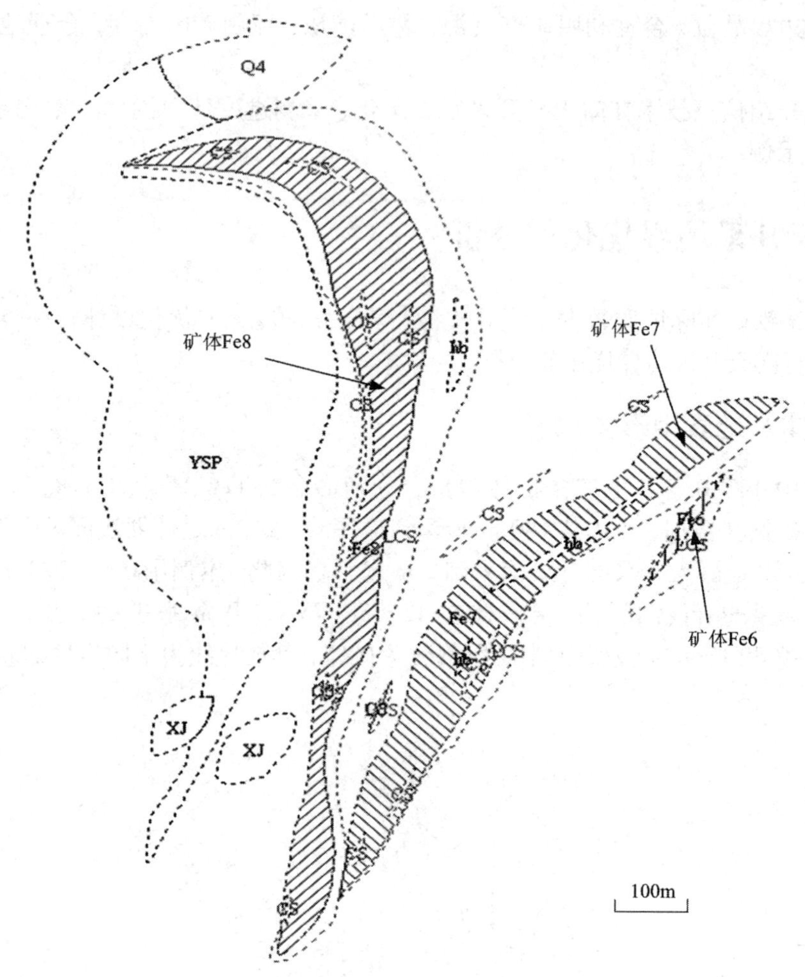

图 13－2　75 m 水平矿岩界线平面图

13.2.2　三维栅格品位模型与地表标高模型

三维栅格品位模型就是把矿床范围划分为一定尺寸的规则长方体(模块)形成的离散模型，每一模块的主要属性为品位和容重。本例中模块高度等于拟采用的台阶高度，为 15 m，模块水平方向尺寸为 16 m×16 m。一般情况下，模块的品位应该依据钻孔取样进行估值。由于设计院的设计是基于矿体剖面图和分层平面图，矿体的品位(图 13－1、13－2 和 13－3 中矿体界线内的品位)一律取 25%，为了与设计院所用数据一致，对设计院的设计方案进行检验，本例中的三维栅格品位模型中模块的品位不是由钻孔数据采用插值方法求得，而是落在矿体界线内的模块品位取 25%，落在矿体界线外的模块品位取 0%。75 m 水平的品位模型如图 13－6 所示，每一小方格为一模块，带阴影的模块为矿石模块，不带阴影的模块为岩石模块。按图中所示剖面线 I－I 切割的模型剖面如图 13－7 所示。

地表标高模型是把矿区范围的 $X-Y$ 平面划分为与品位模型同样大小(16 m×16 m)的二

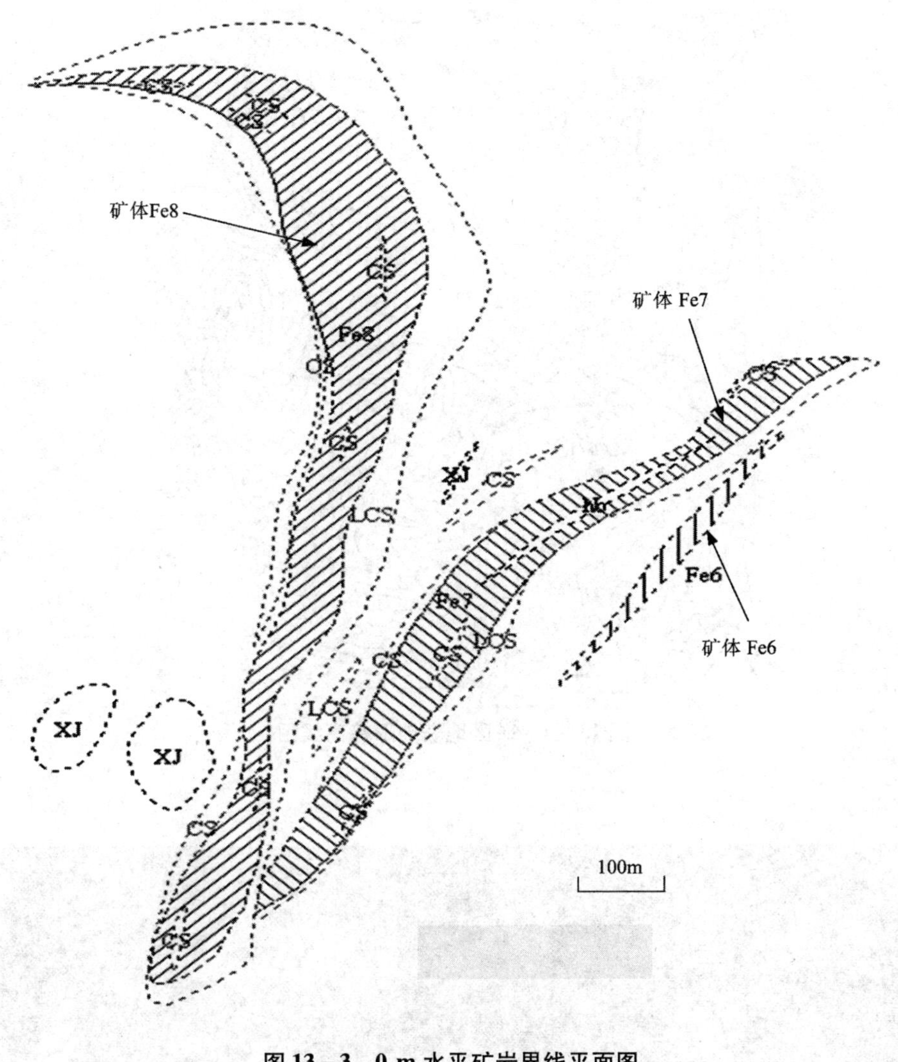

图 13－3　0 m 水平矿岩界线平面图

维模块，每一模块的属性值是模块中心处地表的海拔高度 Z。用 OpMetalMiner 建立地表标高模型，每一模块的 Z 值依据图 13－4 中的等高线进行插值求得。

13.2.3　境界优化

境界优化所需的输入数据除三维栅格品位模型与地表标高模型外，还需要矿岩体重、技术经济参数和最终帮坡角。根据矿床地质报告，不同岩性的矿岩的体重如表 13－1 所示，其中，“其他”是指在分层平面图上没有圈定矿岩界线处的岩石；相关技术经济参数如表 13－2 所示，选矿成本是每吨入选矿石的选矿费用。

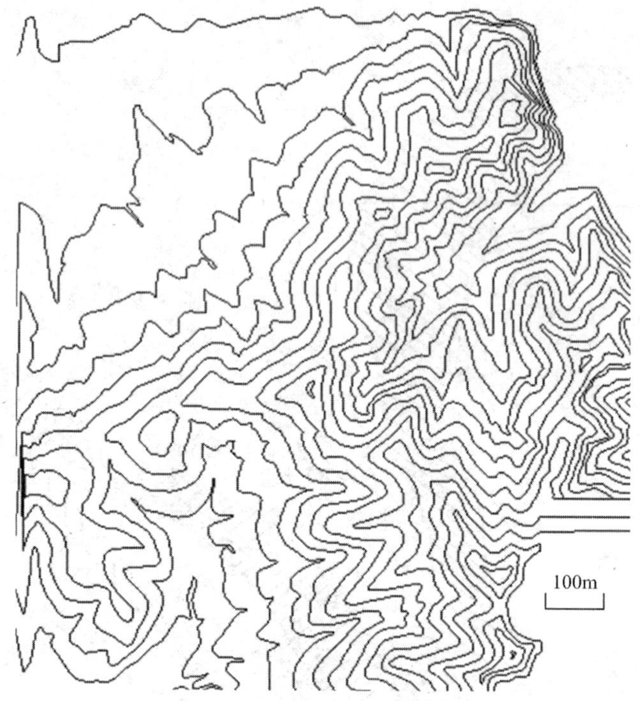

图 13－4　矿区地表地形等高线图

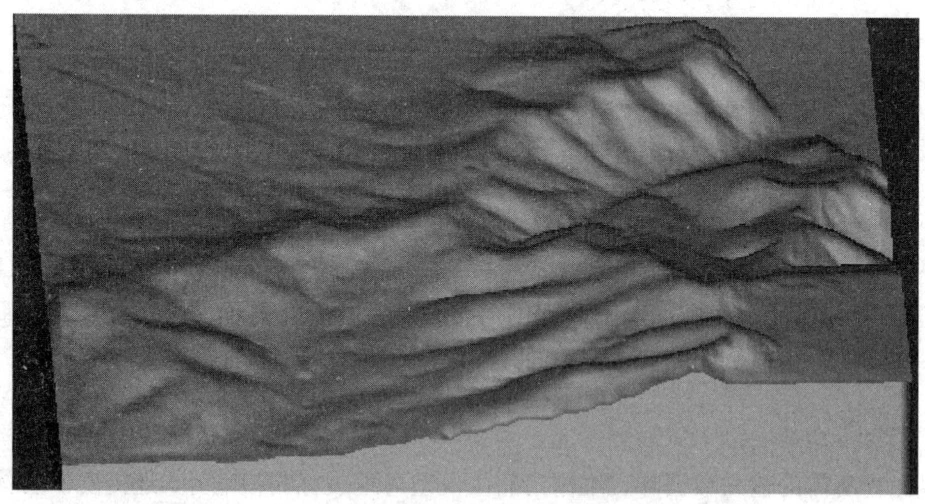

图 13－5　矿区地表地形三维透视图

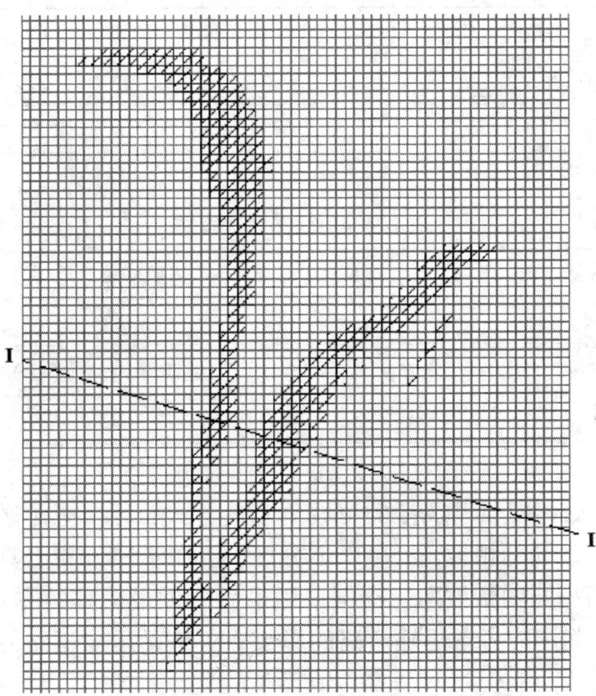

图 13－6　75 m 水平品位地质模型

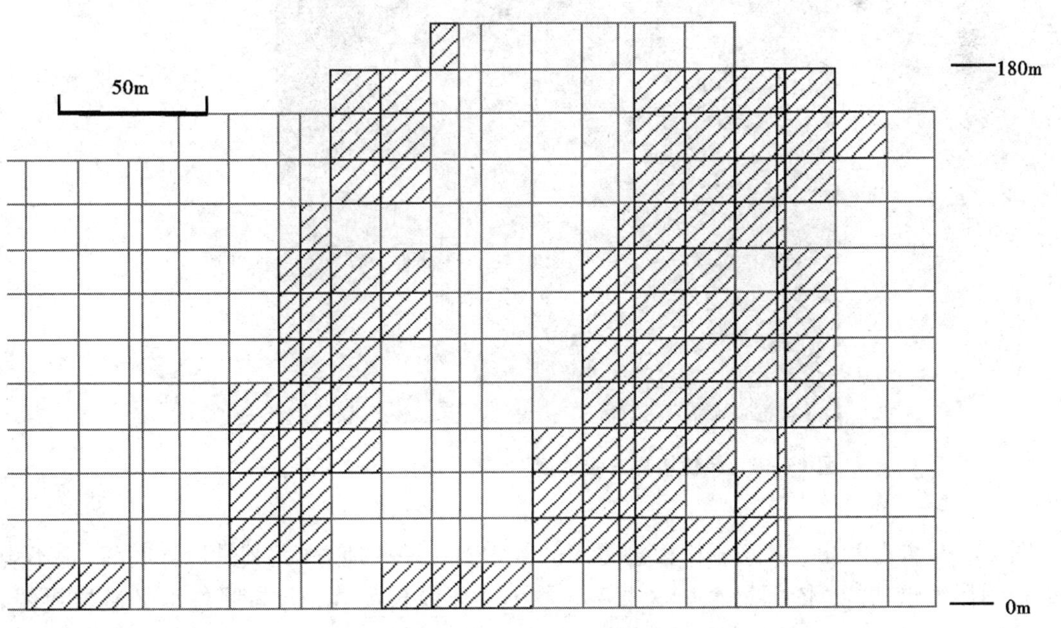

图 13－7　I－I 剖面品位地质模型

表 13－1　不同岩性的矿岩体重(t/m^3)

名称	Fe6	Fe7	Fe8	CS	LCS	rπ	hb	YSP	XJ	Sm	Q4	其他
矿/岩	矿	矿	矿	岩	岩	岩	岩	岩	岩	岩	岩	岩
体重	3.40	3.41	3.40	3.33	3.33	2.69	2.87	2.87	2.85	2.69	1.60	2.63

表 13－2　技术经济参数

项目	矿石开采成本（元/t）	岩石剥离成本(元/t)	选矿成本(元/t)	精矿售价(元/t)
取值	24	15	135	650
项目	采矿回收率（%）	选矿回收率（%）	地质平均品位(%)	精矿品位(%)
取值	95	82	25	66

对于最终帮坡角，软件提供了灵活的帮坡角表述方式：可以把矿区分为几个分区，每一分区在不同方向上具有不同的帮坡角；可以不分区，但在不同方向上具有不同的帮坡角；不分区并在所有方向上用相同的帮坡角。本例采用最后一种最简单的方式，帮坡角为53°。需要注意的是，帮坡角的确定应考虑运输道路的影响，在布置运输道路的帮坡，帮坡角应适度放缓。

基于上述模型和数据，应用浮锥法，得出的最优境界三维透视图如图 13－8 所示，其等高线如图 13－9 所示。

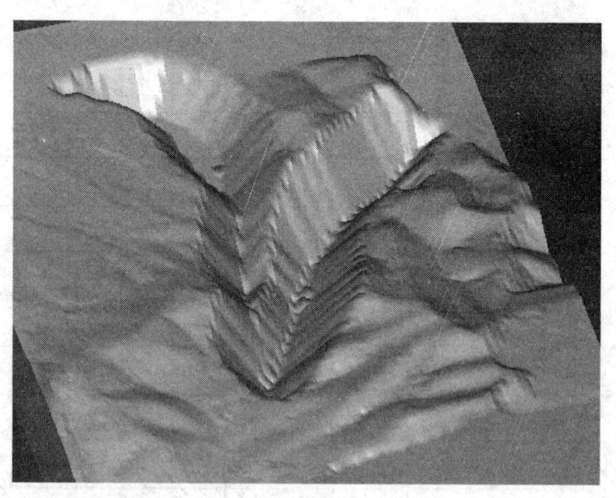

图 13－8　最优境界三维透视图(精矿价格：650 元/t)

从图 13－9 可以看出，基于栅格模型得出的数学解在一些地方(尤其是境界底部)很不规则。应用图形编辑功能，依据最小坑底宽度、最小工作线长度等，并参照各水平矿岩界线，进行后处理。初步处理后的境界等高线如图 13－10 所示。

当然，图 13－10 还不是最终设计，还需要加入运输道路(也称出入沟或开拓坑线)、形成每一台阶的坡顶、坡底线，这一工作可用 OpMetalMiner 的画图和图形编辑功能完成。这一后处理过程(尤其是加入运输道路)会进一步改变境界形态,处理中应尽量靠近最优解,即境界形态改变越小越好。如果处理后形成的可行方案与优化解之间相差较大,如运输道路所在帮坡的平均帮坡角有较大的变缓,应该依据可行方案重新设置各方向的最终帮坡角,重新进行优化和后处理。

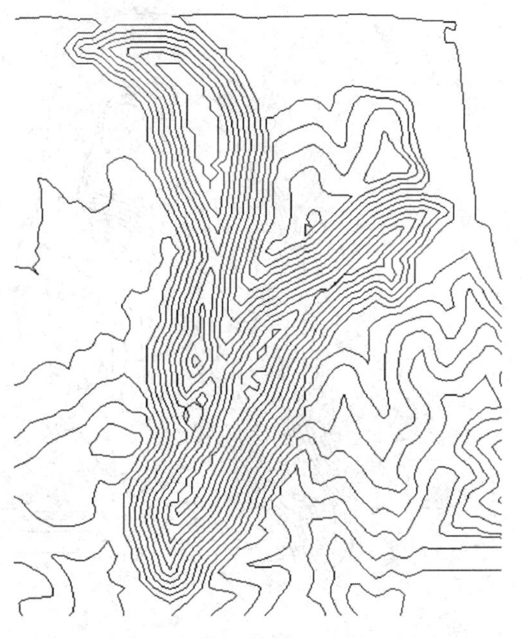

图 13-9 最优境界等高线图

(精矿价格:650 元/t)

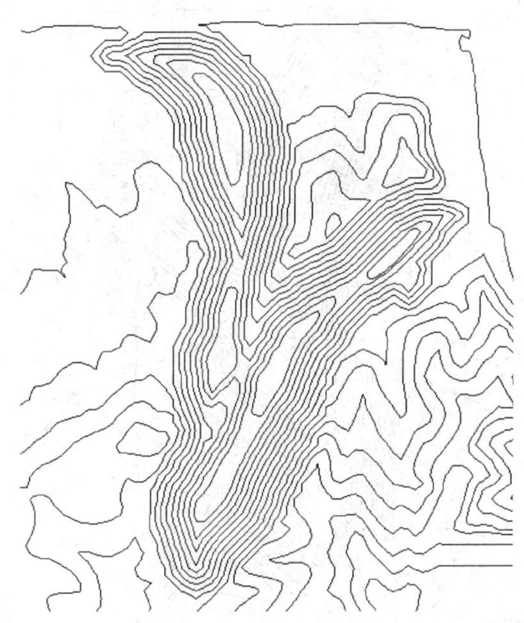

图 13-10 初步处理后的最优境界等高线图

(精矿价格:650 元/t)

13.2.4 境界分析

最终境界的形态和大小是技术经济参数的函数,无论是用经济合理剥采比,还是用浮锥法或 LG 图论法,其目标函数都是总开采利润最大化。当技术、经济条件发生了较大的变化,最优开采境界也会改变。应用 OpMetalMiner 可以快速分析相关技术经济参数对开采境界的影响。

以市场条件的变化为例,假如铁精粉的价格从上述 650 元/t 上升为 700 元/t 或下降为 600 元/t,其他条件不变,最优境界会如何变化呢?

图 13-11 和图 13-12 分别是精矿价格为 700 元/t 和 600 元/t 时的境界等高线图(已进行了初步后处理)。

在图 13-12 所示的剖面线 I-I 处,对精矿价格为 600 元/t,650 元/t 和 700 元/t 的境界等高线切剖面,如图 13-13 所示。三个境界的境界内矿石量和岩石量如表 13-3 所示。可以看出,精矿价格从 650 元/t 降到 600 元/t(降低 7.69%),境界内矿量从 4545 万 t 降到 3376 万 t,降低了 25.72%;精矿价格从 650 元/t 升到 700 元/t(升高 7.69%),境界内矿量从 4545 万 t 增加到 5070 万 t,增加了 11.55%。境界内矿岩总量分别降低了 37.27% 和升高了 23.88%。可见,对于该矿床而言,境界对精矿市场价格的灵敏度较高。从这一分析可以看出，采用一个一成不变的境界，具有较高的经济风险。降低这种风险的最有效的途径是采用分期开采，这是发达国家大中型露天矿广泛采用的开采方式。对本例而言，由于所规定的露天开采部分(0 m 以上)，储量较小，以年采矿量400 万 t 左右的能力计算，露采服务年限较短（十余年)，决定不采用分期开采。

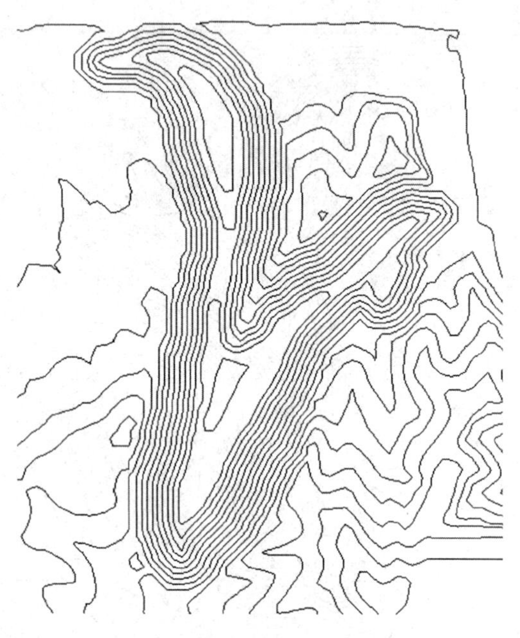

图 13－11　最优境界等高线图

（精矿价格：700 元/t）

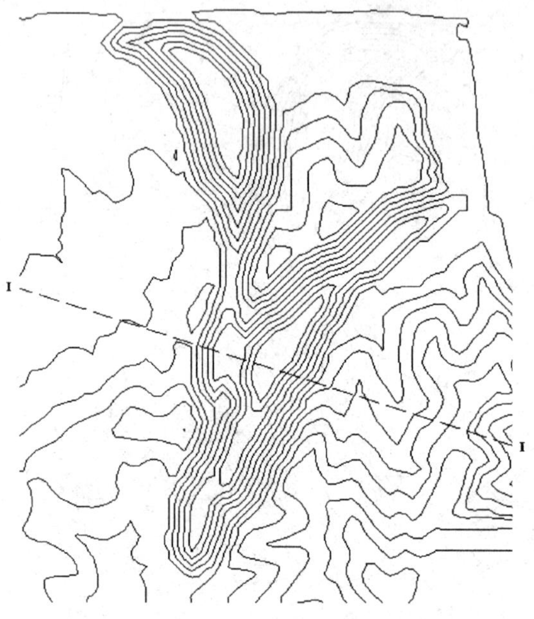

图 13－12　最优境界等高线图

（精矿价格：600 元/t）

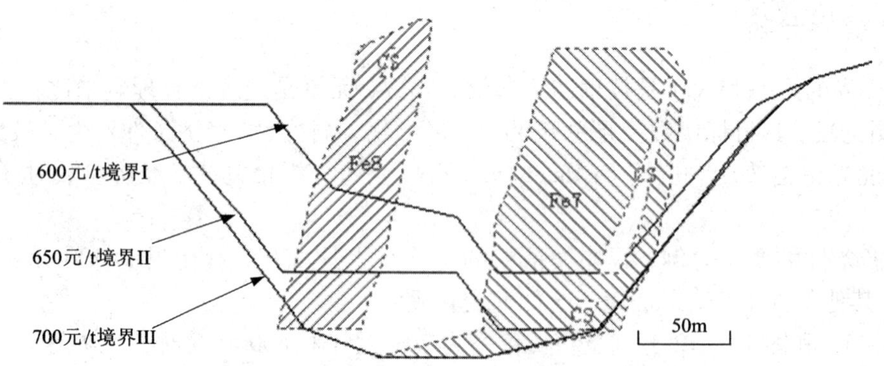

图 13－13　三个境界及矿体的 I－I 剖面

表 13－3　不同精矿售价对应境界的矿岩量

境　界	I	II	III
精矿售价(元/t)	600	650	700
矿石量(10^4t)	3376	4545	5070
岩石量(10^4t)	2184	4319	5911
平均剥采比(t/t)	0.647	0.950	1.166

所谓分期开采，就是设计多个由小到大的开采境界，每一境界对应一个分期，称为“分期境界”。在第一分期，工作台阶只推进到第一分期境界。在第一分期开采后期的适当时间，重新对以后各期境界进行设计，并开始扩帮过渡，将台阶推进到第二分期境界，如此逐期进行，直到开采到最后一个分期境界(即最终境界)。由于第一分期境界比最终境界小，可以节省大量基建投资和前期剥离费用，并可有效规避市场变化带来的经济风险。

上述境界分析对于大型矿山确定分期开采中的分期境界也很有用。例如，可以从估计的最低矿产品价格开始，逐步提升到估计的最高价格，优化出一系列开采境界。然后依据各境界间的服务年限增量、境界间扩帮距离等，从中选出合理的分期境界。

假如对本例中的矿床考虑分两期开采，估计精矿售价(以当前价格计)不会低于600 元/t，那么可以考虑基于境界 I 设计第一期境界，境界 III 为第二期境界。当然，在设计第一期境界时，要考虑其与第二期境界间的水平距离是否满足最小扩帮距离。例如在图 13－13 所示的剖面处，境界 I 和 III 在下盘处的扩帮距离显然太小(小于 15 m)，可以考虑把第一期境界的下盘调整到第二期境界位置，即该处下盘不扩帮。分期境界的设计较为复杂，需考虑运输道路的布置与衔接、分期间合适的过渡扩帮时间、正常开采与过渡扩帮之间的剥采比平衡等。

13.3　露天矿采剥进度计划优化

开采境界确定后，就可在境界中进行采剥进度计划优化。设计阶段的采剥进度计划是长期计划，一般以一年为计划时间单元，计划期覆盖整个开采寿命期。采剥进度计划优化的任务有二：一是确定每年的最佳采、剥量(即生产能力)；二是每年的最佳开采区段(即开采顺序)。这两个参数确定后，最佳开采寿命也随之而定。应用前面 12.3 节所述开采计划优化方法，可对采剥进度计划中的生产能力、开采顺序和开采寿命实现同时优化。这一方法是 OpMetalMiner 中的一个模块。本节利用上节的实例，对该铁矿采剥进度计划进行优化。

优化所用的开采境界是上节对应于精矿售价为 700 元/t 的境界(境界 III)，其他技术经济数据同上节境界优化中所用数据(见表 13－1 和 13－2)。工作帮坡角取 18°。根据表 13－3，境界 III 的矿石量约 5000 万 t，考虑较为合理的服务年限应在 10～20 年之间，所以，优化考虑的年矿石生产能力范围为 250～500 万 t，矿石生产能力步长取 10 万 t；境界 III 的平均剥采比为 1.17，依据境界 III 优化中采用的技术经济参数，可以算出该境界的境界剥采比为 3.17，所以最大年生产剥采比控制在 2，即考虑的最大年采剥总量为 1000 万 t。由于采剥进度计划优化是以 *NPV* 最大为目标函数，所以需要确定折现率，这里取设计院提供的数据，为 7.83%。

基于上述输入数据，优化的结果如表 13－4 所示。可以看出，矿石年开采量在 254～493 万 t 之间，大部分年份在 400 万 t 以上。虽然矿石年开采量变化较大，年采剥总量却较为稳定：前 9 年的年采剥总量稳定在 968～997 万 t 之间，后 3 年较低。

单从采、剥量上看，年采剥总量较为稳定有利于穿孔、爆破、运输等工艺的设备能力和设备数量保持稳定，这是合理的。如果该矿配置了"专有选厂"，即选厂只处理该矿的矿石且矿石不允许外卖，那么矿石年开采量变化较大就不太合理，造成低产年份选厂不能满负荷运行；如果该矿与其他矿合用一个选厂，其处理能力足够，或矿石可以调配到别的选厂或外卖，就可以允许矿石年开采量有一定幅度的变化，合理的变化幅度要综合考虑选厂能力及其他矿山的矿石产量或市场情况确定。

表 13－4　采剥进度计划优化结果

年份	开采矿石量 (10^4 t)	岩石剥离量 (10^4 t)	生产剥采比 (t/t)	当年利润 (10^4 元)	利润现值 (10^4 元)
1	347.09	635.03	1.830	9322.659	8645.700
2	420.47	562.71	1.338	14392.148	12377.884
3	462.98	532.07	1.149	17160.029	13686.714
4	487.97	500.87	1.026	18985.264	14042.946
5	444.96	552.45	1.242	15876.105	10890.453
6	492.73	498.86	1.012	19273.916	12261.182
7	490.72	477.68	0.973	19482.379	11493.830
8	456.14	525.80	1.153	16882.682	9236.865
9	460.81	531.05	1.152	17057.630	8654.904
10	311.20	377.51	1.213	11236.767	5287.438
11	253.88	353.62	1.393	8482.043	3701.390
12	441.42	363.42	0.823	18519.276	7494.605
合计	5070.38	5911.06	1.166	186670.899	117773.911

优化结果的开采顺序以每年年末的采场形态表述。图 13－14 和图 13－15 分别是第四和第八年末采场三维透视图，其等高线图分别如图 13－16 和图 13－17 所示(未作后处理)。

从这两年的年末采场形态可以看出开采顺序：首先开采左上角部分，然后开采右上角部分，最后向南推进。这一开采顺序是否可行，首先需要考虑是否有足够的空间布置工作线。例如，依据优化结果，左上角部分的工作线需横向布置，这一部分在中部台阶的宽度为 160 m 左右，横向工作线布置比较困难：上部台阶还可以，底部台阶完全不可行。需要考虑的另外一个因素是采场下降速度，从图 13－16 可以看出，前 4 年要下采 6 个台阶(90 m)，在空间较小的条件下，这一开采强度难以实现。

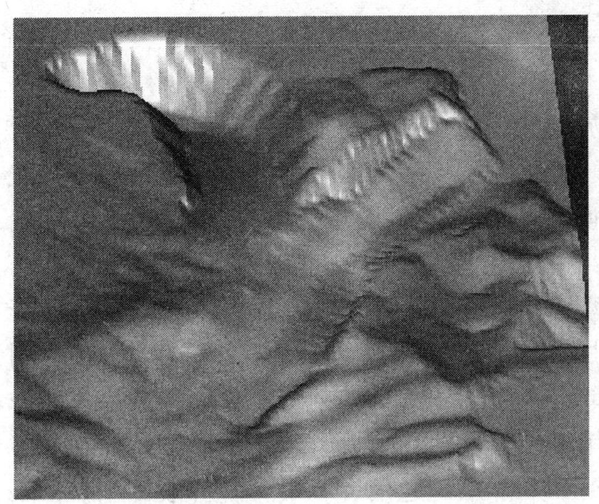

图 13－14 第 4 年末采场三维透视图

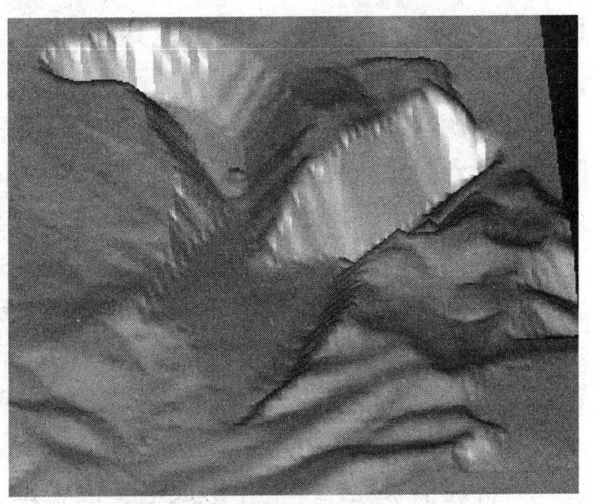

图 13－15 第 8 年末采场三维透视图

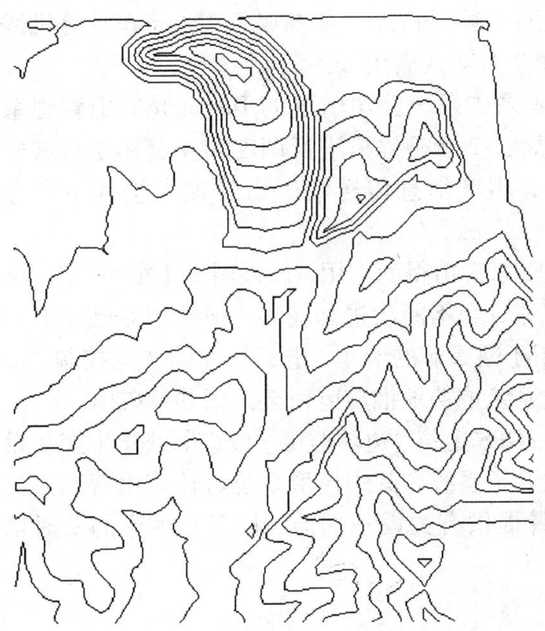

图 13－16 第 4 年末采场等高线图

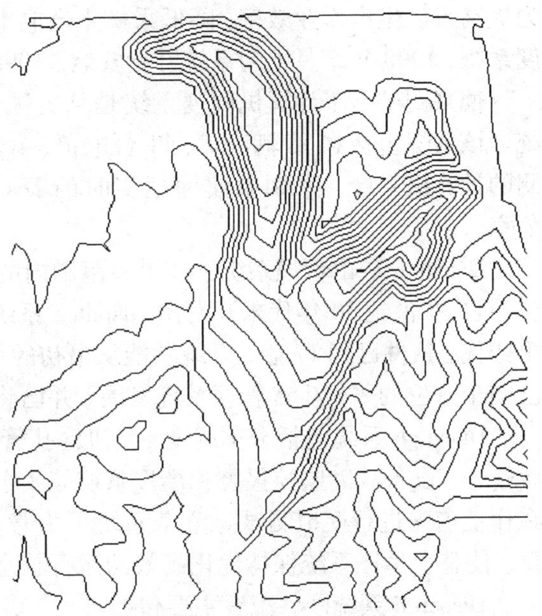

图 13－17 第 8 年末采场等高线图

由于在优化数学模型和算法中难以考虑可行性所要求的所有约束条件，优化解往往与可行方案有较大的差距。但这并不是说优化没有作用，优化结果对确定合理的开采顺序和采剥生产能力，具有重要的参考价值。

13.4 露天矿生产调度管理实例

江西德兴铜矿为特大型斑岩露天矿山，采场面积为5.52 km^2，采用陡帮开采，从最高台阶到最低台阶垂直高度近200 m，约20个台阶，废石卸载点为北山、南山排土场，矿石卸载点为东部、西部破碎站。20世纪90年代末，该矿主要大型采矿设备有154 t和320 t电动轮卡车49台、13 m^3和16 m^3电铲9台、钻机13台、装药车7台，日处理矿石量达7.2万t。

德兴铜矿早期采用的人工调度是根据电铲状况、爆堆松散度、工作面条件等情况来进行生产安排，一般是班前分配任务，中途基本不对设备的配置进行调整。当设备在班中出现问题，需要重新进行组合时，联系十分困难。1989年开始试用450 MHz无线对讲机指挥采矿作业，1993年从美国摩托罗拉公司引进了一个具有6个信道(可扩充至18个信道)的800 MHz无线集群通信系统，1994年形成电铲依靠800 MHz集群系统通信、卡车等设备依靠450 MHz系统通信的格局。尽管无线电调度大大优越于人工调度，但仍不能从根本上解决车、铲的最佳配合和中途设备出现问题后的动态重组问题。随着露采规模的进一步扩大，堆浸技术的应用对堆矿准确度要求的提高，对大型采矿设备进行动态监视和调度的要求十分迫切。因此，为提高采矿生产作业效率，降低采矿生产成本，德兴铜矿于1997年初确定引进卡车计算机调度系统，1998年5月下旬系统开始安装，1998年7月正式启用。

德兴铜矿卡车计算机调度系统是从美国模块采矿系统公司引进的Dispatch矿山管理系统。该系统包括对60辆汽车、11台电铲、4台钻机、2台破碎机进行调度和4套用于边坡监测的计算机系统，采用微波网把实时的Dispatch生产信息传送到矿山管理大楼和生产办公室。

Dispatch矿山管理系统已在世界范围内的近百家矿山得到应用，德兴铜矿是第88家。该公司自20世纪70年代末开发出Dispatch系统以来，经不断改进和完善，硬件产品已发展到第四代，软件已到17版，系统功能从最初的仅用于露天矿的卡车、电铲作业的调度控制，现已向全方位的采矿生产管理系统发展，并已将此系统成功地推广应用至大型井下矿山。

Dispatch系统包括卡车调度、钻机穿孔管理、GPS定位、边坡监测、配矿管理、生产和设备管理、设备故障监控报警和模拟系统等8个主要子系统。其中模拟系统可让矿山管理人员在作业前先进行模拟测试。整个系统可为管理者提供有关设备性能、状态和生产的实时信息，使整个生产系统保持优化高效的运行状态。

Dispatch系统硬件配置主要包括：

(1) 中央计算机子系统

该系统位于卡调楼，主要包括中央计算机数据终端、无线通讯接口装置以及打印机等设备，是整个卡车调度系统的神经中枢。中央计算机采用SUN工作站，UNIX操作系统。负责接发、储存、处理各种数据。考虑到系统的安全性和可靠性，采用双机互备份工作方式。

(2) 车载计算机子系统

车载计算机子系统安装在采区作业现场的卡车、电铲、钻机等主要设备上，是Dispatch系统的重要组成部分，由车载主机和图形操作控制盘以及天线组成。图形操作控制盘是触模式屏幕输入，操作简便直观，图形、方案输出速度快。另外，钻机也采用高精度的GPS的定位系统。

(3) 无线通讯子系统

卡调楼的中央计算机与作业现场的车载计算机之间通过无线数据通讯联络及通讯。

山顶调度控制塔位于采场露天矿现场的 170 工业场地，供采矿现场调度人员通过 Dispatch 系统发布调度指令、监控设备作业。

无线数据网络系统包括中继站设备、发射/接收天线、车载接收装置等。其中主天线位于西源岭最高点，使其能有效地覆盖整个露天矿区范围。在东西 2 个破碎站均安装该系统，用于对进出卡车及破碎站作业的监控、调度。

(4) 卫星定位子系统

卡车调度卫星定位子系统的设备主要包括 GPS 接收机和 GPS 基准站，其中 GPS 接收机安装于车载主机之内。位于露天坑及排土场外的 GPS 基准站，作为钻机、电铲、卡车等移动动态 GPS 接收器的参考点。该子系统为采区作业现场的卡车、电铲、钻机以及辅助工程机械提供精确定位。

Dispatch 系统投入使用后，电铲效率提高 4% ~8%，电动轮汽车综合效率提高 30% 以上。德兴铜矿的实践证明，该系统是提高矿山生产能力、节省投资和运输成本、强化生产管理的先进技术。

参考文献

[1] 李宝祥主编. 金属矿床露天开采. 北京：冶金工业出版社，1979
[2] 李宝祥主编. 金属矿床露天开采. 北京：冶金工业出版社，1992
[3] 任天贵，吴统顺等编. 中国冶金百科全书・采矿卷. 北京：冶金工业出版社，1999
[4] 张世雄主编. 固体矿物资源开发工程. 武汉：武汉理工大学出版社，2005
[5] 王青，史维祥主编. 采矿学. 北京：冶金工业出版社，2001
[6] 张幼蒂主编. 露天采矿系统工程. 北京：煤炭工业出版社，1989
[7] 解世俊主编. 金属矿床地下开采(第2版). 北京：冶金工业出版社，1986
[8] 焦玉书主编. 金属矿山露天开采. 北京：冶金工业出版社，1989
[9] 云庆夏主编. 露天开采设计原理. 北京：冶金工业出版社，1995
[10] 骆中洲主编. 露天采矿学(上册). 徐州：中国矿业学院出版社，1986
[11] 王运敏主编. 中国采矿设备手册. 北京：科学出版社，2007
[12] 张富民主编. 采矿设计手册. 北京：中国建筑工业出版社，1986
[13] 杨国春主编. 矿床露天开采. 北京：化学工业出版社，2009
[14] 徐永圻主编. 采矿学. 徐州：中国矿业大学出版社，2005
[15] 杨万根. 金属矿床露天开采. 北京：冶金工业出版社，1982
[16] 马恩霖，邬立国编. 露天开采复田. 北京：中国建筑工业出版社，1982
[17] 徐长佑. 露天转地下开采. 武汉：武汉工业大学出版社，1990
[18]《采矿手册》编委会. 采矿手册. 北京：冶金工业出版社，1992
[19] 中国矿业学院主编. 露天采矿手册(第五册). 北京：煤炭工业出版社，1986
[20] 罗绍裘等编. 采矿设计手册(第二卷)・矿床开采卷. 北京：中国建筑工业出版社，1987
[21] 古德生，李夕兵编. 现代金属矿床开采科学技术. 北京：冶金工业出版社，2006
[22] 张幼蒂，王玉浚主编. 采矿系统工程. 徐州：中国矿业大学出版社，2000
[23] 杨荣新. 露天采矿学(下册). 徐州：中国矿业大学出版社，1990
[24] 陈遵. 露天矿设计原理. 长沙：中南工业大学出版社，1991
[25] 牛成俊. 现代露天开采理论与实践. 北京：科学出版社，1990
[26] B・B・里热夫斯基. 露天开采工艺. 北京：煤炭工业出版社，1985
[27] [美] E・P・普列德尔. 露天采矿学(上册). 北京:煤炭工业出版社,1981
[28] 张达贤，张幼蒂. 露天采矿新工艺. 徐州：中国矿业大学出版社，1992
[29] 武汉建筑材料工业学院编. 非金属矿床露天开采. 北京：中国建筑工业出版社，1984
[30] 于润沧主编. 采矿工程师手册. 北京：冶金工业出版社，2009
[31] 孙本壮主编. 金属矿床露天开采. 北京：冶金工业出版社，1993
[32] 袁乃勤主编. 露天矿排土. 北京：煤炭工业出版社，1984
[33] 东兆星，邵鹏主编. 爆破工程. 北京：中国建筑工业出版社，2005
[34] 翁春林，叶加冕主编. 工程爆破. 北京：冶金工业出版社，2004
[35] 王玉杰编. 爆破工程. 武汉：武汉理工大学出版社，2007
[36] 杨福海，李富平，甘德清等. 矿山生态复垦与露天地下联合开采. 北京：冶金工业出版社，2002
[37] 彭世济. 露天矿连续和半连续开采工艺. 北京：煤炭工业出版社，1991

[38] 钟良俊，王荣祥. 露天矿设备造型配套计算，北京：冶金工业出版社，1988
[39] 李振华等. 露天矿运输机械，北京:煤炭工业出版社,1994
[40] 张达贤. 露天矿线路工程. 北京:煤炭工业出版社,1984
[41] 夏纪顺主编. 采矿手册（第五卷）. 北京：冶金工业出版社，1991
[42] 王喜富，洪宇，李仲学著. 露天矿半连续工艺优化方法及应用. 北京：煤炭工业出版社，2002
[43] 牛京考等主编. 冶金矿山科学技术的回顾与展望. 北京：煤炭工业出版社，2000
[44] 洛阳矿山机械工程设计研究院，国外机械工业基本情况. 矿山机械. 北京：机械工业出版社，2002
[45] 中国矿业学院主编. 露天采矿手册(第四册) 其他运输及联合运输 · 排土 · 水采 · 工艺. 北京：煤炭工业出版社，1988
[46] 于润沧，采矿工程师手册，北京：冶金工业出版社，2009
[47] 北京有色冶金设计研究总院. 采矿设计手册(矿床开采卷). 北京：中国建筑工业出版社，1987
[48] 石忠民，张幼蒂. 露天矿优化设计的数值方法和基本原理. 国外金属矿山，1999(2)
[49] 石忠民. 露天矿优化设计的通用准则和混合算法. 中国矿业，1999，8(2)
[50] 石忠民等. 计算经济合理剥采比的储量盈利比较法. 金属矿山，1996(4)
[51] 石忠民等. 计算经济合理剥采比的两种新编比较法. 金属矿山，1996(10)
[52] 石忠民等. 三种经济合理剥采比计算方法评述. 金属矿山，1997(1)
[53] 石忠民. 矿床模型块段权重与露天矿设计统一模型. 中国有色金属学报，2000，10(1)
[54] 张之绎等. 大型深凹露天矿"汽车－铁路"联合运输振动放矿转载站的研究. 第六届全国采矿学术会议文集. 1999
[55] 宋子岭. 现代露天矿设计理论与方法研究(博士论文). 辽宁工程技术大学，2007
[56] 邵鹏，许世银，李志康. 国外掘进爆破新技术，全国矿山建设学术会议论文选集. 北京：中国矿业大学出版社，2004
[57] 汪旭光. 爆破器材与工程爆破新进展，中国工程科学，2002，4(4)
[58] 沈立晋，刘颖，汪旭光. 国内外露天矿山台阶爆破技术. 工程爆破，2004，10(2)
[59] 高澜庆. 国外凿岩(穿孔)设备的发展动态. 矿山机械，2000(3)
[60] 焦永斌，王建宙. 计算机辅助设计在露天爆破中的应用开发. 南方冶金学院学报，1999，20(1)
[61] 孟海利，施建俊. 计算机技术在露天矿山生产爆破中的应用. 矿业研究与开发，2003，23(6)
[62] 李洪林，赵云峰. 计算机在露天爆破设计中的应用. 黑龙江冶金，2005(2)
[63] M · 伍夫. 露天和地下矿用凿岩设备和工具的发展. 矿业工程，2004，2(1)
[64] 李东明. 新型一体化露天潜孔钻机. 矿业研究与开发，2006，26(5)
[65] 刘建华，岳宗洪. 采矿系统工程的发展与新趋势. 现代矿业，2009(3)
[66] 陈科文，古德生. 信息科技在采矿工业中的应用与展望. 金属矿山，2002(1)
[67] 王运敏. "十五"金属矿山采矿技术进步与"十一五"发展方向. 金属矿山. 2007(8)
[68] 黄礼富. 当代采矿技术发展趋势及未来采矿技术的探讨. 金属矿山，2007(8)
[69] 刘同有. 国际采矿技术发展的趋势. 中国矿山工程，2005，34(1)
[70] 章林，汪为平. 露天地下联合采矿技术发展现状综论. 金属矿山，2007(8)
[71] [奥地利]H · 瓦格纳. 露天和地下采矿技术的发展趋势. 矿业工程，2004，2(2)
[72] 刘喜彦. 浅谈金属矿山采矿技术发展趋势及目标. 黑龙江冶金，2008(2)
[73] 刘荣等. 我国金属矿山采矿技术进展及趋势综述. 金属矿山，2007(10)
[74] 王运敏. 冶金矿山采矿技术的发展趋势及科技发展战略. 金属矿山，2006(1)
[75] 于长顺. 露天开采近十年的发展和趋向. 采矿技术，2001，1(2)
[76] R · T · 汤普森，A · T · 维瑟. 露天矿运输道路综合设计方法（二），国外金属矿山，1998(6)
[77] A · A · 库列绍夫等. 露天矿路面的平整度对自卸汽车尤其是大型载重汽运营效率的影响 国外金属矿

山. 1996(4)
[78] J·斯密特. 用自动平路机提高露天矿自卸汽车的生产能力. 国外金属矿山, 1995(4)
[79] 李文斌、简新春. 大型露天矿汽车运输道路质量与运输成本效率. 铜业工程, 2006(1)
[80] 冶金部信息标准研究院调研部. 中型露天矿运输工艺与设备研究. 冶金设备, 1995, 1(89)
[81] 卡特彼勒全球矿业部. 采矿车队实现 10 万工作小时及更长寿命服务. Viewpoint, 2008(4)
[82] 王连印, 骆中州. 露天矿铁路运输的调度原则. 矿山技术, 1992(2)
[83] 周百川, 黄国君. 露天矿铁路运输调度专家系统的研究. 中国矿业, 1994(10)
[84] 陈松辉, 王喜富. 矿区铁路调度监督系统的研究与开发. 露天采煤技术, 2002(2)
[85] E·E·舍什科等. 大倾角提升输送机在矿山企业中的用应前景. 国外金属矿山, 1997(4)
[86] 苗运江等. 以多点驱动技术预防上运带式输送机断带事故发生. 煤矿机械, 2007, 28(6)
[87] 吴瑞清. 胶带输送机的国内外发展趋势. 煤炭技术, 2000, 12(6)
[88] 苏接明. 大功率长距离胶带机的选型. 煤矿开采, 2009, 14(3)
[89] 王鹰等. 长距离大运量带式输送机关键技术及国内发展现状. 起重运输机械, 2005(11)
[90] 孙家彨. 大倾角胶带运输机在深凹露天矿的开发应用. 有色金属(矿山部分), 1994(6)
[91] 常录等. 大倾角带式输送机简介. 矿山机械, 2002(5)
[92] 王贵普等. 露天矿汽一铁联合运输转载方式选择. 中国矿业, 1996, 5(2)
[93] 周叔良, 焦承祖. 提高露天矿联合运输的效率. 世界采矿快报, 1997, 13(23)
[94] 陈天奎等. 振动放矿机替代电铲倒装的优势. 海南矿冶, 2000. 10(4)
[95] 蔡美峰等. 大型深凹露天矿高效运输系统综合技术研究. 中国矿业, 2004, 13(10)
[96] 刘伯元, 杨传忠. MMD 型轮齿式破碎机——矿石破碎理论的突破. 中国非金属矿工业导刊, 2003, 2(32)
[97] 杨朝阳, 王文新. 剥离半连续工艺的关键技术一移动式破碎机. 露天采矿技术, 2006(4)
[98] 王宏勋. MMD 型高效破碎机在矿业中的应用. 金属矿山, 1998(1)
[100] 李军才等. 我国冶金露天矿间断连续运输工艺现状及趋势. 矿业快报, 2002(5)
[101] 赵昱东. 破碎机械在金属矿山的使用与发展. 矿业快报, 2004(5)
[102] 德国西马格·特兰斯普兰公司. 露天矿汽车斜坡提升系统. 矿业工程, 2003, 1(6)
[103] 周伟. 露天矿矿用汽车整车提升运输工艺综述. 金属矿山, 2006(2)
[104] 张钺. 国内外带式输送机的应用状况. 矿山机械, 2001(5)
[105] 李锦祥. GPS 技术在卡车调度系统中的应用. 中国无线电管理, 2002(2)
[106] 张佰根. 露天矿卡车计算机自动调度系统调度算法设计. 金属矿山, 2002(9)
[107] 黄国君, 苏又平. 基于 GPS 技术的卡车调度系统. 中国矿业, 2000(49)
[108] 胡晨涛. 卡车调度系统在德兴铜矿的应用与研究. 金属矿山, 2005(2)
[109] 旷轩, 张立成. 首钢水厂铁矿矿车自动调度及管理系统通过鉴定. 矿用汽车, 2006(4)
[110] 李军才, 蔡美峰. 金属露天矿山汽车自动调度系统及其应用. 中国矿业, 2003, l2(1)
[111] 张志霞, 陈永锋, 顾清华. 基于 GPS 技术的露天矿生产调度系统研究. 金属矿山, 2007(8)
[112] 赵勇等. 基于流率饱和度的露天矿卡车实时调度模型. 矿冶, 2004, 13(2)
[113] 王振军等. 露天矿智能运输系统的研究. 化工矿物与加工, 2004 (3)
[114] 苏靖等. 露天矿卡车调度理论的系统研究. 煤炭学报, 1997, 22(1)
[115] 刘忠卫, 陈荣健. GPS 自动调度系统在齐大山铁矿的应用. 矿业工程, 2005, 3(4)
[113] 姚再兴等. 一种露天矿卡车实时调度算法. 露天采矿技术, 2007(2)
[117] 徐长佑. 关于露天矿转入地下开采中的几个问题. 武汉建材学院学报, 1980(2)
[118] Φ. K. 阿列克赛耶夫等. 金属矿床向联合开采过渡的论证. 采矿技术, 1986(14)
[119] 徐长佑. 蒙阴金刚石矿露天转地下采矿场参数的若干问题研究. 非金属矿, 1984(1)

[120] B A. 谢尔卡诺夫. 联合开采法的现状和发展前景. 国外金属矿山, 1993(4)
[121] 孟桂芳. 国内外露天转地下开采的发展现状. 化工矿物与加工, 2009(4)
[122] 阿尔塔耶夫等. 急倾斜矿体露天与地下联合开采的新方法. 国外金属矿山, 1991(2)
[123] 何俊峰等. 矿山露天与地下联合开采实例安全性分析. 地下空间与工程学报, 2009, 5(4)
[124] 李发本等. 露天与地下联合开采安全隔层厚度研究. 矿业研究与开发, 2006, 26(2)
[125] 王广等. 露天与地下联合开采复杂矿体的研究. 黄金, 2000, 21(4)
[126] 周前祥. 露天与地下联合开采工艺特点分析. 煤炭科学技术, 1995, 22(1)
[127] 王兴茂, 吴洪年. 深凹露天开采转地下开采的技术进展与发展动向. 第2届冶金矿山采矿技术进展报告会论文集, 1991
[128] 孟桂芳. 露天转地下开采方案的选择和确定. 矿业工程, 2009, 7(1)
[129] 王艳辉, 甘德清. 石人沟露天转地下过渡Ⅰ区采场结构参数研究. 矿业研究与开发, 2005(6)
[130] 程利民, 江新迪, 黄锦文. 卡车计算机调度系统在德兴铜矿的应用. 中国矿业, 2000. 9(6)
[131] 胡晨涛. 卡车调友系统在德兴铜矿的应用与研究. 金属矿山. 2005(2)
[132] 李元辉, 南世卿, 赵兴东等. 露天转地下境界矿柱稳定性研究. 岩石力学与工程学报, 2005(2)
[133] 南世卿. 露天转地下开采过渡期采矿方法及安全问题研究. 现代矿业. 2009(1)
[134] 南世卿, 唐春安. 露天转地下过渡层开采及处理方案研究. 矿业快报. 2007(1)
[135] 章立才. 露天转地下开采的技术措施. 金属矿山, 1994(9)
[136] 南世卿. 石人沟铁矿露天转地下首采层开采的方案研究. 现代矿山, 2009(4)
[137] 任世昌. 露天转地下开采若干技术问题的讨论. 矿业研究与开发, 1995, 15(3)
[138] 李鼎权. 论露天转地下开采的若干特点. 金属矿山, 1994(2)
[139] 符苏精. 海钢第八排土场复垦与开发. 露天采矿技术, 2007(5)
[140] 陈积松等. 俄罗斯与哈萨克斯坦的露天矿开采工艺技术(续二). 金属矿山, 1994(7)

图书在版编目(CIP)数据

露天采矿学 / 高永涛，吴顺川主编. —长沙：中南大学出版社，2010.11(2023.12 重印)

ISBN 978 - 7 - 5487 - 0125 - 5

Ⅰ. ①露… Ⅱ. ①高… ②吴 Ⅲ. ①露天开采 Ⅳ. ①TD804

中国版本图书馆 CIP 数据核字(2010)第 207298 号

露天采矿学

LUTIAN CAIKUANGXUE

主编　高永涛　吴顺川

□责任编辑　刘　辉
□责任印制　唐　曦
□出版发行　中南大学出版社
社址：长沙市麓山南路　　邮编：410083
发行科电话：0731 - 88876770　　传真：0731 - 88710482
□印　　装　长沙市宏发印刷有限公司

□开　　本　787 mm × 1092 mm　1/16　□印张 22.75　□字数 561 千字
□版　　次　2010 年 11 月第 1 版　□印次 2023 年 12 月第 5 次印刷
□书　　号　ISBN 978 - 7 - 5487 - 0125 - 5
□定　　价　65.00 元